高等院校农林生物类规划教材

浙江省高等教育重点建设教材

宁波市高校特色教材

生化实验技术与实施教程

（第二版）

主　编　钱国英

副主编　汪财生　尹尚军　斯越秀

ZHEJIANG UNIVERSITY PRESS

浙江大学出版社

图书在版编目（CIP）数据

生化实验技术与实施教程／钱国英主编. —2 版. —杭州:浙江
大学出版社，2009.5(2025.7 重印)
ISBN 978-7-308-06669-3

Ⅰ.生… Ⅱ.钱… Ⅲ.生物化学－实验－高等学校－教
材 Ⅳ.Q5－33

中国版本图书馆 CIP 数据核字（2009）第 041148 号

生化实验技术与实施教程(第二版)

钱国英　主编

汪财生　尹尚军　斯越秀　副主编

责任编辑	周卫群	
封面设计	联合视务	
出版发行	浙江大学出版社	
	（杭州市天目山路 148 号　邮政编码 310007）	
	（网址:http://www.zjupress.com）	
排　版	杭州青翊图文设计有限公司	
印　刷	嘉兴华源印刷厂	
开　本	787mm×1092mm　1/16	
印　张	20.5	
字　数	499 千	
版 印 次	2010 年 11 月第 2 版　2025 年 7 月第 6 次印刷	
书　号	ISBN 978-7-308-06669-3	
定　价	36.00 元	

前　　言

生物化学是一门实验性很强的学科,近年来发展相当迅速,其任何进展都是以实验为基础的。生化实验手段不仅推动了本学科的进展,而且被生物其他学科利用,促进了各学科的共同发展。生化实验技术的学习已经成为理解近代生命科学的重要基础之一。

近几年来,我国高等教育改革步伐加快。21世纪的教育是开发人的创造力、想象力,培养创造能力、创新性人才的教育。根据新时代发展的需要,高等院校必须进行全面的教育改革,实现单一的验证理论向探索未知的转变;实现学科专业素质培养向综合素质教育的转变;实现侧重获取知识的教育向增强创造性教育的转变;实现学生被动接受知识向主动合作性学习知识的观念转变。近年来,随着生命科学的迅猛发展和教育改革的不断深入,实验教学改革也在不断深化,构建相关实验的课程项目体系、改革实验教学模式及建立科学合理的实验考评考核方式是应用型人才培养的必要措施。本指导书结合浙江万里学院《生物化学自主学习合作式理论教学、开放探究式实验教学方式》的教改项目,生物技术、生物工程专业实验教学体系,以及近十年的实践教学经验而编写,作为《生物化学》课程课改配套教材。

《生化实验技术与实施教程》是新的教学形势催生的产物,不同于传统的生化实验指导书,其主要特点是以鼓励和培养学生自己动手、开发创新的精神为主导,在编写实验项目和内容的同时,更体现教学方法的改革和创新。教材内容由生化实验技术学习要求及教学组织实施、生物化学实验技术与原理、实验和附录四部分组成,并全程体现实验教学方法的实施和运用。教程中所选实验项目融入了教师几十年的实验教学经验,收集了部分现代生化实验指导教材的精华,内容涵盖糖、脂、蛋白质、核酸和酶等领域,涉及层析技术、电泳技术、膜分离技术、分光光度法、大型精密仪器现代分析检测法等常用的分离鉴定、定性定量分析手段,是高校非生物化学专业学生自主学习的良好生物化学实验教材,特别有利于教师组织和实施实验、学生预习和复习实验,对生物化学实验和生物化学实验课程建设改革也有很大帮助。

实验部分着重介绍了44个实用性、综合性强的实验,分为基础实验、设计综合开放实验及应用设计实验三部分。基础实验部分采用问题式、全程参与式教学方法,着重对学生的基本生化技能进行训练,以使学生了解生物体内基本物质成分的分离、分析和鉴定常用方法以及物质代谢的研究方法,并通过实验技术加深对理论知识的理解;设计综合开放实验选择几类生化重要物质为分离纯化与鉴定训练项目,教师针对每个实验项目提出实验目标和要求,每组学生根据实验总要求,自行确定实验材料,自主设计实验技术路线,再参考实验指导书中的相关步骤与方法进行实验,也可以查阅其他方法进行实验操作,从而进一步培养学生综合运用各种生化实验技术的能力、分析与设计能力、逻辑思维能力;应用设计实验将生化实验技术与行业应用相对接,并与大型的现代分析检测仪器的使用相结合设计实验项目,要求学生针对不同的对象、参考指导书设计的案例式实验方法,运用不同的手段进行分析检测,做出比较和分析,训练学生的生化技术应用能力和解决问题能力。同时每部分实验项目为适应自主式学习需要,提供了一定的课后思考题及学习参考资料,便于学生开展实验讨论及实验设计参考。

在附录中,收集了生化实验室常用仪器性能指标及使用说明、缓冲溶液的配制、指示剂的配制、生化常用数据等,为从事综合性的生物化学实验的师生们提供方便。

本书特色:(1)明确生化实验技术教学基础－综合－应用渐进式实验教学技能体系;(2)提供了大量的参考资料,有利于学生开展自主设计实验;(3)实验研讨:学生之间互相分析讨论实验全过程;(4)规范操作技能,强化动手能力,开发学生思维;(5)教材中穿插了实教学组织形式,便于教师实验教学的开展。

本教材主要针对地方本科院校、应用型人才培养目标而设计编写,也可供其他理工科高等院校的生命科学、生物技术、生物工程等专业及农林院校的农学、林学、植保、园艺、食品、理学等专业的学生及相关领域的科技人员使用。

本教材由钱国英、汪财生、尹尚军、斯越秀等老师参与,借签兄弟院校生化实验教材经验,编写了这本《生化实验技术与实施教程》,供我院开设的各专业选用。借此出版机会,在此表示由衷的感谢。

本书作为生物技术专业课程实验教材,我们力求使之具备实用性、可操作性,与后续专业课程如基因工程、酶工程等课程相结合。但是,由于主客观条件所限,限于我们的学识和水平,而且编写时间仓促,肯定有不少缺点和错误,敬请各位老师与同学提出宝贵意见,帮助我们不断改进教学,谢谢!

编　者
2010 年 9 月

目 录

第一部分 生物化学实验技术与原理

第二部分 基础实验

第三部分　设计综合开放实验

第四部分　设计应用实验

生化实验技术学习要求及教学组织实施

一、实验学习目标

《生化实验技术与实施教程》是以渐进式训练学生生物化学基础技能、学科研究综合设计技能、行业应用研究技能为目标的实验训练技能性教材。实验采用研讨合作、全程参与、开放滚动式实验教学模式。通过实验预习与自主实验设计的要求,在技能训练的同时提高学生的创新意识与创新能力;通过学生之间互相分析与讨论实验全过程的要求,在提高学生规范操作技能、强化动手能力的同时,培养学生分析研究问题的逻辑思维能力。

《生化实验技术与实施教程》根据教学大纲要求开设实验项目,通过设计的四十多个实验,以达到强化操作技能规范训练、技能综合应用训练和技能应用综合训练目的,并达到以下目标:

1. 巩固深化对生物化学基本理论的理解,训练并掌握蛋白质、核酸、糖、脂类等物质的相关技术实验的基本操作技能,为今后专业学习和科研工作打下实验技能基础。

2. 通过对生物样品制备、分离、分析、鉴定等设计综合实验学习,掌握生物样品提取分离及分析方法,包括生物大分子的提取制备、沉淀分离、层析分离、电泳等技术,培养学生综合实验设计、实践创新的能力,逐步提高观察问题、分析问题、解决问题的能力。

3. 通过对色谱、质谱、光谱、电化学等大型仪器使用方法的训练,具有根据实际需要选择适宜的研究方法与途径,逐步提高在生物科学、环境保护、食品分析等领域中的综合应用,解决行业实际问题的能力。

二、实验学习要求

1. 课前预习:明确实验目的、原理、方法及操作中的注意事项,并写出实验预习报告,完成预习思考题。设计综合及应用设计部分实验前,务必对生化实验技术原理与方法部分做好学习,完成课前设疑内容,明确实验目标,查阅资料,写好实验设计方案。

2. 实验过程:基础实验按照实验指导书所列步骤和要求实施实验操作,设计综合及应用设计实验项目,鼓励学生综合所学知识开拓创新,运用多种实验方法完成实验目标,也可根据指导书示例进行操作学习。

3. 实验结果与分析:真实记录实验数据,认真分析实验结果,得出结论;异常的结果要进行理论分析并找出原因。坚持实验的严肃性、严格性、严密性。

4. 讨论与报告:对实验结果进行分析研讨,写出实验报告或小论文,并汇报交流实验收获和知识拓展情况。

5. 注意事项:严格遵守大型精密仪器操作管理及实验室规则,防止各种事故发生。

三、实验教学组织实施流程

生化技术实验教程分为三部分:基础实验约 32 学时(必修 8 个实验项目),设计综合开放实验约 64 学时(必修 2 个实验项目),应用设计实验约 64 学时(必修 7 个实验项目)。生化实验室根据教学大纲要求开设几个实验项目,每个项目配套相应几套实验器材及仪器,保证每组学生一套;同一个实验室开设多个实验项目,学生在同一个时间内各自进行不同的实验,在一个学期内轮流完成大纲所规定的全部实验。实施流程如下:

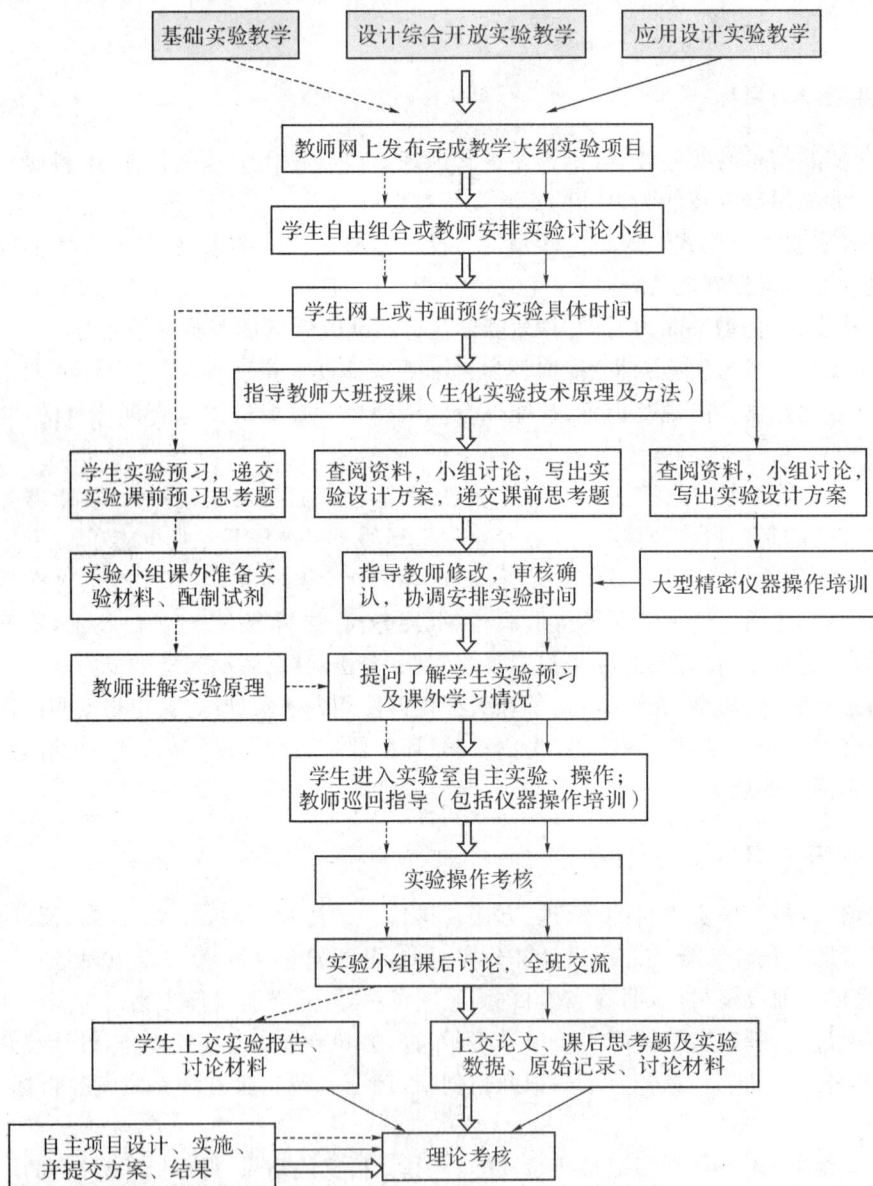

```
┌──────────┐  ┌──────────────┐  ┌──────────────┐
│ 基础实验教学 │  │ 设计综合开放实验教学 │  │ 应用设计实验教学 │
└──────────┘  └──────────────┘  └──────────────┘
                     ⇓
        ┌────────────────────────────┐
        │ 教师网上发布完成教学大纲实验项目 │
        └────────────────────────────┘
                     ⇓
        ┌────────────────────────────┐
        │ 学生自由组合或教师安排实验讨论小组 │
        └────────────────────────────┘
                     ⇓
        ┌────────────────────────────┐
        │ 学生网上或书面预约实验具体时间 │
        └────────────────────────────┘
                     ⇓
        ┌────────────────────────────┐
        │ 指导教师大班授课(生化实验技术原理及方法) │
        └────────────────────────────┘
┌──────────────┐ ┌──────────────┐ ┌──────────────┐
│ 学生实验预习,递交 │ │ 查阅资料,小组讨论,写出实 │ │ 查阅资料,小组讨论, │
│ 实验课前预习思考题 │ │ 验设计方案,递交课前思考题 │ │ 写出实验设计方案 │
└──────────────┘ └──────────────┘ └──────────────┘
┌──────────────┐ ┌──────────────┐ ┌──────────────┐
│ 实验小组课外准备实 │ │ 指导教师修改,审核确 │ │ 大型精密仪器操作培训 │
│ 验材料、配制试剂 │ │ 认,协调安排实验时间 │ │              │
└──────────────┘ └──────────────┘ └──────────────┘
┌──────────────┐ ┌──────────────┐
│ 教师讲解实验原理 │ │ 提问了解学生实验预习 │
│              │ │ 及课外学习情况 │
└──────────────┘ └──────────────┘
        ┌────────────────────────────┐
        │ 学生进入实验室自主实验、操作; │
        │ 教师巡回指导(包括仪器操作培训) │
        └────────────────────────────┘
                     ⇓
        ┌────────────────────────────┐
        │ 实验操作考核 │
        └────────────────────────────┘
                     ⇓
        ┌────────────────────────────┐
        │ 实验小组课后讨论,全班交流 │
        └────────────────────────────┘
┌──────────────┐           ┌──────────────┐
│ 学生上交实验报告、 │           │ 上交论文、课后思考题及实验 │
│ 讨论材料 │           │ 数据、原始记录、讨论材料 │
└──────────────┘           └──────────────┘
┌──────────────┐           ┌──────────────┐
│ 自主项目设计、实施、 │  ⇒⇒     │ 理论考核 │
│ 并提交方案、结果 │           │         │
└──────────────┘           └──────────────┘
```

四、实验考核评价方式

本教程是以实验实施的参与过程、技能提高、设计与研究能力、实验结果分析能力等为观察点,作为考核评价的主要依据。具体指标如下:

1. 实验研讨表现：以小组为单位对本实验进行小组研讨，形成研讨成果，并定期在全班大组中进行讨论汇报。讨论评价以小组为单位。

2. 实验预习及思考题完成情况：实验网站预习，思考题完成及每次抽查提问回答情况。

3. 实验设计的科学性：考核实验设计方案格式、可行性、创新性、参考文献资料等。

4. 实验报告：每次实验完成实验报告，重点考核实验讨论分析题。

5. 研究性实验小论文：每个设计综合实验项目书写一篇研究性小论文。评价实验论文格式、实验论文数据及图谱结果、实验讨论分析、引用文献、观点阐述、最新实验技术应用等。

6. 实验操作测评：每个实验确定知识点与技能点，明确测评内容和要求，考试时由学生抽取 1 个考题，当场操作完成，当场评定打分。

7. 实验原理理论测试：针对每个实验原理进行理论考试。

8. 平时操作与出勤等：实验前的准备、实验过程、实验后的清理、结果分析等给予相应的成绩。

生化实验技术课程成绩构成表

构　　成	基础实验	设计综合	应用设计
实验研讨	20％	15％	20％
实验预习思考题	10％	5％	
实验设计		10％	10％
实验报告	10％		
实验操作测评	20％	15％	20％
实验原理理论测试	30％	15％	20％
平时表现与出勤	10％	10％	10％
实验小论文		30％	20％

五、实验研讨活动组织实施细则

(一)组织形式

1. 实验每组 1～2 人，4 人组成一个实验研讨小组，实施同一个项目实验；以一个自然班为单位进行大组研讨交流。

2. 每项实验讨论小组由指导老师指定一名研讨小组组长。研讨小组组长的职责是：预约实验时间，召集小组准备实验材料，确定讨论时间和讨论地点；研讨活动中的具体任务分解与分配；主持每次活动的发言；收集每个实验小组所提交的书面材料，并给本小组的成员进行评价。

3. 每小组推荐一名发言人，负责收集整理自己小组的实验经过、操作体会、对实验结果的分析以及本实验的知识拓展情况等，并形成书面材料，代表本小组在课堂上发言。

4. 每小组推荐一名记录员，负责小组讨论时的记录工作；每份讨论记录中要包括时间、地点、主持人、参加人员、记录员、所讨论主题和各组的研讨材料。

5. 组员必须服从组长讨论课的任务安排，不得拒绝；准时参加所在研讨小组的研讨活动；协助组长做好发言报告；原则上小组组长、发言人和记录员要实行轮换制。

(二)研讨活动的基本要求

1. 讨论必选题：每个实验后都有"讨论分析题"作为限定的必选研讨题目。主题选择主要涉及实验内容中的一些重要原理、操作难点、对实验结果的分析探讨以及与相关专业领域应用知识。

2.讨论自选题:学生也可以自选研讨题目,范围应符合生化知识的基本范畴;也可从多角度、多学科交叉对实验原理、基本操作、实验结果等进行分析。

3.讨论要求:小组成员应就所讨论实验问题、现象,从不同层面、不同角度展开全面深入的讨论。每位小组成员均应参与讨论,发表自己的意见;记录员做好讨论记录;发言人总结整理汇报材料;小组组长负责研讨过程组织和人员分工,并负责本组研讨资料的汇总、上交。

(三)实验研讨小组评价

1.研讨主题和总结报告:从研讨主题所涉及相关资料及其他组员观点的归纳概括是否全面,分析是否详实,最终结论是否明确,论证是否充分,格式是否规范等方面进行考核,占实验研讨成绩的30%。

2.实验结果分析和汇报:从实验结果是否正确,实验分析是否有理有据,能否运用所学知识进行探讨,汇报是否具有条理性、流畅性、完整性等方面进行考核,占实验研讨成绩的30%。

3.资料清单:从资料数量、质量、格式规范等几个方面进行考核,占实验研讨成绩的10%。

4.研讨现场和记录评分:从语言是否清晰流畅,观点是否明确,分析是否合理,答问是否敏捷,多学科知识是否丰富,研讨气氛是否活跃激烈等几方面进行考核,占实验研讨成绩的10%。

5.书面材料汇编:从制作是否清晰,填写是否完整,汇编材料是否齐全,提交是否及时等几方面进行考核,占实验研讨成绩的20%。

(四)研讨活动相关资料的收集、整理与上交(格式见附录)

在指导教师指导下,各分组就研讨主题开展资料收集、汇总工作;将所收集的资料按要求格式上交指导老师。每一组员应认真阅读并归纳总结所收集的资料。

1.由组长负责在实验研讨活动结束后,将有关的书面资料与电子文稿按要求加以收集整理,并形成《实验研讨课书面材料汇编》,在规定时间内及时上交给指导老师。

2.材料汇编包括:封面与目录、研讨总结报告、研讨参考资料清单、分组研讨记录表、实验研讨评分表、研讨小组整体评分表。

六、附录

1.研讨材料格式。

"生物化学基础实验"研讨活动书面材料汇编

班级：＿＿＿＿＿＿＿

组别：第＿＿＿研讨小组

本次研讨实验：＿＿＿＿＿＿＿＿＿＿＿＿＿＿＿＿＿＿

具体研讨主题：1.＿＿＿＿＿＿＿＿＿＿＿＿＿＿＿＿＿

           2.＿＿＿＿＿＿＿＿＿＿＿＿＿＿＿＿＿

           3.＿＿＿＿＿＿＿＿＿＿＿＿＿＿＿＿＿

           4.＿＿＿＿＿＿＿＿＿＿＿＿＿＿＿＿＿

           5.＿＿＿＿＿＿＿＿＿＿＿＿＿＿＿＿＿

组　　　　长：学号＿＿＿＿＿＿＿姓名＿＿＿＿＿＿＿

小组发言人：学号＿＿＿＿＿＿＿姓名＿＿＿＿＿＿＿

小组记录员：学号＿＿＿＿＿＿＿姓名＿＿＿＿＿＿＿

其 他 组 员：学号＿＿＿＿＿＿＿姓名＿＿＿＿＿＿＿

           学号＿＿＿＿＿＿＿姓名＿＿＿＿＿＿＿

           学号＿＿＿＿＿＿＿姓名＿＿＿＿＿＿＿

           学号＿＿＿＿＿＿＿姓名＿＿＿＿＿＿＿

           学号＿＿＿＿＿＿＿姓名＿＿＿＿＿＿＿

指导教师：＿＿＿＿＿＿＿＿＿＿＿＿＿

提交时间：＿＿＿＿＿＿＿＿＿＿＿＿＿

小组研讨总结报告（每组 1 份打印）

＿＿＿＿＿＿＿＿＿班　第＿＿＿＿＿研讨小组

本次研讨实验：＿＿＿＿＿＿＿＿＿＿＿＿＿＿＿＿＿＿＿＿＿＿＿＿＿＿＿＿

该报告内容主要包括如下方面：

(1)已搜集资料中涉及本研讨主题的主要观点及相应分析理由；

(2)小组成员对上述观点的分析评价；

(3)小组成员对本研讨主题的主要观点和相应理由；

(4)小组对本研讨主题的最终结论及理由分析。

研讨主题 1：

研讨主题 2：

研讨主题 3：

研讨主题 4：

研讨主题 5：

参考资料清单格式(每组1份打印)

　　　　　　　　班　第＿＿＿研讨小组

本次研讨实验:＿＿＿＿＿＿＿＿＿＿＿＿＿＿＿＿＿＿＿＿＿＿＿＿＿＿＿＿＿＿＿＿＿

一、专著

格式:作者.书名[M].出版地:出版单位,出版年,起止页码.如:

[1]周振甫.周易译注[M].北京:中华书局,1991:12—18.

二、期刊

格式:作者.文题[J].刊名,年,卷(期):起止页码.如:

[2]陈瑾,李荣亨.衰老的自由基机制[J].中国老年学杂志,2004,7(24):677—679.

三、报纸

格式:作者.文题[N].报名,出版日期(版次).如:

[3]谢希德.创造学习的新思路[N].人民日报,1998—12—25(10).

四、论文集

格式:作者.引文文题.主编.论文集名[C].出版地:出版者,出版年,引文起止页码.如:

[4]钟文发.非线性规划在可燃毒物配置中的应用.赵玮.运筹学的理论与运用[C].西安:西安电子科技大学出版社,1996.468—471.

五、学位论文类

格式:作者名.题名[D].保存地点:保存单位,年份.如:

[5]朱爱华.城市社区建设中的物业管理研究[D].苏州:苏州大学,2003.

六、电子文献

格式:作者.电子文献题名[电子文献及载体类型标识].电子文献的出处或可获得地址,发表或更新日期/引用日期.如:

[6]王明亮.关于中国学术期刊标准化数据库工程的进展[EB/OL].http://www.cajcd.edu.cn/pub/wml.txt/980810—2.html,1998—08—16/1998—10—04.

分组学习研讨记录（每组 1 份，手写记录）

_____班　第_____研讨小组

研讨时间：_____年_____月_____日_____时至_____时

研讨地点：_____

主持人：_____参与人：_____

记录员：_____

本次研讨实验：_____

研讨主要内容记录

1. 主持人发言（说明研讨规则及程序）

_____
_____
_____
_____

签名：_____

2. 发言人：_____；学号：_____

_____
_____
_____
_____

签名：_____

3. 发言人：_____；学号：_____

_____
_____
_____
_____

签名：_____

4. 发言人：_____；学号：_____

_____
_____
_____
_____

签名：_____

5. 发言人：_____；学号：_____

_____
_____

签名：_____

6. 发言人：_____;学号：_____

签名：_____

7. 发言人：_____;学号：_____

签名：_____

8. 发言人：_____;学号：_____

签名：_____

9. 发言人：_____;学号：_____

签名：_____

10. 发言人：_____;学号：_____

签名：_____

11. 发言人：_____;学号：_____

签名：_____

12.发言人：_____;学号：_____

_____

_____

_____

_____

签名：_____

主持人总结：_____

_____

_____

_____

_____

_____

签名：_____

研讨活动小组整体评分表(总分50,每组1份)

_____班　第_____学习分组

本次研讨实验:_____

评分项目	评分标准	得分
研讨主题和总结报告（15分）	研讨主题明确、完整,能完成规定研讨项目,并有一定自选项目拓展;所涉及相关资料及组员观点的归纳概括全面、分析详实,最终结论明确,论证充分,格式规范。获15—12分	
	研讨主题明确、较完整,能完成规定研讨项目;所涉及相关资料及组员观点的归纳概括基本全面、分析较详实,结论基本明确,论证过程完整,格式较规范。获11—8分	
	研讨主题不太明确或不够完整,没能完成规定研讨项目;所涉及相关资料及组员观点的归纳概括不够全面,最终结论不明确,论证不充分,格式不够规范。获7—0分	
实验结果分析和汇报成绩(15分)	实验结果正确,对实验分析有理有据,能运用自学的新的知识进行探讨,总结分析全面、思路清晰、简明扼要、语言流畅、准确,PPT制作精美,时间把握良好。获15—12分	
	实验结果基本正确,有对实验进行分析,运用自学的新的知识进行探讨能力有限,总结分析较为全面、思路比较清晰、不简明扼要、格式较为规范,能完整叙述观点,表述清楚,PPT制作质量一般,时间把握一般。获11—8分	
	有一定的实验结果,有对实验进行分析,没能运用自学的新的知识进行探讨,总结分析不全面、思路不清晰、不简明扼要、格式不规范,不能阐明观点或观点明显错误,PPT制作粗糙,时间没有把握好。获7—0分	
资料清单成绩（5分）	查阅资料数量多、质量高、格式规范。获5—4分	
	查阅资料数量较多、质量一般、格式较规范。获3—2分	
	查阅资料数量少、质量一般、格式不规范。获1—0分	
研讨现场及记录成绩(5分)	分组成员均能参与讨论、讨论内容与各研讨主题关联紧密、对各研讨主题能进行深入讨论,发言及答问中组员分工明确、配合默契,记录完整、字迹工整。获5—4分	
	分组成员均能参与讨论、讨论内容与各研讨主题关联比较紧密、对各研讨主题能进行比较深入讨论,发言及答问中组员分工较为明确、配合较为默契,记录比较完整、字迹比较工整。获3—2分	
	仅有少数成员参与讨论、讨论内容与各研讨主题关联不紧密、对各研讨主题的分析不深入,发言及答问中组员分工不明确、配合不默契,记录不完整、字迹不工整。获1—0分	
书面材料汇编成绩(10分)	制作清晰、填写完整,汇编材料齐全,提交及时。获10—8分	
	制作较为清晰,填写较为完整,汇编材料较为齐全,提交较为及时。获7—5分	
	制作不清晰,填写不完整,汇编材料不齐全,提交不及时。获4—0分	
本次研讨活动小组整体评价总分		

指导老师签名:　　　　　　　　　签名时间:

研讨活动组员个人评分表（每组1份）

_____班　第_____研讨小组

本次研讨实验：_____

本组成员	姓名	本次研讨个人得分（满分50；组长给分，小组评定）	本次研讨小组整体得分（满分50）	额外加分	本次研讨个人最终成绩（满分100，超过按100记）
组长					
发言人					
记录员					
其他组员1					
其他组员2					
其他组员3					
其他组员4					

注:额外加分是对发言人(小组团体成绩的20%)、记录员(小组团体成绩的10%)、分组长(小组团体成绩的10%)的酌情加分

指导老师签名：　　　　　　　　　　　　　　　　签名时间：

2．实验设计、小论文、资料上交文本书写格式及要求。

(一)课程设计(论文)报告要求用A4纸排版,单面打印,并装订成册,内容包括:

1.封面(包括题目、院系、专业班级、学生学号、学生姓名、合作学生姓名、指导教师姓名、职称、起止时间等)自行设计

2.目录

①标题"目录"(三号字、黑体、居中)

②文章标题(四号字、黑体、居左)

③节标题(小四号字、宋体)

④页码(小四号字、宋体、居右)

3.设计提示(课前设疑)

4.实验设计方案

①实验目的

②实验原理

③实验流程(路线)

④试剂与器材(名称、浓度、数量)

⑤操作要点(简明扼要的书写)

5.正文(研究报告、研究论文等)

①页边距:上 2.5 cm,下 2.5 cm,左 2.5 cm,右 2 cm,页眉 1.5 cm,页脚 1.75 cm,左侧装订;

②字体:章标题,四号字、黑体、居左;节标题,小四号字、宋体;正文文字,小四号字、宋体;

③行距:1.5 倍行距;

④页码:底部居中,五号;

6.参考文献格式

①标题:"参考文献",小四,黑体,居中;

②示例(五号宋体):

期刊类:[序号]作者 1,作者 2,……作者 n. 文章名. 期刊名(版本). 出版年,卷次(期次):页次.

图书类:[序号]作者 1,作者 2,……作者 n. 书名. 版本. 出版地:出版社,出版年:页次.

7.课后思考题

8.原始材料、数据、讨论记录

(二)正文要求每个学生书写每个实验项目一篇。课程设计(论文)正文参考字数 2000 字以上。课前设疑及课后思考题要求学生独立完成,上交手写资料。

第一部分
生物化学实验技术与原理

第一章　离心分离技术

离心技术在生物科学,特别是在生物化学和分子生物学研究领域,已得到十分广泛的应用,每个生物化学和分子生物学实验室都要装备多种型式的离心机。离心技术主要用于各种生物样品的分离和制备,生物样品悬浮液在高速旋转下,由于巨大的离心力作用,使悬浮的微小颗粒(细胞器、生物大分子的沉淀等)以一定的速度沉降,从而与溶液得以分离,而沉降速度取决于颗粒的质量、大小和密度。

一、离心分离技术原理

(一)离心力

离心作用是根据在一定角速度下作圆周运动的任何物体都受到一个向外的离心力进行的。当一个粒子(生物大分子或细胞器)在高速旋转下受到离心力作用时,此离心力 F 由下式定义:

$$F = m \cdot a = m \cdot \omega^2 r$$

式中:a 为粒子旋转的加速度,m 为沉降粒子的有效质量,ω 为粒子旋转的角速度,r 为粒子的旋转半径(cm)。

(二)相对离心力

通常离心力常用地球引力的倍数来表示,因而称为相对离心力"RCF"。或者用数字乘"g"来表示,例如 $2.5 \times 10^4 \times g$,则表示相对离心力为 2.5×10^4。相对离心力是指在离心场中,作用于颗粒的离心力相当于地球重力的倍数,单位是重力加速度"g"($980 \ cm/s^2$),此时相对离心力可用下式计算:

$$\because \qquad RCF = \frac{\omega^2 F}{980} \qquad\qquad \omega = \frac{2\pi \times n}{60}$$

$$\therefore \qquad RCF = 1.119 \times 10^{-5} n^2 r \qquad (n \text{ —每分钟转数,即 r/min,r/min})$$

由上式可见,只要给出旋转半径 r,则 RCF 和 n 之间可以相互换算。但是由于转头的形状及结构的差异,使每台离心机的离心管、从管口至管底的各点与旋转轴之间的距离是不一样的,所以在计算时规定旋转半径均用平均半径"r_{av}"代替:$r_{av} = (r_{min} + r_{max})/2$。

一般情况下,低速离心时常以转速"r/min"来表示,高速离心时则以"g"表示。计算颗粒的相对离心力时,应注意离心管与旋转轴中心的距离"r"不同,即沉降颗粒在离心管中所处位置不同,则所受离心力也不同。因此在报告超离心条件时,通常总是用地心引力的倍数"$\times g$"代替每分钟转数"r/min",因为它可以真实地反映颗粒在离心管内不同位置的离心力及其动态变化。科技文献中离心力的数据通常是指其平均值(RCF_{av}),即离心管中点的离心力。

（三）沉降速度

沉降速度是指在离心力场的作用下,单位时间内颗粒下沉运动的距离。沉降速度与离心力场强及相对分子质量成正比,还与颗粒及溶剂的性质有关。可依据被分离物的物理特性常数,用 Stocke 落体定律进行计算:

$$V = 2(D - d)gr^2/(9\eta)$$

式中:V 表示粒子沉降速度;D 表示粒子的密度;d 表示溶剂的密度;η 表示溶剂的黏度;r 表示粒子半径;g 表示重力常数。

从上式可知,粒子沉降速度正比于粒子半径的平方,正比于粒子密度与溶剂密度之差;当粒子密度等于溶剂密度时,沉降速度为零;当溶剂的黏度增加时,沉降速度下降;当离心力场强增加时,沉降速度增加。

（四）沉降时间

在实际工作中,常常遇到要求在已有的离心机上把某一种溶质从溶液中全部沉降分离出来的问题,这就必须首先知道用多大转速与多长时间可达到目的。如果转速已知,则需解决沉降时间来确定分离某粒子所需的时间。

（五）沉降系数

沉降系数(sedimentation coefficient)是指在单位离心力作用下,物质颗粒沉降的速度。

$$S = 沉降速度/单位离心力 = (dr/dt)/(\omega^2 r)$$

式中:t 表示时间(s),变化的时间用时间的微分 dt 表示;r 表示运动粒子到离心机转轴中心的距离。

沉降系数是一个很有用的参数,常用来描述生物大分子的大小,如 18S rRNA,23S rRNA。

（六）与沉降相关的因素

（1）离心速度:离心速度大小决定了颗粒沉降的快慢,大小不同的颗粒使用不同的离心速度。颗粒质量大,在离心场中沉降速度快,只需低速离心;反之,颗粒质量小,在离心场中沉降速度慢,需高速离心。

（2）温度:不同温度下,离心介质的黏稠度不同,多数离心介质的黏稠度都会随着温度的变化而变化。因此,在离心时要求温度恒定,尤其梯度离心对温度较敏感,对离心环境的温度要求更严格。

（3）离心时间:通过离心机设定和记录一个精确时间并不难,但如何控制达到最大速度离心所要的时间是很重要的。有的离心机提速较快,有的离心机提速较慢。如果设定一个同样的离心时间,提速较快的离心机就会先达到离心所需的最大速度,提速较慢的离心机就会较迟达到。因此,离心时间较短的样品的离心时间往往与真正所需的离心时间差别较大,而对于离心时间较长的样品影响不大。

（4）离心半径:离心机转头的半径大小会影响到离心体积和颗粒下沉的距离。

二、离心机的类型

离心机可分为工业用离心机和实验用离心机。实验用离心机又分为制备型离心机和分析型离心机。制备型离心机主要用于分离各种生物材料,每次分离的样品容量比较大;分析型离心机一般都带有光学系统,主要用于研究纯的生物大分子和颗粒的理化性质,依据待测物质在离心场中的行为(用离心机中的光学系统连续监测),能推断物质的纯度、形状和相对分子质量等。分析型离心机都是超速离心机。

（一）按转数分类

离心机根据转速的大小分为低速、高速和超速离心机。由于转速太高会产生大量的热量,因而高速及超速离心机都附有制冷装置,以降低转子室的温度;同时为减少摩擦,还附有抽真空装置,使转子在真空条件下运转。

(1) 低速离心机:最大转速 6000 r/min 左右,最大的离心力近 $6000\times g$,容量为几十毫升至几升,分离形式是固液沉降分离,其转速不能严格控制,通常不带冷冻系统,于室温下操作,用于收集易沉降的大颗粒物质,如红细胞、粗大沉淀物、细胞膜、微生物细胞等。

(2) 高速离心机:最大转速为 $2\times10^4\sim2.5\times10^4$ r/min,最大离心力为 $8.9\times10^4\times g$,最大容量可达 3L,分离形式也是固液沉降分离,一般都有制冷系统,以消除高速旋转转头与空气之间摩擦而产生的热量,离心室的温度可以调节和维持在 $0\sim4$ ℃,转速、温度和时间都可以严格准确地控制,并有指针或数字显示,通常用于微生物菌体、细胞碎片、大细胞器、硫酸铵沉淀和免疫沉淀物等的分离纯化工作,但不能有效地沉降病毒、小细胞器(如核蛋白体)或单个分子。

(3) 超速离心机:转速可达 $5\times10^4\sim8\times10^4$ r/min,离心力最大可达 $8\times10^5\times g$,最著名的生产厂商有美国的贝克曼公司和日本的日立公司等,离心容量有几十毫升至 2L,分离的形式是差速沉降分离和密度梯度区带分离,离心管平衡允许的误差要小于 0.1 g。超速离心机的出现,使生物科学的研究领域有了新的扩展,它能使过去仅仅在电子显微镜观察到的亚细胞器得到分级分离,还可以分离病毒、核酸、蛋白质和多糖等。

（二）按离心机的用途分类

(1)小型离心机:一般指体积较小的台式离心机,转速可以从每分钟数千转到每分钟数万转,相对离心力由数千到数十万,离心管的容量由数百微升到数十毫升。小型离心机多用于小量快速的离心。为适应目前分子生物学研究的需要,有的厂商又推出了带有制冷装置的小型离心机。

(2)制备型大容量低速离心机:一般是离心的体积较多,机型体积较大的落地式离心机。最大转速为 6000r/min 左右,最大离心力在 $6000\times g$ 左右,最大容量可达数千毫升。大多数离心机均设有制冷系统。

(3)高速冷冻离心机:高速冷冻离心机与大容量低速离心机相近,两者之间的主要差异在于前者的离心速度比后者高,并设有制冷系统。高速冷冻离心机的最大速度在 1.8×10^4 $\sim2.1\times10^4$ r/min,最大离心力在 $5\times10^4\times g$ 左右,可以更换转头调整离心容量。

(4)超速离心机:超速离心机具有很大的离心力,最大速度可达 1×10^5 r/min,最大离心力可达 $8\times10^5\times g$,超速离心机可以进行小量制备,最大容量可达数百毫升。

(5)分析型离心机:主要用于生物大分子的定性、测定生物大分子的相对分子质量、估计样品的纯度、检测生物大分子构象的变化和定量分析等的超速离心机。最大转速在 8×10^4 r/min,最大离心力可达 $8\times10^5\times g$ 以上。

(6)连续流离心机:主要用于处理类似于发酵液等特大体积、浓度较稀的样液。最大离心速度与高速冷冻离心机相近。

三、离心分离方法

(一)差速沉降离心法

这是最普通的离心法。即采用逐渐增加离心速度或低速和高速交替进行离心,使沉降速度不同的颗粒,在不同的离心速度及不同离心时间下分批分离的方法。此法一般用于分离沉降系数相差较大的颗粒。

差速离心首先要选择好颗粒沉降所需的离心力和离心时间。当以一定的离心力在一定的离心时间内进行离心时,在离心管底部就会得到最大和最重颗粒的沉淀,分出的上清液在加大转速下再进行离心,又得到第二部分较大较重颗粒的沉淀及含较小和较轻颗粒的上清液,如此多次离心处理,即能把液体中的不同颗粒较好地分离开。此法所得的沉淀是不均一的,仍杂有其他成分,需经过 2、3 次的再悬浮和再离心,才能得到较纯的颗粒。

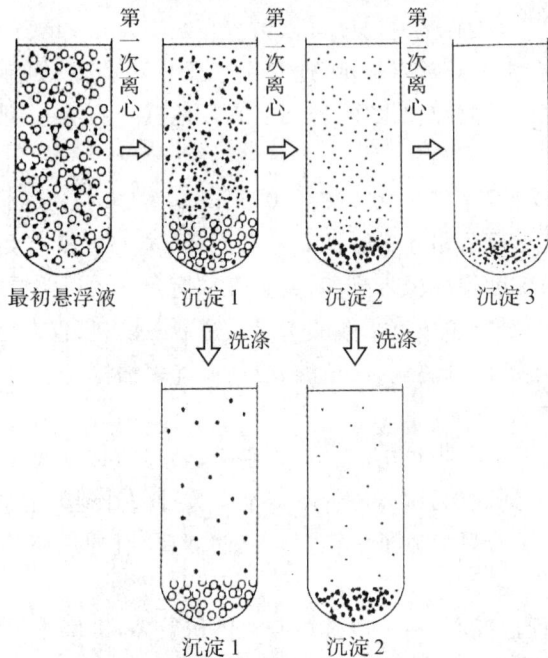

图 1-1　差速离心操作

差速离心法是基于不同组分沉降速度不同而实现混合物分离的方法,主要用于组织匀浆液中分离细胞器和病毒,其优点是:操作简易,离心后用倾倒法即可将上清液与沉淀分开,并可使用容量较大的角式转子。但差速离心的效率低,费时间,得到的组分不太均一,悬浮洗涤方法虽然可以提高分离组分的纯度,但会降低其回收率,当组分差异过小时,多次洗涤、分离也将无济于事。此时,就需要考虑换用分辨率更高的离心方法。

(二)密度梯度区带离心法

区带离心法是将样品加在惰性梯度介质中进行离心沉降或沉降平衡,在一定的离心力下把颗粒分配到梯度中某些特定位置上,形成不同区带的分离方法。它比差速离心法复杂,但具有很好的分辨能力。密度梯度离心可以同时使样品中几个或全部组分分离,这更是差速离心法所不及的。

此法的缺点是：①离心时间较长；②需要制备惰性梯度介质溶液；③操作严格，不易掌握。

密度梯度区带离心法又可分为两种：

(1)差速区带离心法：当不同的颗粒间存在沉降速度差时，在一定的离心力作用下，颗粒各自以一定的速度沉降，在密度梯度介质的不同区域上形成区带的方法称为差速区带离心法。

离心管先装好密度梯度介质溶液，样品液加在梯度介质的液面上，离心时，由于离心力的作用，颗粒离开原样品层，按不同沉降速度向管底沉降，离心一定时间后，沉降的颗粒逐渐分开，最后形成一系列界面清楚的不连续区带，沉降系数越大，往下沉降越快，所呈现的区带也越低。预制密度梯度介质的作用有两个，一是支撑样品，二是防止离心过程中产生的对流对已形成区带的破坏作用。样品液的密度一定要大于密度梯度介质的最大密度，否则就不能使样品各组分得到有效分离。也正因为这样，速率区带离心时间不能过长，必须在沉降速率最大的样品区带沉降到离心管底部之前就停止离心。不然，样品中所有的组分都将共沉下来，不能达到分离的目的。

梯度介质通常用蔗糖溶液，其最大密度和浓度可达 $1.28\ kg/cm^3$ 和 60%。此离心法的关键是选择合适的离心转速和时间。

(2)等密度区带离心法：如果离心管中介质的密度梯度范围包括待分离样品中所有组分的密度，离心过程中各组分将逐步移至与它本身密度相同的地方形成区带，这种分离方法成为等密度区带离心。

等密度离心法的分离效率取决于样品颗粒的浮力密度差，密度差越大，分离效果越好，与颗粒大小和形状无关，但大小和形状决定着达到平衡的速度、时间和区带宽度。离心时间的延长或转速提高不会破坏已经形成的样品区带，也不会发生共沉现象。

等密度区带离心法所用的梯度介质通常为氯化铯，其密度可达 $1.7\ g/cm^3$。此法可分离核酸、亚细胞器等，也可以分离复合蛋白质，但简单蛋白质不适用。

收集区带的方法有许多种，例如：用注射器和滴管由离心管上部吸出；用针刺穿离心管底部滴出；用针刺穿离心管区带部分的管壁，把样品区带抽出；用一根细管插入离心管底，泵入超过梯度介质最大密度的取代液，将样品和梯度介质压出，用自动部分收集器收集。

四、离心机的使用方法

实验室常用离心机，转速范围 $0\sim5000\ r/min$，可控时间 $0\sim60\ min$。使用方法：①将所离心溶液移入离心管中，把离心管插入离心桶内；②将天平调节平衡；③将两个离心桶放在天平上，用滴管吸取自来水加入较轻的一侧离心桶内，调节平衡；④将平衡后的两个离心桶对称插入离心机托架上，盖好离心机盖子；⑤开启电源(power)按钮，指示灯亮；⑥设定离心时间(time)；⑦设定转速(speed)至所需转速；⑧按开始(start)按钮开始离心，离心结束后，取出离心桶；⑨盖好离心机盖，关闭电源，把离心桶倒置在桌面上；⑩将使用时间、转速及使用状况登记在使用记录本上。

高速冷冻离心机的一般操作规程：①选择合适的转子，安装到离心腔内承载转子的轴上；②接通电源，打开电源开关，调温度控制钮，指向所需温度，待离心室冷却至所需温度时，方可离心；③离心管要精密地平衡，并对称地放入转头中，调节速度钮和定时钮，使指向所需时间和速度；④扣开启动开关，观察离心机上的各种仪表是否正常工作；⑤在自动关机或手控关机后，可开启制动开关，使离心机较快地停止转动；⑥全部离心工作完成后，关闭冷冻开关，调节速度钮回到零位，并关闭电源开关，切断电源。将转头取出，用纱布擦拭干净，将离心机的盖子敞开放置，使冷凝的水汽蒸发至干。

五、离心操作的注意事项

高速与超速离心机是生化实验教学和生化科研的重要精密设备，因其转速高，产生的离心力大，使用不当或缺乏定期的检修和保养，都可能发生严重事故，因此使用离心机时都必须严格遵守操作规程。

(1)使用各种离心机时，必须事先在天平上精密地平衡离心管和其内容物，平衡时重量之差不得超过各个离心机说明书上所规定的范围，每个离心机不同的转头有各自的允许差值，转头中绝对不能装载单数个的管子，当转头只是部分装载时，管子必须互相对称地放在转头中，以便使负载均匀地分布在转头的周围。

(2)装载溶液时，要根据各种离心机的具体操作说明进行，根据待离心液体的性质及体积选用适合的离心管，有的离心管无盖，液体不得装得过多，以防离心时甩出，造成转头不平衡、生锈或被腐蚀，而制备性超速离心机的离心管，则常常要求必须将液体装满，以免离心时塑料离心管的上部凹陷变形。每次使用后，必须仔细检查转头，及时清洗、擦干，转头是离心机中须重点保护的部件，搬动时要小心，不能碰撞，避免造成伤痕，转头长时间不用时，要涂上一层上光腊保护，严禁使用显著变形、损伤或老化的离心管。

(3)若要在低于室温的温度下离心时，转头在使用前应放置在冰箱或置于离心机的转头室内预冷。

(4)离心过程中不得随意离开，应随时观察离心机上的仪表是否正常工作，如有异常的声音应立即停机检查，及时排除故障。

(5)每个转头各有其最高允许转速和使用累积限时，使用转头时要查阅说明书，不得过度使用。每一转头都要有一份使用档案，记录累积的使用时间，若超过了该转头的最高使用限时，则须按规定降速使用。

第二章 层析技术

一、概述

(一)层析的基本原理

层析技术是近代生物化学最常用的分离方法之一,它是利用不同物质理化性质的差异而建立起来的技术。所有的层析系统都由两相组成:固定相和流动相。当待分离的混合物随流动相通过固定相时,由于各组分的物理化学性质的差别(如吸附力、分子形状和大小、分子极性、分子亲和力、分配系数等),与两相发生相互作用(如吸附、溶解、结合等)的能力不同,使各组分不同程度地分布于两相中,从而使各组分以不同速度移动而达到分离的目的。与固定相相互作用力弱的组分,随流动相移动时受到的阻滞作用小,向前移动的速度快;反之,与固定相相互作用强的组分,向前移动速度慢。分部收集流出液,可得到样品中所含的各单一组分。

层析法的最大特点是分离效率高,它能分离各种性质极相类似的物质。而且它既可以用于少量物质的分析鉴定,又可用于大量物质的分离纯化制备。因此,作为一种重要的分析分离手段与方法,它广泛地应用于科学研究与工业生产上。现在,它在石油、化工、医药卫生、生物科学、环境科学、农业科学等领域都发挥着十分重要的作用。

(二)层析的基本概念

1. 固定相

固定相是层析的一个基质。它可以是固体物质(如吸附剂,凝胶,离子交换剂等),也可以是液体物质(如固定在硅胶或纤维素上的溶液),这些基质能与待分离的化合物进行可逆的吸附,溶解,交换等作用。它对层析的效果起着关键的作用。

2. 流动相

在层析过程中,推动固定相上待分离的物质朝着一个方向移动的液体、气体或超临界流体等,都称为流动相。柱层析中一般称为洗脱剂,薄层层析时称为展层剂。它也是层析分离中的重要影响因素之一。

3. 分配系数及迁移率

分配系数是指在一定的条件下,某种组分在固定相和流动相中含量(浓度)的比值,常用 K 来表示。分配系数是层析中分离纯化物质的主要依据。

$$K = c_s/c_m$$

式中:c_s 为固定相中的浓度;c_m 为流动相中的浓度。

迁移率是指在一定条件下,在相同的时间内某一组分在固定相移动的距离与流动相本身移动的距离之比值,常用 R_f 来表示($R_f \leqslant 1$)。可以看出:

$$K \uparrow \rightarrow R_f \downarrow ;反之,K \downarrow \rightarrow R_f \uparrow 。$$

实验中我们还常用相对迁移率的概念。相对迁移率是指在一定条件下,在相同时间内,某一组分在固定相中移动的距离与某一标准物质在固定相中移动的距离之比值。它可以小于等于1,也可以大于1,用 R_x 来表示。不同物质的分配系数或迁移率是不同的。分配系数或迁移率的差异程度是决定几种物质采用层析方法能否分离的先决条件。很显然,差异越大,分离效果越理想。

分配系数主要与下列因素有关:①被分离物质本身的性质;②固定相和流动相的性质;③层析柱的温度。

4. 分辨率(或分离度)

分辨率一般定义为:相邻两个峰的分开程度,指相邻两色谱保留值之差与两峰底宽平均值之比,用 R_s 来表示。R_s 值越大,两种组分分离的越好。当 $R_s=1$ 时,两组分具有较好的分离,每种组分的纯度约为98%;当 $R_s=1.5$ 时,两组分基本完全分开,每种组分的纯度可达到99.8%。如果两种组分的浓度相差较大时,尤其要求较高的分辨率。

影响分离度或分离效率的因素是多方面的,我们应当根据实际情况综合考虑。

5. 正相色谱与反相色谱

正相色谱是指固定相的极性高于流动相的极性,因此,在这种层析过程中非极性分子或极性小的分子比极性大的分子移动的速度快,先从柱中流出来。

反相色谱是指固定相的极性低于流动相的极性,在这种层析过程中,极性大的分子比极性小的分子移动的速度快而先从柱中流出。

一般来说,分离纯化极性大的分子(如带电离子等)采用正相色谱(或正相柱),而分离纯化极性小的有机分子(如有机酸、醇、酚等)多采用反相色谱(或反相柱)。

6. 操作容量(或交换容量)

在一定条件下,某种组分与基质(固定相)反应达到平衡时,存在于基质上的饱和容量,我们称为操作容量(或交换容量)。它的单位是毫摩尔(或毫克)/克(基质)或毫摩尔(或毫克)/毫升(基质)。数值越大,表明基质对该物质的亲合力越强。应当注意,同一种基质对不同种类分子的操作容量是不相同的,这主要是由于分子大小(空间效应)、带电荷的多少、溶剂的性质等多种因素的影响。因此,实际操作时,加入的样品量要尽量少些,特别是生物大分子,样品的加入量更要进行控制,否则用层析办法不能得到有效的分离。

(三)层析技术的分类

层析根据不同的标准可以分为多种类型:

1. 根据分离的原理不同分类,层析主要可以分为吸附层析、分配层析、凝胶过滤层析、离子交换层析、亲和层析等。

吸附层析是以吸附剂为固定相,根据待分离物与吸附剂之间吸附力不同而达到分离目的的一种层析技术。

分配层析是根据在一个有两相同时存在的溶剂系统中,不同物质的分配系数不同而达到分离目的的一种层析技术。

凝胶过滤层析是以具有网状结构的凝胶颗粒作为固定相,根据物质的分子大小进行分离的一种层析技术。

离子交换层析是以离子交换剂为固定相,根据物质的带电性质不同而进行分离的一种层析技术。

　　亲和层析是根据生物大分子和配体之间的特异性亲和力（如酶和抑制剂、抗体和抗原、激素和受体等），将某种配体连接在载体上作为固定相，而对能与配体特异性结合的生物大分子进行分离的一种层析技术。亲和层析是分离生物大分子最为有效的层析技术，具有很高的分辨率。

　　2. 根据固定相基质的形式分类，层析可以分为纸层析、薄层层析和柱层析。纸层析是指以滤纸作为基质的层析。薄层层析是将基质在玻璃或塑料等光滑表面铺成一薄层，在薄层上进行层析。柱层析则是指将基质填装在管中形成柱形，在柱中进行层析。纸层析和薄层层析主要适用于小分子物质的快速检测分析和少量分离制备，通常为一次性使用，而柱层析是常用的层析形式，适用于样品分析、分离。生物化学中常用的凝胶层析、离子交换层析、亲和层析、高效液相色谱等都通常采用柱层析形式。

　　3. 根据流动相的形式分类，层析可以分为液相层析和气相层析。气相层析是指流动相为气体的层析，而液相层析指流动相为液体的层析。气相层析测定样品时需要汽化，大大限制了其在生化领域的应用，主要用于氨基酸、核酸、糖类、脂肪酸等小分子的分析鉴定。而液相层析是生物领域最常用的层析形式，适于生物样品的分析、分离。

（四）柱层析的基本装置及基本操作

目前，最常用的层析类型是各种柱层析，下面简述柱层析的基本装置及操作方法。

1. 柱层析的基本装置

柱层析的基本装置示意图如图 2-1 所示。

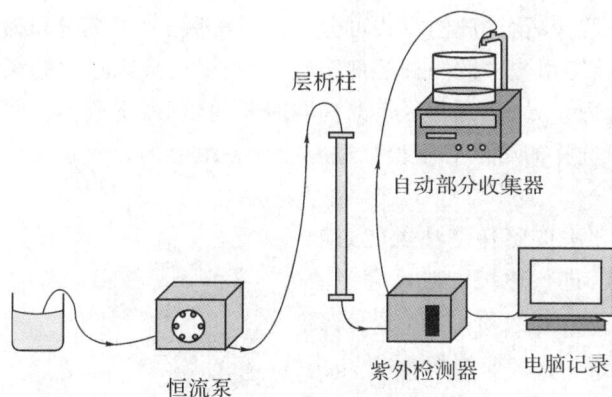

图 2-1　柱层析的基本装置

2. 柱层析的基本操作

柱层析的基本操作包括以下一些步骤：

（1）装柱

柱子装的质量好与差，是柱层析法能否成功分离纯化物质的关键步骤之一。一般要求柱子装得要均匀，不能分层，柱子中不能有气泡等。否则要重新装柱。

首先选好柱子，根据层析的基质和分离目的而定。一般柱子的直径与长度比为 1∶10～1∶50；凝胶柱可以选 1∶100～1∶200，同时将柱子洗涤干净。

将层析用的基质（如吸附剂、树脂、凝胶等）在适当的溶剂或缓冲液中溶胀，并用适当浓度的酸（0.5～1 mol/L）、碱（0.5～1 mol/L）、盐（0.5～1 mol/L）溶液洗涤处理，以除去其表面可能吸附的杂质。然后用去离子水(或蒸馏水)洗涤干净并真空抽气(吸附剂等与溶液混合在一起),以除去其内部的气泡。

关闭层析柱出水口,并装入 1/3 柱高的缓冲液,并将处理好的吸附剂等缓慢地倒入柱中,使其沉降约 3 cm 高。

打开出水口,控制适当流速,使吸附剂等均匀沉降,并不断加入吸附剂溶液(吸附剂的多少根据分离样品的多少而定)。注意不能干柱、分层,否则必须重新装柱。

最后使柱中基质表面平坦并在表面上留有 2～3 cm 高的缓冲液,同时关闭出水口。

(2)平衡

柱子装好后,要用所需的缓冲液(有一定的 pH 和离子强度)平衡柱子。用恒流泵在恒定压力下走柱(平衡与洗脱时的压力尽可能保持相同)。平衡液体积一般为 3～5 倍柱床体积,以保证平衡后柱床体积稳定及基质充分平衡。如果需要,可用蓝色葡聚糖 2000 在恒压下走柱,如色带均匀下降,则说明柱子是均匀的。有时柱子平衡好后,还要进行转型处理。

(3)加样

加样量的多少直接影响分离的效果。一般讲,加样量尽量少些,分离效果比较好。通常加样量应少于 20% 的操作容量,体积应低于 5% 的柱床体积,对于分析性柱层析,一般不超过 1% 的柱床体积。当然,最大加样量必须在具体条件下多次试验后才能决定。

应注意的是,加样时应缓慢小心地将样品溶液加到固定相表面,尽量避免冲击基质,以保持基质表面平坦。

(4)洗脱

当我们选定好洗脱液后,洗脱的方式可分为简单洗脱、分部洗脱和梯度洗脱三种。

简单洗脱:柱子始终用同样的一种溶剂洗脱,直到层析分离过程结束为止。如果被分离物质对固定相的亲合力差异不大,其区带的洗脱时间间隔(或洗脱体积间隔)也不长,采用这种方法是适宜的。但选择的溶剂必须很合适方能使各组分的分配系数较大。否则应采用下面的方法。

分部洗脱:这种方法按照递增洗脱能力顺序排列的几种洗脱液,进行逐级洗脱。它主要对混合物组成简单、各组分性质差异较大或需快速分离时适用。每次用一种洗脱液将其中一种组分快速洗脱下来。

梯度洗脱:当混合物中组分复杂且性质差异较小时,一般采用梯度洗脱。它的洗脱能力是逐步连续增加的,梯度可以指浓度、极性、离子强度或 pH 值等。最常用的是浓度梯度。

洗脱条件的选择,也是影响层析效果的重要因素。当对所分离的混合物的性质了解较

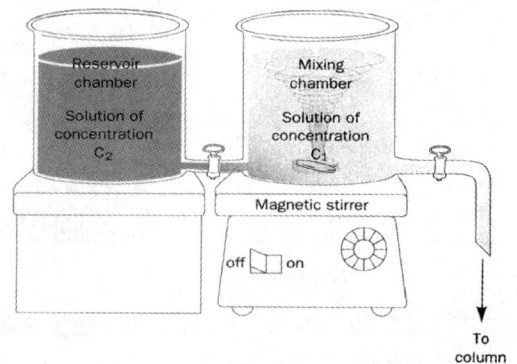

图 2-2　线性梯度混合器

少时,一般先采用线性梯度洗脱的方式去尝试,但梯度的斜率要小一些,尽管洗脱时间较长,但对性质相近的组分分离更为有利。同时还应注意洗脱时的速率。流速的快慢会影响分辨率。事实上,速度太快,各组分在固液两相中平衡时间短,相互分不开,仍以混合组分流出;速度太慢,将增大物质的扩散,同样达不到理想的分离效果。只有多次试验才能得到合适的

流速。总之,我们必须经过反复的试验与调整(可以用正交试验或优选法),才能得到最佳的洗脱条件。还应强调的一点是,在整个洗脱过程中,千万不能干柱,否则分离纯化将会前功尽弃。

(5) 收集、鉴定及保存

在生化实验中,基本上我们都是采用分部收集器来收集分离纯化的样品。由于检测系统的分辨率有限,洗脱峰不一定能代表一个纯净的组分。因此,每管的收集量不能太多,一般 1~5 mL 每管。如果分离的物质性质很相近,可低至 0.5 mL 每管。这视具体情况而定。在合并一个峰的各管溶液之前,还要进行鉴定。例如,一个蛋白峰的各管溶液,我们要先用电泳法对各管进行鉴定。对于是单条带的,认为已达电泳纯,合并在一起。其他的另行处理。最后,为了保持所得产品的稳定性与生物活性,我们一般采用透析除盐、超滤或减压薄膜浓缩,再冰冻干燥,得到干粉,在低温下保存备用。

(6) 基质(吸附剂、交换树脂或凝胶等)的再生

许多基质(吸附剂、交换树脂或凝胶等)可以反复使用多次,而且价格昂贵,所以层析后要回收处理,以备再用,严禁乱倒乱扔。这也是一个科研工作者的科学作风问题。各种基质的再生方法可参阅具体层析实验及有关文献。

二、凝胶层析

凝胶层析(gel chromatography)又称为凝胶排阻层析(gel exclusion chromatography)、分子筛层析(molecular sieve chromatography)、凝胶过滤(gel filtration)等。它是以多孔性凝胶填料为固定相,按分子大小顺序分离样品中各个组分的液相色谱方法。凝胶层析是生物化学中一种常用的分离手段,它具有设备简单、操作方便、样品回收率高、实验重复性好、特别是不改变样品生物活性等优点,因此广泛用于蛋白质(包括酶)、核酸、多糖等生物分子的分离纯化,同时还应用于蛋白质相对分子质量的测定、脱盐、样品浓缩等。

(一)凝胶层析的基本原理

凝胶层析是依据分子大小这一物理性质进行分离纯化的。层析过程如图 2-3 所示。凝胶层析的固定相是惰性的珠状凝胶颗粒,凝胶颗粒的内部具有立体网状结构,形成很多孔穴。当含有不同分子大小的组分的样品进入凝胶层析柱后,各个组分就向固定相的孔穴内扩散,组分的扩散程度取决于孔穴的大小和组分分子大小。比孔穴孔径大的分子不能扩散到孔穴内部,完全被排阻在孔外,只能在凝胶颗粒外的空间随流动相向下流动,它们经历的流程短,流动速度快,所以首先流出;而较小的分子则可以完

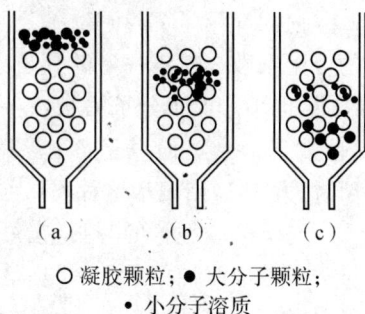

○凝胶颗粒;● 大分子颗粒;
• 小分子溶质

图 2-3　凝胶层析分离原理示意

全渗透进入凝胶颗粒内部,经历的流程长,流动速度慢,所以最后流出;而分子大小介于两者之间的分子在流动中部分渗透,渗透的程度取决于它们分子的大小,所以它们流出的时间介于两者之间,分子越大的组分越先流出,分子越小的组分越后流出。这样样品经过凝胶层析后,各个组分便按分子从大到小的顺序依次流出,从而达到了分离的目的。

(二)凝胶层析的基本概念

1. 外水体积、内水体积、基质体积、柱床体积、洗脱体积

外水体积是指凝胶柱中凝胶颗粒周围空间的体积,也就是凝胶颗粒间液体流动相的体积。内水体积是指凝胶颗粒中孔穴的体积,凝胶层析中固定相体积就是指内水体积。基质体积是指凝胶颗粒实际骨架体积。而柱床体积就是指凝胶柱所能容纳的总体积。洗脱体积是指将样品中某一组分洗脱下来所需洗脱液的体积。我们设柱床体积为 V_t,外水体积为 V_o,内水体积为 V_i,基质体积为 V_g,则有:

$$V_t = V_o + V_i + V_g$$

由于 V_g 相对很小,可以忽略不计,则有:

$$V_t = V_o + V_i$$

设洗脱体积为 V_e,V_e 一般是介于 V_o 和 V_t 之间的。对于完全排阻的大分子,由于其不进入凝胶颗粒内部,而只存在于流动相中,故其洗脱体积 $V_e = V_o$;对于完全渗透的小分子,由于它可以存在于凝胶柱整个体积内(忽略凝胶本身体积 V_g),故其洗脱体积 $V_e = V_t$。相对分子质量介于两者之间的分子,它们的洗脱体积也介于两者之间。有时可能会出现 $V_e > V_t$,这是由于这种分子与凝胶有吸附作用造成的。

柱床体积 V_t 可以通过加入一定量的水至层析柱预定标记处,然后测量水的体积来测定。外水体积 V_o 可以通过测定完全排阻的大分子物质的洗脱体积来测定,一般常用蓝色葡聚糖－2000 作为测定外水体积的物质。因为它的相对分子质量大(为 200 万),在各种型号的凝胶中都被排阻,并且它呈蓝色,易于观察和检测。

2. 分配系数

分配系数是指某个组分在固定相和流动相中的浓度比。对于凝胶层析,分配系数实质上表示某个组分在内水体积和在外水体积中的浓度分配关系。在凝胶层析中,分配系数通常表示为:

$$K_{av} = \frac{V_e - V_o}{V_t - V_o}$$

前面介绍了 V_t 和 V_o 都是可以测定的,所以测定了某个组分的 V_e 就可以得到这个组分的分配系数。对于一定的层析条件,V_t 和 V_o 都是恒定的,大分子先被洗脱出来,V_e 值小,K_{av} 值也小。而小分子后被洗脱出来,V_e 值大,K_{av} 值也大。对于完全排阻的大分子,$V_e = V_o$,故 $K_{av} = 0$。而对于完全渗透的小分子,$V_e = V_t$,故 $K_{av} = 1$。一般 K_{av} 值在 $0 \sim 1$ 之间,如 K_{av} 值大于 1,则表示这种物质与凝胶有吸附作用。

对于某一型号的凝胶,在一定的相对分子质量范围内,各个组分的 K_{av} 与其相对分子质量的对数成线性关系:

$$K_{av} = -b \lg M_W + c$$

式中:b、c 为常数,M_W 表示物质的相对分子质量。另外由于 V_e 和 K_{av} 也成线性关系,所以同样有:

$$V_e = -b' \lg M_W + c'$$

式中:b'、c' 为常数。这样我们通过将一些已知相对分子质量的标准物质在同一凝胶柱上以相同条件进行洗脱,分别测定 V_e 或 K_{av},并根据上述的线性关系绘出标准曲线,然后在相同的条件下测定未知物的 V_e 或 K_{av},通过标准曲线即可求出其相对分子质量。这就是凝胶层析测定相对分子质量的基本原理。

3. 排阻极限

排阻极限是指不能进入凝胶颗粒孔穴内部的最小分子的相对分子质量。所有大于排阻极限的分子都不能进入凝胶颗粒内部,直接从凝胶颗粒外流出,所以它们同时被最先洗脱出来。排阻极限代表一种凝胶能有效分离的最大相对分子质量,大于这种凝胶的排阻极限的分子用这种凝胶不能得到分离。例如 Sephadex G-50 的排阻极限为 $3×10^4$,它表示相对分子质量大于 $3×10^4$ 的分子都将直接从凝胶颗粒之外被洗脱出来。

4. 分级分离范围

分级分离范围表示一种凝胶适用的分离范围,对于相对分子质量在这个范围内的分子,用这种凝胶可以得到较好的线性分离。例如 Sephadex G-75 对球形蛋白的分级分离范围为 $3×10^3-7×10^4$,它表示相对分子质量在这个范围内的球形蛋白可以通过 Sephadex G-75 得到较好的分离。应注意,对于同一型号的凝胶,球形蛋白与线形蛋白的分级分离范围是不同的。

5. 吸水率和床体积

吸水率是指 1 g 干的凝胶吸收水的体积或者重量,但它不包括颗粒间吸附的水分。所以它不能表示凝胶装柱后的体积。而床体积是指 1 g 干的凝胶吸水后的最终体积。

6. 凝胶颗粒大小

层析用的凝胶一般都成球形,颗粒的大小通常以目数(mesh)或者颗粒直径(μm)来表示。柱子的分辨率和流速都与凝胶颗粒大小有关。颗粒大,流速快,但分离效果差;颗粒小,分离效果较好,但流速慢。一般比较常用的是 100～200 目。

(三)凝胶的种类和性质

凝胶的种类很多,常用的凝胶主要有葡聚糖凝胶(dextran)、聚丙烯酰胺凝胶(polyacrylamide)、琼脂糖凝胶(agarose)以及聚丙烯酰胺和琼脂糖之间的交联物。另外还有多孔玻璃珠、多孔硅胶、聚苯乙烯凝胶等等。下面将分别介绍。

1. 葡聚糖凝胶

葡聚糖凝胶是指由天然高分子葡聚糖与其他交联剂交联而成的凝胶。葡聚糖凝胶常见的有两大类,商品名分别为 Sephadex 和 Sephacryl。

葡聚糖凝胶中最常见的是 Sephadex 系列,它是葡聚糖与 3-氯-1,2 环氧丙烷(交联剂)相互交联而成,交联度由环氧氯丙烷的百分比控制。Sephadex 的主要型号是 G-10～G-200,后面的数字是凝胶的吸水率(单位是 mL/g 干胶)乘以 10。如 Sephadex G-50,表示吸水率是 5 mL/g 干胶。Sephadex 的亲水性很好,在水中极易膨胀,不同型号的 Sephadex 的吸水率不同,它们的孔穴大小和分离范围也不同。数字越大的,排阻极限越大,分离范围也越大。Sephadex 中排阻极限最大的 G-200 为 $6×10^5$。Sephadex 在水溶液、盐溶液、碱溶液、弱酸溶液以及有机溶液中都是比较稳定的,可以多次重复使用。Sephadex 稳定工作的 pH 一般为 2～10。强酸溶液和氧化剂会使交联的糖苷键水解断裂,所以要避免 Sephadex 与强酸和氧化剂接触。Sephadex 在高温下稳定,可以煮沸消毒,在 100 ℃下 40 min 对凝胶的结构和性能都没有明显的影响。Sephadex 由于含有羟基基团,故呈弱酸性,这使得它有可能与分离物中的一些带电基团(尤其是碱性蛋白)发生吸附作用。但一般在离子强度大于 0.05 的条件下,几乎没有吸附作用。所以在用 Sephadex 进行凝胶层析实验时常使用一定浓度的盐溶液作为洗脱液,这样就可以避免 Sephadex 与蛋白发生吸附,但应注意如果盐浓度过高,会引起凝胶柱床体积发生较大的变化。Sephadex 有各种颗粒大小(一般有粗、中、细、超细)可以选择,一般粗颗粒流速快,但分辨率较差;细颗粒流速慢,但分辨率高。要根据分离要求来选择颗粒大小。Sephadex 的机械稳定性相对较差,它不耐压,分辨率高的细颗粒要求流速较慢,所以不能实现快速而高效的分离。

另外,Sephadex G-25 和 G-50 中分别加入羟丙基基团反应,形成 LH 型烷基化葡聚糖凝胶,主要型号为 Sephadex LH-20 和 LH-60,适用于以有机溶剂为流动相,分离脂溶性物质,例如胆固醇、脂肪酸激素等。

Sephacryl 是葡聚糖与甲叉双丙烯酰胺(N，N'-methylenebisacrylamide)交联而成。是一种比较新型的葡聚糖凝胶。Sephacryl 的优点就是它的分离范围很大,排阻极限甚至可以达到 10^8,远远大于 Sephadex 的范围。所以它不仅可以用于分离一般蛋白,也可以用于分离蛋白多糖、质粒、甚至较大的病毒颗粒。Sephacryl 与 Sephadex 相比另一个优点就是它的化学和机械稳定性更高:Sephacryl 在各种溶剂中很少发生溶解或降解,可以用各种去污剂、胍、脲等作为洗脱液,耐高温,Sephacryl 稳定工作的 pH 一般为 3～11。另外 Sephacryl 的机械性能较好,可以以较高的流速洗脱,比较耐压,分辨率也较高,所以 Sephacryl 相比 Sephadex 可以实现相对比较快速而且较高分辨率的分离。

2. 聚丙烯酰胺凝胶

聚丙烯酰胺凝胶是丙烯酰胺(acrylamide)与甲叉双丙烯酰胺交联而成。改变丙烯酰胺的浓度,就可以得到不同交联度的产物。聚丙烯酰胺凝胶主要由 Bio-Rad Laboratories 生产,商品名为 Bio-Gel P,主要型号有 Bio-Gel P-2～Bio-Gel P-300 等 10 种,后面的数字基本代表它们的排阻极限的 10^{-3},所以数字越大,可分离的相对分子质量也就越大。聚丙烯酰胺凝胶的分离范围、吸水率等性能基本近似于 Sephadex。排阻极限最大的 Bio-Gel P-300 为 $4×10^5$。聚丙烯酰胺凝胶在水溶液、一般的有机溶液、盐溶液中都比较稳定。聚丙烯酰胺凝胶在酸中的稳定性较好,在 pH 为 1～10 之间比较稳定。但在较强的碱性条件下或较高的温度下,聚丙烯酰胺凝胶易发生分解。聚丙烯酰胺凝胶非常亲水,基本不带电荷,所以吸附效应较小。另外,聚丙烯酰胺凝胶不会像葡聚糖凝胶和琼脂糖凝胶那样可能生长微生物。聚丙烯酰胺凝胶对芳香族、酸性、碱性化合物可能略有吸附作用,使用离子强度略高的洗脱液就可以避免。

3. 琼脂糖凝胶

琼脂糖是从琼脂中分离出来的天然线性多糖,它是琼脂去掉其中带电荷的琼脂胶得到的。琼脂糖是由 D-半乳糖(D-galactose)和 3,6-脱水半乳糖(anhydrogalactose)交替构成的多糖链。它在 100 ℃时呈液态,当温度降至 45 ℃以下时,多糖链以氢键方式相互连接形成双链单环的琼脂糖,经凝聚即成为束状的琼脂糖凝胶。琼脂糖凝胶的商品名因生产厂家不同而异,常见的主要有 Sepharose 2B～4B 和 Bio-gel A 等。琼脂糖凝胶在 pH 为 4～9 之间是稳定的,它在室温下很稳定,稳定性要超过一般的葡聚糖凝胶和聚丙烯酰胺凝胶。琼脂糖凝胶对样品的吸附作用很小。另外琼脂糖凝胶的机械强度和孔穴的稳定性都很好,一般好于前两种凝胶,在高盐浓度下,柱床体积一般不会发生明显变化,使用琼脂糖凝胶时洗脱速度可以比较快。琼脂糖凝胶的排阻极限很大,分离范围很广,适合于分离大分子物质,但分辨率较低。琼脂糖凝胶不耐高温,使用温度以 0～30 ℃为宜。

Sepharose 与 2,3-二溴丙醇反应,形成 Sepharose CL 型凝胶(CL-2B～CL-4B),它们的分离特性基本没有改变,但热稳定性和化学稳定性都有所提高,可以在更广泛的 pH 范围内应用,稳定工作的 pH 范围为 3～13。Sepharose CL 型凝胶还特别适合于含有有机溶剂的分离。

4. 聚丙烯酰胺和琼脂糖交联凝胶

这类凝胶是由交联的聚丙烯酰胺和嵌入凝胶内部的琼脂糖组成。它们主要由 LKB 提供,商品名为 Ultragel。这种凝胶由于含有聚丙烯酰胺,所以有较高分辨率;而它又含有琼脂糖,这使得它又有较高的机械稳定性,可以使用较高的洗脱速度。调整聚丙烯酰胺和琼脂糖的浓度可以使 Ultragel 有不同的分离范围。

5. 多孔硅胶、多孔玻璃珠

多孔硅胶和多孔玻璃珠都属于无机凝胶,是将硅胶或玻璃制成具有一定直径的网孔状结构的球形颗粒。这类凝胶属于硬质无机凝胶,最大的特点是机械强度很高、化学稳定性好,使用方便而且寿命长,无机胶一般柱效较低,但用微粒的多孔硅胶制成的 HPLC 柱也可以有很高的柱效。多孔玻璃珠易破碎,不能填装紧密,所以柱效相对较低。多孔硅胶和多孔玻璃珠的分离范围都比较宽,多孔硅胶一般为 $10^2 \sim 5 \times 10^6$,多孔玻璃珠一般为 $3 \times 10^3 \sim 9 \times 10^6$。它们的最大缺点是吸附效应较强(尤其是多孔硅胶),可能会吸附比较多的蛋白,但可以通过表面处理和选择洗脱液来降低吸附。另外它们也不能用于强碱性溶液,一般使用时 pH 应小于 8.5。

另外值得一提的是各类凝胶技术近年来发展得很快,目前已研制出很多性能优越的新型凝胶,例如 Superdex 和 Superose。Superdex 的分辨率非常高,化学物理稳定性也很好,可以用于 FPLC、HPLC 分析;而 Superose 的分离范围很广,分辨率较高,可以一次性分离相对分子质量差异较大的混合物,同时它的机械稳定性也很好。

(四)凝胶的选择、处理和保存

1. 凝胶的选择

通过前面的介绍可以看到凝胶的种类、型号很多。不同类型的凝胶在性质以及分离范围上都有较大的差别,所以在进行凝胶层析实验时要根据样品的性质以及分离的要求选择合适的凝胶,这是影响凝胶层析效果好坏的一个关键因素。

一般来讲,选择凝胶首先要根据样品的情况确定一个合适的分离范围,根据分离范围来选择合适型号的凝胶。一般的凝胶层析实验可以分为两类:分组分离(group separations)和分级分离(fractionations)。分组分离是指将样品混合物按相对分子质量大小分成两组,一组相对分子质量较大,另一组相对分子质量较小。例如蛋白样品的脱盐或蛋白、核酸溶液去除小分子杂质以及一些注射剂去除大分子热源物质等等。分级分离则是指将一组相对分子质量比较接近的组分分开。在分组分离时要选择能将大分子完全排阻而小分子完全渗透的凝胶,这样分离效果好。一般常用排阻极限较小的凝胶类型。分级分离时则要根据样品组分的具体情况来选择凝胶的类型,凝胶的分离范围一方面应包括所要的各个组分的相对分子质量,另一方面要合适,不能过大。如果分离范围选择过小,则某些组分不能得到分离;如果分离范围选择过大,则分辨率较低,分离效果也不好。

选择凝胶另外一个方面就是凝胶颗粒的大小。颗粒小,分辨率高,但相对流速慢,实验时间长,有时会造成扩散现象严重;颗粒大,流速快,分辨率较低但条件恰当也可以得到满意的结果。选择时要依据分离的具体情况而定,例如样品中各个组分差别较大,则可以选用大颗粒的凝胶,这样可以很快地达到分离的目的;如果有个别组分差别较小,则要考虑使用小颗粒凝胶以提高分辨率。由于凝胶一般都比较稳定,所以它在一般的实验条件下都可以正常的工作。如果实验条件比较特殊,如在较强的酸碱中进行或含有有机溶剂等等,则要仔细查看凝胶的工作参数,选择合适的类型的凝胶。

2. 凝胶的处理

凝胶使用前要进行处理。选择好凝胶的类型后,首先要根据选择的层析柱估算出凝胶的用量。由于市售的葡聚糖凝胶和丙烯酰胺凝胶通常是无水的干胶,所以要计算干胶用量:干胶用量(g)＝柱床体积(mL)/凝胶的床体积(mL/g)。由于凝胶处理过程以及实验过程可能有一定损失,所以一般凝胶用量在计算的基础上再增加 $10\%\sim20\%$。

葡聚糖凝胶和丙烯酰胺凝胶干胶的处理首先是在水中膨化,不同类型的凝胶所需的膨化时间不同。一般吸水率较小的凝胶(即型号较小、排阻极限较小的凝胶)膨化时间较短,在 $20\,℃$条件下需 $3\sim4\,h$;但吸水率较大的凝胶(即型号较大、排阻极限较大的凝胶)膨化时间则较长,$20\,℃$条件下需十几个到几十个小时,如 Sephadex G-100 以上的干胶膨化时间都要在 $72\,h$ 以上。如果加热煮沸,则膨化时间会大大缩短,一般 $1\sim5\,h$ 即可完成,而且煮沸也可以去除凝胶颗粒中的气泡。但应注意尽量避免在酸或碱中加热,以免凝胶被破坏。琼脂糖凝胶和有些市售凝胶是水悬浮的状态,所以不需膨化处理。另外多孔玻璃珠和多孔硅胶也不需膨化处理。

膨化处理后,要对凝胶进行纯化和排除气泡。纯化可以反复漂洗,倾泻去除表面的杂质和不均一的细小凝胶颗粒。也可用一定的酸或碱浸泡一段时间,再用水洗至中性。排除凝胶中的气泡是很重要的,否则会影响分离效果,可以通过抽气或加热煮沸的方法排除气泡。

3. 凝胶的保存

凝胶的保存一般是反复洗涤去除蛋白等杂质,然后加入适当的抗菌剂,通常加入 0.02%的叠氮化钠,$4\,℃$下保存。如果要较长时间的保存,则要将凝胶洗涤后脱水、干燥,可以将凝胶过滤抽干后浸泡在 50%的乙醇中脱水,抽干后再逐步提高乙醇浓度反复浸泡脱水,至 95%乙醇脱水后将凝胶抽干。置于 $60\,℃$烘箱中烘干,即可装瓶保存。注意膨化的凝胶不能直接高温烘干,否则可能会破坏凝胶的结构。

(五)凝胶层析操作

1. 层析柱的选择

层析柱大小主要是根据样品量的多少以及对分辨率的要求来进行选择。一般来讲,主要是层析柱的长度对分辨率影响较大,长的层析柱分辨率要比短的高;但层析柱长度不能过长,否则会引起柱子不均一、流速过慢等实验上的一些困难。一般柱长度不超过 $100\,cm$,为得到高分辨率,可以将柱子串联使用。层析柱的直径和长度比一般在 $1:25\sim1:100$ 之间。用于分组分离的凝胶柱,如脱盐柱由于对分辨率要求较低,所以一般比较短。

2. 凝胶柱的鉴定

凝胶柱的填装情况将直接影响分离效果,关于填装的方法前面已有介绍,这里主要介绍对填装好的凝胶柱的鉴定。凝胶柱填装后用肉眼观察应均匀、无纹路、无气泡。另外通常可以采用一种有色的物质,如蓝色葡聚糖-2000、血红蛋白等上柱,观察有色区带在柱中的洗脱行为以检测凝胶柱的均匀程度。如果色带狭窄、平整、均匀下降,则表明柱中的凝胶填装情况较好,可以使用;如果色带弥散、歪曲,则需重新装柱。另外值得一提的是,有时为了防止新凝胶柱对样品的吸附,可以用一些物质预先过柱,以消除吸附。

3. 洗脱液的选择

由于凝胶层析的分离原理是分子筛作用,它不像其他层析分离方式主要依赖于溶剂强度和选择性的改变来进行分离,在凝胶层析中流动相只是起运载工具的作用,一般不依赖于流动相性质和组成的改变来提高分辨率,改变洗脱液的主要目的是为了消除组分与固定相的吸附等相互作用,所以和其他层析方法相比,凝胶层析洗脱液的选择不那么严格。由于凝胶层析的分离机理简单以及凝胶稳定工作的 pH 范围较广,所以洗脱液的选择主要取决于待分离样品,一般来说只要能溶解被洗脱物质并不使其变性的缓冲液都可以用于凝胶层析。为了防止凝胶可能有吸附作用,一般洗脱液都含有一定浓度的盐。

4. 加样量

关于加样前面已经有所介绍,要尽量快速、均匀。另外加样量对实验结果也可能造成较大的影响,加样过多,会造成洗脱峰的重叠,影响分离效果;加样过少,提纯后各组分量少、浓度较低,实验效率低。加样量的多少要根据具体的实验要求而定:凝胶柱较大,当然加样量就可以较大;样品中各组分相对分子质量差异较大,加样量也可以较大;一般分级分离时加样体积约为凝胶柱床体积的 1‰～5‰左右,而分组分离时加样体积可以较大,一般约为凝胶柱床体积的 10%～25%。如果有条件可以首先以较小的加样量先进行一次分析,根据洗脱峰的情况来选择合适的加样量。设要分离的两个组分的洗脱体积分别为 V_{e1} 和 V_{e2},那么加样量不能超过($V_{e1}-V_{e2}$)。实际由于样品扩散,所以加样量应小于这个值。从洗脱峰上看,如果所要的各个组分的洗脱峰分得很开,为了提高效率,可以适当增加加样量;如果各个组分的洗脱峰只是刚好分开或没有完全分开,则不能再加大加样量,甚至要减小加样量。另外加样前要注意,样品中的不溶物必须在上样前去掉,以免污染凝胶柱。样品的黏度不能过大,否则会影响分离效果。

5. 洗脱速度

洗脱速度也会影响凝胶层析的分离效果,一般洗脱速度要恒定而且合适。保持洗脱速度恒定通常有两种方法,一种是使用恒流泵,另一种是恒压重力洗脱。洗脱速度取决于很多因素,包括柱长、凝胶种类、颗粒大小等,一般来讲,洗脱速度慢一些样品可以与凝胶基质充分平衡,分离效果好。但洗脱速度过慢会造成样品扩散加剧、区带变宽,反而会降低分辨率,而且实验时间会大大延长;所以实验中应根据实际情况来选择合适的洗脱速度,可以通过进行预备实验来选择洗脱速度。一般凝胶的流速是 2～10 cm/h,市售的凝胶一般会提供一个建议流速,可供参考。

总之,凝胶层析的各种条件,包括凝胶类型、层析柱大小、洗脱液、加样量、洗脱速度等等,都要根据具体的实验要求来选择。例如样品中各个组分差异较小,则实验要求凝胶层析要有较高的分辨率,提高分辨率的选择应主要包括:选择包括各个待分离组分但分离范围尽量小一些的凝胶,选择颗粒小的凝胶,选择分辨率高的凝胶类型,选择较长、直径较大的层析柱、减少加样量、降低洗脱速度等等。但正如前面讲过的,各种选择都有一个限度的问题,超过这个限度可能会产生相反的效果。另外需要提的一点是,实验时应尽可能的参考相关实验和文献以及进行预实验,以选择最合适的实验条件。

(六)凝胶层析的应用

1. 生物大分子的纯化

凝胶层析是依据相对分子质量的不同来进行分离的,由于它的这一分离特性,以及它具有简单、方便、不改变样品生物学活性等优点,使得凝胶层析成为分离纯化生物大分子的一种重要手段,尤其是对于一些大小不同,但理化性质相似的分子,用其他方法较难分开,而凝胶层析无疑是一种合适的方法。

2. 相对分子质量测定

前面已经介绍了,在一定的范围内,各个组分的 K_{av} 以及 V_e 与其相对分子质量的对数成线性关系:

$$K_{av} = -b \lg M_w + c$$
$$V_e = -b' \lg M_w + c'$$

由此通过对已知相对分子质量的标准物质进行洗脱,作出 K_{av} 或 V_e 对相对分子质量对数的标准曲线,然后在相同的条件下测定未知物的 V_e 或 K_{av},通过标准曲线即可求出其相对分子质量。凝胶层析测定相对分子质量操作比较简单,所需样品量也较少,是一种初步测定蛋白相对分子质量的有效方法。这种方法的缺点是测量结果的准确性受很多因素影响。由于这种方法假定标准物和样品与凝胶都没有吸附作用,所以如果标准物或样品与凝胶有一定的吸附作用,那么测量的误差就会比较大;上面公式成立的条件是蛋白基本是球形的,对于一些纤维蛋白等细长的形状的蛋白不成立,所以凝胶层析不能用于测定这类分子的相对分子质量;另外由于糖的水合作用较强,所以用凝胶层析测定糖蛋白时,测定的相对分子质量偏大,而测定铁蛋白时则发现测定值偏小;还要注意的是标准蛋白和所测定的蛋白都要在凝胶层析的线性范围之内。

3. 脱盐及去除小分子杂质

利用凝胶层析进行脱盐及去除小分子杂质是一种简便、有效、快速的方法,它比一般用透析的方法脱盐要快得多,而且一般不会造成样品较大的稀释,生物分子不易变性。一般常用的是 Sephadex G-25,另外还有 Bio-Gel P-6 DG 或 Ultragel AcA 202 等排阻极限较小的凝胶类型。目前已有多种脱盐柱成品出售,使用方便,但价格较贵。

4. 去热源物质

热源物质是指微生物产生的某些多糖蛋白复合物等使人体发热的物质。它们是一类相对分子质量很大的物质,所以可以利用凝胶层析的排阻效应将这些大分子热源物质与其他相对相对分子质量较小的物质分开。例如对于去除水、氨基酸、一些注射液中的热源物质,凝胶层析是一种简单而有效的方法。

5. 溶液的浓缩

利用凝胶颗粒的吸水性可以对大分子样品溶液进行浓缩。例如将干燥的 Sephadex(粗颗粒)加入溶液中,Sephadex 可以吸收大量的水,溶液中的小分子物质也会渗透进入凝胶孔穴内部,而大分子物质则被排阻在外。通过离心或过滤去除凝胶颗粒,即可得到浓缩的样品溶液。这种浓缩方法基本不改变溶液的离子强度和 pH 值。

三、离子交换层析

离子交换层析(ion exchange chromatography,IEC)是以离子交换剂为固定相,依据流动相中的组分离子与交换剂上的平衡离子进行可逆交换时的结合力大小的差别而进行分离的一种层析方法。离子交换层析是生物化学领域中常用的一种层析方法,广泛应用于各种生化物质如氨基酸、蛋白质、糖类、核苷酸等的分离纯化。

(一)基本原理

离子交换层析是依据各种离子或离子化合物与离子交换剂的结合力不同而进行分离纯化的。离子交换层析的固定相是离子交换剂,它是由一类不溶于水的惰性高分子聚合物基质通过一定的化学反应共价结合上某种电荷基团形成的。离子交换剂可以分为三部分:高分子聚合物基质、电荷基团和平衡离子。电荷基团与高分子聚合物共价结合,形成一个带电的可进行离子交换的基团。平衡离子是结合于电荷基团上的相反离子,它能与溶液中其他的离子基团发生可逆的交换反应。平衡离子带正电的离子交换剂能与带正电的离子基团发生交换作用,称为阳离子交换剂;平衡离子带负电的离子交换剂与带负电的离子基团发生交换作用,称为阴离子交换剂。

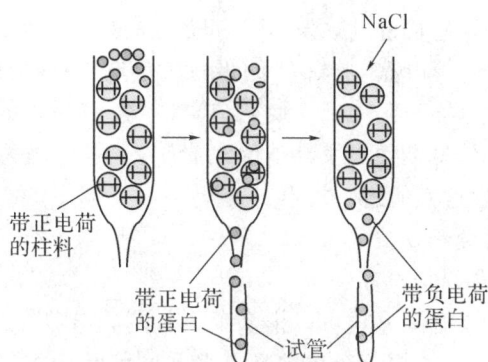

图 2-4 离子交换层析示意

离子交换反应可以表示为:

$$阳离子交换反应:(R-X^-)Y^+ + A^+ \rightleftharpoons (R-X^-)A^+ + Y^+$$
$$阴离子交换反应:(R-X^+)Y^- + A^- \rightleftharpoons (R-X^+)A^- + Y^-$$

式中:R 代表离子交换剂的高分子聚合物基质,X^- 和 X^+ 分别代表阳离子交换剂和阴离子交换剂中与高分子聚合物共价结合的电荷基团,Y^+ 和 Y^- 分别代表阳离子交换剂和阴离子交换剂的平衡离子,A^+ 和 A^- 分别代表溶液中的离子基团。

从上面的反应式中可以看出,如果 A 离子与离子交换剂的结合力强于 Y 离子,或者提高 A 离子的浓度,或者通过改变其他一些条件,可以使 A 离子将 Y 离子从离子交换剂上置换出来。也就是说,在一定条件下,溶液中的某种离子基团可以把平衡离子置换出来,并通过电荷基团结合到固定相上,而平衡离子则进入流动相,这就是离子交换层析的基本置换反应。通过在不同条件下的多次置换反应,就可以对溶液中不同的离子基团进行分离。下面以阴离子交换剂为例简单介绍离子交换层析的基本分离过程。

阴离子交换剂的电荷基团带正电,装柱平衡后,与缓冲溶液中的带负电的平衡离子结合。待分离溶液中可能有正电基团、负电基团和中性基团。加样后,负电基团可以与平衡离子进行可逆的置换反应,而结合到离子交换剂上。而正电基团和中性基团则不能与离子交换剂结合,随流动相流出而被去除。通过选择合适的洗脱方式和洗脱液,如增加离子强度的梯度洗脱。随着洗脱液离子强度的增加,洗脱液中的离子可以逐步与结合在离子交换剂上的各种负电基团进行交换,而将各种负电基团置换出来,随洗脱液流出。与离子交换剂结合力小的负电基团先被置换出来,而与离子交换剂结合力强的需要较高的离子强度才能被置换出来,这样各种负电基团就会按其与离子交换剂结合力从小到大的顺序逐步被洗脱下来,从而达到分离目的。

各种离子与离子交换剂上的电荷基团的结合是由静电力产生的,是一个可逆的过程。结合的强度与很多因素有关,包括离子交换剂的性质、离子本身的性质、离子强度、pH、温度、溶剂组成等等。离子交换层析就是利用各种离子本身与离子交换剂结合力的差异,并通过改变离子强度、pH 等条件改变各种离子与离子交换剂的结合力而达到分离的目的。离子交换剂的电荷基团对不同的离子有不同的结合力。一般来讲,离子价数越高,结合力越大;价数相同时,原子序数越高,结合力越大。如阳离子交换剂对离子的结合力顺序为:Li^+<Na^+<K^+<Rb^+<Cs^+;Na^+<Ca^{2+}<Al^{3+}<Ti^{4+}。蛋白质等生物大分子通常呈两性,它们与离子交换剂的结合与它们的性质及 pH 有较大关系。以用阳离子交换剂分离蛋白质为例,在一定的 pH 条件下,等电点 pI<pH 的蛋白带负电,不能与阳离子交换剂结合;等电点 pI > pH 的蛋白带正电,能与阳离子交换剂结合,一般 pI 越大的蛋白与离子交换剂结合力越强。但由于生物样品的复杂性以及其他因素影响,一般生物大分子与离子交换剂的结合情况较难估计,往往要通过实验进行摸索。

(二)离子交换剂的种类和性质

1. 离子交换剂的基质

离子交换剂的大分子聚合物基质可以由多种材料制成,聚苯乙烯离子交换剂(又称为聚苯乙烯树脂)是以苯乙烯和二乙烯苯合成的具有多孔网状结构的聚苯乙烯为基质。聚苯乙烯离子交换剂机械强度大、流速快。但它与水的亲和力较小,具有较强的疏水性,容易引起蛋白的变性。故一般常用于分离小分子物质,如无机离子、氨基酸、核苷酸等。以纤维素(cellulose)、球状纤维素(Sephacel)、葡聚糖(Sephadex)、琼脂糖(Sepharose)为基质的离子交换剂都与水有较强的亲和力,适合于分离蛋白质等大分子物质,葡聚糖离子交换剂一般以 Sephadex G-25 和 G-50 为基质,琼脂糖离子交换剂一般以 Sepharose CL-6B 为基质。关于这些离子交换剂的性质可以参阅相应的产品介绍。

2. 离子交换剂的电荷基团

根据与基质共价结合的电荷基团的性质,可以将离子交换剂分为阳离子交换剂和阴离子交换剂。

阳离子交换剂的电荷基团带负电,可以交换阳离子物质。根据电荷基团的解离度不同,又可以分为强酸型、中等酸型和弱酸型三类。它们的区别在于它们电荷基团完全解离的 pH 范围,强酸型离子交换剂在较大的 pH 范围内电荷基团完全解离,而弱酸型完全解离的 pH 范围则较小,如羧甲基在 pH 小于 6 时就失去了交换能力。一般结合磺酸基团($-SO_3H$),如磺酸甲基(简写为 SM)、磺酸乙基(SE)等为强酸型离子交换剂,结合磷酸基团($-PO_3H_2$)和亚磷酸基团($-PO_2H$)为中等酸型离子交换剂,结合酚羟基($-OH$)或羧基($-COOH$),如羧甲基(cm)为弱酸型离子交换剂。一般来讲强酸型离子交换剂对 H^+ 离子的结合力比 Na^+ 离子小,弱酸型离子交换剂对 H^+ 离子的结合力比 Na^+ 离子大。

阴离子交换剂的电荷基团带正电,可以交换阴离子物质。同样根据电荷基团的解离度不同,可以分为强碱型、中等碱型和弱碱型三类。一般结合季胺基团($-N(CH_3)_3$),如季胺乙基(QAE)为强碱型离子交换剂,结合叔胺($-N(CH_3)_2$)、仲胺($-NHCH_3$)、伯胺($-NH_2$)等为中等或弱碱型离子交换剂,如结合二乙基氨基乙基(DEAE)为弱碱型离子交换剂。一般来讲强碱型离子交换剂对 OH⁻ 离子的结合力比 Cl⁻ 离子小,弱酸型离子交换剂对 OH⁻ 离子的结合力比 Cl⁻ 离子大。

3. 交换容量

交换容量是指离子交换剂能提供交换离子的量,它反映离子交换剂与溶液中离子进行交换的能力。通常所说的离子交换剂的交换容量是指离子交换剂所能提供交换离子的总量,又称为总交换容量,它只和离子交换剂本身的性质有关。在实际实验中关心的是层析柱与样品中各个待分离组分进行交换时的交换容量,它不仅与所用的离子交换剂有关,还与实验条件有很大的关系,一般又称为有效交换容量。后面提到的交换容量如未经说明都是指有效交换容量。

影响交换容量的因素很多,主要可以分为两个方面,一方面是离子交换剂颗粒大小、颗粒内孔隙大小以及所分离的样品组分的大小等的影响。这些因素主要影响离子交换剂中能与样品组分进行作用的有效表面积。样品组分与离子交换剂作用的表面积越大当然交换容量越高。一般离子交换剂的孔隙应尽量能够让样品组分进入,这样样品组分与离子交换剂作用面积大。分离小分子样品,可以选择较小孔隙的交换剂,因为小分子可以自由的进入孔隙,而小孔隙离子交换剂的表面积大于大孔隙的离子交换剂。对于较大分子样品,可以选择小颗粒交换剂,因为对于很大的分子,一般不能进入孔隙内部,交换只限于颗粒表面,而小颗粒的离子交换剂表面积大。

另一些影响因素如实验中的离子强度、pH 值等主要影响样品中组分和离子交换剂的带电性质。一般 pH 对弱酸和弱碱型离子交换剂影响较大,如对于弱酸型离子交换剂在 pH 较高时,电荷基团充分解离,交换容量大,而在较低的 pH 时,电荷基团不易解离,交换容量小。同时 pH 也影响样品组分的带电性。尤其对于蛋白质等两性物质,在离子交换层析中要选择合适的 pH 以使样品组分能充分的与离子交换剂交换、结合。一般来说,离子强度增大,交换容量下降。实验中增大离子强度进行洗脱,就是要降低交换容量以将结合在离子交换剂上的样品组分洗脱下来。

(三)离子交换剂的选择、处理和保存

1. 离子交换剂的选择

离子交换剂的种类很多,离子交换层析要取得较好的效果首先要选择合适的离子交换剂。

首先是对离子交换剂电荷基团的选择,确定是选择阳离子交换剂还是选择阴离子交换剂。这要取决于被分离的物质在其稳定的 pH 下所带的电荷,如果带正电,则选择阳离子交换剂;如带负电,则选择阴离子交换剂。例如待分离的蛋白等电点为 4,稳定的 pH 范围为 6～9,由于这时蛋白带负电,故应选择阴离子交换剂进行分离。强酸或强碱型离子交换剂适用的 pH 范围广,常用于分离一些小分子物质或在极端 pH 下的分离。由于弱酸型或弱碱型离子交换剂不易使蛋白质失活,故一般分离蛋白质等大分子物质常用弱酸型或弱碱型离子交换剂。

其次是对离子交换剂基质的选择。前面已经介绍了,聚苯乙烯离子交换剂等疏水性较强的离子交换剂一般常用于分离小分子物质,如无机离子、氨基酸、核苷酸等。而纤维素、葡聚糖、琼脂糖等离子交换剂亲水性较强,适合于分离蛋白质等大分子物质。一般纤维素离子交换剂价格较低,但分辨率和稳定性都较低,适于初步分离和大量制备。葡聚糖离子交换剂的分辨率和价格适中,但受外界影响较大,体积可能随离子强度和 pH 变化有较大改变,影响分辨率。琼脂糖离子交换剂机械稳定性较好,分辨率也较高,但价格较贵。

另外离子交换剂颗粒大小也会影响分离的效果。离子交换剂颗粒一般呈球形,颗粒的大小通常以目数(mesh)或者颗粒直径(μm)来表示,目数越大表示直径越小。离子交换层析柱的分辨率和流速也都与所用的离子交换剂颗粒大小有关。一般来说颗粒小,分辨率高,但平衡离子的平衡时间长,流速慢;颗粒大则相反。所以大颗粒的离子交换剂适合于对分辨率要求不高的大规模制备性分离,而小颗粒的离子交换剂适于需要高分辨率的分析或分离。

这里特别要提到的是,离子交换纤维素目前种类很多,其中以 DEAE-纤维素(二乙基氨基纤维素)和 cm-纤维素(羧甲基纤维素)最常用,它们在生物大分子物质(蛋白质、酶、核酸等)的分离方面显示很大的优越性。一是它具有开放性长链和松散的网状结构,有较大的表面积,大分子可自由通过,使它的实际交换容量要比离子交换树脂大的多;二是它具有亲水性,对蛋白质等生物大分子物质吸附的不太牢,用较温和的洗脱条件就可达到分离的目的,因此不致引起生物大分子物质的变性和失活。三是它的回收率高。所以离子交换纤维素已成为非常重要的一类离子交换剂。

2. 离子交换剂的处理和保存

离子交换剂使用前一般要进行处理。干粉状的离子交换剂首先要进行膨化,将干粉在水中充分溶胀,以使离子交换剂颗粒的孔隙增大,具有交换活性的电荷基团充分暴露出来。而后用水悬浮去除杂质和细小颗粒。再用酸碱分别浸泡,每一种试剂处理后要用水洗至中性,再用另一种试剂处理,最后再用水洗至中性,这是为了进一步去除杂质,并使离子交换剂带上需要的平衡离子。市售的离子交换剂中通常阳离子交换剂为 Na^+ 型(即平衡离子是 Na^+ 离子),阴离子交换剂为 Cl^- 型,因为通常这样比较稳定。处理时一般阳离子交换剂最后用碱处理,阴离子交换剂最后用酸处理。常用的酸是 HCl,碱是 NaOH 或再加一定的 NaCl,这样处理后阳离子交换剂为 Na^+ 型,阴离子交换剂为 Cl^- 型。使用的酸碱浓度一般小于 0.5 mol/L,浸泡时间一般 30 min。处理时应注意酸碱浓度不宜过高、处理时间不宜过长、温度不宜过高,以免离子交换剂被破坏。另外要注意的是离子交换剂使用前要排除气泡,否则会影响分离效果。

离子交换剂的再生是指对使用过的离子交换剂进行处理,使其恢复原来性状的过程。前面介绍的酸碱交替浸泡的处理方法就可以使离子交换剂再生。离子交换剂的转型是指离子交换剂由一种平衡离子转为另一种平衡离子的过程。如对阴离子交换剂用 HCl 处理可将其转为 Cl^- 型,用 NaOH 处理可转为 OH^- 型,用甲酸钠处理可转为甲酸型等等。对离子交换剂的处理、再生和转型的目的是一致的,都是为了使离子交换剂带上所需的平衡离子。

离子交换层析就是通过离子交换剂上的平衡离子与样品中的组分离子进行可逆的交换而实现分离的目的,因此在离子交换层析前要注意使离子交换剂带上合适的平衡离子,使平衡离子能与样品中的组分离子进行有效的交换。如果平衡离子与离子交换剂结合力过强,会造成组分离子难以与交换剂结合而使交换容量降低。另外还要保证平衡离子不对样品组分有明显影响。因为在分离过程中,平衡离子被置换到流动相中,它不能对样品组分有污染或破坏。如在制备过程中用到的离子交换剂的平衡离子是 H^+ 或 OH^- 离子,因为其他离子都会对纯水有污染。但是在分离蛋白质时,一般不能使用 H^+ 或 OH^- 型离子交换剂,因为分离过程中 H^+ 或 OH^- 离子被置换出来都会改变层析柱内 pH 值,影响分离效果,甚至引起蛋白质的变性。

离子交换剂保存时应首先处理洗净蛋白等杂质,并加入适当的防腐剂,一般加入0.02%的叠氮化钠,4 ℃下保存。

（四）离子交换层析操作

1. 层析柱

离子交换层析要根据分离的样品量选择合适的层析柱,离子交换用的层析柱一般粗而短,不宜过长。直径和柱长比一般为 1∶10 到 1∶50 之间,层析柱安装要垂直。装柱时要均匀平整,不能有气泡。

2. 平衡缓冲液

离子交换层析的基本反应过程就是离子交换剂平衡离子与待分离物质、缓冲液中离子间的交换,所以在离子交换层析中平衡缓冲液和洗脱缓冲液的离子强度和 pH 的选择对于分离效果有很大的影响。

平衡缓冲液是指装柱后及上样后用于平衡离子交换柱的缓冲液。平衡缓冲液的离子强度和 pH 的选择首先要保证各个待分离物质如蛋白质的稳定。其次是要使各个待分离物质与离子交换剂有适当的结合,并尽量使待分离样品和杂质与离子交换剂的结合有较大的差别。一般是使待分离样品与离子交换剂有较稳定的结合。而尽量使杂质不与离子交换剂结合或结合不稳定。在一些情况下(如污水处理)可以使杂质与离子交换剂有牢固的结合,而样品与离子交换剂结合不稳定,也可以达到分离的目的。另外注意平衡缓冲液中不能有与离子交换剂结合力强的离子,否则会大大降低交换容量,影响分离效果。选择合适的平衡缓冲液,直接就可以去除大量的杂质,并使得后面的洗脱有很好的效果。如果平衡缓冲液选择不合适,可能会对后面的洗脱带来困难,无法得到好的分离效果。

3. 上样

离子交换层析的上样时应注意样品液的离子强度和 pH 值,上样量也不宜过大,一般为柱床体积的 1%～5% 为宜,以使样品能吸附在层析柱的上层,得到较好的分离效果。

4. 洗脱缓冲液

在离子交换层析中一般常用梯度洗脱,通常有改变离子强度和改变 pH 两种方式。改变离子强度通常是在洗脱过程中逐步增大离子强度,从而使与离子交换剂结合的各个组分被洗脱下来;而改变 pH 的洗脱,对于阳离子交换剂一般是 pH 从低到高洗脱,阴离子交换剂一般是 pH 从高到低。由于 pH 可能对蛋白的稳定性有较大的影响,故一般通常采用改变离子强度的梯度洗脱。一般线性梯度洗脱分离效果较好,故通常采用线性梯度进行洗脱。

洗脱液的选择首先是要保证在整个洗脱液梯度范围内,所有待分离组分都是稳定的。其次是要使结合在离子交换剂上的所有待分离组分在洗脱液梯度范围内都能够被洗脱下来。另外可以使梯度范围尽量小一些,以提高分辨率。

5. 洗脱速度

洗脱液的流速也会影响离子交换层析分离效果,洗脱速度通常要保持恒定。一般来说洗脱速度慢比快的分辨率要好,但洗脱速度过慢会造成分离时间长、样品扩散、谱峰变宽、分辨率降低等副作用,所以要根据实际情况选择合适的洗脱速度。如果洗脱峰相对集中某个区域造成重叠,则应适当缩小梯度范围或降低洗脱速度来提高分辨率;如果分辨率较好,但洗脱峰过宽,则可适当提高洗脱速度。

　　6. 样品的浓缩、脱盐

　　离子交换层析得到的样品往往盐浓度较高,而且体积较大,样品浓度较低。所以一般离子交换层析得到的样品要进行浓缩、脱盐处理。

　　(五)离子交换层析的应用

　　离子交换层析的应用范围很广,主要有以下几个方面。

　　1. 水处理

　　离子交换层析是一种简单而有效的去除水中的杂质及各种离子的方法,聚苯乙烯树脂广泛地应用于高纯水的制备、硬水软化以及污水处理等方面。用离子交换层析方法可以大量、快速制备高纯水。一般是将水依次通过 H^+ 型强阳离子交换剂,去除各种阳离子及与阳离子交换剂吸附的杂质;再通过 OH^- 型强阴离子交换剂,去除各种阴离子及与阴离子交换剂吸附的杂质,即可得到纯水。再通过弱型阳离子和阴离子交换剂进一步纯化,就可以得到纯度较高的纯水。离子交换剂使用一段时间后可以通过再生处理重复使用。

　　2. 分离纯化小分子物质

　　离子交换层析也广泛的应用于无机离子、有机酸、核苷酸、氨基酸、抗生素等小分子物质的分离纯化。例如对氨基酸的分析,使用强酸性阳离子聚苯乙烯树脂,将氨基酸混合液在pH2~3上柱。这时氨基酸都结合在树脂上,再逐步提高洗脱液的的离子强度和 pH,这样各种氨基酸将以不同的速度被洗脱下来,可以进行分离鉴定。目前已有全部自动的氨基酸分析仪。

　　3. 分离纯化生物大分子物质

　　离子交换层析是依据物质的带电性质的不同来进行分离纯化的,是分离纯化蛋白质等生物大分子的一种重要手段。由于生物样品中蛋白质的复杂性,一般很难只经过一次离子交换层析就达到高纯度,往往要与其他分离方法配合使用。使用离子交换层析分离样品要充分利用其按带电性质来分离的特性,只要选择合适的条件,通过离子交换层析可以得到较满意的分离效果。

四、亲和层析

　　亲和层析(Affinity Chromatography)是利用生物分子间专一的亲和力而进行分离的一种层析技术。亲和层析是分离纯化蛋白质、酶等生物大分子最为特异而有效的层析技术,分离过程简单、快速,具有很高的分辨率,在生物分离中有广泛的应用。同时它也可以用于某些生物大分子结构和功能的研究。

　　(一)亲和层析的基本原理

　　生物分子间存在很多特异性的相互作用,如我们熟悉的抗原-抗体、酶-底物或抑制剂、激素-受体等等,它们之间都能够专一而可逆的结合,这种结合力就称为亲和力。亲和层析的分离原理就是通过将具有亲和力的两个分子中一个固定在不溶性基质上,利用分子间亲和力的特异性和可逆性,对另一个分子进行分离纯化。被固定在基质上的分子称为配体,配体和基质是共价结合的,构成亲和层析的固定相,称为亲和吸附剂。亲和层析时首先选择与待分离的生物大分子有亲和力物质作为配体,例如分离酶可以选择其底物类似物或竞争性抑制剂为配体,分离抗体可以选择抗原作为配体等等。并将配体共价结合在适当的不溶性基质上,如常用的 Sepharose 4B 等。将制备的亲和吸附剂装柱平衡,当样品溶液通过亲和层析柱的时候,待分离的生物分子就与配体发生特异性的结合,从而留在固定相上;而其他杂质不能与配体结合,仍在流动相中,并随洗脱液流出,这样层析柱中就只有待分离的生物分子。通过适当的洗脱液将其从配体上洗脱下来,就得到了纯化的待分离物质。

亲和层析是利用生物分子所具有的特异的生物学性质——亲和力来进行分离纯化的。由于亲和力具有高度的专一性,使得亲和层析的分辨率很高,是分离生物大分子的一种理想的层析方法。

(二)亲和吸附剂

选择并制备合适的亲和吸附剂是亲和层析的关键步骤之一。它包括基质和配体的选择、基质的活化、配体与基质的偶联等等。

1. 基质

(1)基质的性质

基质构成固定相的骨架,亲和层析的基质应该具有以下一些性质:

1)具有较好的物理化学稳定性。在与配体偶联、层析过程中配体与待分离物结合、以及洗脱时的 pH、离子强度等条件下,基质的性质都没有明显的改变。

2)能够和配体稳定的结合。亲和层析的基质应具有较多的化学活性基团,通过一定的化学处理能够与配体稳定的共价结合,并且结合后不改变基质和配体的基本性质。

3)基质的结构应是均匀的多孔网状结构,以使被分离的生物分子能够均匀、稳定地通过,并充分与配体结合。基质的孔径过小会增加基质的排阻效应,使被分离物与配体结合的几率下降,降低亲和层析的吸附容量。所以一般来说,多选择较大孔径的基质,以使待分离物有充分的空间与配体结合。

4)基质本身与样品中的各个组分均没有明显的非特异性吸附,不影响配体与待分离物的结合。基质应具有较好的亲水性,以使生物分子易于靠近并与配体作用。

一般纤维素以及交联葡聚糖、琼脂糖、聚丙烯酰胺、多孔玻璃珠等用于凝胶排阻层析的凝胶都可以作为亲和层析的基质,其中以琼脂糖凝胶应用最为广泛。纤维素价格低,可利用的活性基团较多,但它对蛋白质等生物分子可能有明显的非特异性吸附作用,另外它的稳定性和均一性也较差。交联葡聚糖和聚丙烯酰胺的物理化学稳定性较好,但它们的孔径相对比较小,而且孔径的稳定性不好,可能会在与配体偶联时有较大的降低,不利待分离物与配体充分结合,只有大孔径型号凝胶可以用于亲和层析。多孔玻璃珠的特点是机械强度好,化学稳定性好。但它可利用的活性基团较少,对蛋白质等生物分子也有较强的吸附作用。琼脂糖凝胶则基本可以较好的满足上述四个条件,它具有非特异性吸附低、稳定性好、孔径均匀适当、宜于活化等优点,因此得到了广泛的应用。

(2)基质的活化

基质的活化是指通过对基质进行一定的化学处理,使基质表面上的一些化学基团转变为易于和特定配体结合的活性基团。配体和基质的偶联,通常首先要进行基质的活化。

1)多糖基质的活化

多糖基质尤其是琼脂糖是一种常用的基质。琼脂糖通常含有大量的羟基,通过一定的处理可以引入各种适宜的活性基团。琼脂糖的活化方法很多,下面介绍一些常用的活性基团及活化方法。

① 溴化氰活化

溴化氰活化法是最常用的活化方法之一,活化过程主要是生成亚胺碳酸活性基团,它可以和伯氨基(—NH_2)反应,主要生成异脲衍生物。反应如下:

$$gel \big\langle {OH \atop OH} + CNBr \xrightarrow{\text{活化}} gel \big\langle {O \atop O} C=NH + RNH_2 \xrightarrow{\text{偶联}} gel \big\langle {OH \atop O-\underset{NH}{C}-NHR}$$

含有伯氨基的配体,如氨基酸、蛋白质都可以结合在基质上,对于蛋白质而言,最可能发生反应的基团是 N-末端的 α-氨基和赖氨酸残基上的 ω-氨基。

②环氧乙烷基活化

这类方法活化后的基质都含有环氧乙烷基。如在含有 $NaBH_4$ 的碱性条件下,1,4-丁二醇-双缩水甘油醚的一个环氧乙烷基可以与羟基反应,而将另一个环氧乙烷基结合在基质上。另外也可以用环氧氯丙烷活化,将环氧乙烷基结合在基质上。

由于活化后的基质都含有环氧乙基,可以结合含有伯氨基(—NH_2)、羟基(—OH)和硫醇基(—SH)等基团的配体,反应如下:

$$gel-O-R'-\underset{O}{CH-CH_2} + RNH_2 \xrightarrow{\text{偶联}} gel-O-R'-\underset{OH}{CH}-CH_2-NHR$$

$$gel-O-R'-\underset{O}{CH-CH_2} + ROH \xrightarrow{\text{偶联}} gel-O-R'-\underset{OH}{CH}-CH_2-OR$$

2) 聚丙烯酰胺的活化

聚丙烯酰胺凝胶有大量的甲酰胺基,可以通过对甲酰胺基的修饰而对聚丙烯酰胺凝胶进行活化。一般有以下三种方式:氨乙基化作用、肼解作用和碱解作用。另外在偶联蛋白质配体时也通常用戊二醛活化聚丙烯酰胺凝胶。

3) 多孔玻璃珠的活化

对于多孔玻璃珠等无机凝胶的活化通常采用硅烷化试剂与玻璃反应生成烷基胺—玻璃,在多孔玻璃上引进氨基,再通过这些氨基进一步反应引入活性基团,与适当的配体偶联。

(3)间隔臂分子

在亲和层析中,由于配体结合在基质上,它在与待分离的生物大分子结合时,很大程度上要受到基质和待分离的生物大分子间的空间位阻效应的影响。尤其是当配体较小或待分离的生物大分子较大时,由于直接结合在基质上的小分子配体非常靠近基质,而待分离的生物大分子由于受到基质的空间障碍,使得其与配体结合的部位无法接近配体,影响了待分离的生物大分子与配体的结合,造成吸附量的降低。解决这一问题的方法通常是在配体和基质之间引入适当长度的"间隔臂",即加入一段有机分子,使基质上的配体离开基质的骨架向外扩展伸长,这样就可以减少空间位阻效应,大大增加配体对待分离的生物大分子的吸附效率。加入手臂的长度要恰当,太短则效果不明显;太长则容易造成弯曲,反而降低吸附效率。

2. 配体

(1)配体的性质

亲和层析是利用配体和待分离物质的亲和力而进行分离纯化的,所以选择合适的配体对于亲和层析的分离效果是非常重要的。理想的配体应具有以下一些性质:

1) 配体与待分离的物质有适当的亲和力。亲和力太弱,待分离物质不易与配体结合,造成亲和层析吸附效率很低。而且吸附洗脱过程中易受非特异性吸附的影响,引起分辨率下降。但如果亲和力太强,待分离物质很难与配体分离,这又会造成洗脱的困难。总之,配体和待分离物质的亲和力过弱或过强都不利于亲和层析的分离。应根据实验要求尽量选择与待分离物质具有适当的亲和力的配体。

2) 配体与待分离的物质之间的亲和力要有较强的特异性,也就是说配体与待分离物质有适当的亲和力,而与样品中其他组分没有明显的亲和力,对其他组分没有非特异性吸附作用。这是保证亲和层析具有高分辨率的重要因素。

3) 配体要能够与基质稳定的共价结合,在实验过程中不易脱落,并且配体与基质偶联后,对其结构没有明显改变,尤其是偶联过程不涉及配体中与待分离物质有亲和力的部分,对两者的结合没有明显影响。

4) 配体自身应具有较好的稳定性,在实验中能够耐受偶联以及洗脱时可能的较剧烈的条件,可以多次重复使用。

完全满足上述条件的配体实际上很难找到,在实验中应根据具体的条件来选择尽量满足上述条件的最适宜的配体。

根据配体对待分离物质的亲和性的不同,可以将其分为两类:特异性配体(specific ligand)和通用性配体(general ligand)。特异性配体一般是指只与单一或很少种类的蛋白质等生物大分子结合的配体。如生物素和亲和素、抗原和抗体、酶和它的抑制剂、激素和受体等,它们结合都具有很高的特异性,用这些物质作为配体都属于特异性配体。配体的特异性是保证亲和层析高分辨率的重要因素,但寻找特异性配体一般是比较困难的,尤其对于一些性质不很了解的生物大分子,要找到合适的特异性配体通常需要大量的实验。解决这一问题的方法是使用通用性的配体。通用性配体一般是指特异性不是很强,能和某一类的蛋白质等生物大分子结合的配体,如各种凝集素(lectine)可以结合各种糖蛋白,核酸可以结合RNA、结合RNA的蛋白质等。通用性配体对生物大分子的专一性虽然不如特异性配体,但通过选择合适的洗脱条件也可以得到很高的分辨率。而且这些配体还具有结构稳定、偶联率高、吸附容量高、易于洗脱、价格便宜等优点,所以在实验中得到了广泛的应用。在后面的亲和层析应用中将详细介绍实验中各种常用的配体。

(2) 配体与基质的偶联

除了前面已经介绍了基质的一些活化基团外,通过对活化基质的进一步处理,还可以得到更多种类的活性基团。这些活性基团可以在较温和的条件下与含氨基、羧基、醛基、酮基、羟基、硫醇基等多种配体反应,使配体偶联在基质上。另外通过碳二亚胺、戊二醛等双功能试剂的作用也可以使配体与基质偶联。以上这些方法使得几乎任何一种配体都可以找到适当的方法与基质偶联。

配体和基质偶联完毕后,必须要反复洗涤,以去除未偶联的配体。另外要用适当的方法封闭基质中未偶联上配体的活性基团,也就是使基质失活,以免影响后面的亲和层析分离。

配体与基质偶联后,通常要测定配体的结合量以了解其与基质的偶联情况,同时也可以推断亲和层析过程中对待分离的生物大分子吸附容量。

目前已有多种活化的基质以及偶联各种配体的亲和吸附剂制成商品出售,可以省去基质活化,配体偶联等复杂的步骤。使用方便,效果好,但一般价格昂贵。

3. 亲和吸附剂的再生和保存

亲和吸附剂的再生就是指使用过的亲和吸附剂,通过适当的方法去除吸附在其基质和配体(主要是配体)上结合的杂质,使亲和吸附剂恢复亲和吸附能力。一般情况下,使用过的亲和层析柱,用大量的洗脱液或较高浓度的盐溶液洗涤,再用平衡液重新平衡即可再次使用。但在一些情况下,尤其是当待分离样品组分比较复杂的时候,亲和吸附剂可能会产生较严重的不可逆吸附,使亲和吸附剂的吸附效率明显下降。这时需要使用一些比较强烈的处理手段,使用高浓度的盐溶液、尿素等变性剂或加入适当的非专一性蛋白酶。但如果配体是蛋白质等一些易于变性的物质,则应注意处理时不能改变配体的活性。

亲和吸附剂的保存一般是加入0.01%的叠氮化钠,4 ℃下保存。也可以加入0.5%的醋酸洗必泰或0.05%的苯甲酸。应注意不要使亲和吸附剂冰冻。

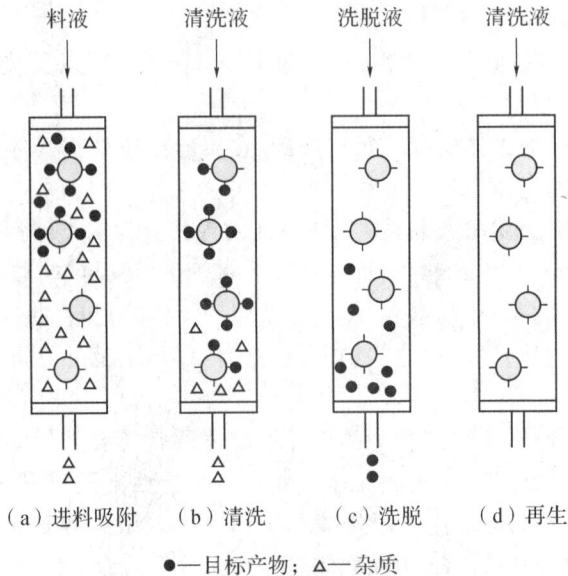

(a)进料吸附　　(b)清洗　　(c)洗脱　　(d)再生

●—目标产物; △—杂质

图 2-5　亲和色谱操作示意

(三)亲和层析操作

1. 上样

亲和层析纯化生物大分子通常采用柱层析的方法。亲和层析柱一般很短,通常 10 cm 左右。上样时应注意选择适当的条件,包括上样流速、缓冲液种类、pH、离子强度、温度等,以使待分离的物质能够充分结合在亲和吸附剂上。

一般生物大分子和配体之间达到平衡的速度很慢,所以样品液的浓度不宜过高,上样时流速应比较慢,以保证样品和亲和吸附剂有充分的接触时间进行吸附。特别是当配体和待分离的生物大分子的亲和力比较小或样品浓度较高、杂质较多时,可以在上样后停止流动,让样品在层析柱中反应一段时间,或者将上样后流出液进行二次上样,以增加吸附量。样品缓冲液的选择也是要使待分离的生物大分子与配体有较强的亲和力。另外样品缓冲液中一般有一定的的离子强度,以减小基质、配体与样品其他组分之间的非特异性吸附。

生物分子间的亲和力是受温度影响的,通常亲和力随温度的升高而下降。所以在上样时可以选择适当较低的温度,使待分离的物质与配体有较大的亲和力,能够充分的结合;而在后面的洗脱过程可以选择适当较高的温度,使待分离的物质与配体的亲和力下降,以便于将待分离的物质从配体上洗脱下来。

上样后用平衡缓冲液洗去未吸附在亲和吸附剂上的杂质。平衡缓冲液的流速可以快一些,但如果待分离物质与配体结合较弱,平衡缓冲液的流速还是较慢为宜。如果存在较强的非特异性吸附,可以用适当较高离子强度的平衡缓冲液进行洗涤,但应注意平衡缓冲液不应对待分离物质与配体的结合有明显影响,以免将待分离物质同时洗下。

2. 洗脱

亲和层析的另一个重要的步骤就是要选择合适的条件使待分离物质与配体分开而被洗脱出来。亲和层析的洗脱方法可以分为两种:特异性洗脱和非特异性洗脱。

(1) 特异性洗脱

特异性洗脱是指利用洗脱液中的物质与待分离物质或与配体的亲和特性而将待分离物质从亲和吸附剂上洗脱下来。

特异性洗脱也可以分为两种:一种是选择与配体有亲和力的物质进行洗脱,另一种是选择与待分离物质有亲和力的物质进行洗脱。前者在洗脱时,选择一种和配体亲和力较强的物质加入洗脱液,这种物质与待分离物质竞争对配体的结合,在适当的条件下,如这种物质与配体的亲和力强或浓度较大,配体就会基本被这种物质占据,原来与配体结合的待分离物质被取代而脱离配体,从而被洗脱下来。例如用凝集素作为配体分离糖蛋白时,可以用适当的单糖洗脱,单糖与糖蛋白竞争对凝集素的结合,可以将糖蛋白从凝集素上置换下来。后一种方法洗脱时,选择一种与待分离物质有较强亲和力的物质加入洗脱液,这种物质与配体竞争对待分离物质的结合,在适当的条件下,如这种物质与待分离物质的亲和力强或浓度较大,待分离物质就会基本被这种物质结合而脱离配体,从而被洗脱下来。例如用染料作为配体分离脱氢酶时,可以选择 NAD^+ 进行洗脱,NAD^+ 是脱氢酶的辅酶,它与脱氢酶的亲和力要强于染料,所以脱氢酶就会与 NAD^+ 结合而从配体上脱离。特异性洗脱方法的优点是特异性强,可以进一步消除非特异性吸附的影响,从而得到较高的分辨率。另外对于待分离物质与配体亲和力很强的情况,使用非特异性洗脱方法需要较强烈的洗脱条件,很可能使蛋白质等生物大分子变性,有时甚至只能使待分离的生物大分子变性才能够洗脱下来,使用特异性洗脱则可以避免这种情况。由于亲和吸附达到平衡比较慢,所以特异性洗脱往往需要较长的时间和较大的洗脱条件,可以通过适当的改变其他条件,如选择亲和力强的物质洗脱、加大洗脱液浓度等等,来缩短洗脱时间和缩小洗脱体积。

(2) 非特异性洗脱

非特异性洗脱是指通过改变洗脱缓冲液 pH 值、离子强度、温度等条件,降低待分离物质与配体的亲和力而将待分离物质洗脱下来。

当待分离物质与配体亲和力较小时,一般通过连续大体积平衡缓冲液冲洗,就可以在杂质之后将待分离物质洗脱下来,这种洗脱方式简单、条件温和,不会影响待分离物质的活性。但洗脱体积一般比较大,得到的待分离物质浓度较低。当待分离物质和配体结合较强时,可以通过选择适当的 pH、离子强度等条件降低待分离物质与配体的亲和力,具体的条件需要在实验中摸索。可以选择梯度洗脱方式,这样可能将亲和力不同的物质分开。如果希望得到较高浓度的待分离物质,可以选择酸性或碱性洗脱液,或较高的离子强度一次快速洗脱,这样在较小的洗脱体积内就能将待分离物质洗脱出来。但选择洗脱液的 pH、离子强度时应注意尽量不影响待分离物质的活性,而且洗脱后应注意中和酸碱,透析去除离子,以免待分离物质丧失活性。对于待分离物质与配体结合非常牢固时,可以使用较强的酸、碱或在洗脱液中加入脲、胍等变性剂使蛋白质等待分离物质变性,而从配体上解离出来。然后再通过适当的方法使待分离物质恢复活性。

（四）亲和层析的应用

亲和层析的应用主要是生物大分子的分离、纯化。下面简单介绍一些亲和层析技术用于纯化各种生物大分子的情况。

1. 抗原和抗体

利用抗原、抗体之间高特异的亲和力而进行分离的方法又称为免疫亲和层析。例如将抗原结合于亲和层析基质上,就可以从血清中分离其对应的抗体。在蛋白质工程菌发酵液中所需蛋白质的浓度通常较低,用离子交换、凝胶过滤等方法都难于进行分离,而亲和层析则是一种非常有效的方法。将所需蛋白质作为抗原,经动物免疫后制备抗体,将抗体与适当基质偶联形成亲和吸附剂,就可以对发酵液中的所需蛋白质进行分离纯化。抗原、抗体间亲和力一般比较强,其解离常数为 $10^{-8}-10^{-12}$ mol/L,所以洗脱时是比较困难的,通常需要较强烈的洗脱条件。可以采取适当的方法如改变抗原、抗体种类或使用类似物等来降低两者的亲和力,以便于洗脱。

2. 生物素和亲和素

生物素(biotion)和亲和素(avidin)之间具有很强而特异的亲和力,可以用于亲和层析。如用亲和素分离含有生物素的蛋白等。

3. 维生素、激素和结合转运蛋白

通常结合蛋白含量很低,如 1000 L 人血浆中只含有 20 mg Vit B_{12} 结合蛋白,用通常的层析技术难于分离。利用维生素或激素与其结合蛋白具有强而特异的亲和力(解离常数为 $10^{-7}-10^{-16}$ mol/L)而进行亲和层析则可以获得较好的分离效果。由于亲和力较强,所以洗脱时可能需要较强烈的条件,另外可以加入适量的配体进行特异性洗脱。

4. 激素和受体蛋白

激素的受体蛋白属于膜蛋白,利用去污剂溶解后的膜蛋白往往具有相似的物理性质,难于用通常的层析技术分离。但去污剂溶解通常不影响受体蛋白与其对应激素的结合。所以利用激素和受体蛋白间的高亲和力($10^{-6}-10^{-12}$ mol/L)而进行亲和层析是分离受体蛋白的重要方法。目前已经用亲和层析方法纯化出了大量的受体蛋白,如乙酰胆碱、肾上腺素、生长激素、吗啡、胰岛素等等多种激素的受体。

5. 凝集素和糖蛋白

凝集素是一类具有多种特性的糖蛋白,几乎都是从植物中提取。它们能识别特殊的糖,因此可以用于分离多糖、各种糖蛋白、免疫球蛋白、血清蛋白甚至完整的细胞。用凝集素作为配体的亲和层析是分离糖蛋白的主要方法。

6. 辅酶

核苷酸及其许多衍生物、各种维生素等是多种酶的辅酶或辅助因子,利用它们与对应酶的亲和力可以对多种酶类进行分离纯化。例如固定的各种腺嘌呤核苷酸辅酶,包括 AMP、cAMP、ADP、ATP、CoA、NAD^+、$NADP^+$ 等等应用很广泛,可以用于分离各种激酶和脱氢酶。

7. 多核苷酸和核酸

利用 poly-U 作为配体可以用于分离 mRNA 以及各种 poly-U 结合蛋白。poly-A 可以用于分离各种 RNA、RNA 聚合酶以及其他 poly-A 结合蛋白。以 DNA 作为配体可以用于分离各种 DNA 结合蛋白、DNA 聚合酶、RNA 聚合酶、核酸外切酶等多种酶类。

8. 氨基酸

固定化氨基酸是多用途的介质,通过氨基酸与其互补蛋白间的亲和力,或者通过氨基酸的疏水性等性质,可以用于多种蛋白质、酶的分离纯化。例如 L-精氨酸可以用于分离羧肽酶,L-赖氨酸则广泛地应用于分离各种 rRNA。

9. 染料配体

结合在蓝色葡聚糖中的蓝色染料 Cibacron Blue F3GA 是一种多芳香环的磺化物。由于它具有与 NAD^+ 相似的空间结构,所以它与各种激酶、脱氢酶、血清清蛋白、DNA 聚合酶等具有亲和力,可以用于亲和层析分离。另外较常用的还有 Procion Red HE3B 等。染料作为配体吸附容量高、可以多次重复使用。但它有一定的阳离子交换作用,使用时应适当提高缓冲液离子强度来减少非特异性吸附。

10. 分离病毒、细胞

利用配体与病毒、细胞表面受体的相互作用,亲和层析也可以用于病毒和细胞的分离。利用凝集素、抗原、抗体等作为配体都可以用于细胞的分离。例如各种凝集素可以用于分离红细胞以及各种淋巴细胞,胰岛素可以用于分离脂肪细胞等。由于细胞体积大、非特异性吸附强,所以亲和层析时要注意选择合适的基质。目前已有特别的基质如 Sepharose-6MB,颗粒大、非特异性吸附小,适合用于细胞亲和层析。

11. 金属螯合色谱

金属螯合色谱以及后面介绍的共价色谱、疏水色谱是一些特殊的亲和层析技术。金属螯合色谱通常使用亚氨二乙酸(IDA)等螯合剂,它能与 Cu^{2+}、Zn^{2+}、Fe^{2+} 等作用,生成带有多个配位基的金属螯合物,可以用于生物分子尤其是对重金属有较强亲和力的蛋白质的分离纯化。例如 Cu^{2+} — IDA 配体可以用于分离带精氨酸的蛋白质。

12. 共价色谱

共价色谱与常规的亲和色谱方法不同之处在于它是利用亲和吸附剂与待分离的蛋白质的共价结合而将其吸附,而后用适当的处理方法将共价键打开而将蛋白释放出来。例如活化的巯基—Sepharose、巯丙基—Sepharose 等活化基质可以直接与含巯基的蛋白质通过二硫键共价结合而将其吸附在基质上,通过适当的洗脱液如半胱氨酸,巯基乙醇等还原二硫键即可将蛋白质洗脱下来。共价色谱结合和洗脱条件一般都很温和,可以多次重复使用。

13. 疏水色谱

疏水色谱是指利用固定的疏水配体和蛋白质疏水表面区域之间的相互作用而进行分离的。例如用各种烷胺作为配体与基质结合,用于分离糖元磷酸化酶 b 等。

五、气相色谱(gas chromatography, GC)

气相色谱是柱色谱的一种。气相色谱仪中层析柱是其核心部分,有填充柱和毛细管柱两类,以前者较为常用。在填充柱中装有层析介质俗称担体,它可以是一种固体吸附剂,也可以是表面涂有耐高温液体(称固定液)的物质构成的固定相。在柱子进口端注入待分离样品(气体或液体),在载气(称流动相,常用氮气、氦气、氩气等惰性气体)推动下,样品进入层析柱,在一定高温条件下,样品中各种组分气化并以不同的速率前进,从而逐渐分离开来。不容易被担体吸附或在固定相里分配系数小的组分,在柱中停留的时间较短首先从柱后流出,而容易被吸附或在固定相中分配系数大的组分,在柱中保留时间较长而后从柱中流出。不同时间流出的不同组分被柱后检测器检出,检出信号放大后由数据处理机记录下各组分出峰图谱。根据各组分保留时间与标准物质比较,实现定性分析。根据归一法、内标法、外标法、叠加法,对各组分可以进行定量分析。

各种气体、有挥发性的物质或经过衍生处理在一定温度条件下可气化的组分,原则上都可以用气相色谱分离、分析。由于以惰性气体作为流动相,其黏度系数小,样品在气相与固定相之间的传质速率高,容易达到平衡,分离速度快。增加层析柱的长度,能显著提高分辨率。气体组分的检出比液体容易,氢火焰离子化检测器(FID)、火焰光度检测器(FPD)、电子捕获检测器(ECD)、化学发光检测器(CLD)等多种柱后检测器的使用,实现了组分检出的高度自动化。因此,气相色谱早已成为物质分离的现代方法。把气相色谱仪作为分离工具,与红外、紫外、质谱仪等联合使用,在生物物质的研究中发挥了越来越大的作用。

六、高效液相色谱技术

高效液相色谱(high performance liquid chromatography ,HPLC)是吸收了普通液相层析和气相色谱的优点,经过适当改进发展起来的。它既有普通液相层析的功能(可在常温下分离制备水溶性物质),又有气相色谱的特点(即高温、高速、高分辨率和高灵敏度);它不仅适用于很多不易挥发、难热分解物质(如金属离子、蛋白质、肽类、氨基酸及其衍生物、核苷、核苷酸、核酸、单糖、寡糖和激素等)的定性和定量分析,而且也适用于上述物质的制备和分离。高效液相色谱是化学、生物化学与分子生物学、医药学、农业、环保、商检、药检、法检等学科领域与专业最为重要的分离分析技术,是分析化学家、生物化学家等用以解决他们面临的各种实际分离分析课题必不可少的工具。

高效液相色谱的优点是:检测的分辨率和灵敏度高,分析速度快,重复性好,定量精度高,应用范围广。适用于分析高沸点、大分子、强极性、热稳定性差的化合物。其缺点是:价格昂贵,要用各种填料柱,容量小,分析生物大分子和无机离子困难,流动相消耗大且有毒性的居多。目前的发展趋势是向生物化学和药物分析及制备型倾斜。

（一）基本原理

HPLC是利用样品中的溶质在固定相和流动相之间分配系数的不同,进行连续的无数次的交换和分配而达到分离的过程。高效液相色谱按其固定相的性质可分为高效凝胶色谱、疏水性高效液相色谱、反相高效液相色谱、高效离子交换液相色谱、高效亲和液相色谱以及高效聚焦液相色谱等类型。用不同类型的高效液相色谱分离或分析各种化合物的原理基本上与相对应的普通液相层析相似。其不同之处首先是高效液相色谱灵敏、快速、分辨率高、重复性好,且需在色谱仪中进行;其次是样品液和流动相溶液在进入色谱柱前,必须超滤处理,这样可提高色谱柱的使用寿命。

（二）HPLC 系统构成

高效液相色谱仪主要有进样系统、输液系统、分离系统、检测系统和数据处理系统(见图

2-6 高效液相色谱装置示意图），下面将分别叙述各自的组成与特点。

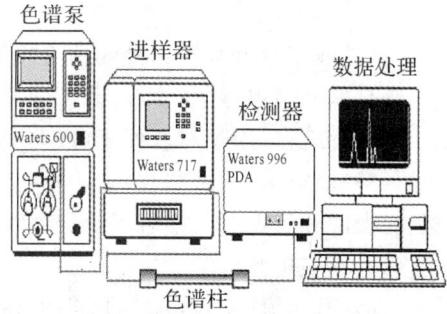

图 2-6 高效液相色谱装置示意

1. 进样系统

一般采用隔膜注射进样器或高压进样阀完成进样操作，进样量是恒定控制的。这对提高分析样品的重复性是有益的。

2. 输液系统

该系统包括高压泵、流动相贮存器和梯度仪三部分。高压泵的一般压强为 $1.47 \times 10^7 \sim 4.4 \times 10^7$ Pa，流速可调且稳定，当高压流动相通过层析柱时，

图 2-7 Agilent1100 高效液相色谱仪

可降低样品在柱中的扩散效应，能加快其在柱中的移动速度，这对提高分辨率、回收样品、保持样品的生物活性等都是有利的。流动相贮存器和梯度仪，可使流动相随固定相和样品的性质改变而改变，包括改变洗脱液的极性、离子强度、pH 值，或改用竞争性抑制剂或变性剂等。这就可使各种物质（即使仅有一个基团的差别或是同分异构体）都能获得有效分离。

3. 分离系统

该系统包括色谱柱、连接管和恒温器等。色谱柱是核心部分，其大小是根据使用目的、样品数量及其复杂程度决定的。色谱柱长度一般为 5~70 cm，直径为 1~50 mm，通常分析型色谱柱的体积比制备型的小，并偏向细而长，而制备型色谱柱的体积大，直径也较大。在 HPLC 中的色谱柱是由优质不锈钢或厚壁玻璃管或钛合金等材料制成，柱内装有直径为 5~10 μm（分析型）或数十微米（制备型）粒度的固定相。固定相中的基质是由机械强度高的树脂或硅胶构成，它们都有惰性、多孔性和比表面积大的特点，加之其表面经过机械涂渍，或者用化学法偶联各种基团或配体的有机化合物。因此，这类固定相对结构不同的物质有良好的选择性。例如，在多孔性硅胶表面偶联豌豆凝集素制成亲和吸附剂后，就可以把成纤维细胞中的一种糖蛋白分离出来。

另外，固定相基质粒度小，柱床极易达到均匀、致密状态，极易降低涡流扩散效应。基质粒度小、微孔浅、样品在微孔区内传质短。这些对缩小谱带宽度、提高分辨率是有益的。再者，高效液相色谱的恒温器可使温度从室温调到 60 ℃，通过改善传质速度，缩短分析时间，就可增加色谱柱的效率。

4.检测系统

高效液相色谱常用的检测器有紫外检测器、示差折光检测器和荧光检测器三种。

(1)紫外检测器

该检测器适用于对紫外光(或可见光)有吸收性能样品的检测。其特点:使用面广(如蛋白质、核酸、氨基酸、多肽、激素等均可使用)、灵敏度高(检测下限为 10^{-10} g/mL)、线性范围宽、对温度和流速变化不敏感、可检测梯度溶液洗脱的样品。

(2)示差折光检测器

凡具有与流动相折光率不同的样品组分,均可使用示差折光检测器检测。目前,糖类化合物的检测大多使用此检测系统。这一系统通用性强,操作简单,但灵敏度低(检测下限为 10^{-7} g/mL),流动相的变化会引起折光率的变化。因此,它既不适用于痕量分析,也不适用于梯度洗脱样品的检测。

(3)荧光检测器

凡具有荧光的物质,在一定条件下,其发射光的荧光强度与物质的浓度成正比。因此,这一检测器只适用于具有荧光的有机化合物(如多环芳烃、核苷酸、胺类、维生素和某些蛋白质等)的测定,其灵敏度很高(检测下限为 $10^{-14} \sim 10^{-12}$ g/mL),痕量分析和梯度洗脱样品的检测均可采用。

5.数据处理系统

该系统可对测试数据进行采集、贮存、显示、打印和处理等操作,使样品的分离、制备或鉴定工作能正确开展。

(三)应用

高效液相色谱的应用范围较广,主要是用于分析样品的性质与含量、测定酶活力和蛋白质相对分子质量、探讨蛋白质的结构,以及分离纯化蛋白质、核酸和天然活性物质等。

第三章　电泳技术

一、电泳的基本原理

电泳是指带电颗粒在电场的作用下,向着与其电荷相反的电极移动的现象。许多重要的生物分子,如氨基酸、多肽、蛋白质、核苷酸、核酸等都具有可电离基团,它们在某个特定的pH 值下可以带正电或负电,在电场的作用下,这些带电分子会向着与其所带电荷极性相反的电极方向移动。电泳技术就是利用在电场的作用下,由于待分离样品中各种分子带电性质以及分子本身大小、形状等性质的差异,使带电分子产生不同的迁移速度,从而对样品进行分离、鉴定或提纯的技术。

电泳过程必须在一种支持介质中进行。Tiselius 等在 1937 年进行的自由界面电泳没有固定支持介质,所以扩散和对流都比较强,影响分离效果。于是出现了固定支持介质的电泳,样品在固定的介质中进行电泳过程,减少了扩散和对流等干扰作用。最初的支持介质是滤纸和醋酸纤维素膜,目前这些介质在实验室已经应用得较少。在很长一段时间里,小分子物质如氨基酸、多肽、糖等通常用滤纸或纤维素、硅胶薄层平板为介质的电泳进行分离、分析,这些介质适合于分离小分子物质,操作简单、方便。但对于复杂的生物大分子则分离效果较差。凝胶作为支持介质的引入大大促进了电泳技术的发展,使电泳技术成为分析蛋白质、核酸等生物大分子的重要手段之一。最初使用的凝胶是淀粉凝胶,但目前使用得最多的是琼脂糖凝胶和聚丙烯酰胺凝胶。蛋白质电泳主要使用聚丙烯酰胺凝胶。

电泳装置主要包括两个部分:电源和电泳槽。电源提供直流电,在电泳槽中产生电场,驱动带电分子的迁移。电泳槽可以分为水平式和垂直式两类。垂直板式电泳是较为常见的一种,常用于聚丙烯酰胺凝胶电泳中蛋白质的分离。电泳槽中间是夹在一起的两块玻璃板,玻璃板两边由塑料条隔开,在玻璃平板中间制备电泳凝胶,凝胶的大小通常是 12 cm×14 cm,厚度为 1~2 mm,近年来新研制的电泳槽,胶面更小、更薄,以节省试剂和缩短电泳时间。制胶时在凝胶溶液中放一个塑料梳子,在胶聚合后移去,形成上样品的凹槽。水平式电泳,凝胶铺在水平的玻璃或塑料板上,用一薄层湿滤纸连接凝胶和电泳缓冲液,或将凝胶直接浸入缓冲液中。由于 pH 值的改变会引起带电分子电荷的改变,进而影响其电泳迁移的速度,所以电泳过程应在适当的缓冲液中进行的,缓冲液可以保持待分离物的带电性质的稳定。

为了更好地了解带电分子在电泳过程中是如何被分离的,下面简单介绍一下电泳的基本原理。在两个平行电极上加一定的电压(V),就会在电极中间产生电场强度(E),

$$E = \frac{V}{L}$$

上式中 L 是电极间距离。

在稀溶液中,电场对带电分子的作用力(F),等于所带净电荷与电场强度的乘积:

$$F = q \cdot E$$

上式中 q 是带电分子的净电荷,E 是电场强度。

这个作用力使得带电分子向其电荷相反的电极方向移动。在移动过程中,分子会受到介质黏滞力的阻碍。黏滞力(F')的大小与分子大小、形状、电泳介质孔径大小以及缓冲液黏度等有关,并与带电分子的移动速度成正比。对于球状分子,F' 的大小服从 Stokes 定律,即:

$$F' = 6\pi r\eta v$$

式中:r 是球状分子的半径,η 是缓冲液黏度,v 是电泳速度($v = d/t$,单位时间粒子运动的距离,cm/s)。当带电分子匀速移动时:

$$F = F',$$

$$\therefore \quad q \cdot E = 6\pi r\eta v$$

电泳迁移率(m)是指在单位电场强度(1 V/cm)时带电分子的迁移速度,

所以:

$$m = \frac{q}{6\pi r\eta}$$

$$m = \frac{v}{E}$$

这就是迁移率公式,由上式可以看出,迁移率与带电分子所带净电荷成正比,与分子的大小和缓冲液的黏度成反比。

用 SDS-聚丙烯酰胺凝胶电泳测定蛋白质相对分子质量时,实际使用的是相对迁移率 m_R。即:

$$m_R = \frac{m_1}{m_2} = \frac{\dfrac{d_1/t}{V/L}}{\dfrac{d_2/t}{V/L}} = \frac{d_1}{d_2}$$

式中:d 为带电粒子泳动的距离,t 为电泳的时间,V 为电压,L 为两电极交界面之间的距离,即凝胶的有效长度。因此,相对迁移率 m_R 就是两种带电粒子在凝胶中泳动迁移的距离之比。

带电分子由于各自的电荷和形状大小不同,因而在电泳过程中具有不同的迁移速度,形成了依次排列的不同区带而被分开。即使两个分子具有相似的电荷,如果它们的分子大小不同,由于它们所受的阻力不同,因此迁移速度也不同,在电泳过程中就可以被分离。有些类型的电泳几乎完全依赖于分子所带的电荷不同进行分离,如等电聚焦电泳;而有些类型的电泳则主要依靠分子大小的不同即电泳过程中产生的阻力不同而得到分离,如 SDS-聚丙烯酰胺凝胶电泳。分离后的样品通过各种方法的染色,或者如果样品有放射性标记,则可以通过放射性自显影等方法进行检测。

二、影响泳动速度的主要因素

由电泳迁移率的公式可以看出,影响电泳分离的因素很多,下面简单讨论一些影响电泳速度的主要因素：

1. 生物大分子的性质

待分离生物大分子所带的电荷、分子大小和性质都会对电泳有明显影响。一般来说，分子带的电荷量越大、直径越小、形状越接近球形，则其电泳迁移速度越快。

2. 缓冲液的性质

缓冲液的 pH 值会影响待分离生物大分子的解离程度，从而对其带电性质产生影响，溶液 pH 值距离其等电点愈远，其所带净电荷量就越大，电泳的速度也就越大，尤其对于蛋白质等两性分子，缓冲液 pH 值还会影响到其电泳方向，当缓冲液 pH 值大于蛋白质分子的等电点，蛋白质分子带负电荷，其电泳的方向是指向正极。为了保持电泳过程中待分离生物大分子的电荷以及缓冲液 pH 值的稳定性，缓冲液通常要保持一定的离子强度，一般在 0.02~0.2，离子强度过低，则缓冲能力差，但如果离子强度过高，会在待分离分子周围形成较强的带相反电荷的离子扩散层，由于离子扩散层与待分离分子的移动方向相反，它们之间产生了静电引力，因而引起电泳速度降低。另外缓冲液的黏度也会对电泳速度产生影响。

3. 电场强度

电场强度（V/cm）是每厘米的电位降，也称电位梯度。电场强度越大，电泳速度越快。但增大电场强度会引起通过介质的电流强度增大，而造成电泳过程产生的热量增大。电流在介质中所做的功（W）为：

$$W = I^2 Rt$$

上式中：I 为电流强度，R 为电阻，t 为电泳时间。

电流所作的功绝大部分都转换为热，因而引起介质温度升高，这会造成很多影响：①样品和缓冲离子扩散速度增加，引起样品分离带的加宽；②产生对流，引起待分离物的混合；③如果样品对热敏感，会引起蛋白质变性；④引起介质黏度降低、电阻下降等等。电泳中产生的热通常是由中心向外周散发的，所以介质中心温度一般要高于外周，尤其是管状电泳，由此引起中央部分介质相对于外周部分黏度下降，摩擦系数减小，电泳迁移速度增大，由于中央部分的电泳速度比边缘快，所以电泳分离带通常呈弓型。降低电流强度，可以减小生热，但会延长电泳时间，引起待分离生物大分子扩散的增加而影响分离效果。所以电泳实验中要选择适当的电场强度，同时可以适当冷却降低温度以获得较好的分离效果。

4. 电渗

液体在电场中，对于固体支持介质的相对移动，称为电渗现象。由于支持介质表面可能会存在一些带电基团，如滤纸表面通常有一些羧基，琼脂可能会含有一些硫酸基，而玻璃表面通常有 Si—OH 基团等等。这些基团电离后会使支持介质表面带电，吸附一些带相反电荷的离子，在电场的作用下向电极方向移动，形成介质表面溶液的流动，这种现象就是电渗。在 pH 值高于 3 时，玻璃表面带负电，吸附溶液中的正电离子，引起玻璃表面附近溶液层带正电，在电场的作用下，向负极迁移，带动电极液产生向负极的电渗流。如果电渗方向与待分离分子电泳方向相同，则加快电泳速度；如果相反，则降低电泳速度。

5. 支持介质的筛孔

支持介质的筛孔大小对待分离生物大分子的电泳迁移速度有明显的影响。在筛孔大的介质中泳动速度快，反之，则泳动速度慢。

三、电泳的分类

电泳按其分离的原理不同可分为:

(1) 区带电泳:电泳过程中,待分离的各组分分子在支持介质中被分离成许多条明显的区带,这是当前应用最为广泛的电泳技术。

(2) 自由界面电泳:这是瑞典 Uppsala 大学的著名科学家 Tiselius 最早建立的电泳技术,是在 U 形管中进行电泳,无支持介质,因而分离效果差,现已被其他电泳技术所取代。

(3) 等速电泳:需使用专用电泳仪,当电泳达到平衡后,各电泳区带相随,分成清晰的界面,并以等速向前运动。

(4) 等电聚焦电泳:由两性电解质在电场中自动形成 pH 梯度,被分离的生物大分子移动到各自等电点的 pH 处聚集成很窄的区带。

按支持介质的不同可分为:

(1) 纸电泳(paper electrophorisis);

(2) 醋酸纤维薄膜电泳(cellulose acetate electrophoresis);

(3) 琼脂糖凝胶电泳(agar gel electrophoresis);

(4) 聚丙烯酰胺凝胶电泳(polyacrylamide gel electrophoresis)(PAGE);

(5) SDS-聚丙烯酰胺凝胶电泳(SDS-PAGE)。

按支持介质形状不同可它为:(1) 薄层电泳;(2) 板电泳;(3)柱电泳。

按用途不同可分为:(1) 分析电泳;(2) 制备电泳;(3) 定量免疫电泳;(4)连续制备电泳。

按所用电压不同可分为:

(1) 低压电泳:100~500 V,电泳时间较长,适于分离蛋白质等生物大分子。

(2) 高压电泳:1000~5000 V,电泳时间短,有时只需几分钟,多用于氨基酸、多肽、核苷酸和糖类等小分子物质的分离。

四、常用电泳技术

(一)纸电泳和醋酸纤维薄膜电泳

纸电泳是用滤纸作支持介质的一种早期电泳技术。尽管分辨率比凝胶介质要差,但由于其操作简单,所以仍有很多应用,特别是在血清样品的临床检测和病毒分析等方面有重要用途。

纸电泳使用水平电泳槽。分离氨基酸和核苷酸时常用 pH 2~3.5 的酸性缓冲液,分离蛋白质时常用碱性缓冲液。选用的滤纸必须厚度均匀,常用国产新华滤纸和进口的 Whatman 1 号滤纸。点样位置是在滤纸的一端距纸边 5~10 cm 处。样品可点成圆形或长条形,长条形的分离效果较好。点样量为 5~100 μg 和 5~10 μL。点样方法有干点法和湿点法。湿点法是在点样前即将滤纸用缓冲液浸湿,样品液要求较浓,不要多次点样。干点法是在点样后再用缓冲液和喷雾器将滤纸喷湿,点样时可用吹风机吹干后多次点样,因而可以用较稀的样品。电泳时要选择好正、负极,电压通常使用 2~10 V/cm 的低压电泳,电泳时间较长。对于氨基酸和肽类等小分子物质,则要使用 50~200 V/cm 的高压电泳,电泳时间可以大大缩短,但必须解决电泳时的冷却问题,并要注意安全。

电泳完毕记下滤纸的有效使用长度,然后烘干,用显色剂显色。定量测定的方法有洗脱法和光密度法。洗脱法是将确定的样品区带剪下,用适当的洗脱剂洗脱后进行比色或分光光度测定。光密度法是将染色后的干滤纸用光密度计直接定量测定各样品电泳区带的含量。

醋酸纤维薄膜电泳与纸电泳相似,只是换用了醋酸纤维薄膜作为支持介质。将纤维素的羟基乙酰化为醋酸酯,溶于丙酮后涂布成有均一细密微孔的薄膜,其厚度为 0.1～0.15 mm。

醋酸纤维薄膜电泳与纸电泳相比有以下优点:① 醋酸纤维薄膜对蛋白质样品吸附极少,无"拖尾"现象,染色后蛋白质区带更清晰。② 快速省时。由于醋酸纤维薄膜亲水性比滤纸小,吸水少,电渗作用小,电泳时大部分电流由样品传导,所以分离速度快,电泳时间短,完成全部电泳操作只需 90 min 左右。③ 灵敏度高,样品用量少。血清蛋白电泳仅需 2 μL 血清,点样量甚至少到 0.1 μL,仅含 5μg 的蛋白样品也可以得到清晰的电泳区带。临床医学用于检测微量异常蛋白的改变。④ 应用面广。可用于那些纸电泳不易分离的样品,如胎儿甲种球蛋白、溶菌酶、胰岛素、组蛋白等。⑤ 醋酸纤维薄膜电泳染色后,用乙酸、乙醇混合液浸泡后可制成透明的干板,有利于光密度计和分光光度计扫描定量及长期保存。

由于醋酸纤维薄膜电泳操作简单、快速、价廉,目前已广泛用于分析检测血浆蛋白、脂蛋白、糖蛋白、胎儿甲种球蛋白、体液、脊髓液、脱氢酶、多肽、核酸及其他生物大分子,为心血管疾病、肝硬化及某些癌症鉴别诊断提供了可靠的依据,因而已成为医学和临床检验的常规技术。

(二)琼脂糖凝胶电泳

琼脂糖是从琼脂中提纯出来的,主要是由 D-半乳糖和 3,6 脱水 L-半乳糖连接而成的一种线性多糖。琼脂糖凝胶的制作是将干的琼脂糖悬浮于缓冲液中,通常使用的浓度是 1%～3%,加热煮沸至溶液变为澄清,注入模板后室温下冷却凝聚即成琼脂糖凝胶。琼脂糖之间以分子内和分子间氢键形成较为稳定的交联结构,这种交联的结构使琼脂糖凝胶有较好的抗对流性质。琼脂糖凝胶的孔径可以通过琼脂糖的最初浓度来控制,低浓度的琼脂糖形成较大的孔径,而高浓度的琼脂糖形成较小的孔径。尽管琼脂糖本身没有电荷,但一些糖基可能会被羧基、甲氧基特别是硫酸根不同程度的取代,使得琼脂糖凝胶表面带有一定的电荷,引起电泳过程中发生电渗以及样品和凝胶间的静电相互作用,影响分离效果。市售的琼脂糖有不同的提纯等级,主要以硫酸根的含量为指标,硫酸根的含量越少,提纯等级越高。

琼脂糖凝胶可以用于蛋白质和核酸的电泳支持介质,尤其适合于核酸的提纯、分析。如浓度为 1% 的琼脂糖凝胶的孔径对于蛋白质来说是比较大的,对蛋白质的阻碍作用较小,这时蛋白质分子大小对电泳迁移率的影响相对较小,所以适用于一些忽略蛋白质大小而只根据蛋白质天然电荷来进行分离的电泳技术,如免疫电泳、平板等电聚焦电泳等。琼脂糖也适合于 DNA、RNA 分子的分离、分析,由于 DNA、RNA 分子通常较大,所以在分离过程中会存在一定的摩擦阻碍作用,这时分子的大小会对电泳迁移率产生明显影响。例如对于双链 DNA,电泳迁移率的大小主要与 DNA 分子大小有关,而与碱基排列及组成无关。另外,一些低熔点的琼脂糖(62～65 ℃)可以在 65 ℃时熔化,因此其中的样品如 DNA 可以重新溶解到溶液中而回收。

琼脂糖凝胶通常是形成水平式板状凝胶,用于等电聚焦、免疫电泳等蛋白质电泳,以及

DNA、RNA 的分析。垂直式电泳应用得相对较少。

　　(三)聚丙烯酰胺凝胶电泳

　　聚丙烯酰胺凝胶电泳,简称为 PAGE(polyacrylamide gel electrophoresis),是以聚丙烯酰胺凝胶作为支持介质。聚丙烯酰胺凝胶是由单体的丙烯酰胺($CH_2\!=\!CHCONH_2$ Acryl-amide)和甲叉双丙烯酰胺($CH_2(NHCOHC\!=\!CH_2)_2$　N,N'-methylenebisacrylamide)聚合而成,这一聚合过程需要有自由基催化完成。常用的催化聚合方法有两种:化学聚合和光聚合。化学聚合通常是加入催化剂过硫酸铵(AP)以及加速剂四甲基乙二胺(TEMED),四甲基乙二胺催化过硫酸铵产生自由基:

$$S_2O_8^{2-} + e^- \rightarrow SO_4^{2-} + SO_4^-.$$

　　以 R・代表自由基,M 代表丙烯酰胺单体,则聚合过程可以表示为:

　　　　R・+M→RM・

　　　　RM・+M→RMM・

　　　　RMM・+M→RMMM・　　　etc.

　　这样由于乙烯基"$CH_2\!=\!CH\!-\!$"一个接一个地聚合作用就形成丙烯酰胺长链,同时甲叉双丙烯酰胺在不断延长的丙烯酰胺链间形成甲叉键交联,从而形成交联的三维网状结构。氧气对自由基有清除作用,所以通常凝胶溶液聚合前要进行抽气。丙烯酰胺的另一种聚合方法是光聚合,催化剂是核黄素,核黄素在光照下能够产生自由基,催化聚合反应。一般光照 2~3 h 即可完成聚合反应。

　　聚丙烯酰胺凝胶的孔径可以通过改变丙烯酰胺和甲叉双丙烯酰胺的浓度来控制,丙烯酰胺的浓度可以在 3%~30%之间。低浓度的凝胶具有较大的孔径,如 3%的聚丙烯酰胺凝胶对蛋白质没有明显的阻碍作用,可用于平板等电聚焦或 SDS-聚丙烯酰胺凝胶电泳的浓缩胶,也可以用于分离 DNA;高浓度凝胶具有较小的孔径,对蛋白质有分子筛的作用,可以用于根据蛋白质的相对分子质量进行分离的电泳中,如 10%~20%的凝胶常用于 SDS-聚丙烯酰胺凝胶电泳的分离胶。

　　聚合后的聚丙烯酰胺凝胶的强度、弹性、透明度、黏度和孔径大小均取决于两个重要参数 T 和 C,T 是丙烯酰胺和甲叉双丙烯酰胺两个单体的总百分浓度。C 是与 T 有关的交联百分浓度。T 与 C 的计算公式是:

$$T=\frac{a+b}{m}\times100\%　　　　　　C=\frac{b}{a+b}\times100\%$$

　　上式中,a 为丙烯酰胺的质量(g),b 为甲叉双丙烯酰胺的质量(g),m 为水或缓冲液体积(mL)。式中 a 与 b 的比例很重要。富有弹性,且完全透明的凝胶,a 与 b 的重量比应在 30 左右。选择 T 和 C 的经验公式是:

$$C=6.5-0.3T$$

　　此式可用于计算 T 为 5%~20%时的凝胶组成。实验中最常用的 C 是 2.6%和 3%。

　　配成 30%的丙烯酰胺水溶液在 4 ℃下能保存 1 个月,在贮存期间丙烯酰胺会水解为丙烯酸而增加电泳时的电内渗现象并减慢电泳的迁移率。丙烯酰胺和甲叉双丙烯酰胺是一种对中枢神经系统有毒的试剂,操作时要避免直接接触皮肤,但它们聚合后则无毒。

　　未加 SDS 的天然聚丙烯酰胺凝胶电泳可以使生物大分子在电泳过程中保持其天然的形状和电荷,它们的分离是依据其电泳迁移率的不同和凝胶的分子筛作用,因而可以得到较高的分辨率,尤其是在电泳分离后仍能保持蛋白质和酶等生物大分子的生物活性,对于生物大分子的鉴定有重要意义,其方法是在凝胶上进行两份相同样品的电泳,电泳后将凝胶切成两半,一半用于活性染色,对某个特定的生物大分子进行鉴定,另一半用于所有样品的染色,以分析样品中各种生物大分子的种类和含量。

由于聚丙烯酰胺凝胶有突出的优点,因而得到广泛的应用,目前尚无更好的支持介质能够取代它。其主要的优点有:①可以随意控制胶浓度"T"和交联度"C",从而得到不同的有效孔径,用于分离不同相对分子质量的生物大分子。②能把分子筛作用和电荷效应结合在同一方法中,达到更高的灵敏度。③由于聚丙烯酰胺凝胶是由-C-C-键结合的酰胺多聚物,侧链只有不活泼的酰胺基-CO-NH$_2$,没有带电的其他离子基团,化学惰性好,电泳时不会产生"电渗"。④由于可以制得高纯度的单体原料,因而电泳分离的重复性好。⑤透明度好,便于照相和复印。机械强度好,有弹性,不易碎,便于操作和保存。⑥无紫外吸收,不染色就可以用于紫外波长的凝胶扫描作定量分析。⑦还可以用作固定化酶的惰性载体。

聚丙烯酰胺凝胶分离蛋白质常用垂直平板电泳,一次最多可以容纳 20 个样品,电泳过程中样品所处的条件比较一致,样品间可以进行更好的比较,重复性也更好,常用于蛋白质及 DNA 序列分析过程中 DNA 片段的分离、鉴定。

（四）SDS-聚丙烯酰胺凝胶电泳(SDS-PAGE)

SDS-聚丙烯酰胺凝胶电泳是最常用的定性分析蛋白质的电泳方法,特别是用于蛋白质纯度检测和测定蛋白质相对分子质量。

SDS-PAGE 是在要走电泳的样品中加入含有 SDS 和 β-巯基乙醇的样品处理液,SDS 即十二烷基磺酸钠($CH_3-(CH_2)_{10}-CH_2OSO_3^-$ Na$^+$),是一种阴离子表面活性剂即去污剂,它可以断开分子内和分子间的氢键,破坏蛋白质分子的二级和三级结构,强还原剂 β-巯基乙醇可以断开半胱氨酸残基之间的二硫键,破坏蛋白质的四级结构。电泳样品加入样品处理液后,要在沸水浴中煮 3～5 min,使 SDS 与蛋白质充分结合,以使蛋白质完全变性和解聚,并形成棒状结构。SDS 与蛋白质结合后使蛋白质-SDS 复合物上带有大量的负电荷,平均每两个氨基酸残基结合一个 SDS 分子,这时各种蛋白质分子本身的电荷完全被 SDS 掩盖。这样就消除了各种蛋白质本身电荷上的差异。样品处理液中通常还加入溴酚蓝染料,用于控制电泳过程。另外样品处理液中也可加入适量的蔗糖或甘油以增大溶液密度,使加样时样品溶液可以沉入样品凹槽底部。

制备凝胶时首先要根据待分离样品的情况选择适当的分离胶浓度,例如通常使用的15％的聚丙烯酰胺凝胶的分离范围是 10^4～10^5,即相对分子质量小于 10^4 的蛋白质可以不受孔径的阻碍而通过凝胶,而相对分子质量大于 10^5 的蛋白质则难以通过凝胶孔径,这两种情况的蛋白质都不能得到分离。所以如果要分离较大的蛋白质,需要使用低浓度如 10％或7.5％的凝胶(孔径较大);而对于分离较小的蛋白质,使用的较高浓度凝胶(孔径较小)可以得到更好的分离效果。分离胶聚合后,通常在上面加上一层浓缩胶(约 1 cm),并在浓缩胶上插入样品梳,形成上样凹槽。浓缩胶是低浓度的聚丙烯酰胺凝胶,由于浓缩胶具有较大的孔径(丙烯酰胺浓度通常为 3％～5％),各种蛋白质都可以不受凝胶孔径阻碍而自由通过。浓缩胶通常 pH 值较低(通常 pH 6.8),用于样品进入分离胶前将样品浓缩成很窄的区带。浓缩胶聚合后取出样品梳,上样后即可通电开始电泳。

聚丙烯酰胺凝胶电泳和 SDS-聚丙烯酰胺凝胶电泳有两种系统,即只有分离胶的连续系统和有浓缩胶与分离胶的不连续系统,不连续系统中最典型、国内外均广泛使用的是著名的 Ornstein-Davis 高 pH 碱性不连续系统,其浓缩胶丙烯酰胺浓度为 4%,pH 6.8,分离胶的丙烯酰胺浓度为 12.5%,pH 8.8。电极缓冲液 pH 8.3,用 Tris、SDS 和甘氨酸配制。配胶的缓冲液用 Tris、SDS 和 HCl 配制。

样品在电泳过程中首先通过浓缩胶,在进入分离胶前由于等速电泳现象而被浓缩。这是由于在电泳缓冲液中主要存在三种阴离子,Cl⁻、甘氨酸阴离子以及蛋白质-SDS 复合物,在浓缩胶的 pH 值下,甘氨酸只有少量的电离,所以其电泳迁移率最小,而 Cl⁻ 的电泳迁移率最大。在电场的作用下,Cl⁻ 最初的迁移速度最快,这样在 Cl⁻ 后面形成低离子浓度区域,即低电导区,而低电导区会产生较高的电场强度,因此 Cl⁻ 后面的离子在较高的电场强度作用下会加速移动。达到稳定状态后,Cl⁻ 和甘氨酸之间形成稳定移动的界面。而蛋白质-SDS 复合物由于相对量较少,聚集在甘氨酸和 Cl⁻ 的界面附近而被浓缩成很窄的区带(可以被浓缩三百倍),所以在浓缩胶中 Cl⁻ 是快离子(前导离子),甘氨酸是慢离子(尾随离子)。

当甘氨酸到达分离胶后,由于分离胶的 pH 值(通常 pH 8.8)较大,甘氨酸离解度加大,电泳迁移速度变大超过蛋白质-SDS 复合物,甘氨酸和 Cl⁻ 的界面很快超过蛋白质-SDS 复合物。这时蛋白质-SDS 复合物在分离胶中以本身的电泳迁移速度进行电泳,向正极移动。由于蛋白质-SDS 复合物在单位长度上带有相等的电荷,所以它们以相等的迁移速度从浓缩胶进入分离胶,进入分离胶后,由于聚丙烯酰胺的分子筛作用,小分子的蛋白质可以容易的通过凝胶孔径,阻力小,迁移速度快;大分子蛋白质则受到较大的阻力而被滞后,这样蛋白质在电泳过程中就会根据其各自相对分子质量的大小而被分离。

溴酚蓝指示剂是一个较小的分子,可以自由通过凝胶孔径,所以它显示着电泳的前沿位置。当指示剂到达凝胶底部时,停止电泳,从平板中取出凝胶。在适当的染色液中(如通常使用的考马斯亮蓝)染色几个小时,而后过夜脱色。脱色液去除凝胶中未与蛋白结合的背景染料,这时就可以清晰地观察到凝胶中被染色的蛋白质区带。通常凝胶制备需要 1~1.5 h,电泳在 25~30 mA 下通常需要 3 h,染色 2~3 h,过夜脱色。通常使用的垂直平板电泳可以同时进行多个样品的电泳。

SDS-聚丙烯酰胺凝胶电泳还可以用于未知蛋白相对分子质量的测定,在同一凝胶上对一系列已知相对分子质量的标准蛋白及未知蛋白进行电泳,测定各个的标准蛋白的电泳距离(或迁移率),并对各自相对分子质量的对数($\log M_w$)作图,即得到标准曲线。测定未知蛋白质的电泳距离(或迁移率),通过标准曲线就可以求出未知蛋白的相对分子质量。

SDS-聚丙烯酰胺凝胶电泳经常应用于提纯过程中纯度的检测,纯化的蛋白质通常在 SDS 电泳上应只有一条带,但如果蛋白质是由不同的亚基组成的,它在电泳中可能会形成分别对应于各个亚基的几条带。SDS-聚丙烯酰胺凝胶电泳具有较高的灵敏度,一般只需要不到微克量级的蛋白质,而且通过电泳还可以同时得到关于相对分子质量的情况,这些信息对于了解未知蛋白及设计提纯过程都是非常重要的。

(五)等电聚焦

等电聚焦电泳是根据两性物质等电点(pI)的不同而进行分离的,它具有很高的分辨率,可以分辨出等电点相差 0.01 的蛋白质,是分离两性物质如蛋白质的一种理想方法。等电聚焦的分离原理是在凝胶中通过加入两性电解质形成一个由阳极到阴极逐渐递增的 pH 梯度,待分离的两性物质在电泳过程中会被集中在与其等电点相等的 pH 区域内,形成分离的区带,不再泳动,从而得到分离。

　　两性电解质是人工合成的一种复杂的多氨基多羧基的混合物。不同的两性电解质有不同的 pH 梯度范围,既有较宽的范围如 pH 3～10,也有各种较窄的范围如 pH 7～8。要根据待分离样品的情况选择适当的两性电解质,使待分离样品中各个组分都在两性电解质的 pH 范围内,两性电解质的 pH 范围越小,分辨率越高。

　　凝胶结束后对蛋白质进行染色时应注意,由于两性电解质也会被染色,使整个凝胶都被染色。所以等电聚焦的凝胶不能直接染色,要首先经过 10% 的三氯乙酸的浸泡以除去两性电解质后才能进行染色。

　　等电聚焦还可以用于测定某个未知蛋白质的等电点,将一系列已知等电点的标准蛋白(通常 pI 在 3.5～10 之间)及待测蛋白同时进行等电聚焦。测定各个标准蛋白电泳区带到凝胶某一侧边缘的距离对各自的 pI 值作图,即得到标准曲线。而后测定待测蛋白的距离,通过标准曲线即可求出其等电点。

　　等电聚焦具有很高的灵敏度,特别适合于研究蛋白质微观不均一性,例如一种蛋白质在 SDS-聚丙烯酰胺凝胶电泳中表现单一带,而在等电聚焦中表现三条带。这可能是由于蛋白质存在单磷酸化、双磷酸化和三磷酸化形式。由于几个磷酸基团不会对蛋白质的相对分子质量产生明显的影响,因此在 SDS-聚丙烯酰胺凝胶电泳中表现单一带,但由于它们所带的电荷有差异,所以在等电聚焦中可以被分离检测到。同功酶之间可能只有一两个氨基酸的差别,利用等电聚焦也可以得到较好的分离效果。由于等电聚焦过程中蛋白质通常是处于天然状态的,所以可以通过前面介绍的活性染色的方法对酶进行检测。等电聚焦主要用于分离分析,但也可以用于纯化制备。虽然成本较高,但操作简单、纯化效率很高。

　　(六)二维凝胶电泳(2D-PAGE)

　　二维聚丙烯酰胺凝胶电泳技术结合了等电聚焦技术(根据蛋白质等电点进行分离)以及 SDS-聚丙烯酰胺凝胶电泳技术(根据蛋白质的大小进行分离)。这两项技术结合形成的二维电泳是分离分析蛋白质最有效的一种电泳手段。通常第一维电泳是等电聚焦,在细管中(ϕ1～3 mm)中加入含有两性电解质、8 mol/L 的脲以及非离子型去污剂的聚丙烯酰胺凝胶进行等电聚焦,变性的蛋白质根据其等电点的不同进行分离。而后将凝胶从管中取出,用含有 SDS 的缓冲液处理 30 min,使 SDS 与蛋白质充分结合。将处理过的凝胶条放在 SDS-聚丙烯酰胺凝胶电泳浓缩胶上,加入丙烯酰胺溶液或熔化的琼脂糖溶液使其固定并与浓缩胶连接。在第二维电泳过程中,结合 SDS 的蛋白质从等电聚焦凝胶中进入 SDS-聚丙烯酰胺凝胶,在浓缩胶中被浓缩,在分离胶中依据其相对分子质量大小被分离。这样各个蛋白质根据等电点和相对分子质量的不同而被分离、分布在二维图谱上。细胞提取液的二维电泳可以分辨出 1000～2000 个蛋白质,有些报道可以分辨出 5000～10000 个斑点,这与细胞中可能存在的蛋白质数量接近。由于二维电泳具有很高的分辨率,它可以直接从细胞提取液中检测某个蛋白。例如将某个蛋白质的 mRNA 转入到青蛙的卵母细胞中,通过对转入和未转入细胞的提取液的二维电泳图谱的比较,转入

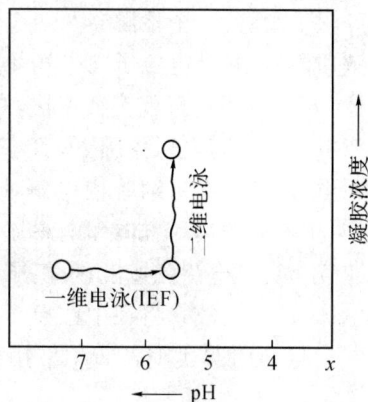

图 3-1　双向电泳示意

mRNA 的细胞提取液的二维电泳图谱中应存在一个特殊的蛋白质斑点,这样就可以直接检测 mRNA 的翻译结果。二维电泳是一项很需要技术并且很辛苦的工作。目前已有一些计算机控制的系统可以直接记录比较复杂的二维电泳图谱。

（七）毛细管电泳

毛细管电泳(Capillary electrophoresis,CE)是近年来发展最快的分析方法之一。由于 CE 符合了以生物工程为代表的生命科学各领域中对多肽、蛋白质(包括酶,抗体)、核苷酸乃至脱氧核糖核酸(DNA)的分离分析要求,在短短几年内得到了迅速的发展。CE 是经典电泳技术和现代微柱分离相结合的产物。CE 和高效液相色谱法(HPLC)相比,其相同处在于都是高效分离技术,仪器操作均可自动化,且两者均有多种不同分离模式。两者之间的差异在于:CE 用迁移时间取代 HPLC 中的保留时间,CE 的分析时间通常不超过 30min,比 HPLC 速度快;对 CE 而言,从理论上推得其理论塔板高度和溶质的扩散系数成正比,对扩散系数小的生物大分子而言,其柱效就要比 HPLC 高得多;CE 所需样品为 nL 级,最低可达 270 fL,流动相用量也只需几毫升,而 HPLC 所需样品为 μL 级,流动相则需几百毫升乃至更多;但 CE 仅能实现微量制备,而 HPLC 可作常量制备。CE 和普通电泳相比,由于其采用高电场,因此分离速度要快得多;检测器则除了未能和原子吸收及红外光谱连接以外,其他类型检测器均已和 CE 实现了连接检测;一般电泳定量精度差,而 CE 和 HPLC 相近;CE 操作自动化程度比普通电泳要高得多。

总之,CE 的优点可概括为三高二少:高灵敏度,常用紫外检测器的检测限可达 $10^{-13} \sim 10^{-15}$ mol,激光诱导荧光检测器则达 $10^{-19} \sim 10^{-21}$ mol;高分辨率,其每米理论塔板数为几十万;高者可达几百万乃至千万,而 HPLC 一般为几千到几万;高速度,最快可在 60 s 内完成,在 250 s 内分离 10 种蛋白质,1.7 min 分离 19 种阳离子,3 min 内分离 30 种阴离子;样品少,只需 nL (10^{-9} L)级的进样量;成本低,只需少量(几毫升)流动相和价格低廉的毛细管。由于以上优点以及分离生物大分子的能力,使 CE 成为近年来发展最迅速的分离分析方法之一。当然 CE 还是一种正在发展中的技术,有些理论研究和实际应用正在进行与开发。

毛细管电泳统指以高压电场为驱动力,以毛细管为分离通道,依据样品中各组分之间淌度和分配行为上的差异而实现分离的一类液相分离技术。其仪器结构包括一个高压电源,一根毛细管,一个检测器及两个供毛细管两端插入而又可和电源相连的缓冲液贮瓶。在电解质溶液中,带电粒子在电场作用下,以不同的速度向其所带电荷相反方向迁移的现象叫电泳。CE 所用的石英毛细管柱,在 pH>3 情况下,其内表面带负电,和溶液接触时形成了一双电层。在高电压作用下,双电层中的水合阳离子引起流体整体地朝负极方向移动的现象叫电渗,粒子在毛细管内电解质中的迁移速度等于电泳和电渗流(EOF)两种速度的矢量和,正离子的运动方向和电渗流一致,故最先流出;中性粒子的电泳流速度为"零",故其迁移速度相当于电渗流速度;负离子的运动方向和电渗流方向相反,但因电渗流速度一般都大于电泳流速度,故它将在中性粒子之后流出,从而因各种粒子迁移速度不同而实现分离。

与 HPLC 类似,CE 中应用最广泛的是紫外/可见检测器。

五、样品的染色方法

经醋酸纤维薄膜、琼脂糖凝胶、聚丙烯酰胺凝胶电泳分离的各种生物分子需用染色法使

图中标注：

填充剂

石英毛细管
聚酰亚胺涂层

柱内检测窗口
烧结头
柱外检测窗口

烧结头

+V, 样品瓶　　　　　　　　　　　　−V, 收集瓶

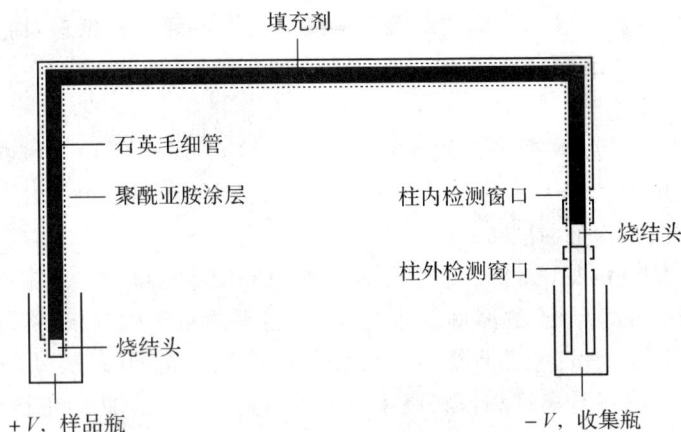

图 3-2　毛细管电泳仪器示意

其在支持物相应位置上显示出谱带，从而检测其纯度、含量及生物活性。蛋白质、糖蛋白、脂蛋白、核酸及酶等均有不同的染色方法，现分别介绍如下。

（一）蛋白质的染色

氨基黑 10B(amino black 10B)是一种酸性染料。其磺酸基与蛋白质反应构成复合盐，是最常用的蛋白质染料之一，但对于 SDS-蛋白质染色效果不好。另外，氨基黑 10B 染不同蛋白质时，着色度不等，色调不一(有黑、蓝、棕等)；作同一凝胶柱的扫描时，误差较大。需要时，各种蛋白质作出本身蛋白质-染料量(吸收值)的标准曲线，更有利于定量测定。

检测蛋白质最常用的染色剂是考马斯亮蓝 R-250(Coomassie brilliant blue, CBB)，通常是用甲醇：水：冰醋酸(体积比为 45：45：10)配制 0.1% 或 0.25%(W/V)的考马斯亮蓝溶液作为染色液。这种酸-甲醇溶液使蛋白质变性，固定在凝胶中，防止蛋白质在染色过程中在凝胶内扩散，通常染色需 2 h。脱色液是同样的酸-甲醇混合物，但不含染色剂，脱色通常需过夜摇晃进行。考马斯亮蓝染色具有很高的灵敏度，在聚丙烯酰胺凝胶中可以检测到 0.1 μg 的蛋白质形成的染色带。考马斯亮蓝与某些纸介质结合非常紧密，所以不能用于染色滤纸、醋酸纤维素薄膜以及蛋白质印迹(在硝化纤维素纸上)。在这种情况下通常是用 10% 的三氯乙酸浸泡使蛋白质变性，而后使用不对介质有强烈染色的染料如溴酚蓝、氨基黑等对蛋白质进行染色。

银染是比考马斯亮蓝染色更灵敏的一种方法，它是通过银离子(Ag^+)在蛋白质上被还原成金属银形成黑色来指示蛋白区带的。银染可以直接进行也可以在考马斯亮蓝染色后进行，这样凝胶主要的蛋白带可以通过考马斯亮蓝染色分辨，而细小的考马斯亮蓝染色检测不到的蛋白带由银染检测。银染的灵敏度比考马斯亮蓝染色高 100 倍，可以检测低于 1 ng 的蛋白质。

（二）糖蛋白的染色

糖蛋白通常使用过碘酸-Schiff 试剂(PAS)染色，但 PAS 染色不十分灵敏，染色后通常形成较浅的红-粉红带，难以在凝胶中观察。目前更灵敏的方法是将凝胶印迹后用凝集素检测糖蛋白。凝集素是从植物中提取的一类糖蛋白，它们能识别并选择性的结合特殊的糖，不同的凝集素可以结合不同的糖。将凝胶印迹用凝集素处理，再用连接辣根过氧化物酶的抗凝集素抗体处理，然后再加入过氧化物酶的底物，通过生成有颜色的产物就可以检测到凝集

素结合情况。这样凝胶印迹用不同的凝集素检测不仅可以确定糖蛋白,而且可以得到糖蛋白中糖基的信息。

(三)脂蛋白的染色

油红(oil red)O 染色:将凝胶先用 5％乙醇固定 20 min,用 H_2O 漂洗吹干后,再用油红 O 应用液染色 18 h,在乙醇:水＝5:3 中浸洗 5 min,最后用蒸馏水洗去底色。必要时可用氨基黑复染,以证明是脂蛋白区带。

苏丹黑 B(sudan black B):将 2 g 苏丹黑 B 加 60 mL 吡啶和 40 mL 醋酸酐混合,放置过夜。再加 3000 mL 蒸馏水,乙酰苏丹黑即析出。抽滤后再溶于丙酮中,将丙酮蒸发,剩下粉状物即为乙酰苏丹黑。将乙酰苏丹黑溶于无水乙醇中,使呈饱和溶液。用前过滤,按样品总体积 1/10 量加入乙酰苏丹黑饱和液将脂蛋白预染后进行电泳。此染色适合于琼脂糖电泳及 PAGE 脂蛋白的预染。

(四)核酸的染色

核酸染色一般可将凝胶先用三氯乙酸、甲酸-乙酸混合液、氯化高汞、乙酸等固定,或者将有关染料与上述溶液配在一起,同时固定与染色。有的染色液同时染 DNA 及 RNA,如 stains-all、溴乙啶等,也有 RNA、DNA 各自特殊的染色法。

1.RNA 染色法

(1)焦宁 Y(pyronine Y):此染料对 RNA 染色效果好,灵敏度高,脱色后凝胶本底颜色浅而 RNA 色带稳定,抗光且不易褪色,此染料的最适浓度为 0.5％。此外,焦宁 G 也可用于 RNA 染色。

(2)甲苯胺蓝 O(toluidine blue O):其最适浓度为 0.7％,染色效果较焦宁 Y 稍差些。因凝胶本底脱色不完全,较浅的 RNA 色带不易检出。

(3)次甲基蓝(methylene blue):染色效果不如焦宁 Y 和甲苯胺蓝 O,检出灵敏度较差,一般在 5 μg 以上。染色后 RNA 条带宽,且不稳定,时间长,易褪色。但次甲基蓝易得,溶解性能好,所以较常用。

(4)荧光染料溴化乙锭(ethidium bromide,EB):可用于观察琼脂糖电泳中的 RNA、DNA 带。EB 能插入核酸分子的碱基对之间,导致 EB 与核酸结合。超螺旋 DNA 与 EB 结合能力小于双链闭环 DNA,而双链闭环 DNA 与 EB 结合能力又小于线性 DNA,可在紫外分析灯(253 nm)下观察荧光。如将已染色的凝胶浸泡在 1 mmol/L $MgSO_4$ 溶液中 1 h,可以降低未结合的 EB 引起的背景荧光,对检测极少量的 DNA 有利。

EB 染色具有下列优点:操作简单,凝胶可用 0.5～1 μg/mL 的 EB 染色。染色时间取决于凝胶浓度,低于 1％琼脂糖的凝胶染色 15 min 即可,多余的 EB 不干扰在紫外灯下检测荧光;染色后不会使核酸断裂,而其他染料做不到这点,因此可将染料直接加在核酸样品之下,以便随时用紫外灯追踪检查;灵敏度高,对 1 ng RNA、DNA 均可显色。溴化乙锭产生的荧光在紫外光源下放置时间过长能被猝灭,也容易受一些化学物质的污染而猝灭。EB 染料是一种很强的诱变剂,操作时应注意防护,应戴上聚乙烯手套。实验室中的 EB 污染物应妥善处理。

2.DNA 染色法

除了常用的 EB 染色法外,还有以下几种方法:

(1)甲基绿(methyl green):一般将 0.25％甲基绿溶于 0.2 mol/L,pH 4.1 的乙酸缓冲

液中,用氯仿抽提至无紫色,将含 DNA 的凝胶浸入,室温下染色 1 h 即可显色。此法适于检测天然 DNA。

(2)二苯胺(diphenylamine):DNA 中的 α-脱氧核糖在酸性环境中与二苯胺试剂染色,再在沸水浴中加热 10 min 即可显示蓝色区带。此法可区别 DNA 和 RNA。

(3)富尔根染色(Feulgen staining):用此法染色前,应将凝胶用 1 mol/L HCl 固定,然后用希夫试剂(Schiff reagent)在室温下染色,这是组织化学中鉴定 DNA 的方法。

此外还可用甲烯蓝、哌咯宁 B 等一些其他染料染色,或用 2％焦宁 Y、1％乙酸镧、15％乙酸的混合液浸泡含 DNA 的凝胶,染色过夜。

第四章　膜分离技术

膜分离(membrane separation)是利用高分子材料做成的膜作为过滤介质,进行生化物质分离纯化的一种技术。作为膜分离过程必须具备两个条件:膜和外界推动力。膜应该是具有选择性的,允许某些组分透过,而某些物质受阻;推动力的作用是为了加速某些组分的透过速度,可分为压力差、浓度差和电位差等。膜分离技术就是将混合液中的各组分,在一定的外界推动力作用下,鉴于各组分在膜内传质速率的差异,选择性地透过膜,达到浓缩、澄清、不同相对分子质量的分级以及纯化等分离目的。

由于膜分离技术没有涉及强烈的操作过程,如热处理和 pH 变化等,无相变化和化学反应,故适用于热敏性物质的分离和浓缩,具有能耗低,产品不受化学试剂的污染,选择性好等优点,已发展成重要的生物分离技术。

一、膜分离技术的分类

用得较多的膜分离技术主要包括微滤(microfiltration，MF)、超滤(ultrafiltration，UF)、纳滤(nanofiltration，NF)、反渗透(reverse osmosis，RO)、电渗析(electrodialysis，ED)、透析(dialysis，DL)等。

微滤、超滤、纳滤和反渗透都是以膜两侧压力差为传质推动力,按溶质体积的大小不同而分离,比膜孔径大的组分被截留,小的组分透过膜。其主要区别:①膜孔径大小不同,微滤膜孔径范围为 $0.1\sim10~\mu m$,超滤膜为 $0.01\sim0.1\mu m$,纳滤膜为 $0.001\sim0.01~\mu m$,反渗透膜小于 $0.001\mu m$,因此微滤膜孔径最大,反渗透膜孔径最小。②被分离的溶质粒子不同,微滤一般分离微小的固体悬浮粒子(粒子为 $0.1\mu m$ 至数微米)和细菌等,为固液分离过程。超滤、纳滤和反渗透只能分离不同大小的溶质分子,为分子级水平的分离。超滤过程中透过小分子溶质,大分子溶质被截留,如蛋白质和多肽等。纳滤主要截留小分子有机物,如抗生素等,此外还能截留某些重金属离子等。由于反渗透孔径很小,故只能透过溶剂水,小分子的无机盐被截留。③分离机制:微滤、超滤和纳滤为截留机制,类似过滤、筛分作用,小分子被阻挡于膜面上。反渗透用于小分子溶质和溶剂水的分离(如海水或苦咸水的脱盐)以及小分子浓缩,在高于溶液渗透压的压力作用下透过溶剂水,而小分子溶质(如盐类和酸类)被截留。因为无机盐(糖)会形成很高的渗透压,外压必须克服渗透压做功,故反渗透中所需压差大,常为 $1\sim8$ Mpa。由于微滤和超滤主要分离蛋白质等小分子物质,因相对分子质量大,膜两侧的渗透压差可忽略不计。纳滤可透过无机盐,截留中等相对分子质量的分子(如某些抗生素),故操作压力也很小。电渗析的膜为离子交换膜,它以膜两侧的电位差为推动力,使不同电性的离子分离。透析是以膜两侧浓度差为推动力,小分子从膜的高浓度侧透过膜到达低浓度侧,使大小分子分离,常做成透析袋,适于小量和实验室规模。

二、过滤技术

过滤技术是一种最简单、最常用的分离方法,是利用多孔物质为筛板阻截部分物质通过,主要用于悬浮液的分离。当悬浮液流过筛板时,根据筛板孔径的大小只允许液体和小于筛板孔径的颗粒物通过筛板,大于筛板孔径的颗粒物被阻截在筛板之上。因此,它属于固体微粒和液体进行分离的一种技术,是溶解物和不溶物的分离,是生化制备、制药工业、化学工业和实验室常用的一种重要的分离手段。

(一)过滤的基本原理

过滤技术主要是截留不溶物,过滤的速度一般是以单位时间内、单位面积流出的液体体积来计算,过滤速度的快慢与筛板的孔径大小、滤饼厚度、滤液黏度、温度和压力等诸多因素有关。过滤速度(v)与相关因素可用公式简单表示为:

$$v = n \prod d^4 \Delta p_0 / (12 \alpha \eta l)$$

式中:n 为过滤面积上的滤饼毛细管孔道数,d 为毛细管孔道直径(m),Δp_0 为毛细管孔道两端的压强降(N/m²),α 为毛细管孔道弯曲程度校正系数,η 为滤液的黏度(N·s/m²),l 为滤饼厚度(m)。

上式只是从理论上解释了过滤速度与相关因素的关系。实际上滤饼孔道的情况很复杂,n、d、α 难以准确测定,用上式只能反映各因子的相互关系及各因子所起的作用,不能准确计算出试验的过滤速度。例如,过滤速度与操作压成正比,从理论上说提高操作压就会提高过滤速度。但是在提高操作压的同时又降低了滤饼毛细管孔道的孔径,当液体流过时受到的阻力更大,导致液体的流量减少,反而降低了流速,所以有时在强调某一种因素时不能忽略另一种因素的影响。提高过滤速度要根据情况确定,例如悬浮液太稠,可以稀释;黏度太大,可提高温度等。

(二)过滤装置

过滤装置有很多种,有应用于工业生产的大型过滤设备,也有实验室使用的小型漏斗。用于过滤的滤材主要有滤纸、尼龙布、烧结玻璃、玻璃纤维等。过滤可以在常压或减压条件下进行。

(1)常压过滤利用重力差,液体通过滤材内毛细管空隙渗透。适用于悬浮液中的颗粒较小、弹性较大的物质的分离。过滤速度比较慢,要求的设备简单,是实验室常用的过滤方法。

(2)减压过滤是在筛板之下连接负压装置如真空泵,利用负压提高过滤速度,因此过滤效果相对比较高。适用于悬浮液中的颗粒较大、颗粒大小均匀、具有一定刚性的物质的分离。

三、透析技术

透析是利用小分子能通过,而大分子不能通过半透膜的原理把大小分子分开的一种重要手段。

(一)透析的原理

在一个由半透膜制成的透析袋内,装有大分子和小分子的混合物,将其放入低渗的溶液或去离子水中,由于透析袋内的小分子的渗透压高于透析袋外的溶液,根据渗透压和分子自由扩散的原理,小分子可以自由通过半透膜向外扩散,大分子受到半透膜孔径的限制不能通过,被截留在袋内的溶液中。随着透析时间的延长,小分子往外扩散的速度不断减慢,同时有一部分小分子往内渗透,渗透分子穿过半透膜进出的速度趋于平衡。如果更换半透膜外的溶液,半透膜内外的平衡被打破,小分子又重新开始往外扩散直至第二次平衡。不断地更换半透膜外面的溶液,使半透膜外的溶液总是保持低渗状态,半透膜内的小分子不断地从半透膜内渗出,最终渗出小分子的极限趋于零,于是溶液中的小分子就可以基本分离出去。此法也称为透析法。

实际工作中不可能使渗出的小分子完全达到零,但可以达到极小值。可通过物理或化学方法直接检测半透膜外的小分子,从而判断透析的程度。如被透析的小分子是硫酸铵可用氯化钡检测,氯化钠用硝酸银检测,氢离子或氢氧根离子用酸度计检测,肽类物质可以用紫外分光光度计检测等等。

(二)半透膜的性质

半透膜除了动物膜外,还有由纤维素衍生物制成的羊皮纸、玻璃纸管状半透膜。半透膜在溶液中能迅速溶胀,形成能让小于膜孔直径的小分子自由通过的薄膜,它具有化学稳定性和抗拉能力。不同型号的半透膜,溶胀后孔径的大小不同,可以截留不同大小的生物小分子。例如截留量 10 000 的透析袋适于相对分子质量几万以上大分子溶液的透析,而相对分子质量在几千到 1 万的多肽分子溶液应选用截留量 3000 左右的透析袋。

(三)透析袋的处理和保存

透析袋在使用前一般用去离子水浸泡一段时间,然后用去离子水洗数次就可以。为防止透析袋尚存的重金属离子、硫化物等杂质对实验结果的影响,一般可用 50% 乙醇、10 mmol/L 碳酸氢钠、1 mmol/L EDTA 溶液依次浸泡洗涤,最后用去离子水冲洗。也可以用 10 mmol/L 碳酸氢钠、1 mmol/L EDTA 溶液煮沸透析袋 30 min,然后用去离子水充分洗涤。使用过的透析袋可在 4 ℃ 贮存于 50% 乙醇溶液中,以防止微生物的污染。透析袋不宜晾干存放。

(四)常用透析方法和装置

1. 自由扩散透析法

剪取一段长短合适的透析袋(经上述方法处理过),先将袋的一端用线绳或橡皮筋等扎紧,也可以购买专用封透析袋的夹子,将其夹紧封住。然后向透析袋内装满去离子水,捏紧未封口一端并加适当压力,检查透析袋是否有泄漏。检查过后即可装入待透析样品,同以上方法封好另一端,置于盛有足够量的透析外液(水或缓冲液)的容器(如大烧杯、量筒等)内透析。由于透析袋内液渗透压高,小分子自由扩散到透析袋外的低渗溶液,大分子被阻止在袋内,当袋内、外小分子趋于平衡时,更换透析外液,又产生新的渗透压差,小分子继续向外扩散,如此多次重复,就可以将大分子和小分子分离。

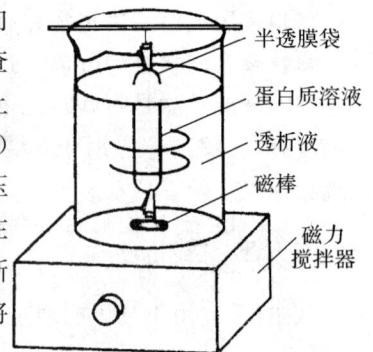

图 4-1　透析装置

半透膜袋
蛋白质溶液
透析液
磁棒
磁力搅拌器

2. 搅拌透析法

此法与自由扩散透析法相同,不同的是搅拌透析法需要在透析容器下面安装一个磁力搅拌器,透析容器内放有一根电磁力棒,在电磁搅拌下,形成一个涡漩流,使自由扩散出来的小分子很快被分散到整个容器中。透析袋外周始终保持低渗状态,克服无搅拌形成的浓度梯度大、有自由扩散以及达到平衡时间长等不足,缩短透析时间,提高透析效率。

值得提醒的是,装入样品后,在封透析袋时必须留有足够的空间,以便在透析过程中让溶剂进入袋内。浓的蛋白质溶液透析过夜,体积可能增加50%,如果不留出足够空间,透析袋会因严重膨胀导致微孔孔径发生改变,甚至透析袋破裂。

四、超滤技术

超滤(ultrafiltration)技术是综合了过滤和透析技术的优点而发展起来的一种高效分子分离技术,是生物大分子脱盐、浓缩、分级分离常用的方法,在生物制品、食品、制药工业生产中占有重要地位。

(一)原理

超滤技术的原理与一般的透析技术一样,主要依赖于被分离物质相对分子质量的大小、形状和性质的区别。具有一定孔径的半透膜在一定的压力下,半透膜内的小分子能够通过膜孔渗透到膜外,大分子不能通过,使大小不同的分子达到分离的目的。超滤技术实际上是一种高压渗透分离方法,是通过在膜内施加正压或者在膜外施加负压使小分子排出膜外。超滤的方式主要有无搅拌式和搅拌式超滤、中空纤维超滤三种,前两种装置比较简单,只是在密闭容器中施加一定压力,使小分子和溶剂挤出膜外。下面主要介绍第三种方式,即中空纤维超滤的工作原理。

中空纤维超滤是在一支空心柱内装有许多的中空纤维毛细管,两端相通,管的内径一般在0.2 mm左右,有效面积可以达到1.0 cm²,每一根纤维毛细管都像一个微型透析袋,极大地增大了渗透的表面积,提高了超滤的速度。中空纤维超滤以液压泵为动力,将需要超滤的样液注入每一根中空纤维毛细管内。当样液经压力泵以较高的流速送入每根毛细管时,样液从底部往上端流出,经过流量阀时,阀门只打开一部分(是全流速的1/4~2/3左右),流速减慢,中空纤维毛细管内产生很大的内压,一部分溶质小分子和溶剂分子被挤出毛细管外,一部分溶质小分子和溶剂携带着大分子通过流量阀,回流到贮液瓶,与剩余的样液混合,完成一次超滤。混合后的样液再次经液压泵送入中空纤维毛细管内超滤。每经过一次循环,分离出去一部分溶质小分子和溶剂分子,大分子则不断被浓缩。如果要将大分子和小分子分离得比较完全,可以将浓缩液稀释若干倍后再次超滤。

超滤开始时,由于溶质分子均匀地分布在溶液中,溶液浓度较稀,超滤的速度比较快,但是,随着小分子和溶剂不断排出,大分子的浓度越来越高,膜表面被截留分子不断堆积,超滤速度就会逐渐减慢,这种现象称为浓度极化现象。适当降低压力和稀释样液,有利于延迟此现象的出现及降低其影响。

(二)应用

可以采用不同截留相对分子质量的中空纤维超滤柱,进行生物大分子的分级分离。目前额定截留相对分子质量的中空纤维超滤柱截留值有3000,5000,10 000,30 000,60 000等。如果超滤物质相对分子质量为5000,20 000,35 000,先用截留相对分子质量30 000的中空纤维柱超滤,滤出液再用截留相对分子质量10 000的中空纤维柱超滤,滤出液再用截留相对分子质量3000的中空纤维柱超滤。

(1)中空纤维柱的选择:一般选择低于样品截留相对分子质量20%的膜进行超滤。例如超滤物质相对分子质量为6000,最好选用截留量为5000以下的膜超滤,因为蛋白质一般都是柔性的,会有 20%~30% 的样品分子透过,也就是有 20%~30% 的样品损失。

(2)流速:一般以在一定的压力下,每分钟通过单位面积的液体量来表示(采用液体为纯水),不同的膜有不同的要求。

(3)中空纤维柱的保存:中空纤维柱一般可以连续使用 1~2 年。若暂时不用,可在 1% 甲醛或 5% 甘油中保存,以防止细菌生长和干燥。

(三)影响超滤的几个因素

(1)溶质的分子性质:主要包括相对分子质量大小、形状、带电性质等。

(2)溶质浓度:浓度愈高,流速愈慢,不利于超滤。这种情况下,可以先稀释,再超滤。

(3)压力:一般情况下,压力愈大,流速愈高,但浓度极化现象越严重,这是一对矛盾体。可以适当控制液压和样品浓度。如果样液浓度高,压力适当低一点,以防止过早出现浓度极化现象。样液浓度低,压力适当高一点。

(4)温度:温度升高,可以降低溶液黏度,有利于超滤。但对于生物活性物质来说,一般都要求在低温(4 ℃)下超滤。因此,生物活性物质不能用升温来提高超滤速度。

第五章　光学检测技术

一切物质都会对某些波长的光进行吸收,而物质对不同波长的射线,表现为不同的吸收现象,这一性质称为选择性吸收。物质的吸收光谱与它们本身的分子结构有关,不同物质由于其分子结构不同,对不同波长光线的吸收能力也不同,因此每种物质都具有其特异的吸收光谱,在一定条件下,其吸收程度与物质浓度成正比,故可利用各种物质的不同的吸收光谱特征及其强度对不同物质进行定性和定量的分析。

利用紫外光、可见光、红外光和激光等测定物质的吸收光谱,利用此吸收光谱对物质进行定性定量分析和物质结构分析的方法,称为分光光度法或分光光度技术,使用的仪器称为分光光度计。这种分光光度计灵敏度高,测定速度快,应用范围广,其中的紫外/可见分光光度技术更是生物化学研究工作中必不可少的基本手段之一。

一、分光光度法的基本原理

(一)朗伯(Lambert)定律
当单色光通过一光吸收物质时其光强度随吸光介质的厚度 $L(cm)$ 增长而呈指数减少。
$$I/I_0 = e^{-k_1 L}$$

(二)比尔(Beer)定律
单色光通过一光吸收介质时,光强度随物质浓度 c(mol/L,若不知相对分子质量,则为 g/L 或%浓度)增长呈指数减少:
$$I/I_0 = e^{-k_2 c}$$

(三)朗伯-比尔(Lambert-Beer)定律
两者结合在一起即为朗伯-比尔(Lambert-Beer)定律。
$$I/I_0 = e^{-\varepsilon cL}$$

式中:$\varepsilon(L/(mol \cdot cm))$ 为常数,也叫摩尔吸光度。

透光度 T 为 I/I_0,通常用百分率表示。

k_1、k_2 为常数。$T = I/I_0 = e^{-\varepsilon cL}$

取对数　　　　　　$-\lg I/I_0 = -\lg T = A = \varepsilon cL$

式中:$\lg T$ 为吸光度 A。

若遵循朗伯-比尔定律,且 L 为一常数,吸光度对浓度绘图,得一通过原点的直线。

根据朗伯-比尔定律,作出标准物质吸收对浓度的标准曲线,借助于这样的标准曲线,很容易通过测定其光吸收得知一未知溶液的浓度。

朗伯-比尔定律是利用分光光度计进行比色分析的基本原理。分光光谱技术可用于:

(1)通过测定某种物质吸收或发射光谱来确定该物质的组成。

（2）通过测定不同波长下的吸收来测定物质的相对纯度（在 DNA 的浓度测定中最为常用，测定 A_{260}/A_{280} 值，纯净的 DNA 样品的比值为 1.8，样品中若混有蛋白，此值将变小）。

（3）通过测量适当波长的信号强度确定某种单独存在或与其他物质混合存在的一种物质的含量。

（4）通过测量某一种底物消失或产物出现的量同时间的关系，追踪反应过程。

（5）通过测定微生物培养体系中 D 值，可以得到体系中微生物的密度，从而可以对培养体系中微生物的数量进行动态的监测。

二、分光光度计的组成和构造

1. 组成：各种型号的紫外/可见分光度计，不论是何种型式，基本上都由五部分组成：（1）光源；（2）单色器（包括产生平行光和把光引向检测器的光学系统）；（3）样品室；（4）接收检测放大系统；（5）显示或记录器。

光 源 → 单色器 → 样品室 → 检测放大系统 → 显示器

国产分光光度计近年来已有很大的发展，各种档次的分光光度计都已更新升级换代，可见光系列有 721、722、723 等型号，紫外/可见光系列有 751、752、753、754、756 等型号，主要生产厂为上海分析仪器总厂等。

2. 构造：

（1）光源

理想光源的条件是：①能提供连续的辐射；②光强度足够大；③在整个光谱区内光谱强度不随波长有明显变化；④光谱范围宽；⑤使用寿命长，价格低。

用于可见光和近红外光区的光源是钨灯，现在最常用的是卤钨灯（Halogen lamp），即石英钨灯泡中充以卤素，以提高钨灯的寿命。适用波长范围是 320～1100 nm。由于能量输出的波动为电压波动的四次方倍，因此电源电压必须稳定。

用于紫外光区的是氘灯（Deuterium lamp），适用波长范围是 195～400 nm，由于氘灯寿命有限，国产氘灯寿命仅 500 小时左右，要注意节约灯时。

（2）单色器

单色器是分光光度计的心脏部分，它的作用是把来自光源的混合光分解为单色光并能随意改变波长。多用棱镜或光栅作为色散元件，它们能在较宽光谱范围内分解出相对纯波长的光线，通过此色散系统可根据需要选择一定波长范围的单色光，单色光的波长范围愈窄，仪器的敏感性愈高，测定的结果愈可靠。

（3）样品室

包括有池架、吸收池（即比色杯），以及各种可更换的附件。

吸收池有光学玻璃杯和石英玻璃杯两种。光学玻璃杯因为普通光学玻璃吸收紫外光，因此只能用于可见光，适用波长范围是 400～2000 nm。石英玻璃杯可透过紫外光、可见光和红外光，是最常使用的吸收池，使用波长范围是 180～3000 nm。透光的玻璃面要严格垂直于光路，有的石英杯上方刻有箭头"→"，标明杯子使用时的透光方向，反方向使用会有偏差。

石英杯通常还配有玻璃或塑料盖，用以防止样品挥发和氧化，以及杯内样品的快速混合。

（4）检测器

检测器是一种光电转换设备，即把光强度以电讯号显示出来，常用的检测器有光电管、光电倍增管和光电二极管等三种。它们可将接受到的光能转变为电能，并应用高灵敏度放大装置，将弱电流放大，提高敏感度。通过测量所产生的电能，由电流计显示出电流的大小，在仪表上可直接读得 A 值、T 值。

（5）显示装置

低档分光光度计现在已都使用数字显示，有的还连有打印机。现代高性能分光光度计均可以连接微机，而且有的主机还使用带液晶或 CRT 荧屏显示的微处理机和打印绘图机，有的还带有标准软驱，存取数据更加方便。

三、分光光度法在生化实验技术中的应用

分光光度计除用于常规的吸光度测定和吸收光谱的扫描外，常用的分光光度法还有导数分光光度法、催化动力学分光光度法和差示分光光度法等。

在生化实验中主要用于氨基酸含量的测定、蛋白质含量的测定、核酸的测定、酶活力测定、生物大分子的鉴定和酶催化反应动力学的研究等。

四、几种常用分光光度计的使用

（一）722 型分光光度计

722 型分光光度计是一种简洁易用的分光光度计，特点是用液晶板直接显示透光度和吸光度，用光栅做单色器，简化操作，使用方便。操作方法如下：

1. 将灵敏度旋钮调置"1"档（放大倍率最小）。

2. 开启电源，指标灯亮，预热 20 min，选择开关置于"T"。

3. 打开试样室盖（光门自动关闭），调节"0％T"旋钮，使数字显示为"000.0"。

4. 将装有溶液的比色皿放置比色架中。

5. 旋动仪器波长手轮，把测试所需的波长调节至刻度线处。

6. 盖上样品室盖，将参比溶液比色皿置于光路，调节透过率"100"旋钮，使数字显示为 100％T（如果显示不到 100％T，则可适当增加灵敏度的挡数。同时应重复"3"，调整仪器的"000.0"）。

7. 将被测溶液置于光路中，数字表上直接读出被测溶液的透过率（T）值。

8. 吸光度 A 的测量，参照"3"和"6"调整仪器的"000.0"和"100.0"将选择开关置于"A"旋动吸光度调零旋钮，使得数字显示为 0.000，然后移入被测溶液，显示值即为试样的吸光度 A 值。

9. 浓度 c 的测量，选择开关由"A"旋至"C"，将已标定浓度的溶液移入光路，调节浓度旋钮，使得数字显示为标定值，将被测溶液移入光路，即可读出相应的浓度值。

10. 使用完毕后，将开关放回到"关"位，切断电源。将比色杯取出，用蒸馏水充分洗涤干净。

（二）753 型（53W）紫外/可见分光光度计

753 型（53W）紫外/可见分光光度计能在紫外和可见光谱区域内对不同物质作定性和

定量分析,操作方法:

1. 向右推开试样室盖,开显示箱电源开关,预热 20 min。波段选择开关置于"T",调节"0%T"旋钮,使显示器为"0.000"(53WB 型如显示 P1,即"T"未调0)。

2. 光源电气箱电源开关向上,指示灯亮,钨灯开关向上,指示灯亮,溴钨灯亮。氘灯开关向上,指示灯亮,点燃开关向下 2～3 s 后迅速拨向上,指示灯亮,氘灯点燃。

3. 用波长手轮选择波长,到位时的手轮旋转方向要固定,使用波长在 200～350 nm 范围内,将光源转换手柄置于"氘灯"处,在 350～800 nm 范围内,将手柄置于"钨灯"处。

4. 检查 T-A 转换的精度:将波段选择开关置于"T",池架第一孔置于光路,调节"100→0"旋钮,使显示为"1.000";53WB 型如显示 P2 即参比未调至 100%。开关置于"A"应显示"0.000",若有偏差用小改锥调节侧面"0A"。同理将"T"调到"0.100","A"应显示为"1.000",若有偏差调节"1A"。再检查 T=0.500 时,应有 A=0.301。

5. 狭缝尽可能选用 2 nm,或者用 4 nm。

6. 向右推开试样室盖,放入待测的参比杯和样品杯,参比杯必须放在池架的第一孔内。再将盖向左推回用拉杆将参比液推入光路,波段选择开关置于"A",调节"100→0"旋钮。使显示值为"0.000"用拉杆将样品液推入光路,显示值即为被测样品的吸光度 A。

7. 取出比色杯,先关灯,再关闭电源开关,拔去电源插头,盖上盖后套上仪器布罩。

五、注意事项

1. 分光光度计是贵重的精密仪器,需加倍爱护,注意防震、防潮、防光和防腐蚀。仪器须安装在稳固的工作台上,不可随意搬动。操作时,动作轻柔,以防损坏仪器的配件。仪器应放在干燥的地方,光电管附近放置干燥剂。防止长时间的连续照射,避免强光照射。试管架或试剂瓶不得放置于仪器上,以防试剂溅出腐蚀机壳。拉比色杆时动作要轻柔,以防溶液溅出,腐蚀机件。若不慎将试剂溅在仪器上,应立即用棉花或纱布擦干净。

2. 手持比色皿的毛面,不可用手或滤纸等擦拭比色杯的透光面;比色杯先用蒸馏水冲洗后,再用比色液润洗才能装比色液。盛装比色液时,约达比色杯 2/3 体积,不宜过多或过少;若不慎使溶液流至比色杯外,须用棉花或擦镜纸吸干,才能放入比色架。比色杯用后应立即用自来水冲洗干净。若不能洗净,用 5% 中性皂液或洗洁精稀溶液浸泡,也可用新鲜配制的重铬酸钾洗液短时间浸泡,然后用水冲净倒置晾干。严禁加热烘烤。急用干的杯子时,可用酒精荡洗后用冷风吹干。决不可用超声波清洗器清洗。

3. 测定溶液浓度的吸光度值在 0.1～0.7 之间最符合光吸收定律,线性好、读数误差较小。如吸光度不在 0.1～1.0 范围,可适当稀释或加浓比色液再进行比色。

4. 仪器连续工作的时间不宜过长,每次读完比色架内的一组读数后,立即打开检测室盖,以防止光电管疲乏。仪器连续使用不应超过 2 h,必要时可间隙半小时再用。仪器用完之后,须切断电源,套上干净的布罩。仪器较长时间不用,应定期通电,使用前预热。

第六章　生物大分子制备技术

一、概述

生物大分子主要是指动物、植物和微生物在进行新陈代谢时所产生的蛋白质、酶(也是一种蛋白质)和核酸等有机化合物的总称。在自然科学,尤其是生命科学高度发展的今天,蛋白质、酶和核酸等生物大分子的结构与功能的研究是探求生命奥秘的中心课题,而生物大分子结构与功能的研究,必须首先解决生物大分子的制备问题,没有能够达到足够纯度的生物大分子的制备工作为前提,结构与功能的研究就无从谈起。然而生物大分子的分离纯化与制备是一件十分细致而困难的工作,有时制备一种高纯度的蛋白质、酶或核酸,要付出长期和艰苦的努力。

与化学产品的分离制备相比较,生物大分子的制备有以下主要特点:

(1)生物材料的组成极其复杂,常常包含有数百种乃至几千种化合物。其中许多化合物至今还是未知的,有待人们研究与开发。有的生物大分子在分离过程中还在不断地代谢,所以生物大分子的分离纯化方法差别极大,想找到一种适合各种生物大分子分离制备的标准方法是不可能的。

(2)许多生物大分子在生物材料中的含量极微,只有万分之一、几十万分之一,甚至几百万分之一。分离纯化的步骤繁多,流程又长,有的目的产物要经过十几步、几十步的操作才能达到所需纯度的要求。例如由脑垂体组织取得某些激素的释放因子,要用几吨甚至几十吨的生物材料,才能提取出几毫克的样品。

(3)许多生物大分子一旦离开了生物体内的环境时就极易失活,因此分离过程中如何防止其失活,就是生物大分子提取制备最困难之处。过酸、过碱、高温、剧烈的搅拌、强辐射及本身的自溶等都会使生物大分子变性而失活,所以分离纯化时一定要选用最适宜的环境和条件。

(4)生物大分子的制备几乎都是在溶液中进行的,温度、pH值、离子强度等各种参数对溶液中各种组成的综合影响,很难准确估计和判断,因而实验结果常有很大的经验成分,实验的重复性较差,个人的实验技术水平和经验对实验结果会有较大的影响。

由于生物大分子的分离和制备是如此的复杂和困难,因而实验方法和流程的设计就必须尽可能多查文献,多参照前人所做的工作,吸取其经验和精华。探索中的失败和反复是不可避免的,只有具有百折不挠的钻研精神才能达到预期的目的。

生物大分子的制备通常可按以下步骤进行:①确定要制备的生物大分子的目的和要求,是进行科研、开发还是要发现新的物质。②建立相应的可靠的分析测定方法,这是制备生物大分子的关键。③通过文献调研和预备性实验,掌握生物大分子目的产物的物理化学性质。

④生物材料的破碎和预处理。⑤分离纯化方案的选择和探索,这是最困难的过程。⑥生物大分子制备物的均一性(即纯度)的鉴定,要求达到一维电泳一条带,二维电泳一个点,或HPLC和毛细管电泳都是一个峰。⑦产物的浓缩、干燥和保存。

分析测定的方法主要有两类:即生物学和物理、化学的测定方法。生物学的测定法主要有酶的各种测活方法、蛋白质含量的各种测定法、免疫化学方法、放射性同位素追踪法等;物理化学方法主要有比色法、气相色谱和液相色谱法、光谱法(紫外/可见、红外和荧光等分光光度法)、电泳法以及核磁共振等。实际操作中尽可能多用仪器分析方法,以使分析测定更加快速、简便。

生物大分子制备物的均一性(即纯度)的鉴定,通常只采用一种方法是不够的,必须同时采用2～3种不同的纯度鉴定法才能确定。蛋白质和酶制成品纯度的鉴定最常用的方法是:SDS-聚丙烯酰胺凝胶电泳和等电聚焦电泳,如能再用高效液相色谱(HPLC)和毛细管电泳(CE)进行联合鉴定则更为理想,必要时再做 N-末端氨基酸残基的分析鉴定。核酸的纯度鉴定通常采用琼脂糖凝胶电泳和聚丙烯酰胺凝胶电泳,但最方便的还是紫外吸收法,即测定样品在 pH 7.0 时 260 nm 与 280 nm 的吸光度(A_{260}和A_{280}),从 A_{260}/A_{280} 的比值即可判断核酸样品的纯度。

要了解的生物大分子的物理化学性质主要有:①在水和各种有机溶剂中的溶解性。②在不同温度、pH 值和各种缓冲液中生物大分子的稳定性。③固态时对温度、含水量和冻干时的稳定性。④各种物理性质:如分子的大小、穿膜的能力、带电的情况、在电场中的行为、离心沉降的表现、在各种凝胶、树脂等填料中的分配系数等。⑤其他化学性质:如对各种蛋白酶、水解酶的稳定性和对各种化学试剂的稳定性。⑥对其他生物分子的特殊亲和力等。

制备生物大分子的分离纯化方法多种多样,主要是利用它们之间特异性的差异,如分子的大小、形状、酸碱性、溶解度、极性、电荷和与其他分子的亲和性等。各种方法的基本原理基本上可以归纳为两个方面:一是利用混合物中几个组分分配系数的差异,把它们分配到两个或几个相中,如盐析、有机溶剂沉淀、层析和结晶等;二是将混合物置于某一物相(大多数是液相)中,通过物理力场的作用,使各组分分配于不同的区域,从而达到分离的目的,如电泳、离心、超滤等。目前纯化蛋白质等生物大分子的关键技术是电泳、层析和高速与超速离心。由于生物大分子不能加热熔化和汽化,因而所能分配的物相只限于固相和液相,在此两相之间交替进行分离纯化。在实际工作中往往要综合运用多种方法,才能制备出高纯度的生物大分子。

纯化生物大分子总是希望纯度和产率都要高。例如纯化某种酶,理想的结果是比活力和总回收率都要高才好,但实际上两者不能兼得,通常在科研上希望比活力尽可能的高,而牺牲一些回收率,在工业生产上则正相反。

二、生物大分子制备的前处理

(一)生物材料的选择

制备生物大分子,首先要选择适当的生物材料。材料的来源无非是动物、植物和微生物及其代谢产物。从工业生产角度选择材料,应选择含量高、来源丰富、制备工艺简单、成本低的原料,但往往这几方面的要求不能同时具备,含量丰富但来源困难,或含量来源较理想,但材料的分离纯化方法繁琐,流程很长,反倒不如含量低些但易于获得纯品的材料。由此可见,必须根据具体情况决定取舍。从科研工作的角度选材,则只须考虑材料的选择符合实验预定的目标要求即可。除此之外,选材还应注意植物的季节性、地理位置和生长环境等。选动物材料时要注意其年龄、性别、营养状况、遗传素质和生理状态等。动物在饥饿时,脂类和糖类含量相对减少,有利于生物大分子的提取分离。选微生物材料时要注意菌种的代数和培养基成分等之间的差异,例如在微生物的对数期,酶和核酸的含量较高,可获得较高的产量。

材料选定后要尽可能保持新鲜,尽快加工处理,动物组织要先除去结缔组织、脂肪等非活性部分,绞碎后在适当的溶剂中提取,如果所要求的成分在细胞内,则要先破碎细胞。植物要先去壳、除脂。微生物材料要及时将菌体与发酵液分开。生物材料如暂不提取,应冰冻保存。动物材料则需深度冷冻保存。

(二)细胞的破碎

除了某些细胞外的多肽激素和某些蛋白质与酶以外,对于细胞内或多细胞生物组织中的各种生物大分子的分离纯化,都需要事先将细胞和组织破碎,使生物大分子充分释放到溶液中,并不丢失生物活性。不同的生物体或同一生物体的不同部位的组织,其细胞破碎的难易不一,使用的方法也不相同,如动物脏器的细胞膜较脆弱,容易破碎,植物和微生物由于具有较坚固的纤维素、半纤维素组成的细胞壁,要采取专门的细胞破碎方法。

1. 机械法

(1)研磨:将剪碎的动物组织置于研钵或匀浆器中,加入少量石英砂研磨或匀浆,即可将动物细胞破碎,这种方法比较温和,适宜实验室使用。工业生产中可用电磨研磨。细菌和植物组织细胞的破碎也可用此法。

(2)组织捣碎器:这是一种较剧烈的破碎细胞的方法,通常可先用家用食品加工机将组织打碎,然后再用$1.0×10^4～2.0×10^4$ r/min 的内刀式组织捣碎机(即高速分散器)将组织的细胞打碎,为了防止发热和升温过高,通常是转 10～20 s,停 10～20 s,可反复多次。

2. 物理法

(1)反复冻融法:将待破碎的细胞冷至 $-20～-15$ ℃,然后放于室温(或 40 ℃)迅速融化,如此反复冻融多次,由于细胞内形成冰粒使剩余胞液的盐浓度增高而引起细胞溶胀破碎。

(2)超声波处理法:此法是借助超声波的振动力破碎细胞壁和细胞器。破碎微生物细菌和酵母菌时,时间要长一些,处理的效果与样品浓度和使用频率有关。使用时注意降温,防止过热。

(3)高压匀浆法:这是一种温和的、彻底破碎细胞的方法。在 $1×10^8～2.0×10^8$ Pa 的高压下使几十毫升的细胞悬浮液通过一个小孔突然释放至常压,细胞将彻底破碎。这是一种较理想的破碎细胞的方法,但仪器费用较高。

(4)冷热交替法:从细菌或病毒中提取蛋白质和核酸时可用此法。在 90 ℃左右维持数分钟,立即放入冰浴中使之冷却,如此反复多次,绝大部分细胞可以被破碎。

3. 化学与生物化学方法

(1)自溶法:将新鲜的生物材料存放于一定的 pH 值和适当的温度下,细胞结构在自身所具有的各种水解酶(如蛋白酶和酯酶等)的作用下发生溶解,使细胞内含物释放出来,此法称为自溶法。使用时要特别小心操作,因为水解酶不仅可以使细胞壁和膜破坏,同时也可能会把某些要提取的有效成分分解了。

(2)溶胀法:细胞膜为天然的半透膜,在低渗溶液和低浓度的稀盐溶液中,由于存在渗透压差,溶剂分子大量进入细胞,将细胞膜胀破释放出细胞内含物。

(3)酶解法:利用各种水解酶,如溶菌酶、纤维素酶、蜗牛酶和酯酶等,于 37 ℃,pH8,处理 15 min,可以专一性地将细胞壁分解,释放出细胞内含物,此法适用于多种微生物。例如从某些细菌细胞提取质粒 DNA 时,可采用溶菌酶破细胞壁,而在破酵母细胞时,常采用蜗牛酶,将酵母细胞悬于 0.1 mmol/L 柠檬酸-磷酸氢二钠缓冲液(pH 5.4)中,加 1% 蜗牛酶,在 30 ℃处理 30 min,即可使大部分细胞壁破裂,如同时加入 0.2% 巯基乙醇效果会更好。此法可以与研磨法联合使用。

(4)有机溶剂处理法:利用氯仿、甲苯、丙酮等脂溶性溶剂或 SDS(十二烷基硫酸钠)等表面活性剂处理细胞,可将细胞膜溶解,从而使细胞壁破裂,此法也可以与研磨法联合使用。

(三)生物大分子的提取

"提取"是在分离纯化之前将经过预处理或破碎的细胞置于溶剂中,使被分离的生物大分子充分地释放到溶剂中,并尽可能保持原来的天然状态、不丢失生物活性的过程。这一过程是将目的产物与细胞中其他化合物和生物大分子分离,即由固相转入液相,或从细胞内的生理状况转入外界特定的溶液中。

影响提取的因素主要有:目的产物在提取的溶剂中溶解度的大小;由固相扩散到液相的难易;溶剂的 pH 值和提取时间等。一种物质在某一溶剂中溶解度的大小与该物质的分子结构及使用的溶剂的理化性质有关。一般地说,极性物质易溶于极性溶剂,非极性物质易溶于非极性溶剂;碱性物质易溶于酸性溶剂,酸性物质易溶于碱性溶剂;温度升高,溶解度加大,远离等电点的 pH 值,溶解度增加。提取时所选择的条件应有利于目的产物溶解度的增加和保持其生物活性。

1. 水溶液提取

蛋白质和酶的提取一般以水溶液为主。稀盐溶液和缓冲液对蛋白质的稳定性好,溶解度大,是提取蛋白质和酶最常用的溶剂。用水溶液提取生物大分子应注意的几个主要影响因素是:

(1)盐浓度(即离子强度):离子强度对生物大分子的溶解度有极大的影响,有些物质,如 DNA-蛋白复合物,在高离子强度下溶解度增加,而另一些物质,如 RNA-蛋白复合物,在低离子强度下溶解度增加,在高离子强度下溶解度减小。绝大多数蛋白质和酶,在低离子强度的溶液中都有较大的溶解度,如在纯水中加入少量中性盐,蛋白质的溶解度比在纯水时大大增加,称为"盐溶"现象。但中性盐的浓度增加至一定时,蛋白质的溶解度又逐渐下降,直至沉淀析出,称为"盐析"现象。盐溶现象的产生主要是少量离子的活动,减少了偶极分子之间极性基团的静电吸引力,增加了溶质和溶剂分子间相互作用力的结果。所以低盐溶液常用于大多数生化物质的提取。通常使用 $0.02\sim0.05$ mol/L 缓冲液或 $0.09\sim0.15$ mol/L NaCl 溶液提取蛋白质和酶。不同的蛋白质极性大小不同,为了提高提取效率,有时需要降低或提高溶剂的极性。向水溶液中加入蔗糖或甘油可使其极性降低,增加离子强度(如加入 KCl、$NaCl$、NH_4Cl 或 $(NH_4)_2SO_4$)可以增加溶液的极性。

(2)pH 值:蛋白质、酶与核酸的溶解度和稳定性与 pH 值有关。过酸、过碱均应尽量避免,一般 pH 控制在 $6\sim8$ 范围内,提取溶剂的 pH 应在蛋白质和酶的稳定范围内,通常选择偏离等电点的两侧。碱性蛋白质选在偏酸一侧,酸性蛋白质选在偏碱的一侧,以增加蛋白质的溶解度,提高提取效果。例如胰蛋白酶为碱性蛋白质,常用稀酸提取,而肌肉甘油醛-3-磷酸脱氢酶属酸性蛋白质,则常用稀碱来提取。

(3)温度:为防止变性和降解,制备具有活性的蛋白质和酶,提取时一般在 0～5 ℃的低温操作。但少数对温度耐受力强的蛋白质和酶,可提高温度使杂蛋白变性,有利于提取和下一步的纯化。

(4)防止蛋白酶或核酸酶的降解作用:在提取蛋白质、酶和核酸时,常常受自身存在的蛋白酶或核酸酶的降解作用而导致实验的失败。为防止这一现象的发生,常常采用加入抑制剂或调节提取液的 pH 值、离子强度或极性等方法使这些水解酶失去活性,防止它们对欲提纯的蛋白质、酶及核酸的降解作用。例如在提取 DNA 时加入 EDTA 络合 DNase 活化所必需的 Mg^{2+}。

(5)搅拌与氧化:搅拌能促使被提取物的溶解,一般采用温和搅拌为宜,速度太快容易产生大量泡沫,增大与空气的接触面,会引起酶等物质的变性失活。因为一般蛋白质都含有相当数量的巯基,有些巯基常常是活性部位的必需基团,若提取液中有氧化剂或与空气中的氧气接触过多都会使巯基氧化为分子内或分子间的二硫键,导致酶活性的丧失。在提取液中加入少量巯基乙醇或半胱氨酸以防止巯基氧化。

2.有机溶剂提取

一些和脂类结合比较牢固或分子中非极性侧链较多的蛋白质和酶难溶于水、稀盐、稀酸、或稀碱中,常用不同比例的有机溶剂提取。常用的有机溶剂有乙醇、丙酮、异丙醇、正丁酮等,这些溶剂可以与水互溶或部分互溶,同时具有亲水性和亲脂性。其中正丁醇在 0 ℃时在水中的溶解度为 10.5%,40 ℃时为 6.6%,同时又具有较强的亲脂性,因此常用来提取与脂结合较牢或含非极性侧链较多的蛋白质、酶和脂类。例如植物种子中的玉蜀黍蛋白、麸蛋白,常用 70%～80%的乙醇提取,动物组织中一些线粒体及微粒上的酶常用丁醇提取。

有些蛋白质和酶既溶于稀酸、稀碱,又能溶于含有一定比例的有机溶剂的水溶液中,在这种情况下,采用稀的有机溶液提取常常可以防止水解酶的破坏,并兼有除去杂质提高纯化效果的作用。例如,胰岛素可溶于稀酸、稀碱和稀醇溶液,但在组织中与其共存的糜蛋白酶对胰岛素有极高的水解活性,因而采用 6.8%乙醇溶液并用草酸调溶液的 pH 为 2.5～3.0,进行提取,这样就从下面三个方面抑制了糜蛋白酶的水解活性:①6.8%的乙醇可以使糜蛋白酶暂时失活;②草酸可以除去激活糜蛋白酶的 Ca^{2+};③选用 pH 2.5～3.0,是糜蛋白酶不宜作用的 pH 值。以上条件对胰岛素的溶解和稳定性都没有影响,却可除去一部分在稀醇与稀酸中不溶解的杂蛋白。

三、生物大分子的分离纯化

由于生物体的组成成分是如此复杂,数千种乃至上万种生物分子又处于同一体系中,因此不可能有一个适合于各类分子的固定的分离程序,但多数分离工作关键部分的基本手段是相同的。为了避免盲目性,节省实验探索时间,要认真参考和借鉴前人的经验,少走弯路。常用的分离纯化方法和技术有:沉淀法、离心、吸附层析、凝胶过滤层析、离子交换层析、亲和层析、快速制备型液相色谱以及等电聚焦制备电泳等。本章以介绍沉淀法为主。

（一）沉淀法

沉淀是溶液中的溶质由液相变成固相析出的过程。沉淀法（即溶解度法）操作简便，成本低廉，不仅用于实验室中，也用于某些生产目的的制备过程，是分离纯化生物大分子，特别是制备蛋白质和酶的常用方法。通过沉淀，将目的生物大分子转入固相沉淀或留在液相，而与杂质得到初步的分离。

此方法的基本原理是根据不同物质在溶剂中的溶解度不同而达到分离的目的，不同溶解度的产生是由于溶质分子之间及溶质与溶剂分子之间亲和力的差异而引起的，溶解度的大小与溶质和溶剂的化学性质及结构有关，溶剂组分的改变或加入某些沉淀剂以及改变溶液的 pH 值、离子强度和极性都会使溶质的溶解度产生明显的改变。

在生物大分子制备中最常用的几种沉淀方法是：

（1）中性盐沉淀（盐析法）：多用于各种蛋白质和酶的分离纯化。

（2）有机溶剂沉淀：多用于蛋白质和酶、多糖、核酸以及生物小分子的分离纯化。

（3）选择性沉淀（热变性沉淀和酸碱变性沉淀）：多用于除去某些不耐热的和在一定 pH 值下易变性的杂蛋白。

（4）等电点沉淀：用于氨基酸、蛋白质及其他两性物质的沉淀，但此法单独应用较少，多与其他方法结合使用。

（5）有机聚合物沉淀：是发展较快的一种新方法，主要使用聚乙二醇（polyethyene glycol，PEG）作为沉淀剂。

1. 中性盐沉淀（盐析法）

在溶液中加入中性盐使生物大分子沉淀析出的过程称为"盐析"。除了蛋白质和酶以外，多肽、多糖和核酸等都可以用盐析法进行沉淀分离，$20\% \sim 40\%$ 饱和度的硫酸铵可以使许多病毒沉淀，43% 饱和度的硫酸铵可以使 DNA 和 rRNA 沉淀，而 tRNA 保留在上清。盐析法应用最广的还是在蛋白质领域，其突出的优点是：①成本低，不需要特别昂贵的设备。②操作简单、安全。③对许多生物活性物质具有稳定作用。

（1）中性盐沉淀蛋白质的基本原理

蛋白质和酶均易溶于水，因为该分子的 $-COOH$、$-NH_2$ 和 $-OH$ 都是亲水基团，这些基团与极性水分子相互作用形成水化层，包围于蛋白质分子周围形成 $1 \sim 100\ nm$ 颗粒的亲水胶体，削弱了蛋白质分子之间的作用力，蛋白质分子表面极性基团越多，水化层越厚，蛋白质分子与溶剂分子之间的亲和力越大，因而溶解度也越大。亲水胶体在水中的稳定因素有两个：即电荷和水膜。因为中性盐的亲水性大于蛋白质和酶分子的亲水性，所以加入大量中性盐后，夺走了水分子，破坏了水膜，暴露出疏水区域，同时又中和了电荷，破坏了亲水胶体，蛋白质分子即形成沉淀。

（2）中性盐的选择

常用的中性盐中最重要的是 $(NH_4)_2SO_4$，因为它与其他常用盐类相比有十分突出的优点：

① 溶解度大：尤其是在低温时仍有相当高的溶解度，这是其他盐类所不具备的。由于酶和各种蛋白质通常是在低温下稳定，因而盐析操作也要求在低温下（$0 \sim 4\ ℃$）进行。由下表可以看到，$(NH_4)_2SO_4$ 在 $0\ ℃$ 时仍有 70.6% 的溶解度，远远高于其他盐类。

表 6-1　几种盐在不同温度下的溶解度(克/100 毫升水)

	0 ℃	20 ℃	80 ℃	100 ℃
$(NH_4)_2SO_4$	70.6	75.4	95.3	103
Na_2SO_4	4.9	18.9	43.3	42.2
NaH_2PO_4	1.6	7.8	93.8	101

② 分离效果好:有的提取液加入适量硫酸铵盐析,一步就可以除去 75% 的杂蛋白,纯度提高了四倍。

③ 不易引起变性,有稳定酶与蛋白质结构的作用。有的酶或蛋白质用 $2\sim3mol/L$ 的 $(NH_4)_2SO_4$ 保存可达数年之久。

④ 价格便宜,废液不污染环境。

(3) 盐析的操作方法

最常用的是固体硫酸铵加入法。欲从较大体积的粗提取液中沉淀蛋白质时,往往使用固体硫酸铵,加入之前要先将其研成细粉不能有块,要在搅拌下缓慢均匀少量多次地加入,尤其到接近计划饱和度时,加盐的速度更要慢一些,尽量避免局部硫酸铵浓度过大而造成不应有的蛋白质沉淀。盐析后要在冰浴中放置一段时间,待沉淀完全后再离心与过滤。在低浓度硫酸铵中盐析可采用离心分离,高浓度硫酸铵常用过滤方法,因为高浓度硫酸铵密度太大,要使蛋白质完全沉降下来需要较高的离心速度和较长的离心时间。

(4) 盐析曲线的制作

如果要分离一种新的蛋白质和酶,没有文献数据可以借鉴,则应先确定沉淀该物质的硫酸铵饱和度。具体操作方法如下:

取已定量测定蛋白质或酶的活性与浓度的待分离样品溶液,冷至 $0\sim5$ ℃,调至该蛋白质稳定的 pH 值,分 $6\sim10$ 次分别加入不同量的硫酸铵,第一次加硫酸铵至蛋白质溶液刚开始出现沉淀时,记下所加硫酸铵的量,这是盐析曲线的起点。继续加硫酸铵至溶液微微混浊时,静止一段时间,离心得到第一个沉淀级分,然后取上清液再加至混浊,离心得到第二个级分,如此连续可得到 $6\sim10$ 个级分,按照每次加入硫酸铵的量,从相关实验资料中查出相应的硫酸铵饱和度。将每一级分沉淀物分别溶解在一定体积的适宜的 pH 缓冲液中,测定其蛋白质含量和酶活力。以每个级分的蛋白质含量和酶活力对硫酸铵饱和度作图,即可得到盐析曲线。

(5) 盐析的影响因素

① 蛋白质的浓度:中性盐沉淀蛋白质时,溶液中蛋白质的实际浓度对分离的效果有较大的影响。通常高浓度的蛋白质用稍低的硫酸铵饱和度即可将其沉淀下来,但若蛋白质浓度过高,则易产生各种蛋白质的共沉淀作用,除杂蛋白的效果会明显下降。对低浓度的蛋白质,要使用更大的硫酸铵饱和度,但共沉淀作用小,分离纯化效果较好,但回收率会降低。通常认为比较适中的蛋白质浓度是 $2.5\%\sim3.0\%$,相当于 $25\sim30\ mg/mL$。

② pH 值对盐析的影响:蛋白质所带净电荷越多,它的溶解度就越大。改变 pH 值可改变蛋白质的带电性质,因而就改变了蛋白质的溶解度。远离等电点处溶解度大,在等电点处溶解度小,因此用中性盐沉淀蛋白质时,pH 值常选在该蛋白质的等电点附近。

③ 温度的影响:温度是影响溶解度的重要因素,对于多数无机盐和小分子有机物,温度

升高溶解度加大,但对于蛋白质、酶和多肽等生物大分子,在高离子强度溶液中,温度升高,它们的溶解度反而减小。在低离子强度溶液或纯水中蛋白质的溶解度大多数还是随浓度升高而增加的。在一般情况下,对蛋白质盐析的温度要求不严格,可在室温下进行。但对于某些对温度敏感的酶,要求在 0～4 ℃下操作,以避免活力丧失。

2.有机溶剂沉淀法

(1)基本原理

有机溶剂对于许多蛋白质(酶)、核酸、多糖和小分子生化物质都能发生沉淀作用,是较早使用的沉淀方法之一。其沉淀作用的原理主要是降低水溶液的介电常数,溶剂的极性与其介电常数密切相关,极性越大,介电常数越大,如 20 ℃时水的介电常数为 80,而乙醇和丙酮的介电常数分别是 24 和 21.4,因而向溶液中加入有机溶剂能降低溶液的介电常数,减小溶剂的极性,从而削弱了溶剂分子与蛋白质分子间的相互作用力,增加了蛋白质分子间的相互作用,导致蛋白质溶解度降低而沉淀。溶液介电常数的减少就意味着溶质分子异性电荷库仑引力的增加,使带电溶质分子更易互相吸引而凝集,从而发生沉淀。另一方面,由于使用的有机溶剂与水互溶,它们在溶解于水的同时从蛋白质分子周围的水化层中夺走了水分子,破坏了蛋白质分子的水膜,因而发生沉淀作用。

有机溶剂沉淀法的优点是:①分辨能力比盐析法高,即一种蛋白质或其他溶质只在一个比较窄的有机溶剂浓度范围内沉淀。②沉淀不用脱盐,过滤比较容易(如有必要,可用透析袋脱有机溶剂)。因而在生化制备中有广泛的应用。其缺点是对某些具有生物活性的大分子容易引起变性失活,操作需在低温下进行。

(2)有机溶剂的选择和浓度的计算

用于生化制备的有机溶剂的选择首先是要能与水互溶。沉淀蛋白质和酶常用的是乙醇、甲醇和丙酮。沉淀核酸、糖、氨基酸和核苷酸最常用的沉淀剂是乙醇。

进行沉淀操作时,欲使溶液达到一定的有机溶剂浓度,需要加入的有机溶剂的浓度和体积可按下式计算:

$$V = V_0(S_2 - S_1)/(100 - S_2)$$

式中:V 为需加入 100%浓度有机溶剂的体积;

　　　V_0 为原溶液体积;

　　　S_1 为原溶液中有机溶剂的浓度;

　　　S_2 为所要求达到的有机溶剂的浓度。

100 是指加入的有机溶剂浓度为 100%,如所加入的有机溶剂的浓度为 95%,上式的$(100 - S_2)$项应改为$(95 - S_2)$。

上式的计算由于未考虑混溶后体积的变化和溶剂的挥发情况,实际上存在一定的误差。有时为了获得沉淀而不着重于进行分离,可用溶液体积的倍数,如加入一倍、二倍、三倍原溶液体积的有机溶剂,来进行有机溶剂沉淀。

(3)有机溶剂沉淀的影响因素

① 温度:多数蛋白质在有机溶剂与水的混合液中,溶解度随温度降低而下降。值得注意的是大多数生物大分子如蛋白质、酶和核酸在有机溶剂中对温度特别敏感,温度稍高就会引起变性,且有机溶剂与水混合时产生放热反应,因此有机溶剂必须预先冷至较低温度,操作要在冰盐浴中进行,加入有机溶剂时必须缓慢且不断搅拌以免局部过浓。一般规律是温

度越低,得到的蛋白质活性越高。

②样品浓度:样品浓度对有机溶剂沉淀生物大分子的影响与盐析的情况相似:低浓度样品要使用比例更大的有机溶剂进行沉淀,且样品的损失较大,即回收率低,具有生物活性的样品易产生稀释变性。但对于低浓度的样品,杂蛋白与样品共沉淀的作用小,有利于提高分离效果。反之,对于高浓度的样品,可以节省有机溶剂,减少变性的危险,但杂蛋白的共沉淀作用大,分离效果下降。通常,使用5~20 mg/mL的蛋白质初浓度为宜,可以得到较好的沉淀分离效果。

③ pH值:有机溶剂沉淀适宜的pH值,要选择在样品稳定的pH值范围内,而且尽可能选择样品溶解度最低的pH值,通常是选在等电点附近,从而提高分辨能力。

④ 离子强度:离子强度是影响有机溶剂沉淀生物大分子的重要因素。以蛋白质为例,盐浓度太大或太小都有不利影响,通常溶液中盐浓度以不超过5%为宜,使用乙醇的量也以不超过原蛋白质水溶液的2倍体积为宜,少量的中性盐对蛋白质变性有良好的保护作用,但盐浓度过高会增加蛋白质在水中的溶解度,降低了有机溶剂沉淀蛋白质的效果,通常是在低盐或低浓度缓冲液中沉淀蛋白质。

有机溶剂沉淀法经常用于蛋白质、酶、多糖和核酸等生物大分子的沉淀分离,使用时先要选择合适的有机溶剂,然后注意调整样品的浓度、温度、pH值和离子强度,使之达到最佳的分离效果。沉淀所得的固体样品,如果不是立即溶解进行下一步的分离,则应尽可能抽干沉淀,减少其中有机溶剂的含量,如若必要可以装透析袋透析脱有机溶剂,以免影响样品的生物活性。

3.选择性变性沉淀法

这一方法是利用蛋白质、酶与核酸等生物大分子与非目的生物大分子在物理化学性质等方面的差异,选择一定的条件使杂蛋白等非目的物变性沉淀而得到分离提纯,称为选择性变性沉淀法。常用的有热变性、选择性酸碱变性和有机溶剂变性等。

(1)热变性

利用生物大分子对热的稳定性不同,加热升高温度使某些非目的生物大分子变性沉淀而保留目的物在溶液中。此方法最为简便,不需消耗任何试剂,但分离效率较低,通常用于生物大分子的初期分离纯化。

(2)表面活性剂和有机溶剂变性

不同蛋白质和酶等对于表面活性剂和有机溶剂的敏感性不同,在分离纯化过程中使用它们可以使那些敏感性强的杂蛋白变性沉淀,而目的物仍留在溶液中。使用此法时通常都在冰浴或冷室中进行,以保护目的物的生物活性。

(3)选择性酸碱变性

利用蛋白质和酶等对于溶液中酸碱不同、pH值的稳定性不同而使杂蛋白变性沉淀,通常是在分离纯化流程中附带进行的一个分离纯化步骤。

4.等电点沉淀法

等电点沉淀法是利用具有不同等电点的两性电解质,在达到电中性时溶解度最低,易发生沉淀,从而实现分离的方法。氨基酸、蛋白质、酶和核酸都是两性电解质,可以利用此法进行初步的沉淀分离。但是,由于许多蛋白质的等电点十分接近,而且带有水膜的蛋白质等生物大分子仍有一定的溶解度,不能完全沉淀析出,因此,单独使用此法分辨率较低,效果不理想,因而此法常与盐析法、有机溶剂沉淀法或其他沉淀剂一起配合使用,以提高沉淀能力和分离效果。此法主要用于在分离纯化流程中去除杂蛋白,而不用于沉淀目的物。

5. 有机聚合物沉淀法

有机聚合物是 20 世纪 60 年代发展起来的一类重要的沉淀剂,最早应用于提纯免疫球蛋白和沉淀一些细菌和病毒。近年来广泛用于核酸和酶的纯化。其中应用最多的是聚乙二醇(polye-thylene glycol, PEG)$HOCH_2(CH_2OCH_2)_nCH_2OH$ ($n>4$),它的亲水性强,溶于水和许多有机溶剂,对热稳定,有广范围的相对分子质量,在生物大分子制备中,用的较多的是相对分子质量为 6000~20000 的 PEG。

PEG 的沉淀效果主要与其本身的浓度和相对分子质量有关,同时还受离子强度、溶液 pH 值和温度等因素的影响。在一定的 pH 值下,盐浓度越高,所需 PEG 的浓度越低,溶液的 pH 值越接近目的物的等电点,沉淀所需 PEG 的浓度越低。在一定范围内,高相对分子质量和浓度高的 PEG 沉淀的效率高。以上这些现象的理论解释还都仅仅是假设,未得到充分的证实,其解释主要有:①认为沉淀作用是聚合物与生物大分子发生共沉淀作用。②由于聚合物有较强的亲水性,使生物大分子脱水而发生沉淀。③聚合物与生物大分子之间以氢键相互作用形成复合物,在重力作用下形成沉淀析出。④通过空间位置排斥,使液体中生物大分子被迫挤聚在一起而发生沉淀。

本方法的优点是:①操作条件温和,不易引起生物大分子变性。②沉淀效能高,使用很少量的 PEG 即可以沉淀相当多的生物大分子。③沉淀后有机聚合物容易去除。

(二)透析

自 Thomas Graham 1861 年发明透析方法至今已有一百多年。透析已成为生物化学实验室最简便最常用的分离纯化技术之一。在生物大分子的制备过程中,除盐、除少量有机溶剂、除生物小分子杂质和浓缩样品等都要用到透析的技术。

透析只需要使用专用的半透膜即可完成。通常是将半透膜制成袋状,将生物大分子样品溶液置入袋内,将此透析袋浸入水或缓冲液中,样品溶液中的大相对分子质量的生物大分子被截留在袋内,而盐和小分子物质不断扩散透析到袋外,直到袋内外两边的浓度达到平衡为止。保留在透析袋内未透析出的样品溶液称为"保留液",袋(膜)外的溶液称为"渗出液"或"透析液"。

透析的动力是扩散压,扩散压是由横跨膜两边的浓度梯度形成的。透析的速度反比于膜的厚度,正比于欲透析的小分子溶质在膜内外两边的浓度梯度,还正比于膜的面积和温度,通常是 4 ℃透析,升高温度可加快透析速度。

透析膜可用动物膜和玻璃纸等,但用得最多的还是用纤维素制成的透析膜,目前常用的是美国 Union Carbide(联合碳化物公司)和美国光谱医学公司生产的各种尺寸的透析袋,截留相对分子质量 M_WCO 通常为 1 万左右。

商品透析袋制成管状,其扁平宽度为 23~50 mm 不等。为防干裂,出厂时都用 10% 的甘油处理过,并含有极微量的硫化物、重金属和一些具有紫外吸收的杂质,它们对蛋白质和其他生物活性物质有害,用前必须除去。可先用 50% 乙醇煮沸 1 h,再依次用 50% 乙醇、0.01 mol/L 碳酸氢钠和 0.001 mol/L EDTA 溶液洗涤,最后用蒸馏水冲洗即可使用。实验证明,50% 乙醇处理对除去具有紫外吸收的杂质特别有效。使用后的透析袋洗净后可存于 4 ℃蒸馏水中,若长时间不用,可加少量 NaN_3,以防长菌。洗净凉干的透析袋弯折时易裂口,用时必须仔细检查,不漏时方可重复使用。

新透析袋如不做如上的特殊处理,则可用沸水煮五至十分钟,再用蒸馏水洗净,即可使用。使用时,一端用橡皮筋或线绳扎紧,也可以使用特制的透析袋夹夹紧,由另一端灌满水,用手指稍加压,检查不漏,方可装入待透析液,通常要留三分之一至一半的空间,以防透析过程中,透析的小相对分子质量较多时,袋外的水和缓冲液过量进入袋内将袋涨破。含盐量很高的蛋白质溶液透析过夜时,体积增加 50% 是正常的。为了加快透析速度,除多次更换透析液外,还可使用磁子搅拌。透析的容器要大一些,可以使用大烧杯、大量筒和塑料桶。小量体积溶液的透析,可在袋内放一截两头烧圆的玻璃棒或两端封口的玻璃管,以使透析袋沉入液面以下。

检查透析效果的方法是:用 1% $BaCl_2$ 检查 $(NH_4)_2SO_4$,用 1% $AgNO_3$ 检查 NaCl、KCl 等。

为了提高透析效率,还可以使用各种透析装置。使用者也可以自行设计与制作各种简易的透析装置。美国生物医学公司(Biomed Instruments Inc.)生产的各种型号的 Zeineh 透析器,由于使用对流透析的原理,使透析速度和效率大大提高。

(三)超滤

超滤是一种重要的生化实验技术,广泛用于含有各种小分子溶质的各种生物大分子(如蛋白质、酶、核酸等)的浓缩、分离和纯化,已由实验室规模的分离手段发展成重要的工业单元操作技术。

超滤是一种加压膜分离技术,即在一定的压力下,使小分子溶质和溶剂穿过一定孔径的特制的薄膜,而使大分子溶质不能透过,留在膜的一边,从而使大分子物质得到了部分的纯化。

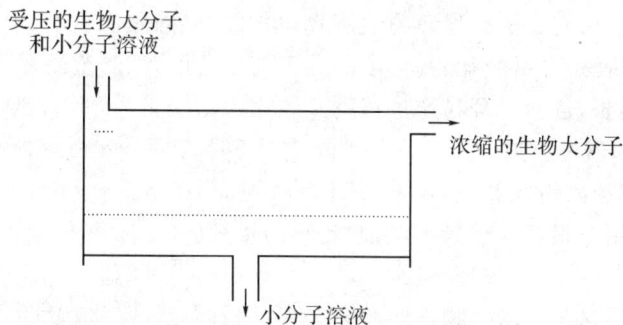

图 6-1 超滤工作原理示意

膜分离根据所加的操作压力和所用膜的平均孔径的不同,可分为微孔过滤、超滤和反渗透三种。微孔过滤所用的操作压通常小于 $4×10^4$ Pa,膜的平均孔径为 500Å～14 μm(1 μm = 10^4Å),用于分离较大的微粒、细菌和污染物等。超滤所用操作压为 $4×10^4$～$7×10^5$ Pa,膜的平均孔径为 10～100Å,用于分离大分子溶质。反渗透所用的操作压比超滤更大,常达到 $35×10^5$～$140×10^5$ Pa,膜的平均孔径最小,一般为 10Å 以下,用于分离小分子溶质,如海水脱盐,制高纯水等。

超滤技术的优点是操作简便,成本低廉,不需增加任何化学试剂,尤其是超滤技术的实验条件温和,与蒸发、冰冻干燥相比没有相的变化,而且不引起温度、pH 值的变化,因而可以防止生物大分子的变性、失活和自溶。

在生物大分子的制备技术中,超滤主要用于生物大分子的脱盐、脱水和浓缩等。

超滤法也有一定的局限性,它不能直接得到干粉制剂。对于蛋白质溶液,一般只能得到10%～50%的浓度。

超滤技术的关键是膜。膜有各种不同的类型和规格,可根据工作的需要来选用。早期的膜是各向同性的均匀膜,即现在常用的微孔薄膜,其孔径通常是 $0.05\mu m$ 和 $0.025\mu m$。近几年来生产了一些各向异性的不对称超滤膜,其中一种各向异性扩散膜是由一层非常薄的、具有一定孔径的多孔"皮肤层"(厚约 $0.1\sim1.0\ \mu m$),和一层相对厚得多的(约 $1\ \mu m$)更易通渗的、作为支撑用的"海绵层"组成。皮肤层决定了膜的选择性,而海绵层增加了机械强度。由于皮肤层非常薄,因此高效、通透性好、流量大,且不易被溶质阻塞而导致流速下降。常用的膜一般是由乙酸纤维或硝酸纤维或此两者的混合物制成。近年来为适应制药和食品工业上灭菌的需要,发展了非纤维型的各向异性膜,例如聚砜膜、聚砜酰胺膜和聚丙烯腈膜等。这种膜在 pH 1～14 都是稳定的,且能在 90 ℃下正常工作。超滤膜通常是比较稳定的,若使用恰当,能连续用1～2年。暂时不用,可浸在1%甲醛溶液或0.2%叠氮化钠 NaN_3 中保存。

超滤膜的基本性能指标主要有:水通量($cm^3/(cm^2\cdot h)$);截留率(以百分率%表示);化学物理稳定性(包括机械强度)等。

超滤装置一般由若干超滤组件构成。通常可分为板框式、管式、螺旋卷式和中空纤维式四种主要类型。由于超滤法处理的液体多数是含有水溶性生物大分子、有机胶体、多糖及微生物等。这些物质极易黏附和沉积于膜表面上,造成严重的浓差极化和堵塞,这是超滤法最关键的问题,要克服浓差极化,通常可加大液体流量,加强湍流和加强搅拌。

在生物制品中应用超滤法有很高的经济效益,例如供静脉注射的 25% 人胎盘血白蛋白通常是用硫酸铵盐析法、透析脱盐、真空浓缩等工艺制备的,该工艺流程硫酸铵消耗量大,能源消耗多,操作时间长,透析过程易产生污染。改用超滤工艺后,平均回收率可达 97.18%;吸附损失为 1.69%;透过损失为 1.23%;截留率为 98.77%。大幅度提高了白蛋白的产量和质量,每年可节省硫酸铵 6.2 吨,自来水 16 000 吨。

超滤技术的应用有很好的前景,应引起足够的重视。

(四)冰冻干燥

冰冻干燥机是生化与分子生物学实验室必备的仪器之一,因为大多数生物大分子分离纯化后的最终产品多数是水溶液,要从水溶液中得到固体产品,最好的办法就是冰冻干燥,因为生物大分子容易失活,通常不能使用加热蒸发浓缩的方法。

冰冻干燥是先将生物大分子的水溶液冰冻,然后在低温和高真空下使冰升华,留下固体干粉。

冰冻干燥得到的生物大分子固体样品有突出的优点:①由于是由冰冻状态直接升华为气态,所以样品不起泡,不暴沸。②得到的干粉样品不粘壁,易取出。③冰干后的样品是疏松的粉末,易溶于水。

冰冻干燥特别适用于那些对热敏感、易吸湿、易氧化及溶剂蒸发时易产生泡沫而引起变性的生物大分子,如蛋白质、酶、核酸、抗菌素和激素等。对于极个别的在冻干时易变性失活的生物大分子则要十分谨慎,务必先做小量试验证明冻干无害后方可进行大量处理。

冰冻干燥操作虽然十分简单,但以下的注意事项却必须认真记取:

(1)样品溶液:①样品要溶于水,不含有机溶剂,否则会造成冰点降低,冰冻的样品容易融化,因而减压时会起大量泡沫,使样品变性、污染和损失。同时若含有有机溶剂,被抽入真空泵后溶于真空泵油,使其可达真空度降低而必须换油。②样品要预先脱盐,不可使盐浓度过高,否则冰冻后易融化,影响样品活性,而且不易冻干。③样品缓冲液在冰冻时 pH 值可能会有较大变化,例如 pH 7.0 的磷酸盐缓冲液在冰冻时,磷酸氢二钠比磷酸二氢钠先冻结,因而使溶液 pH 下降而接近 3.5,使某些对低 pH 敏感的酶变性失活,此时需加入 pH 稳定剂,如糖类和钙离子等。④样品溶液的浓度不要过稀,例如蛋白质的浓度不低于 15 mg/mL 为宜。同批冻干的样品液浓度不宜相差太大,以免冻干的时间相差过大。

(2)装样品溶液的容器:①最好用各种尺寸的培养皿盛样品溶液,液层不要太厚,以免冻干时间太长,耗电太多。用烧杯时液层厚度不要超过 2 cm,否则烧杯易冻裂。②冻干稀溶液时会得到很轻的绒毛状固体样品,容易飞散而损失和造成污染,因而要用刺了孔的薄膜或吸水纸包住杯口,刺的孔不要过小过少,否则会影响冻干速度。

(3)溶液冰冻:如有条件,尽可能用干冰~乙醇低温浴速冻,如能将盛有样品溶液的容器边冻边旋转形成很薄的冰冻层,则可以大大加快冻干的速度。

(4)冻干:①样品全部冻干前,不要轻易摇动,以防水蒸汽冲散冻干的样品粉末。②样品冻干达到较高真空度时,容器外部有时会结霜,若外霜消失,则说明样品已冻干,或是仅剩样品中心的小冰块,再稍加延长冻干时间即可。③冻干后要及时取出样品,以免样品在室温下停留时间过长而失活。④停真空泵时要先放气,以免泵油倒灌。放气时要缓慢,以免气流冲散样品干粉。⑤样品冻干后要及时密封冷藏,以防受潮。⑥真空泵要经常检查油面和油色,油面过低和油色发黑,则需换油,通常半年或一季度至少要换一次油。

(五)样品的保存

生物大分子制成品的正确保存极为重要,一旦保存不当,辛辛苦苦制成的样品失活、变性、变质,使前面的全部制备工作化为乌有,损失惨重,前功尽弃。

影响生物大分子样品保存的主要因素有:

(1)空气:空气的影响主要是潮解、微生物污染和自动氧化。空气中微生物的污染可使样品腐败变质,样品吸湿后会引起潮解变性,同时也为微生物污染提供了有利的条件。某些样品与空气中的氧接触会自发引起游离基链式反应,还原性强的样品易氧化变质和失活,如维生素 C、巯基酶等。

(2)温度:每种生物大分子都有其稳定的温度范围,温度升高 10 ℃,氧化反应约加快数倍,酶促反应增加 1~3 倍。因此通常绝大多数样品都是低温保存,以抑制氧化、水解等化学反应和微生物的生成。

(3)水分:包括样品本身所带的水分和由空气中吸收的水分。水可以参加水解、酶解、水合和聚合。加速氧化、聚合、离解和霉变。

(4)光线:某些生物大分子可以吸收一定波长的光,使分子活化不利于样品保存,尤其日光中的紫外线能量大,对生物大分子制品影响最大,样品受光催化的反应有变色、氧化和分解等,通称光化作用。因此样品通常都要避光保存。

(5)样品的 pH 值:保存液态样品时注意其稳定的 pH 范围,通常可从文献和手册中查得或做实验求得,因此正确选择保存液态样品的缓冲剂的种类和浓度就十分重要。

(6)时间:生化和分子生物学样品不可能永久存活,不同的样品有其不同的有效期,因此,保存的样品必须写明日期,定期检查和处理。

现以保存蛋白质和酶为例:

(1)低温下保存:由于多数蛋白质和酶对热敏感,通常35~40 ℃以上就会失活,冷藏于冰箱一般只能保存一周左右,而且蛋白质和酶越纯越不稳定,溶液状态比固态更不稳定。因此通常要保存于−5~−20 ℃,如能在−70 ℃下保存则最为理想。极少数酶可以耐热:如核糖核酸酶可以短时煮沸;胰蛋白酶在稀 HCl 中可以耐受 90 ℃;蔗糖酶在 50~60 ℃可以保持 15~30 min 不失活。还有少数酶对低温敏感,如鸟肝丙酮酸羧化酶25 ℃稳定,低温下失活,过氧化氢酶要在 0~4 ℃保存,冰冻则失活,羧肽酶反复冻融会失活等。

(2)制成干粉或结晶保存:蛋白质和酶固态比在溶液中要稳定得多。固态干粉制剂放在干燥剂中可长期保存,例如葡萄糖氧化酶干粉 0 ℃下可保存 2 年,−15 ℃下可保存 8 年。通常,酶与蛋白质含水量大于 10%,室温低温下均易失活,含水量小于 5%时,37 ℃活性会下降,如要抑制微生物活性,含水量要小于 10%,抑制化学活性,含水量要小于 3%。此外要特别注意酶在冻干时往往会部分失活。

(3)在保护剂下保存:很早就有人观察到,在无菌条件下,室温保存了 45 年的血液,血红蛋白仅有少量改变,许多酶仍保留部分活性,这是因为血液中有蛋白质稳定的因素,为了长期保存蛋白质和酶,常常要加入某些稳定剂,例如:①惰性的生化或有机物质:如糖类、脂肪酸、牛血清白蛋白、氨基酸、多元醇等,以保持稳定的疏水环境。②中性盐:有一些蛋白质要求在高离子强度(1~4 mol/L)或饱和的盐溶液的极性环境中才能保持活性。最常用的是:$MgSO_4$、$NaCl$、$(NH_4)_2SO_4$ 等。使用时要脱盐。③巯基试剂:一些蛋白质和酶的表面或内部含有半胱氨酸巯基,易被空气中的氧缓慢氧化为磺酸或二硫化物而变性,保存时可加入半胱氨酸或巯基乙醇。

总之,对样品的保存必须给以足够的重视,一些常用酶的保存条件可参见《生物化学制备技术》(苏拔贤主编)一书中的"一些酶保存的条件和稳定性"表,其他各种生物大分子和生物制剂的保存条件,可查阅有关的文献和酶学手册。

(六)分离纯化方法的选择

生物大分子能否高效率地制备成功,关键在于分离纯化方案的正确选择和各个分离纯化方法实验条件的探索。选择与探索的依据就是生物大分子与杂质之间的生物学和物理化学性质上的差异。由本章前述的生物大分子制备的各种特点可以看出,分离纯化方案必然是千变万化的。

制备生物大分子的方法可以粗略地分类如下:① 以分子大小和形态的差异为依据的方法:差速离心、区带离心、超滤、透析和凝胶过滤等。② 以溶解度的差异为依据的方法:盐析、萃取、分配层析、选择性沉淀和结晶等。③ 以电荷差异为依据的方法:电泳、电渗析、等电点沉淀、吸附层析和离子交换层析等。④ 以生物学功能专一性为依据的方法:亲和层析等。

表 6-2　各种主要分离纯化方法的比较

方　法	原　理	优　点	缺　点	应用范围
沉淀法	蛋白质的沉淀作用	操作简便、成本低廉、对蛋白质和酶有保护作用,重复性好	分辨力差,纯化倍数低,蛋白质沉淀中混杂大量盐分	蛋白质和酶的分级沉淀
有机溶剂沉淀	脱水作用和降低介电常数	操作简便,分辨力较强	对蛋白质或酶有变性作用,成本较高	各种生物大分子的分级沉淀
选择性沉淀	等电点、热变性、酸碱变性等沉淀作用	选择性较强,方法简便,种类较多	应用范围较窄	各种生物大分子的沉淀
结晶法	溶解度达到饱和,溶质形成规则晶体	纯化效果较好,可除去微量杂质,方法简单	样品的纯度、浓度都要很高,时间长	蛋白质或酶等
吸附层析	化学、物理吸附	操作简便	易受离子干扰	各种生物大分子的分离、脱色和去热源
离子交换层析	离子基团的交换	分辨力高,处理量较大	需酸碱处理树脂平衡,洗脱时间长	能带电荷的生物大分子
凝胶过滤层析	分子筛的排阻效应	分辨力高,不会引起变性	各种凝胶介质昂贵,处理量有限制	相对分子质量有明显差别的可溶性生物大分子
分配层析	溶质在固定相和流动相中分配系数的差异	分辨力高,重复性较好,能分离微量物质	影响因子多,上样量太小	各种生物大分子的分析鉴定
亲和层析	生物大分子与配体之间有特殊亲和力	分辨力很高	一种配体只能用于一种生物大分子,局限性大	各种生物大分子
聚焦层析	等电点和离子交换作用	分辨力高	进口试制昂贵	蛋白质和酶
固相酶法	待分离物与固相载体之间有特异亲和力	分辨力高,用于连续生产	有局限性	抗体、抗原、酶和底物
等电聚焦连续电泳	等电点的差异	分辨力很高,可连续制备	仪器试剂昂贵	蛋白质和酶
高速与超速离心	沉降系数或密度的差异	操作方便,容量大	离心机设备昂贵	各种生物大分子
超滤	相对分子质量大小的差异	操作方便,可连续生产	分辨力低,只能部分纯化	各种生物大分子
制备 HPLC	凝胶过滤、离子交换、反向色谱等	分辨力很高,直接制备出纯品	制备柱和 HPLC 仪器昂贵	各种生物大分子

在分离纯化流程中,早期和晚期的分离纯化方法的选择有明显的不同:

(1) 早期分离纯化

1) 特点:①粗提取液中物质成分十分复杂。②欲制备的生物大分子浓度很稀。③物理化学性质相近的物质很多。④希望能除去大部分与目的产物物理化学性质差异大的杂质。

2) 对所选方法的要求:①要快速、粗放。②能较大地缩小体积。③分辨力不必太高。④负荷能力要大。

3) 可选用的方法:吸附;萃取;沉淀法(热变性、盐析、有机溶剂沉淀等);离子交换(批量吸附、胖柱交换);亲和层析等。

(2)晚期分离纯化

1) 可选用的方法:吸附层析、盐析、凝胶过滤、离子交换层析、亲和层析、等电聚焦制备电泳、制备 HPLC 等。

2)要注意的一些问题:

①盐析后要及时脱盐。

②用凝胶过滤时如何缩小上样体积,因为凝胶层析柱的上样体积只能是柱床体积的 $1/10\sim1/6$,也可以使用串联柱以加大柱床体积。

③必要时也可以重复使用同一种分离纯化方法,例如分级有机溶剂沉淀,分级盐析,连续两次凝胶过滤或离子交换层析等。

④分离纯化步骤前后要有科学的安排和衔接,尽可能减少工序,提高效率。例如吸附不可以放在盐析之后,以免大量盐离子影响吸附效率;离子交换要放在凝胶过滤之前,因为离子交换层析的上样量可以不受限制,只要不超过柱交换容量即可。

⑤分离纯化后期,目的产物的纯度和浓度都大大提高,此时对于很多敏感的酶极易变性失活,因此操作步骤要连续、紧凑,尽可能在低温下(如在冷室中)进行。

⑥得到最终产品后,必要时要立即冰冻干燥,分装并写明标签,−20 ℃或−70 ℃保存。

第二部分
基础实验

实验项目

·蛋白质·

实验一　氨基酸的分离鉴定——纸层析法

一、预习思考题

1. 本实验中滤纸的作用是什么？
2. 实验中作为固定相和流动相的物质分别是什么？
3. R_f 值的含义、影响因素？
4. 两 R_f 值之差绝对值为多少范围内可以确定为同一物质？
5. 层析滤纸和普通滤纸有什么区别？
6. 为什么要平衡？平衡剂和扩展剂是同一物质吗？
7. 用手直接接触滤纸会引起什么不良后果，为什么？
8. 缝制的纸筒如果两边缘相靠会造成什么后果？
9. 为避免实验结果出现"拖尾"现象，实验操作中应注意哪些环节？
10. 标记滤纸不能使用油性笔，为什么？
11. 查阅资料，解释纸层析分离氨基酸原理。

二、目的要求

掌握氨基酸纸层析的方法和原理，学会分析待测样品的氨基酸成分。

三、基本原理

纸层析是以滤纸为惰性支持物的分配层析，滤纸纤维上的羟基具有亲水性，吸附一层水作为固定相，有机溶剂为流动相。当有机相流经固定相时，物质在两相间不断分配而得到分离，溶质在滤纸上的移动速度用 R_f 值表示：

$$\frac{展层斑点中心与原点之间的距离}{溶剂前沿与原点之间的距离}$$

纸层析可看作是溶质（样品）在固定相与流动相之间的连续抽提，由于溶质在两相之间的分配系数不同而达到分离。一定的物质在两相间有固定的分配系数，因而在恒定条件（溶剂、pH、温度）下，各物质有固定的 R_f 值，据此可达到分析鉴定的目的。

由于滤纸纤维可吸收 $20\% \sim 25\%$ 的水分；且其中 $6\% \sim 7\%$ 以氢键形式与纤维素上羟基结合，一般条件下难脱去；所以纸层析实际上是以水相作固定相，展开的溶剂作流动相。

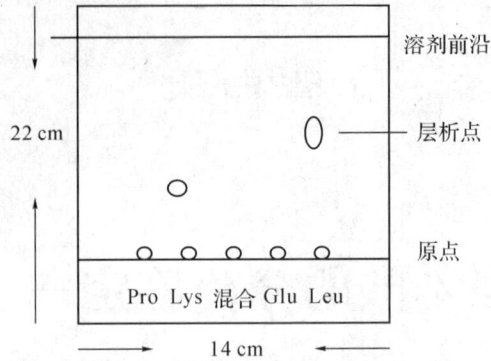

图 1-1　纸层析 R_f 值示意图

　　纸层析操作按溶剂展开方向可分为上行、下行和径向三种。氨基酸分离一般用上行法。上行法又分单向(成分较为简单的样品)和双向(单向时斑点重叠分离不开,于是在其垂直方向用另一种溶剂系统展层)。双相层析谱可分辨十几种以上的样品。

　　层析滤纸要求:

　　(1)质地均匀,平整无折痕,厚薄适当,溶剂能匀速展开。

　　(2)机械强度好,溶剂展开后能保持原状,不易折到。

　　(3)有一定纯度而少杂质,以免影响层析图谱背景。

　　(4)纤维松紧适宜,一般选用中速滤纸,或根据溶剂选择。如丁醇类黏度大,宜用快速滤纸;而氯仿、石油醚展开快,宜用慢速滤纸。

　　层析溶剂要求:

　　(1)被分离物质在该溶剂系统中 R_f 在 $0.05\sim0.8$ 之间,各组分之 R_f 值相差最好能大于0.05,以免斑点重叠。

　　(2)溶剂系统中任一组分与分离物之间不能起化学反应。

　　(3)分离物质在溶剂系统中的分配较恒定,不随温度而变化,且易迅速达到平衡,这样所得斑点较圆整。

　　在一定的条件下某种物质的 R_f 值是常数。R_f 值的大小与物质的结构、性质、溶剂系统、层析滤纸的质量和层析温度等因素有关。本实验利用纸层析法分离氨基酸。

四、器材和试剂

　　1. 器材

　　(1)层析缸(5000 mL):1 只/组

　　(2)微量注射器(100 μL):1 只/组

　　(3)喷雾器:公用

　　(4)培养皿:1 只/组

　　(5)层析滤纸(长 22 cm、宽 14 cm 的新华一号滤纸):1 张/组

　　(6)直尺、铅笔:自备

　　(7)电吹风:1 只/组

　　(8)托盘、针、白线:1 套/组

(9)手套:1 双/组

(10)150 mL 分液漏斗:1 只/组

(11)小烧杯:50 mL,1 只/组

2.试剂

(1)扩展剂:将 4 体积正丁醇和 1 体积冰醋酸放入分液漏斗中,与 5 体积水混合,充分振荡,静置后分层,弃去下层水层。

(2)氨基酸溶液:0.5%的已知氨基酸溶液 3 种(赖氨酸、苯丙氨酸、缬氨酸),0.5%的待测氨基酸液 1 种。

(3)显色剂:0.1%水合茚三酮正丁醇溶液。

五、操作步骤

检查培养皿是否干燥、洁净;若否,将其洗净并置于干燥箱内 120 ℃烘干。

1.规划

带上手套,取宽约 14 cm、高约 22 cm 的层析滤纸一张。在纸的下端距边缘 2 cm 处轻轻用铅笔划一条平行于底边的直线 A,在直线上做 4 个记号,记号之间间隔 2 cm,这就是原点的位置。另在距左边缘 1 cm 处画一条平行于左边缘的直线 B,在 B 线上以 A、B 两线的交点为原点标明刻度(以 cm 为单位),参见图 1-2。

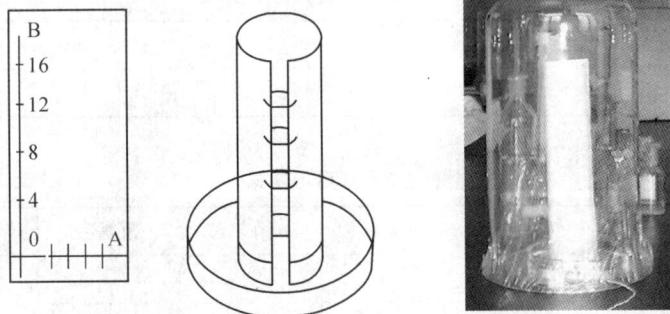

图 1-2　实验装置示意图

2.点样

用微量注射器分别取 10uL 左右的氨基酸样品(每取一个样之前都要用蒸馏水洗涤微量注射器,以免交叉污染),点在这四个位置上。挤一滴点一次,同一位置上需点 2~3 次,10~30 uL,每点完一点,立刻用电吹风热风吹干后再点,以保证每点在纸上扩散的直径最大不超过 3 mm。每组须点 4 个样,其中 3 个是已知样,1 个是待测样品。

3.平衡

剪一大块塑料薄膜铺在桌面上,将层析缸或大烧杯倒置于塑料薄膜上,再把盛有约 20 mL 展层溶液的小烧杯置于倒置的层析缸或大烧杯中,用塑料薄膜密封起来,平衡 20 min。

4.层析

用针、线将滤纸缝成筒状,纸的两侧边缘不能接触且要保持平行,参见图 1-2。向培养皿中加入扩展剂,使其液面高度达到 1 cm 左右,将点好样的滤纸筒直立于培养皿中(点样的一端在下,扩展剂的液面在 A 线下约 1 cm),罩上大烧杯,仍用塑料薄膜密封。当扩展剂上升到 A 线时开始计时,每隔一定时间测定一下扩展剂上升的高度,填入表1-1中。当上升到 15~18 cm,取出滤纸,剪断连线,立即用铅笔描出溶剂前沿线,迅速用电吹风热风吹干。

5.显色

用喷雾器在通风橱中向滤纸上均匀喷上 0.1% 茚三酮正丁醇溶液,然后立即用热风吹干,即可显出各层析斑点,参见图 1-3。

6.计算各种氨基酸的 R_f 值,并判断混合样品中都有哪些氨基酸,各人将自己的实验结果贴在实验报告上,见表1-2。

7.以层析时间为横坐标,扩展剂上升高度为纵坐标画图,求出扩展剂上升到 18 cm 时所需要的时间。

8.将微量注射器内外用蒸馏水清洗干净,倒掉用过的展层液和平衡液,将培养皿洗净,整理好桌面上的仪器和试剂,并注意清洁自己的操作台,请老师验收,实验报告当场交给老师。

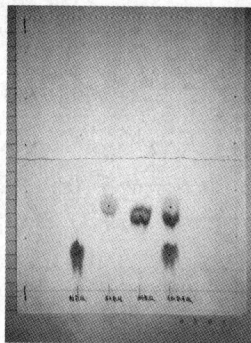

图 1-3　纸层析结果图

六、计算

R_f＝原点到层析斑点中心的距离/原点到溶剂前沿的距离

记录与计算汇总

表 1-1　扩展剂前沿上升速度

X/min	10	15	20	30	40	60	90
Y/cm							

表 1-2　纸层析结果

	赖氨酸	苯丙氨酸	缬氨酸	待测氨基酸
原点到层析斑点中心的距离				
原点到溶剂前沿的距离				
R_f				
判断待测氨基酸				

七、注意事项

1.要保证层析滤纸不被污染,特别是从点样线到溶剂前沿的部分。

2.各氨基酸样品点样时量要均匀。

3.在缝滤纸时,纸的两边不能接触,并保证平行。

4.点样的一端朝下,扩展剂的液面需低于点样线 1 cm。

八、讨论分析题

1.纸层析的分离方法目前的应用情况如何?

2.设计一个应用该方法的实验实例。

实验二　蛋白质的性质实验
——蛋白质及氨基酸的呈色反应

一、预习思考题

1. 双缩脲反应检测的精度范围是多少？定量测定时的检测波长是多少？
2. 你能区分蛋白质茚三酮反应及其他氨基化合物茚三酮反应的结果吗？试解释之。
3. 能否利用茚三酮反应可靠地鉴定蛋白质的存在？
4. 可以与浓硝酸作用呈现黄色反应的阳性结果的蛋白质需要符合什么条件？
5. 考马斯亮蓝反应检测的灵敏度范围是多少？是不是该反应时间越长颜色越深，效果越好，为什么？

二、目的要求

1. 了解构成蛋白质的基本结构单位及主要连接方式。
2. 了解蛋白质和某些氨基酸的呈色反应原理。
3. 学习几种常用的鉴定蛋白质和氨基酸的方法。

三、实验内容

(一)双缩脲反应

1. 基本原理

尿素加热至 180 ℃左右，生成双缩脲并放出一分子氨。双缩脲在碱性环境中能与 Cu^{2+} 结合生成紫红色化合物，此反应称为双缩脲反应。蛋白质分子中有肽键，其结构与双缩脲相似，也能发生此反应。可用于蛋白质的定性或定量测定。

双缩脲反应不仅为含有两个以上肽键的物质所有。含有一个肽键和一个—CS—NH$_2$，—CH$_2$—NH$_2$，—CRH—NH$_2$，—CH$_2$—NH$_2$—CHNH$_2$—CH$_2$OH 或—CHOHCH$_2$NH$_2$ 等基团的物质以及乙二酰二胺（ $O=C$——$C=O$ ，带有 NH$_2$ NH$_2$）等物质也有此反应。NH$_3$ 可干扰此反应，因为 NH$_3$ 与 Cu^{2+} 可生成暗蓝色的络离子 $Cu(NH_3)_4^{2+}$。因此，一切蛋白质或二肽以上的多肽都有双缩脲反应，但有双缩脲反应的物质不一定都是蛋白质或多肽。

2. 材料、仪器与试剂

尿素；10%氢氧化钠溶液；1%硫酸铜溶液；2%卵清蛋白溶液

3．操作步骤

取少量尿素结晶，放在干燥试管中。用微火加热使尿素熔化。熔化的尿素开始硬化时，停止加热，尿素放出氨，形成双缩脲。冷后，加 10％氢氧化钠溶液约 1 mL，振荡混匀，再加 1％硫酸铜溶液 1 滴，再振荡。观察出现的粉红颜色。要避免添加过量硫酸铜，否则，生成的蓝色氢氧化铜能掩盖粉红色。

向另一试管加卵清蛋白溶液约 1 mL 和 10％氢氧化钠溶液约 2 mL，摇匀，再加 1％硫酸铜溶液 2 滴，随加随摇。观察紫玫瑰色的出现。

(二)茚三酮反应

1．基本原理

除脯氨酸、羟脯氨酸和茚三酮反应产生黄色物质外，所有 α-氨基酸及一切蛋白质都能和茚三酮反应生成蓝紫色物质。

β-丙氨酸、氨和许多一级胺都呈阳性反应。尿素、马尿酸、二酮吡嗪和肽键上的亚氨基不呈现此反应。因此，虽然蛋白质和氨基酸均有茚三酮反应，但能与茚三酮呈阳性反应的不一定就是蛋白质或氨基酸。在定性、定量测定中，应严防干扰物存在。

该反应十分灵敏，1∶1 500 000 浓度的氨基酸水溶液即能给出反应，是一种常用的氨基酸定量测定方法。

茚三酮反应分为两步，第一步是氨基酸被氧化形成 CO_2、NH_3 和醛，水合茚三酮被还原成还原型茚三酮；第二步是所形成的还原型茚三酮同另一个水合茚三酮分子和氨缩合生成有色物质。

此反应的适宜 pH 为 5～7，同一浓度的蛋白质或氨基酸在不同 pH 条件下的颜色深浅不同，酸度过大时甚至不显色。

2．材料、仪器与试剂

蛋白质溶液；2％卵清蛋白或新鲜鸡蛋清溶液(蛋清∶水＝1∶9)；0.5％甘氨酸溶液；0.1％茚三酮水溶液；0.1％茚三酮-乙醇溶液

3．操作步骤

取 2 支试管分别加入蛋白质溶液和甘氨酸溶液 1 mL，再各加 0.5 mL 0.1％茚三酮水溶液，混匀，在沸水浴中加热 1～2 min，观察颜色由粉色变紫红色再变蓝。

在一小块滤纸上滴一滴 0.5％甘氨酸溶液，风干后，再在原处滴一滴 0.1％茚三酮乙醇溶液，在微火旁烘干显色，观察紫红色斑点的出现。

(三)黄色反应

1．基本原理

含有苯环结构的氨基酸，如酪氨酸和色氨酸，遇硝酸后，可被硝化成黄色物质，该化合物在碱性溶液中进一步形成橙黄色的硝醌酸钠。

多数蛋白质分子含有带苯环的氨基酸，所以有黄色反应，苯丙氨酸不易硝化，需加入少量浓硫酸才有黄色反应。

2．材料、仪器与试剂

鸡蛋清溶液；大豆提取液；头发；指甲；0.5％苯酚溶液；浓硝酸；0.3％色氨酸溶液；0.3％酪氨酸溶液；10％氢氧化钠溶液。

3.操作步骤

向7个试管中分别按下表(表2-1)加入试剂,观察各管出现的现象,有的试管反应慢可略放置或用微火加热。待各管出现黄色后,于室温下逐滴加入10%氢氧化钠溶液至碱性,观察颜色变化。

表 2-1　蛋白质黄色反应实验表

管号	1	2	3	4	5	6	7
材料(滴)	鸡蛋清溶液(4)	大豆提取液(4)	指甲少许	头发少许	0.5%苯酚(4)	0.3%色氨酸(4)	0.3%酪氨酸(4)
浓硝酸/(滴)	2	4	40	40	4	4	4
现象							

(四)考马斯亮蓝反应

1.基本原理

考马斯亮蓝 G250 具有红色和蓝色两种色调。在酸性溶液中,其以游离态存在呈棕红色;当它与蛋白质通过疏水作用结合后变为蓝色。

它染色灵敏度高,比氨基黑高3倍。反应速度快,约在 2 min 左右时间达到平衡,在室温一小时内稳定。在 $0.01 \sim 1.0$ mg 蛋白质范围内,蛋白质浓度 A_{595} 值成正比。所以常用来测定蛋白质浓度。

2.材料、仪器与试剂

蛋白质溶液(鸡蛋清:水=1:20);考马斯亮蓝染液

3.操作步骤

取 2 支试管,按下表2-2操作

表 2-2　蛋白质考马斯亮蓝染色实验表

管号 \ 试剂	蛋白质溶液/mL	蒸馏水/mL	考马斯亮蓝染液/mL
1	0	1	5
2	0.1	0.9	5

四、讨论分析题

1.同样可以进行蛋白质定量测定的双缩脲反应和考马斯亮蓝反应有什么区别?

2.请设计一个应用以上四个反应之一的实际问题,并设计出比较详细的实验流程。

3.茚三酮反应的阳性结果是否经常是同一色调?并说明原因。

4.考马斯亮蓝反应的优缺点有哪些?

5.双缩脲反应为什么会成为最常用的蛋白质测定方法?它有什么优点和缺点?

实验三 蛋白质的等电点测定和沉淀反应

一、预习思考题

1. 什么是蛋白质的等电点?
2. 在等电点时,蛋白质溶液为什么容易发生沉淀?
3. 蛋白质的沉淀反应和蛋白质变性之间有何异同?
4. 蛋白质可逆沉淀和不可逆沉淀的常用方法分别有哪些?

二、目的要求

1. 了解蛋白质的两性解离性质。
2. 学习测定蛋白质等电点的一种方法。
3. 加深对蛋白质胶体溶液稳定因素的认识。
4. 了解沉淀蛋白质的几种方法及其实用意义。

三、基本原理

蛋白质是两性电解质。在蛋白质溶液中存在下列平衡:

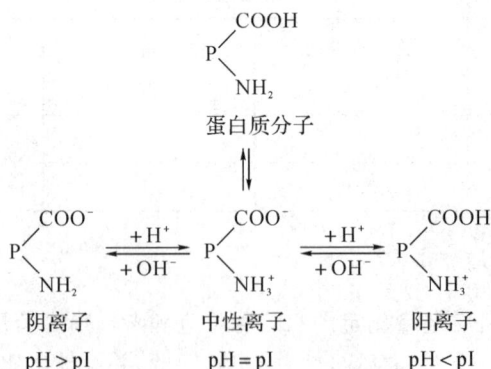

蛋白质分子的解离状态和解离程度受溶液的酸碱度影响。当溶液的 pH 达到一定数值时,蛋白质颗粒上正负电荷的数目相等,在电场中,蛋白质既不向阴极移动,也不向阳极移动,此时溶液的 pH 值称为此种蛋白质的等电点。不同蛋白质各有特异的等电点。在等电点时,蛋白质的理化性质都有变化,可利用此种性质的变化测定各种蛋白质的等电点。最常用的方法是测其溶解度最低时的溶液 pH 值。

本实验通过观察不同 pH 溶液中的溶解度以测定酪蛋白的等电点。用醋酸与醋酸钠

（醋酸钠混合在酪蛋白溶液中）配制各种不同 pH 值的缓冲液。向诸缓冲溶液中加入酪蛋白后，沉淀出现最多的缓冲液的 pH 值即为酪蛋白的等电点。

在水溶液中的蛋白质分子由于表面生成水化层和双电层而成为稳定的亲水胶体颗粒，在一定的理化因素影响下，蛋白质颗粒可因失去电荷和脱水而沉淀。

蛋白质的沉淀反应可分为两类。

（1）可逆的沉淀反应：此时蛋白质分子的结构尚未发生显著变化，除去引起沉淀的因素后，蛋白质的沉淀仍能溶解于原来溶剂中，并保持其天然性质而不变性。如大多数蛋白质的盐析作用或在低温下用乙醇（或丙酮）短时间作用于蛋白质。提纯蛋白质时，常利用此类反应。

（2）不可逆沉淀反应：此时蛋白质分子内部结构发生重大改变，蛋白质常变性而沉淀，不再溶于原来溶剂中。加热引起的蛋白质沉淀与凝固，蛋白质与重金属离子或某些有机酸的反应都属于此类。

蛋白质变性后，有时由于维持溶液稳定的条件仍然存在（如电荷），并不析出。因此变性蛋白质并不一定都表现为沉淀，而沉淀的蛋白质也未必都已变性。

四、材料、试剂和器具

1. 材料

新鲜鸡蛋

2. 试剂

（1）0.4％酪蛋白醋酸钠溶液（200 mL）

取 0.4g 酪蛋白，加少量水在乳钵中仔细地研磨，将所得的蛋白质悬胶液移入 200 mL 锥形瓶内，用少量 40～50 ℃的温水洗涤乳钵，将洗涤液也移入锥形瓶内。加入 10 mL 1 mol/L醋酸钠溶液。把锥形瓶放到 50 ℃ 水溶中，并小心地旋转锥形瓶，直到酪蛋白完全溶解为止。将锥形瓶内的溶液全部移到 100 mL 容量瓶内，加水至刻度，塞紧玻塞，混匀。（注：酪蛋白较难溶解，因此，实验时也可直接用新鲜牛乳 20 mL 代替 0.4 g 酪蛋白，然后加入 10 mL 1 mol/L 醋酸纳溶液后定容至 100 mL 即可）

（2）1.00 mol/L 醋酸溶液（100 mL）

（3）0.10 mol/L 醋酸溶液（300 mL）

（4）0.01 mol/L 醋酸溶液（50 mL）

（5）蛋白质溶液（250 mL）

5％卵清蛋白溶液或鸡蛋清的水溶液（新鲜鸡蛋清：水＝1：9）

（6）pH 4.7 醋酸—醋酸钠的缓冲溶液（100 mL）

（7）3％硝酸银溶液（10 mL）

（8）5％三氯乙酸溶液（50 mL）

（9）95％乙醇（250 mL）

（10）饱和硫酸铵溶液（250 mL）

（11）硫酸铵结晶粉末（100 g）

（12）0.1 mol/L 盐酸溶液（300 mL）

（13）0.1 mol/L 氢氧化钠溶液（300 mL）

(14)0.05 mol/L 碳酸钠溶液(300 mL)

(15)甲基红溶液(20 mL)

3.器具

水浴锅、离心机、温度计、200 mL 锥形瓶、100 mL 容量瓶、吸管、离心管、试管、乳钵等

五、操作步骤

1.酪蛋白等电点的测定

(1)取同样规格的试管 4 支,按下表 3-1 顺序分别精确地加入各试剂,然后混匀。

表 3-1　酪蛋白等电点测定

试管号	蒸馏水 /mL	0.01 mol/L 醋酸 /mL	0.1 mol/L 醋酸 /mL	1.0 mol/L 醋酸 /mL
1	8.4	0.6	—	—
2	8.7	—	0.3	—
3	8.0	—	1.0	—
4	7.4	—	—	1.6

(2)向以上试管中各加酪蛋白的醋酸钠溶液 1 mL,加一管,摇匀一管。此时 1、2、3、4 管的 pH 依次为 5.9、5.5、4.7、3.5。观察其混浊度。静置 10 min 后,再观察其混浊度。最混浊的一管 pH 即为酪蛋白的等电点。

2.蛋白质的沉淀及变性

(1)蛋白质的盐析

无机盐(硫酸铵、硫酸钠、氯化钠等)的浓溶液能析出蛋白质。盐的浓度不同,析出的蛋白质也不同。

如球蛋白可在半饱和硫酸铵溶液中析出,而清蛋白则在饱和硫酸铵溶液中才能析出。

由盐析获得的蛋白质沉淀,当降低其盐类浓度时,又能再溶解,故蛋白质的盐析作用是可逆过程。

(2)重金属离子沉淀蛋白质

重金属离子与蛋白质结合成不溶于水的复合物。

取 1 支离心管,加入蛋白质溶液 2 mL,再加 3% 硝酸银溶液 1~2 滴,振荡试管,有沉淀产生。放置片刻,倾去上清液,向沉淀中加入少量的水,沉淀是否溶解? 为什么?

(3)某些有机酸沉淀蛋白质

取 1 支离心管,加入蛋白质溶液 2 mL,再加入 1 mL 5% 三氯乙酸溶液,振荡试管,观察沉淀的生成。放置片刻倾出上清液,向沉淀中加入少量水,观察沉淀是否溶解。

(4)有机溶剂沉淀蛋白质

取 1 支离心管,加入 2 mL 蛋白质溶液,再加入 2 mL 95% 乙醇。观察沉淀的生成(如果沉淀不明显,加点 NaCl,混匀)。

(5)乙醇引起的变性与沉淀

取 3 支试管,编号。依下表 3-2 顺序加入试剂:

表 3-2　乙醇引起蛋白变性与沉淀实验

试剂（mL）管号	蛋白质溶液	0.1 mol/L 氢氧化钠溶液	0.1 mol/L 盐酸溶液	95％乙醇	pH 4.7 缓冲溶液
1	1	—	—	1	1
2	1	1	—	1	—
3	1	—	1	1	—

振摇混匀后，观察各管有何变化。放置片刻向各管内加入水 8 mL，然后在第 2、3 号管中各加一滴甲基红，再分别用 0.1 mol/L 醋酸溶液及 0.05 mol/L 碳酸钠溶液中和之。观察各管颜色的变化和沉淀的生成。每管再加 0.1 mol/L 盐酸溶液数滴，观察沉淀的再溶解。解释各管发生的全部现象。

六、注意事项

等电点测定的实验要求各种试剂的浓度和加入量必须相当准确。

七、讨论分析题

1. 以表格形式总结实验结果，包括观察到的现象，分析评价实验结果。
2. 请将本实验中所涉及到的几种蛋白质沉淀方法各举一生活实例加以说明。

实验四　血清蛋白质醋酸纤维薄膜电泳

一、预习思考题

1.简述醋酸纤维素薄膜电泳的原理和优点？

2.要想得到清晰的电泳图谱关键是什么？如何正确的操作？

3.为什么要将点样一端放在电泳槽负极？

4.根据人血清中蛋白各组分的等电点，估计它们在 pH8.6 的巴比妥电极缓冲液中电泳移动的相对位置。

二、目的要求

学习醋酸纤维薄膜电泳的操作技术，了解电泳技术的基本原理，测定人血清中各种蛋白质的相对含量。

三、基本原理

任何一种物质的质点，由于其本身在溶液中的解离或由于其表面对其他带电质点的吸附，会在电场中向一定的电极移动。如氨基酸、蛋白质、酶、核酸等及其衍生物质都具有许多可解离的酸性或碱性基团，它们在溶液中会解离而带电。一般说，在碱性溶液中（即溶液的 pH 值大于等电点 pI），分子带负电荷，在电场中向正极移动。而在酸性溶液中，分子带正电荷，在电场中向负极移动。移动的速度取决于带电的多少和分子的大小。

泳动度首先取决于带电质点的性质，即质点所带净电荷的量、质点的大小及质点的形状。一般说来质点所带净电荷越多，质点直径越小，越接近球形，则在电场中的泳动速度越快；反之则越慢。

泳动速度受质点本身性质影响外，还受其他外界因素的影响，如溶液的黏度、电场强度、溶液的 pH 值、溶液的离子强度、固体支持物的电渗现象等。

不同质点在同一电场中的泳动度不同，常用泳动度或迁移率来表示。

泳动度（u）：带电质点在单位电场强度下的泳动速度。

$$u=\frac{\nu}{E}=\frac{d/t}{V/l}=\frac{dl}{Vt}(\text{ cm}^2 \cdot \text{V}^{-1} \cdot \text{s}^{-1})$$

式中：d 为带电质点移动距离(cm)；V 为电压(V)；l 为有效支持物的长度(cm)；t 为电泳时间(s)。

醋酸纤维薄膜电泳(CAME)是以醋酸纤维薄膜(CAM)作支持物的一种区带电泳技术。醋酸纤维素薄膜是纤维素的羟基乙酰化形成的纤维素醋酸酯。将它溶于有机溶剂（如丙酮、氯仿、氯乙烯、乙酸乙酯等)后,涂抹成均匀的薄膜则成为醋酸纤维素薄膜。该膜具有均一的泡沫状结构,渗透性强,对分子移动阻力小,厚度为 $120\ \mu m$。

　　醋酸纤维素薄膜作为电泳支持体有以下优点:

　　①电泳后区带界限清晰;

　　②通电时间较短(20~60 min);

　　③它对各种蛋白质(包括血清白蛋白、溶菌酶及核糖核酸酶)都几乎完全不吸附,因此无拖尾现象;

　　④对染料也没有吸附,因此不结合的染料能完全洗掉,无样品处几乎完全无色。它的电渗作用虽高但很均一,不影响样品的分离效果,由于醋酸纤维素薄膜吸水量较低,因此必需在密闭的容器中进行电泳,并使用较低电流避免水分蒸发。

　　本实验以醋酸纤维素薄膜为电泳支持物,分离人血清蛋白。血清蛋白中含有清蛋白、α球蛋白、β一球蛋白、γ一球蛋白和各种脂蛋白等。各种蛋白质由于氨基酸组分、立体构象、相对分子质量、等电点及形状不同(见下表 4-1),在电场中的迁移速度不同。相对分子质量小、等电点低的,在相同碱性 pH 缓冲体系中,带负电荷多的蛋白质颗粒在电场中迁移速度快。例如人血清蛋白在 pH8.6 的缓冲体系中电泳,染色后可显示 5 条区带。清蛋白泳动最快,其余依次是 α_1-,α_2-,β,γ 球蛋白(如图 4-1)。

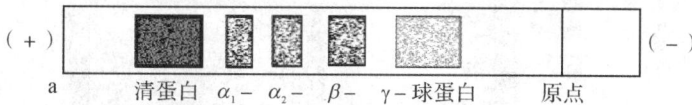

图 4-1　血清蛋白醋酸纤维薄膜电泳图谱

　　醋酸纤维薄膜电泳已经广泛用于血清蛋白,血红蛋白、球蛋白、脂蛋白、糖蛋白、甲胎蛋白、类固醇及同工酶等的分离分析中,尽管它的分辨力比聚丙烯酰胺凝胶电泳低,但它具有简单、快速等优点。根据样品理化性质,从提高电泳速度和分辨力出发选择缓冲液的种类、pH 和离子强度。选择好的缓冲液最好是挥发性强,对显色或紫外光等观察区带没有影响,若样品含盐量较高时,宜采用含盐缓冲液。例如血清蛋白电泳可选用 pH 8.6 的巴比妥缓冲液或硼酸缓冲液;氨基酸的分离则可选用 pH 7.2 的磷酸盐缓冲液等。电泳时先将滤膜剪成一定长度和宽度的纸条。在欲点样的位置用铅笔做上记号,点上样品,在一定的电压、电流下电泳一定时间,取下滤膜,进行染色。不同物质需采用不同的显色方法,如核苷酸等物质可在紫外分析灯下观察定位,但许多物质必须经染色剂显色。

　　醋酸纤维素薄膜电泳染色后区带可剪下,溶于一定的溶剂中进行光密度测定。也可以浸于折射率为 1.474 的油中或其他透明液中使之透明,然后直接用光密度计测定。它的缺点是厚度小,样品用量很小,不适于制备。将血清样品点样于醋酸纤维膜上,在 pH 8.6 的缓冲液中电泳时,血清蛋白质均带负电荷移向正极。由于血清中各蛋白组分等电点不同而致表面净电荷量不等,加之分子大小和形状各异,因而电泳迁移率不同,彼此得以分离。电泳后,CAM 经染色和漂洗,可清晰呈现清蛋白、α_1-、α_2-、β-、γ-球蛋白 5 条区带,比色即可计算出血清各蛋白组分的相对百分数。

表 4-1　人血清中 5 种蛋白质的等电点及相对分子质量

蛋白质名称	等电点(pI)	相对分子质量
清蛋白	4.88	69 000
α-球蛋白	5.06	$\alpha_1 \sim 200\ 000$
		$\alpha_2 \sim 300\ 000$
β-球蛋白	5.12	90 000～15 0000
γ-球蛋白	6.85～7.50	156 000～300 000

四、材料、仪器与试剂

1.材料

人血清,醋酸纤维薄膜(8 cm×2 cm);

2.仪器

点样器;染色皿;漂洗器;镊子;玻璃板;常压电泳仪;水平电泳槽(参见图 4-2);粗滤纸;直尺和铅笔。

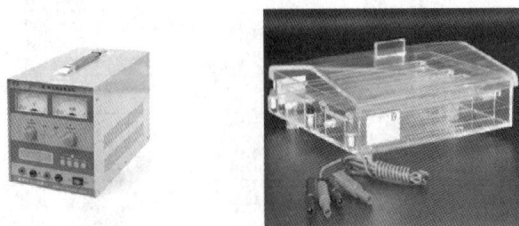

图 4-2　DYY-Ⅶ型稳压稳流电泳仪、水平卧式电泳槽

3.试剂

(1)巴比妥缓冲液(pH 8.6,离子强度 0.07):巴比妥 2.76 g,巴比妥钠 15.45 g,用蒸馏水定容至 1000 mL。

(2)染色液:氨基黑 10B 0.25 g,用甲醇 50 mL、冰醋酸 10 mL、水 40 mL 溶解(可重复使用)。

(3)漂洗液:甲醇或乙醇 45 mL,冰醋酸 5 mL,水 50 mL,混匀。

(4)透明液(仅在定量分析时使用):无水乙醇 7 份,冰醋酸 3 份,混匀。

(5)洗脱液:0.4 mol/L NaOH;

五、操作步骤

1.仪器与薄膜的准备

(1)醋酸纤维薄膜的选择与润湿

用镊子取一片薄膜,在距醋纤膜一端 1.5 cm 处用铅笔作好标记,然后将薄膜放进缓冲液中,小心放在盛有缓冲液的培养皿中。若漂浮在液面的薄膜在 15～30 s 内迅速润湿,整条薄膜色泽深浅一致,则此薄膜均匀可以用于电泳;若薄膜润湿缓慢,色泽深浅不一或有条纹或斑点,则表示薄膜不均匀应弃去,以免影响电泳结果。浸泡于缓冲液中约 30 min,当完全浸透后,用镊子轻轻取出,夹在两层滤纸内吸干,方可用于电泳。

(2)电泳槽的准备(如下图 4-3)

将电泳槽置于水平平台上,将缓冲液注入电泳槽中,两边的电极槽缓冲液的高度要在同一平面。根据电泳槽支架的宽度,裁剪尺寸合适的滤纸条。在电泳槽的两个膜支架上,各放2～4层滤纸条,使滤纸一端的长边与支架前沿对齐,另一端浸入电极缓冲液中。当滤纸条全部润湿后,用玻璃棒轻轻挤压膜支架上的滤纸以驱赶气泡,使滤纸的一端紧贴在膜支架上。滤纸条是两个电极槽联系醋酸纤维薄膜的桥梁,故称为滤纸桥。

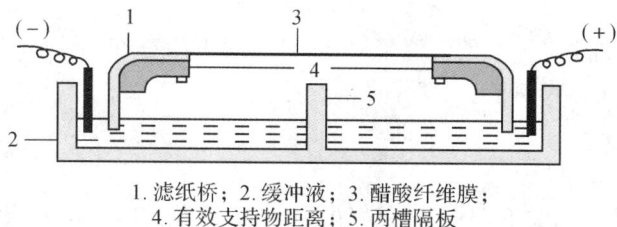

1. 滤纸桥; 2. 缓冲液; 3. 醋酸纤维膜;
4. 有效支持物距离; 5. 两槽隔板

图 4-3　醋酸纤维薄膜电泳装置示意

2. 点样

将点样器先在白瓷反应砖上的血清中沾一下,点样前应在滤纸上反复练习,此步是实验的关键,掌握点样技术后再正式点样是获得清晰区带的电泳图谱的重要环节。薄膜浸泡于缓冲液中约 30 min 后,用镊子轻轻取出,夹在两层滤纸内吸干,平铺在玻璃板上(无光泽面朝上,即点样于无光泽面),再在膜条一端 2～3 cm 处轻轻水平落下并随即提起,使血清完全渗透至薄膜内,形成一定宽度、粗细均匀的直线(如图 4-4)。

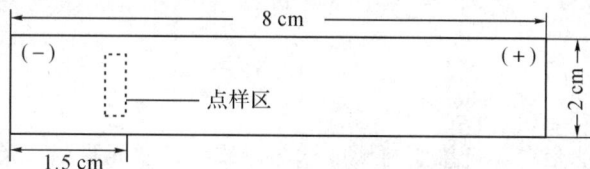

图 4-4　醋酸纤维薄膜点样示意

3. 电泳

用镊子将点样端的薄膜平贴在阴极电泳槽支架的滤纸上,点样面朝下,另一端平贴在阳极端支架上。若膜条与电泳方向不平行,则图谱不整齐。膜条与滤纸桥之间压严,使膜条绷直,中间不下垂。如有很多膜条同时电泳时,膜条间应相距 1～3 mm,使之不互相接触,以免相互干扰。盖严电泳室,平衡 10 min 后方可通电,否则分离不好。正确连接电泳槽与电泳仪对应的正负极,开启电源通电。电压 160V,电流强度 0.4～0.7 mA/cm 膜总宽。电泳时间约为 25 min。

4. 染色

电泳完毕后断电,用镊子取出薄膜条投入染液 5～10 min,染色过程中不时轻轻晃动染色皿,使染色充分。

5. 漂洗

从染液中取出薄膜条并尽量沥去染液,先用蒸馏水冲洗后,投入盛有漂洗液的培养皿中反复漂洗,直至背景漂净为止。此时清晰可见 5 条色带,如定性实验到此步骤结束,则用双层滤纸吸干后,夹于书本压平后,粘贴于实验投告纸上(参见图 4-5),进行分析计算。

6. 透明

将脱色后干燥的电泳图谱膜条放入透明液中浸泡 2～3 min 后取出平铺在玻璃板上,用

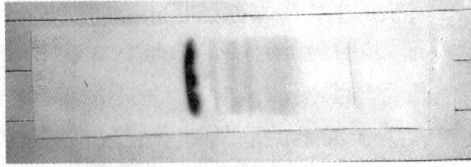

图 4-5　电泳结果图

一直径 0.5 cm 的玻璃棒将其间的气泡赶出,两者之间不能有气泡。干燥后此透明薄膜,区带着色清晰,可用于光吸收扫描,长期保存不褪色。

7.定量

(1)洗脱比色法

将各蛋白质区带仔细剪下,分置各试管中,另从空白背景剪一块平均大小的膜条置于空白管中。各管加入 0.4 mol/L NaOH 4 mL,于 37 ℃水浴 20 min(不时振荡),待颜色脱净即用波长 620 nm 比色,以空白管调零,读各管吸光度。计算:

吸光度总和$(T)=A_清+A_{\alpha1}+A_{\alpha2}+A_\beta+A_\gamma$

血清蛋白组分的相对百分数:　　　　　　　正常值

清蛋白%$=A_清/T\times100\%$　　　　　　　54%～73%

α_1-球蛋白%$=A_{\alpha1}/T\times100\%$　　　　　2.78%～5.1%

α_2-球蛋白%$=A_{\alpha2}/T\times100\%$　　　　　6.3%～10.6%

β-球蛋白%$=A_\beta\%/T\times100\%$　　　　　5.2%～11%

γ-球蛋白%$=A_\gamma\%/T\times100\%$　　　　　12.5%～20%

(2)光吸收扫描法

将染色干燥的血清蛋白醋纤维素薄膜电泳图谱放入自动光吸收扫描仪(或色谱扫描仪)内,未透明的薄膜通过反射,透明的薄膜通过透射方式进行扫描。在记录仪上自动绘出各组分的曲线图:横坐标为膜的长度,纵坐标为光吸收值,每个峰代表一种蛋白组分。同时可进行数据处理,以大致的方式显示各组分的相对百分含量。目前,临床检验多采用此法处理数据。

六、计算

用铅笔描出血清蛋白分离轮廓,分别计算各蛋白泳动度,并把图附于实验报告纸上。本实验定量不做要求,同学们可自行选做。

七、注意事项

1.醋酸纤维薄膜平衡后,在吸去表面余液时,一定要避免过度吸干;否则,电泳区带将分辨不清。

2.每次电泳前,电泳槽两边的缓冲液应等量,缓冲液可重复使用,但必须更换正负极或重新混合后再装槽使用,以保持缓冲液的 pH 值不变。

3.手尽量不要接触膜条;点样器点样时不要点的太多,但也不能太少;线条均匀,用力水平。

4.在电泳过程中,电泳槽一定要加盖密闭;电泳完毕,要先断开电源,再取出薄膜,以免触电。

八、讨论分析题

1. 请根据自己的实验结果总结一下成功或失败的原因,并说明本实验操作的几个关键点及失误后可能出现的后果。

2. 电泳时电压表显示的电压是否等于加在膜条两端的实际电压?为什么?

实验五　茚三酮显色法测定氨基酸浓度

一、预习思考题

茚三酮法是否可以用作蛋白质和氨基酸的定性鉴定？

二、目的要求

学习茚三酮显色法测定氨基酸含量的方法

三、基本原理

茚三酮溶液与氨基酸共热，生成氨。氨与茚三酮和还原型茚三酮反应，生成紫色化合物。颜色的深浅与氨基酸的含量成正比，可通过测定 570 nm 处的光密度，测定氨基酸的含量。

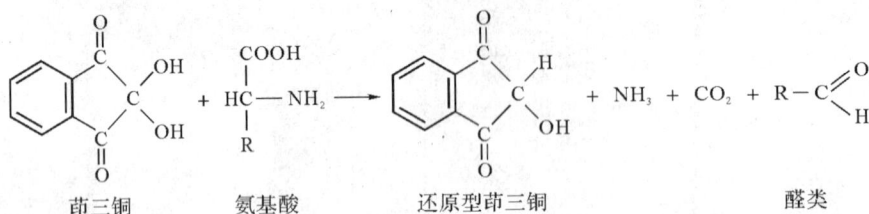

茚三酮　　　氨基酸　　　　还原型茚三酮　　　　　　醛类

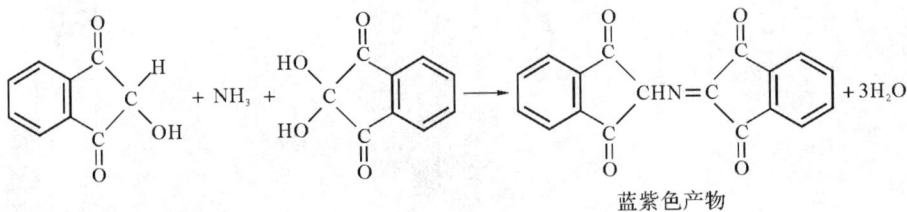

蓝紫色产物

四、试剂与材料

(1)标准氨基酸溶液：配制成 0.3 mmol/L 溶液（本实验用赖氨酸）

(2)pH 5.4，2 mol/L 醋酸缓冲液：量取 2 mol/L 86 mL 醋酸钠溶液，加入 14 mL 2 mol/L 乙酸混合而成。用 pH 计校正。

(3)茚三酮显色液：称取 85 mg 茚三酮和 15 mg 还原茚三酮，用 10 mL 乙二醇甲醚溶解。

还原型茚三酮按下法制备：称取 0.5 g 茚三酮，用 12.5 mL 沸蒸馏水溶解，得黄色溶液。

将 0.5 g 维生素 C 用 25 mL 温蒸馏水溶解,一边搅拌一边将维生素 C 溶液滴加到茚三酮溶液中,不断出现沉淀滴定后继续搅拌 15 min,然后在冰箱内冷却到 4 ℃,过滤、沉淀用冷水洗涤 3 次,真空干燥,置五氧化二磷真空干燥器中保存备用。

(4)60％乙醇。

(5)样品液:含 0.5～50 μg/mL 氨基酸。

(6)分光光度计。

(7)水浴锅。

五、操作步骤

1.标准曲线的制作

分别取 0、0.2、0.4、0.6、0.8、1.0 mL 0.3 mmol/L 的标准氨基酸溶液于试管中,用水补足到 1 mL。各加入 1 mL 2 mol/L 醋酸缓冲液;再加入 1 mL 茚三酮显色液,充分混合后盖住试管口,在 100 ℃水浴中加热 15 min,用自来水冷却。放置 5 min 后,加入 3 mL 60％乙醇稀释,充分摇匀,用分光光度计测定 OD_{570nm}(脯氨酸和羟脯氨酸与茚三酮反应呈黄色,应测定 OD_{440nm})值。

以 OD_{570nm} 值为纵坐标,氨基酸含量为横坐标,绘制标准曲线。

2.氨基酸样品的测定

取样品液 1 mL,加入 pH 5.4,2 mol/L 醋酸缓冲液和茚三酮显色液各 1 mL 混匀后于 100 ℃沸水中加热 15 min,自来水冷却。放置 5 min 后,加 3 mL60％乙醇稀释,摇匀后测定 OD_{570}(生成的颜色在 60 min 内稳定)。

六、结果计算

将样品测定的 OD_{570nm} 值与标准曲线对照,可确定样品中氨基酸的含量。

样品同时做三份取平均数。

实验六　蛋白质浓度测定方法

一、预习思考题

1. 请根据福林-酚试剂法的实验过程,给出本实验计算样品蛋白质含量的具体公式。
2. 含有什么氨基酸的蛋白质能与 Folin-酚试剂呈蓝色反应?
3. 在双缩脲实验中如何选择未知样品的用量? 为什么作为标准的蛋白质必须用凯氏定氮法测定纯度? 对于作为标准的蛋白质应有何要求?
4. 通过化学反应式,写出微量凯氏定氮法样品中含氮之计算公式的推导过程。
5. 微量凯氏定氮法实验中,30%氢氧化钠溶液的作用是什么? 3%硼酸溶液的作用又是什么?
6. 微量凯氏定氮法实验中,总氮测定时,消化至关重要,样品消化时注意事项有哪些?
7. 微量凯氏定氮法实验中,正式测定未知样品前为什么必须测定标准硫酸铵的含氮量及空白?
8. 写出微量凯氏定氮法实验中以下各步的化学反应式:
(1)蛋白质消化
(2)氨的蒸馏
(3)氨的吸收
(4)氨的滴定
9. 何谓消化? 如何判断消化终点?
10. 微量凯氏定氮法实验中,加入粉末硫酸钾-硫酸铜混合物的作用是什么?
11. 微量凯氏定氮法实验中,固体样品为什么要烘干?
12. 微量凯氏定氮法实验中,蒸馏时冷凝管下端为什么要浸没在液体中?
13. 微量凯氏定氮法实验中,如何证明蒸馏器洗涤干净?

二、目的要求

通过实验掌握几种常用蛋白质含量检测原理、方法与操作,并能对比总结几种常见蛋白质定量测定方法应用。

实验 6-1　福林-酚试剂法测定蛋白质含量

一、基本原理

可溶性蛋白与 Folin-酚试剂反应,Folin-酚试剂在碱性溶液中极不稳定,易被酚类化合物还原为蓝色复合物,蓝色的深浅与蛋白质的含量呈正比。因为蛋白质中含有酚基的氨基酸。根据蓝色深浅测定吸光值即可求出可溶性蛋白质的浓度。

这两种显色反应产生深蓝色的原因是:在碱性条件下,蛋白质中的肽键与铜结合生成复合物。Folin-酚试剂中的磷钼酸盐-磷钨酸盐被蛋白质中的酪氨酸和苯丙氨酸残基还原,产生深蓝色(钼兰和钨兰的混合物)。在一定的条件下,蓝色深度与蛋白质的量成正比。

此法操作简便,灵敏度比双缩脲法高 100 倍,定量范围为 $5\sim100\ \mu g$ 蛋白质。

二、仪器、材料和试剂

1. 仪器

(1)分光光度计

(2)恒温水浴锅

2. 试剂

(1)标准蛋白质:将已定氮法检测的牛血清白蛋白溶于重蒸水溶液,配制成 $250\ \mu g/mL$ 蛋白质标准液。

(2)Folin-酚试剂甲:

A:$0.2\ mol/L\ NaOH+4\%NaCO_3$ 等体积混合

B:2% 酒石酸钾钠$+1\%CuSO_4 \cdot 5H_2O$ 等体积混合,当天使用时混合有效

临用时将 A 100mL+B 2mL 混合。

(3)Folin-酚试剂乙:吸取 5 mL 苯酚+5 mL 水,用 0.1 mol/L NaOH 滴定至酸浓度为 1 mol/L

附:乙试剂配制方法

在 2 L 磨口回流瓶中,加入 100 g 钨酸钠($Na_2WO_4 \cdot 2H_2O$),25 g 钼酸($Na_2MoO_4 \cdot 2H_2O$)及 700 mL 蒸馏水,再加 50 mL85%磷酸,100 mL 浓盐酸,充分混合,接上回流管,以小火回流 10 h,回流结束时,加入 150 克硫酸锂(Li_2SO_4),50 mL 蒸馏水及数滴液体溴,开口继续沸腾 15 min,以便驱除过量的溴。冷却后溶液呈黄色(如仍呈绿色,须再重复滴加液体溴的步骤)。稀释至 1 L,过滤,滤液置于棕色试剂瓶中保存。使用时用标准 NaOH 滴定,酚酞作指示剂,然后适当稀释,约加水 1 倍,使最终的酸浓度为 1 mol/L 左右。

3. 材料

蛋白质样品溶液

(1)鸡蛋清白蛋白:$100\sim250\ \mu g/mL$ 的重蒸水液

(2)土豆

取样品用水冲洗干净,用纱布擦干,立即称取 $1\sim5$ g 鲜样,置研钵中加重蒸水少许及石英砂,研磨成匀浆,定容至 50 mL,过滤弃去残渣,滤液经 6000 r/min 离心 30 min,取上清液待测。

三、操作步骤

1. 标准曲线制作

各吸取 0、0.2、0.4、0.6、0.8、1.0 mL 标准蛋白液于带塞小试管,分别加入不同量的蒸馏水到 1 mL,各加 5 mL 试剂甲,混匀后室温下(25 ℃)放 10 min,加入 0.5 mL 试剂乙,立

即混匀,25 ℃左右反应 30 min,于 500nm 波长下测定消光值,以 OD_{500nm} 为纵坐标,浓度为横坐标,绘出标准曲线(浓度低时可用 OD_{750nm})。

2.样品测定

取 0.2、0.4、0.6 mL 样品液加 5 mL 试剂甲,混匀后室温下(25 ℃)放 10 min,加入 0.5 mL 试剂乙,立即混匀,25 ℃左右反应 30 min,于 500 nm 波长下测定吸光值,从标准曲线上查出蛋白质的浓度。

表 6-1　Folin-酚试剂法实验表格

管号	1	2	3	4	5	6	7	8	9	10
标准蛋白质 (250 μg/mL)	0	0.1	0.2	0.4	0.6	0.8	1.0			
未知蛋白质 (约 250 μg/mL)								0.2	0.4	0.6
蒸馏水	1.0	0.9	0.8	0.6	0.4	0.2	0	0.8	0.6	0.4
试剂甲	5.0	5.0	5.0	5.0	5.0	5.0	5.0	5.0	5.0	5.0
试剂乙	0.5	0.5	0.5	0.5	0.5	0.5	0.5	0.5	0.5	0.5
每管中蛋白质的量(μg)										
吸光值(OD_{500nm})										

四、注意事项

因 Folin-酚试剂反应的显色随时间不断加深,因此各项操作必须精确控制时间,即第 1 支试管加入 5 mL 试剂甲后,开始计时,1 min 后,第 2 支试管加入 5 mL 试剂甲,2 min 后加第 3 支试管,依此类推。全部试管加完试剂甲后若已超过 10 min,则第 1 支试管可立即加入 0.5 mL 试剂乙,1 min 后第 2 支试管加入 0.5 mL 试剂乙,2 min 后加第 3 支试管,依此类推。待最后一支试管加完试剂后,再放置 30 min,然后开始测定吸光值。每分钟测一个样品。

五、实验结果

1.绘制标准曲线

2.计算样品蛋白质浓度

六、讨论分析题

1.设计一个利用该方法测定生活中常见某植物组织蛋白质浓度的实验。

2.利用该法是否能检测出蛋白酶的活力?查阅相关资料写出实验原理和实验过程。

3.测定蛋白质浓度除 Folin-酚试剂显色法以外,还可以用什么方法?

4.改良的福林-酚试剂法同我们的实验方法有什么不同?

实验 6-2 双缩脲法测酪蛋白浓度(Biuret 法)

一、基本原理

双缩脲($NH_3CONHCONH_3$)是两个分子脲经 180 ℃左右加热,放出一个分子氨后得到的产物。在强碱性溶液中,双缩脲与 $CuSO_4$ 形成紫色络合物,称为双缩脲反应。凡具有两个酰胺基或两个直接连接的肽键,或能过一个中间碳原子相连的肽键,这类化合物都有双缩脲反应。

紫色络合物颜色的深浅与蛋白质浓度成正比,而与蛋白质相对分子质量及氨基酸成分无关,故可用来测定蛋白质浓度。测定范围为 1～10 mg 蛋白质。干扰这一测定的物质主要有:硫酸铵、Tris 缓冲液和某些氨基酸等。

此法的优点是较快速,不同的蛋白质产生颜色的深浅相近,以及干扰物质少。主要的缺点是灵敏度差。因此双缩脲法常用于需要快速,但并不需要十分精确的蛋白质测定。

二、试剂与器材

1. 试剂

(1)标准蛋白质溶液:用标准的结晶牛血清清蛋白(BSA)或标准酪蛋白,配制成 10 mg/mL 的标准蛋白溶液,可用 BSA 浓度 1 mg/mL 的 A_{280} 为 0.66 来校正其纯度。如有需要,标准蛋白质还可预先用微量凯氏定氮法测定蛋白氮浓度,计算出其纯度,再根据其纯度,称量配制成标准蛋白质溶液。牛血清清蛋白用 H_2O 或 0.9% NaCl 配制,酪蛋白用 0.05mol/L NaOH 配制。(100 mL/班)

(2) 双缩脲试剂:称取 1.50 g 硫酸铜($CuSO_4 \cdot 5H_2O$)和 6.0 g 酒石酸钾钠($KNaC_4H_4O_6 \cdot 4H_2O$),用 500 mL 蒸馏水溶解,在搅拌下加入 300 mL10% NaOH 溶液,用蒸馏水稀释到 1 L,贮存于塑料瓶中(或内壁涂以石蜡的瓶中)。此试剂可长期保存。若贮存瓶中有黑色沉淀出现,则需要重新配制。(100 mL/组)

2. 器材

可见光分光光度计、大试管 15 支、旋涡混合器等。

三、操作步骤

1. 标准曲线的测定

取 6 支试管分两组,分别加入 0、0.2、0.4、0.6、0.8、1.0 mL 的标准蛋白质溶液,用水补足到 1 mL,然后加入 4 mL 双缩脲试剂。充分摇匀后,在室温(20～25 ℃)下放置 30 min,于波长 540 nm 处进行比色测定。用未加蛋白质溶液的第一支试管作为空白对照液。取两组测定的平均值,以蛋白质的浓度为横坐标,OD_{540nm} 为纵坐标绘制标准曲线。

2. 样品的测定

取 2～3 支试管,用上述同样的方法,测定未知样品的蛋白质浓度。注意样品浓度不要超过 10 mg/mL。(取制备的酪蛋白 0.5 g 用 0.05mol/L NaOH 溶解后,用水定容至 100 mL,即为 5 mg/mL 的酪蛋白)。

四、讨论分析题

1. 如何选择未知样品的用量?
2. 对于作为标准的蛋白质应有何要求?
3. 干扰双缩脲反应的因素有哪些?

实验 6-3　微量凯氏定氮法定量测定蛋白质浓度

一、基本原理

天然含氮有机化合物(如蛋白质)与浓硫酸共热时分解出氨,氨与硫酸反应生成硫酸铵。在凯氏定氮仪中加入强碱碱化消化液,使硫酸铵分解出氨。用水蒸汽蒸馏法将氨蒸入无机酸溶液中,然后再用标准酸溶液进行滴定,滴定所用无机酸的量(mol)相当于被测样品中氨的量(mol),根据所测得的氨量即可计算样品的含氮量。

因为蛋白质含氮量通常在 16% 左右,所以将凯氏定氮法测得的含氮量乘上系数 6.25,便得到该样品的蛋白质浓度。

整个反应过程可分为消化、蒸馏及滴定三大步骤。

样品与浓硫酸共热时,分解出氮、二氧化碳和水,氮转变出的氨,进一步与硫酸作用生成硫酸铵,此过程通常称之为"消化"。但是,这个反应进行得比较缓慢,通常需要加入硫酸钾或硫酸钠以提高反应液的沸点,并加入硫酸铜作为催化剂,以加快反应速度。以甘氨酸为例,其消化过程可表示如下:

$$CH_3NHCOOH + 3H_2SO_4 \rightarrow 2CO_2 + 3SO_2 + 4H_2O + NH_3 \tag{1}$$

$$2NH_3 + H_2SO_4 \rightarrow (NH_4)_2SO_4 \tag{2}$$

$$(NH_4)_2SO_4 + 2NaOH \rightarrow 2H_2O + Na_2SO_4 + 2NH_3 \tag{3}$$

反应(1)、(2)在凯氏定氮烧瓶中完成,反应(3)在凯氏定氮仪内进行。

浓碱可使消化液中的硫酸铵分解,游离出氨。借水蒸汽将产生的氨蒸馏到定量、定浓度的硼酸溶液中,氨与溶液中的氢离子结合生成铵离子,使溶液中氢离子浓度降低。然后用标准无机酸滴定至恢复溶液中原来氢离子浓度为止。最后根据所用标准酸的摩尔数计算出待测物中的总氮量。

凯氏定氮法适用于各类食品、饲料中的蛋白质测定,最低检出量为 0.05 mg 氮,相当于 0.3 mg 蛋白质。由于样品中常含有核酸、生物碱、含氮类脂、卟啉以及含氮色素等非蛋白质的含氮化合物,故本法测出的结果为粗蛋白质含量。

二、器材与试剂

1. 器材
(1)微量凯氏定氮仪:1 套/组
(2)凯氏定氮烧瓶:2 只/组
(3)移液器:5 mL、1 mL 各 1 支/组
(4)微量滴定管(5 mL):1 支/组

(5)酒精灯:1 只/组

(6)锥形瓶(100 mL):4 只/组

(7)铁架台、十字夹、龙爪、打火机、表面皿、吸管、量筒、电炉等

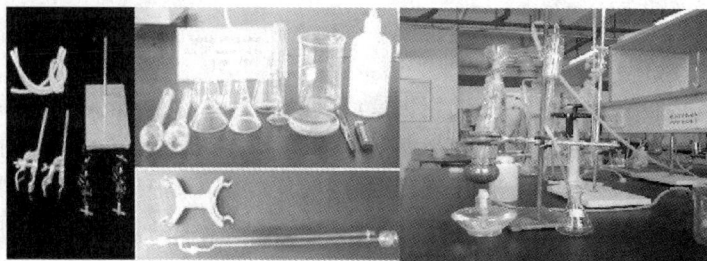

图 6-1　实验器材

2.试剂

(1)1%卵清蛋白溶液:1 g 卵清蛋白溶于 0.9% NaCl 溶液(生理盐水),并稀释至 100 mL,如有不溶物,离心取上清液备用。

(2)浓硫酸(A.R.)。

(3)硫酸钾-硫酸铜混合物:硫酸钾 3 份与硫酸铜 1 份(w/w)混合,研磨成粉末,混匀。

(4)40%氢氧化钠溶液:40 g 氢氧化钠溶于蒸馏水,稀释至 100 mL。

(5)2%硼酸溶液:2 g 硼酸溶于蒸馏水,稀释至 100 mL。

(6)混合指示剂:0.1%甲基红 95%乙醇溶液和 0.1%亚甲基蓝 95%乙醇溶液按 4:1 比例(v/v)混合。

(7)0.01 mol/L 标准盐酸溶液:用恒沸盐酸准确稀释,并进行标定。

三、操作步骤

1.样品处理

固体样品中的含氮量用 100g 该物质(干重)中所含氮的克数来表示(%)。因此在定氮前应先将固体样品中的水分除掉。

在称量瓶中放入一定量磨细的样品,然后置于 105 ℃的电热鼓风干燥箱内干燥 4 h。用坩埚钳将称量瓶放入干燥器内,待降至室温后称重,按上述操作继续烘干样品。每干燥 1 h 后,称重一次,直到两次称量数值不变,即达恒重。

若样品为液体(如血清等),可取一定体积样品直接消化测定。

2.消化

将两个 50 mL 的凯氏定氮烧瓶编号(在烧瓶口附近),一只烧瓶内加 1.0 mL 蒸馏水,作为空白。另一只烧瓶内加入 1.0 mL 样液(卵清蛋白液)。然后用取样器各加浓硫酸 2 mL (取浓硫酸时勿溅到衣物和皮肤上,也不要洒到实验桌上),用药勺加硫酸钾-硫酸铜混合物约 20 mg(不必称重,一点点即可),所有试剂要尽量加到凯氏定氮烧瓶的底部。烧瓶口插上小漏斗(作冷凝用),烧瓶置通风橱内的电炉上加热消化,注意先启动抽风机。消化时间为 2～4 h。在消化时可以同时进行第二步。

3.蒸馏

取 100 mL 锥形瓶 3 只,洗涤干净,用取样器各加入 2%硼酸溶液 5.0 mL,加入几滴指

示剂,溶液显紫色,用表面皿盖好备用。如锥形瓶内液体呈绿色,需重新洗涤。安装好微量凯氏定氮仪。微量凯氏定氮仪实际上是一套蒸馏装置,参见图6-2和图6-3,注意保证每个夹子夹紧而不漏气,保证加样口的小漏斗口朝上并斜靠在定氮仪上(这可以通过调整其下方夹子的方位来实现)。

(1)蒸馏瓶的洗涤

参见图6-2,将自来水注入到蒸馏瓶夹层(即蒸汽发生室)中,使水面达到蒸馏瓶颈部的转弯处。把装有蒸馏水的锥形瓶置于冷凝器下方,并将冷凝器下方的导管下端插入锥形瓶液面以下,再将少量蒸馏水由漏斗注入到蒸馏瓶的反应室中,把所有夹子夹紧,打开冷凝水。用酒精灯将蒸馏瓶夹层内的水煮沸,然后移去火源,锥形瓶中的蒸馏水就会从冷凝器下方的导管倒流到蒸馏瓶的反应室内,再倒流至蒸馏瓶的夹层中,由废液排出口排出。按照上述方法将仪器洗涤2~3次。最后,反应室中的余液可以按下法清空:把所有夹子夹紧,将蒸馏瓶夹层内的水煮沸,先移去锥形瓶,然后移去火源,反应室中余液将倒流至夹层中,排出。以后每次在做下一次蒸馏之前都要先将蒸馏瓶洗涤2~3次,并将反应室清空。

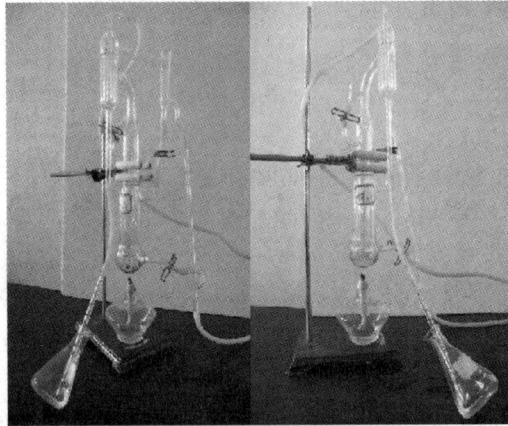

图6-2　改良式微量凯氏定氮仪的安装

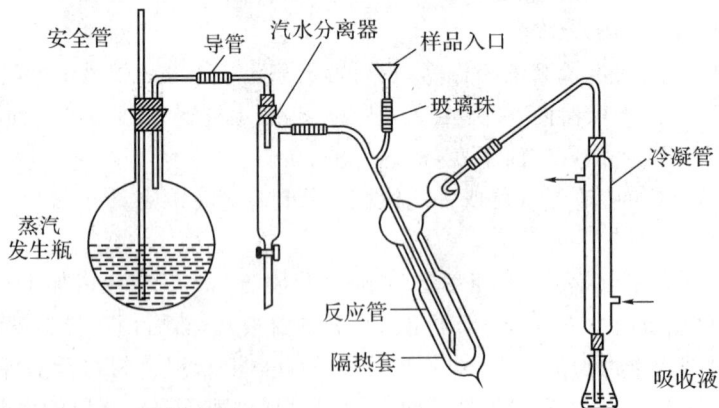

图6-3　改良式凯氏定氮仪各部分示意

(2)空白和样品的蒸馏

把装有5.0 mL的2%硼酸溶液的锥形瓶置于冷凝器的下方,将冷凝器下方的导管下端插入液面以下,锥形瓶内须事先加入指示剂(注意此时的颜色,它将是后面滴定终点的颜色)。先将凯氏烧瓶中消化好了的空白消化液由小漏斗注入到蒸馏瓶的反应室中,用蒸馏水洗涤凯氏烧瓶 2 次(每次约 2 mL),洗涤液皆由漏斗注入反应室。用取样器取 40％氢氧化钠溶液 10 mL,注入小漏斗(小漏斗必须始终保持口朝上的状态),放松夹子,使其缓缓流入反应室。当小漏斗内仍有少量 NaOH 溶液时,立即夹紧夹子(以上操作勿将 NaOH 溶液溅到衣物和皮肤上,也不要洒到实验桌上)。再加约 3 mL 蒸馏水于小漏斗内,同样缓缓放入反应室,并留少量水在漏斗内作水封。把所有夹子夹紧,打开冷凝水,开始用酒精灯加热,将蒸馏瓶夹层内的水煮沸。注意,在样品蒸馏的整个过程中,要保持火苗的稳定,严禁中途移去火源,以防倒吸。从蒸馏瓶内的水溶液沸腾开始计算时间,大约 10 min 即可蒸馏完毕。将导管的下端抽出液面,继续蒸馏 1 min,使导管内的余液落回锥形瓶中,移开锥形瓶,用表面皿盖好等待滴定。移去火源,反应室中的残液将会倒流至夹层中,排出。将蒸馏瓶洗涤2～3次,并将反应室清空,按空白蒸馏的方法进行样品蒸馏。

4.滴定

参见图 6-4,将微量滴定管先后用蒸馏水和 0.01 mol/L 的 HCl 溶液润洗,用洗耳球将 0.01 mol/L 的 HCl 溶液吸入微量滴定管中,滴定锥形瓶中的硼酸液至呈淡葡萄紫色(也就是前面加了指示剂后的标准硼酸溶液的颜色)。记录所耗 HCl 溶液毫升数。

5.清洗整理

再次将蒸馏瓶洗涤干净,拆卸凯氏定氮仪装置,清洗所使用过的所有玻璃仪器,清洗取样器套头,整理好桌面上的仪器和试剂,并注意清洁自己的操作台,请老师验收,实验报告当场交给老师。

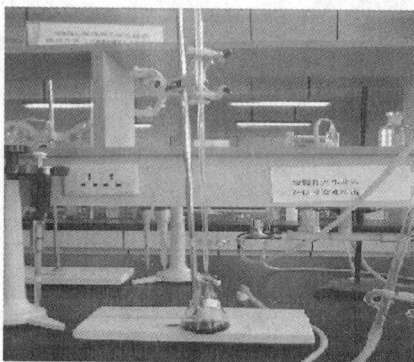

图 6-4 滴定装置

四、计算

$$样品含氮量(\%) = \frac{c \times (A-B) M_氮}{m \times 1000} \times 100\%$$

A 为滴定样品用去的 HCl 溶液毫升数;

B 为滴定空白用去的 HCl 溶液毫升数;

M 氮:氮的摩尔质量(4 g/mol);

m:样品质量(g);

样品中蛋白质浓度(％)＝样品含氮量(％)/0.16

A/mL	B/mL	含氮量/％	蛋白质浓度/％

五、注意事项

1.使用浓酸、浓碱必须小心操作,防止溅洒。若不慎将试剂溅至实验台或地面上,必须及时用湿抹布擦洗干净。如果触及皮肤应立即用水冲洗或送医院治疗。

2.在消化时必须开启通风橱,防止二氧化硫等有害气体在实验室中扩散,对人体造成伤害。

3. 在安装改良微量凯氏定氮仪时,要仔细检查各连接部位,保证夹子夹紧而不漏气。

4. 在安装改良微量凯氏定氮仪时,要使进样小漏斗的开口保持向上,避免浓碱洒到桌面上。

5. 在蒸馏时,蒸汽发生室内的水不能加得过少,否则很易烧干进而烧裂凯氏定氮仪。

六、讨论分析题

1. 注意观察消化过程,解释消化过程中消化液颜色变化的原因。

2. 在样品蒸馏时,凯氏定氮烧瓶中常常出现深色的混浊物,请推测它的成分?

3. 样品脂肪较多时,应如何处理?

4. 指出本测定方法产生误差的原因。如何避免误差?

5. 解释消化过程中消化液颜色的变化及其原因。

实验 6-4　紫外吸收法测定蛋白质的浓度

一、基本原理

由于蛋白质分子中酪氨酸和色氨酸残基的苯环含有共轭双键,因此蛋白质具有吸收紫外线的性质,吸收高峰在 280 nm 波长处。在此波长范围内,蛋白质溶液的光吸收值(A_{280})与其浓度呈正比关系,可用作定量测定。

利用紫外线吸收法测定蛋白质浓度的优点是迅速、简便、不消耗样品,低浓度盐类不干扰测定。因此,在蛋白质和酶的生化制备中(特别是在柱层析分离中)广泛应用。此法的缺点是:(1)对于测定那些与标准蛋白质中酪氨酸和色氨酸浓度差异较大的蛋白质,有一定的误差;(2)若样品中含有嘌呤、嘧啶等吸收紫外线的物质,会出现较大的干扰。

不同的蛋白质和核酸的紫外线吸收是不相同的,即使经过校正,测定结果也还存在一定的误差。但可作为初步定量的依据。

二、材料、试剂与器具

1. 试剂

(1)标准蛋白溶液

准确称取经微量凯氏定氮法校正的标准蛋白质,配制成浓度为 1 mg/mL 的溶液。

(2)待测蛋白溶液

配制成浓度约为 1 mg/mL 的溶液。

2. 器具

(1)S53/54 紫外分光光度计

(2)试管和试管架

(3)吸量管

三、操作步骤

1. 标准曲线法

(1)标准曲线的绘制

按下表分别向每支试管加入各种试剂,摇匀。选用光程为 1 cm 的石英比色杯,在 280 nm 波长处分别测定各管溶液的 A_{280} 值。以 A_{280} 值为纵坐标,蛋白质浓度为横坐标,绘制标准曲线。

表 6-2 紫外吸收法检测蛋白浓度工作曲线绘制表

	1	2	3	4	5	6	7	8
标准蛋白质溶液/mL	0	0.5	1.0	1.5	2.0	2.5	3.0	4.0
蒸馏水/mL	4.0	3.5	3.0	2.5	2.0	1.5	1.0	0
蛋白质浓度/(mg·mL^{-1})	0	0.125	0.250	0.375	0.500	0.625	0.750	1.00
A_{280}								

(2)样品测定

取待测蛋白质溶液 1 mL,加入蒸馏水 3 mL,摇匀,按上述方法在 280 nm 波长处测定光吸收值,并从标准曲线上查出待测蛋白质的浓度。

2.其他方法

(1)将待测蛋白质溶液适当稀释,在波长 260 nm 和 280 nm 处分别测出 A 值,然后利用 280 nm 及 260 nm 下的吸收差求出蛋白质的浓度。

蛋白质浓度(mg/mL)$= 1.45 A_{280} - 0.74 A_{260}$

式中 A_{280} 和 A_{260} 分别是蛋白质溶液在 280 nm 和 260 nm 波长下测得的光吸收值。

(2)此外,也可选计算出 A_{280}/A_{260} 的比值后,从表 6-2 中查出校正因子"F"值,同时可查出样品中混杂的核酸的百分浓度,将"F"值代入,再由下述经验公式直接计算出该溶液的蛋白质浓度。

表 6-3 紫外吸收法测定蛋白质浓度的校正因子

A_{280}/A_{260}	核酸/%	因子(F)	A_{280}/A_{260}	核酸/%	因子(F)
1.75	0.00	1.116	0.846	5.50	0.656
1.63	0.25	1.081	0.822	6.00	0.632
1.52	0.50	1.054	0.804	6.50	0.607
1.40	0.75	1.023	0.784	7.00	0.585
1.36	1.00	0.994	0.767	7.50	0.565
1.30	1.25	0.970	0.753	8.00	0.545
1.25	1.50	0.944	0.730	9.00	0.508
1.16	2.00	0.899	0.705	10.00	0.478
1.09	2.50	0.852	0.671	12.00	0.422
1.03	3.00	0.814	0.644	14.00	0.377
0.979	3.50	0.776	0.615	17.00	0.322
0.939	4.00	0.743	0.595	20.00	0.278
0.874	5.00	0.682			

注:一般纯蛋白的光吸收比值(A_{280}/A_{260})约为 1.8,而纯核酸的光吸收比值约为 0.5。

$$蛋白质浓度(mg/mL)=F\times\frac{1}{d}\times A_{280}\times N$$

式中：A_{280} 为该溶液在 280 nm 下测得的光吸收值；d 为石英比色杯的厚度(cm)；N 为溶液的稀释倍数。

(3)对于稀蛋白质溶液，还可用 215 nm 和 225 nm 的吸收差来测定浓度。从吸收差与蛋白质浓度的标准曲线即可求出浓度。

吸收差 $\Delta A=A_{215}-A_{225}$

式中的 A_{215} 和 A_{225} 分别是蛋白质溶液在 215 nm 和 225 nm 波下测得的光吸收值。此法在蛋白质浓度达 20~100 μg/mL 的范围内，是服从 Beer 定律的。氯化钠、硫酸铵以及 1×10^{-1} mol/L 磷酸、硼酸和三羟甲基氨基甲烷等缓冲液都无显著干扰作用。但是 1×10^{-1} mol/L 乙酸、琥珀酸、邻苯二甲酸以及巴比妥等缓冲液在 215 nm 波长下的吸收较大，不能应用，必须降至 5×10^{-3} mol/L 才无显著影响。由于蛋白质的紫外吸收高峰常因 pH 的改变而有高低，故应紫外吸收法时要注意溶液的 pH，最好与标准曲线制订时的 pH 一致。

四、讨论分析题

1.根据测定结果，分析比较此法与其他蛋白质测定法在应用中的优缺点。
2.若样品中含有干扰测定的杂质，应如何校正实验结果？
3.紫外吸收法与 Folin-酚比色法测定蛋白质浓度相比，有何缺点及优点？

实验 6-5　考马斯亮蓝 G-250 法测定蛋白质浓度

一、基本原理

考马斯亮蓝 G-250 法是比色法与色素法相结合的复合方法，简便快捷，灵敏度高，稳定性好，是一种较好的常用方法。考马斯亮蓝 G-250(Coomassie brilliant blue G-250)测定蛋白质浓度属于染料结合法的一种。考马斯亮蓝 G-250 在游离状态下呈红色，最大光吸收在 488 nm；当它与蛋白质结合后变为青色，蛋白质-色素结合物在 595 nm 波长下有最大光吸收。其光吸收值与蛋白质浓度成正比，因此可用于蛋白质的定量测定。蛋白质与考马斯亮蓝 G-250 结合在 2 min 左右的时间内达到平衡，完成反应十分迅速；其结合物在室温下 1h 内保持稳定。该法是 1976 年由 Bradford 建立，试剂配制简单，操作简便快捷，反应非常灵敏，灵敏度比 Lowry 法还高 4 倍，可测定微克级蛋白质浓度，测定蛋白质浓度范围为 0~1 000μg/mL，是一种常用的微量蛋白质快速测定方法。

二、材料、试剂和器具

1.材料
新鲜绿豆芽
2.试剂
(1)牛血清白蛋白标准溶液的配制
准确称取 100 mg 牛血清白蛋白，溶于 100 mL 蒸馏水中，即为 1000μg/mL 的原液。

（2）蛋白显示剂考马斯亮蓝 G-250 的配制

称取 100 mg 考马斯亮蓝 G-250,溶于 50 mL 90％乙醇中,加入 85％（w/v）的磷酸 100 mL,最后用蒸馏水定容到 1 000 mL。此溶液在常温下可放置一个月。

（3）无水乙醇

（4）（85％）磷酸

3. 器具

（1）分析天平、台式天平

（2）刻度吸管

（3）具塞试管、试管架

（4）研钵

（5）离心机、离心管

（6）烧杯、量筒

（7）微量取样器 10～100 μL, 1000μL

（8）722N 分光光度计

三、操作步骤

1. 标准曲线制作

（1）0～100 μg/mL 标准曲线的制作

取 6 支 10 mL 干净的具塞试管,按表 6-4 取样。盖塞后,将各试管中溶液纵向倒转混合,放置 2 min 后用 1 cm 光径的比色杯在 595 nm 波长下比色,记录各管测定的光密度 OD_{595nm},并做标准曲线。

表 6-4　0～100 μg/mL 标样蛋白标准曲线操作表

操作项目	管　号					
	1	2	3	4	5	6
标准蛋白质溶液/mL	0	0.02	0.04	0.06	0.08	0.10
蒸馏水/mL	1.0	0.98	0.96	0.94	0.92	0.9
G-250 试剂/mL	各 5					
蛋白质浓度/μg	0	20	40	60	80	100

（2）0～1000 μg/mL 标准曲线的制作

另取 6 支 10 mL 具塞试管,按表 6-5 取样。其余步骤同（1）操作,做出蛋白质浓度为 0～1 000μg/mL 的标准曲线。

表 6-5　0～1000 μg/mL 标样蛋白标准曲线操作表

操作项目	管　号					
	1	2	3	4	5	6
标准蛋白质溶液/mL	0	0.2	0.4	0.6	0.8	1.0
蒸馏水/mL	1.0	0.8	0.6	0.4	0.2	0
G-250 试剂/mL	各 5					
蛋白质浓度/μg	0	200	400	600	800	1000

2.样品提取液中蛋白质浓度的测定

(1)待测样品制备

称取新鲜绿豆芽下胚轴 2 g 放入研钵中,加 2 mL 蒸馏水研磨成匀浆,转移到离心管中,再用 6 mL 蒸馏水分次洗涤研钵,洗涤液收集于同一离心管中,放置 0.5～1 h 以充分提取,然后在 4 000 r/min 离心 20 min,弃去沉淀,上清液转入 10 mL 容量瓶,并以蒸馏水定容至刻度,即得待测样品提取液。

(2)测定

另取 2 支 10 mL 具塞试管,吸取提取液 0.1 mL(做一重复),放入具塞刻度试管中,加入 5 mL 考马斯亮蓝 G-250 蛋白试剂,充分混合,放置 2 min 后用 1 cm 光径比色杯在 595 nm 下比色,记录光密度 OD_{595nm},并通过标准曲线查得待测样品提取液中蛋白质的浓度 X (μg)。以标准曲线 1 号试管做空白。X 为在标准曲线上查得的蛋白质浓度(μg)。

四、注意事项

1. Bradford 法由于染色方法简单迅速,干扰物质少,灵敏度高,现已广泛应用于蛋白质浓度的测定。

2. 有些阳离子,如 K^+、Na^+、Mg^{2+}、$(NH_4)_2SO_4$、乙醇等物质不干扰测定,但大量的去污剂如 TritonX-100、SDS 等严重干扰测定。

3. 蛋白质与考马斯亮蓝 G-250 结合的反应十分迅速,在 2 min 左右反应达到平衡;其结合物在室温下 1 h 内保持稳定。因此测定时,不可放置太长时间,否则将使测定结果偏低。

五、讨论分析题

1. 制作标准曲线及测定样品时,为什么要将各试管中溶液纵向倒转混合?
2. 该方法有何优缺点?

实验 6-6　二喹啉甲酸法(BCA)法检测蛋白质浓度

一、基本原理

BCA 检测法是 Lowry(Folin-酚试剂法)测定法的一种改进方法。与 Lowry 方法相比,BCA 法的操作更简单,试剂更加稳定,几乎没有干扰物质的影响,灵敏度更高(微量检测可达到 0.5 μg/mL),应用更加灵活。

蛋白质分子中的肽键在碱性条件下能与 Cu^{2+} 络合生成络合物,同时将 Cu^{2+} 还原成 Cu^+。二喹啉甲酸及其钠盐是一种溶于水的化合物,在碱性条件下,可以和 Cu^+ 结合生成深紫色的化合物,这种稳定的化合物在 562 nm 处具有强吸收值,并且化合物颜色的深浅与蛋白质的浓度成正比。故可用比色的方法确定蛋白质的浓度。

二、材料、试剂与器材

1. 器材

(1)721 分光光度计

（2）恒温水浴槽

（3）微量进样器；移液管；试管架和试管。

2.试剂

（1）BCA 试剂的配制

①试剂 A（1 L）

分别称取 10 g BCA（1%），20 g $Na_2CO_3 \cdot H_2O$（2%），1.6 g $Na_2C_4H_4O_6 \cdot 2H_2O$（0.16%），4 g NaOH（0.4%），9.5 g $NaHCO_3$（0.95），加水至 1 L，用 NaOH 或固体 $NaHCO_3$ 调节 pH 值至 11.25。

②试剂 B（50 mL）

取 2 g $CuSO_4 \cdot 5H_2O$（4%），加蒸馏水至 50 mL。

取 50 份试剂 A 与 1 份试剂 B 混合均匀。此试剂可稳定一周。

（2）标准蛋白质溶液

称取 40 mg 牛血清白蛋白，溶于蒸馏水中并定容至 100 mL，制成 400 $\mu g/mL$ 的溶液。

（3）样品溶液：配制约 50 $\mu g/mL$ 的牛血清白蛋白溶液作为样品。

三、操作步骤

1.绘制标准曲线

取 6 支干燥洁净的大试管，编号，按下表加入试剂。

表 6-6　BCA 法检测蛋白质浓度标准曲绘制操作表

管号	1	2	3	4	5	6
标准蛋白溶液/μL	0	50	100	150	200	250
蒸馏水/μL	250	200	150	100	50	0
BCA 试剂/mL	5	5	5	5	5	5
蛋白质浓度/μg	0	20	40	60	80	100

上述试剂加完后，混匀，于 37 ℃保温 30 min，冷却至室温后，以第 1 管为对照，在 562 nm 处比色，读取各管吸光值，以牛血清白蛋白浓度为横坐标，以 OD_{562nm} 为纵坐标，绘制标准曲线。

2.样品测定

准确吸取 250 μL 样品溶液于一干燥洁净的试管中，加入 BCA 试剂 5 mL，摇匀，于 37 ℃保温 30 min，冷却至室温后，以标准曲线 1 号管为对照，在 562 nm 处比色，记录吸光值。

根据样品的吸光值从标准曲线上查出样品的蛋白质浓度。

四、讨论分析题

1.试比较 BCA（二喹啉甲酸法）检测法与 Lowry（Folin-酚试剂法）法之间的关系及优缺点？

2.说明各种蛋白质浓度测定法中哪几种可以测出蛋白质的绝对浓度，哪几种只能测定其相对浓度，为什么？

实验七　蛋白质溶液脱盐
——透析脱盐、凝胶层析法脱盐

一、预习思考题

1.蛋白质溶液为什么要进行脱盐?

2.蛋白质透析脱盐实验中,你如何判断透析是否完成?有哪几种方法?在没有任何实验试剂的情况下,你又如何判断透析已经完成?为什么?

3.利用凝胶层析分离混合物时,怎样才能得到较好的分离效果?

二、目的要求

1.学习透析脱盐技术的基本原理和操作。

2.学习凝胶层析技术的工作原理和操作方法。

3.掌握利用葡聚糖凝胶层析进行蛋白质脱盐的技术。

实验 7-1　蛋白质溶液透析脱盐

一、基本原理

蛋白质是大分子物质,它不能透过透析膜而小分子物质可以自由透过。在分离提纯蛋白质的过程中,常利用透析的方法使蛋白质与其中夹杂的小分子物质分开。

二、试剂与器材

1.试剂

(1)蛋白质的氯化钠溶液:3 个除去卵黄的鸡卵蛋清与 700 mL 水及 300 mL 饱和氯化钠溶液混合后,用数层干纱布过滤。

(2)10%硝酸溶液

(3)1%硝酸银溶液

(4)10%氢氧化钠溶液

(5)1%硫酸铜溶液

2.器材

(1)透析袋($3500M_w$)

(2)烧杯

(3)玻璃棒

（4）电磁搅拌器

（5）试管及试管架

三、操作步骤

1.向透析袋中装入 10～15 mL 蛋白质溶液，并放在盛有蒸馏水的烧杯中（用玻璃纸装入蛋白质溶液后扎成袋形，系于一横放在烧杯的玻璃棒上）。

2.约 1 h 后，自烧杯中取水 1～2 mL，加 10％硝酸溶液使成酸性，再加入 10％硝酸银溶液 1～2 滴，检查氯离子的存在。

3.从烧杯中另取 1～2 mL 水，做双缩脲反应，检查是否有蛋白质存在。

4.不断更换烧杯中的蒸馏水（并用电磁搅拌器不断搅动蒸馏水）以加速透析过程。数小时后，从烧杯中的水中不再能检出氯离子，此时停止透析并检查透析袋内容物是否有蛋白质或氯离子存在（此时应观察到透析袋中球蛋白沉淀的出现，这是因为球蛋白不溶于纯水的缘故）。

实验 7-2　蛋白质溶液凝胶层析脱盐

一、基本原理

凝胶层析又称凝胶过滤或排阻层析。凝胶过滤的主要装置是填充有层析介质的层析柱。

1.层析介质的特点

（1）遇水为不溶解的固相；

（2）是化学惰性物质；

（3）离子基团浓度少；

（4）颗粒大小和网眼均匀；

（5）机械强度较强；

（6）具有可选择的多种孔径。

目前使用较多的是葡聚糖凝胶、聚丙烯酰胺凝胶、琼脂糖凝胶及其衍生物。尤其葡聚糖凝胶（商品名称 Sephadex）是最常用的层析介质。它是由一定平均相对分子质量的葡聚糖和交联剂 1-氯-2,3-环氧丙烷交联成的具有三维结构不溶于水的高分子化合物。调节葡聚糖和交联剂配比，可以获得网眼大小不同、型号各异的凝胶。当葡聚糖相对分子质量越小，交联剂用量越大，则交联度越大，凝胶网眼越小，吸水量越小，G 值也越小。G 值表示每克干胶吸水量（mL）的十倍。例如 Sephadex G-25 其吸水量应为 2.5 mL/g 干胶。常用的葡聚糖凝胶有多种规格，如 G-10、G-15、G-25、G-50、G-75、G-100 等。实验中选用何种型号应根据被分离的混合物分子的大小及工作目的来确定。

2.分离原理

当混合样液加到凝胶柱上，随着洗脱剂而通过凝胶柱时，分子大小不同的物质受到不同的阻滞作用。颗粒接近或大于网眼的分子，不能进入凝胶的网眼中，在重力作用下它们随着溶剂在凝胶颗粒之间沿较短流程向下流动，受到的阻滞作用小，移动速度快，先流出层析柱

(此现象叫作被排阻。被排阻的最小相对分子质量称为该规格凝胶的排阻极限);而颗粒小于网眼的分子可渗入凝胶网眼之中,它们被洗脱时不断地从一个网眼穿到另一个网眼,逐层扩散,阻滞作用大,流程长,移动速度慢,因而后流出层析柱。在层析柱的出口处,可用多个试管分步收集洗脱液,就可将混合物中各组分彼此分离。

当我们从生物组织中用盐析法提取蛋白质后,常需要进行蛋白质的脱盐工作,我们可采用层析介质为葡聚糖凝胶 G-25(或 G-15、G-50),用适当的洗脱剂进行洗脱,经凝胶层析,就可以将大分子蛋白质与小分子盐类分离。

二、材料、试剂与器材

1. 材料

含硫酸铵盐的蛋白质溶液

2. 试剂

(1)葡聚糖凝胶 G-25(或 G-15、G-50)

溶胀凝胶方法:按每个层析柱约 4 g 的量称取葡聚糖凝胶 G-25 于烧杯中,加过量蒸馏水于沸水浴中溶胀 2 h 或在室温下溶胀 6 h 以上。用倾泻法除去上层漂浮的细碎凝胶,重复 3～4 次。操作中避免剧烈搅拌,防止破坏其交联结构。

(2)$BaCl_2$ 溶液(1%)

(3)考马斯亮蓝 G-250

称取 0.1 g 考马斯亮蓝 G-250,先溶于 50 mL 95% 乙醇中,再加入 85% 的磷酸 100 mL,最后用蒸馏水定容到 1000 mL。暗处存放。

(4)脲(6 mol/L)

(5)洗脱剂

应依据被纯化的蛋白质的不同特性而选用不同的缓冲液。

3. 器材

(1)层析柱:内径×柱高＝1.0 cm×25 cm

(2)滴定台架、螺丝夹:各 1

(3)刻度试管:10 mL×14

(4)移液管:1 mL×1

(5)烧杯:250 mL×1　50 mL×1

(6)滴管:2

(7)洗耳球:2

(8)洗瓶、试管架、移液管架、玻璃棒:各 1

三、操作步骤

1. 层析柱的准备

(1)清洗

每组取一支层析柱,用清水冲洗干净(若玻璃柱较脏,应卸去塑料装置,先放入洗液中浸泡 2 h)。

(2)安装与检查

检查出口装置中尼龙绸或烧结滤板是否完好干净。安装层析柱,让其垂直固定于滴定台架上。对准出口处,放一只250 mL烧杯。向层析柱内灌洗脱剂,打开出口螺旋夹,检查有无渗漏、出口乳胶管是否通畅等情况。

（3）排气泡

保持柱内一定的水位,用手指弹击柱壁,部分气泡会从溶液中上浮排出。出口处的小气泡易停留在螺旋夹附近的乳胶管内,要想法排尽,否则会影响分离结果,排气完毕,保留柱内1～2 cm高水位,关紧螺旋夹。

（4）标记高度

在距顶端8～10 cm处做一标记,作为衡量灌装层析介质床体高度（15～17 cm）的依据。

2.装柱

每组用50 mL烧杯取溶胀的凝胶悬浆25～30 mL,静置片刻,观察凝胶沉淀与水的体积之比,约为1∶1即可,否则应作调整。

轻轻搅匀杯中凝胶,用玻璃棒引流入柱,打开出水口,并不断地向柱内补充凝胶,直到凝胶沉淀高度位于标记上方约2 cm为止,凝胶柱内若有气泡和断层或柱床表面干水和歪斜,都将影响分离效果。必要时,需倒出凝胶,重新装柱。

3.平衡

取15 mL洗脱剂,用滴管沿柱内壁旋转着缓缓流下,不可冲动胶平面,打开出水口,经洗脱液的流动,一方面清洗内壁,另一方面使胶床收紧。洗脱平衡完毕,胶床上方保留约4 cm高水位,关闭出水口。此时,胶床高度≥15 cm为宜。

4.准备收集

取6只干净的刻度试管（除净试管内残留的水）,1～6编号,并在试管2 mL处作一标记,插入试管架上,为收集洗脱样品作好准备。

5.上样与收集

打开出口排水,当胶床与上方水层的弯月面相切时,关闭出口,用滴管将0.2 mL混合样液沿柱内壁缓缓加入,勿冲动胶面。上样完毕,打开出水口,开始收集一号管。每管收集洗脱液2 mL。

当样液进入胶床,其弯月面与胶平面相切时,暂停排液,用滴管将洗脱剂沿柱内壁旋转着加入1 cm高水位,然后排液,至其弯月面与胶平面相切,再缓缓注入3～5 cm高的洗脱剂。

6.洗脱

不断向柱内加洗脱剂,保持胶床上水位3～5 cm。出口流速控制在每6 s 1滴,直至收集到6号管达2 mL时,关闭出口。（可采用自动收集器进行收集）

7.鉴定

另取6只干净试管,按收集顺序将洗脱液一分为二,即每管1 mL,依次在试管架上排成二排。

第一排每管加2滴$BaCl_2$,根据白色沉淀多少,判断SO_4^{2-}在各管中的浓度。

第二排每管加1 mL考马斯亮蓝G-250试剂,根据蓝色情况,判断蛋白质在各管中的浓度。将结果记录于下表7-1中。

若鉴定的第6号管中,仍有样品,表明洗脱和收集不够,需增加7号、8号……试管继续洗脱与收集,同上法鉴定其蛋白质和盐浓度情况。

表 7-1　洗脱液收集与鉴定表

项目　　　管号	1	2	3	4	5	6	7	8	9	10	11
白色沉淀量											
蓝色深浅											

8.再生

鉴定完毕,打开出水口,继续用 2~3 倍柱床体积洗脱剂洗脱,洗脱后关闭出口,以备下次使用。

四、结果处理

1.根据实验结果,在同一坐标系中,以收集的管号为横坐标,颜色深浅程度为纵坐标,绘制两条(蛋白质及 $(NH_4)_2SO_4$)洗脱曲线。

2.分析混合样品分离效果。

五、附注

1.凝胶的再生

通常层析柱经洗脱剂再生、平衡后,就可反复使用。但使用过多次后凝胶床体积变小,流速降低,凝胶污染杂质过多,甚至变色,需经再生后才可使用。再生方法有多种:如(1)用水进行逆向冲洗,再用洗脱剂平衡,便可重新使用。又如(2)把凝胶倒出,用 6 mol/L 脲浸泡凝胶半小时,抽滤,再用水漂洗数次,除净脲,必要时重复上述操作即可重新使用。

2.凝胶的保存

(1)湿法保存,可保存几个月至一年,有多种方法:

加入防腐剂硫柳汞,使其浓度为 0.005%,下次使用前,水洗除去硫柳汞。

加入几滴氯仿,摇匀存放。下次使用前用热水浴除去氯仿。(沸点 60 ℃)。

凝胶保存在 60%~70%乙醇溶液中,即凝胶以部分收缩状态保存。

(2)干法保存

此法操作不及湿法简便,但处理得好,凝胶存放时间长。

先抽取过量水分,再向凝胶逐步加入百分浓度递增的乙醇溶液,每次停留一段时间,使凝胶逐步脱水,最后加入 95%乙醇,凝胶脱水收缩。抽干,铺于搪瓷盆中,60~80 ℃经常翻动烘烤。若有结块,在下次膨胀时会散开的,不可用力敲碎,否则会破坏颗粒结构。

3.用盐析法分离提取麦清蛋白

取 10 g 小麦种子,粉碎。转入 250 mL 具塞磨口锥形瓶中。加 100 mL 蒸馏水,在康氏震荡器上震荡 1 h。静置半小时,上清液以 3000 r/min 离心 15 min。将上清液在布氏漏斗上(铺 3~4 层滤纸)抽滤。滤液应透明。用醋酸酸化滤液调至 pH 4.7。加等体积的饱和硫酸铵溶液,边加边搅动,即有白色絮状沉淀生成。置冰箱过夜,使麦清蛋白全部盐析沉淀出来,以 3000 r/min 离心 20 min,弃去上清液,加 10 mL 无离子水使沉淀溶解,即得麦清蛋白和硫酸铵的混合液。

六、讨论分析题

1.还有哪些方法可进行蛋白质脱盐？

2.该实验中两种常用的蛋白质脱盐方法各有什么优缺点？分别在什么情况下采用最合适？

实验八　凝胶层析法测定蛋白质相对分子质量

一、预习思考题

1.什么叫洗脱体积？在凝胶层析中洗脱体积的大小都与什么有关？如何相关联？

2.蛋白质凝胶层析测相对分子质量中蓝色葡聚糖主要作用是什么？用什么方法可测凝胶层析柱内体积？

3.判断层析柱中填料(如葡聚糖凝胶)装的好坏标准是哪些？

4.根据你所使用液相层析装置分别有哪几部分组成,有何作用？

二、目的要求

1.了解凝胶层析的原理及其应用。

2.通过测定蛋白质相对分子质量的训练,初步掌握凝胶层析技术及自动液相层析仪的操作。

三、基本原理

凝胶层析又称排阻层析,凝胶过滤,渗透层析或分子筛层析等。它广泛地应用于分离、提纯、浓缩生物大分子及脱盐、去热源等,而测定蛋白质的相对分子质量也是它的重要应用之一。凝胶是一种具有立体网状结构且呈多孔的不溶性珠状颗粒物质。用它来分离物质,主要是根据多孔凝胶对不同半径的蛋白质分子(近于球形)具有不同的排阻效应实现的,亦即它是根据分子大小这一物理性质进行分离纯化的。对于某种型号的凝胶,一些大分子不能进入凝胶颗粒内部而完全被排阻在外,只能沿着颗粒间的缝隙流出柱外;而一些小分子不被排阻,可自由扩散,渗透进入凝胶内部的筛孔,而后又被流出的洗脱液带走。分子越小,进入凝胶内部越深,所走的路程越多,故小分子最后流出柱外,而大分子先从柱中流出。一些中等大小的分子介于大分子与小分子之间,只能进入一部分凝胶较大的孔隙,亦即部分排阻,因此这些分子从柱中流出的顺序也介于大、小分子之间。这样样品经过凝胶层析后,分子便按照从大到小的顺序依次流出,达到分离的目的(图8-1)。

对于任何一种被分离的化合物在凝胶层析柱中被排阻的范围均在 $0\sim100\%$ 之间,其被排阻的程度可以用有效分配系数 K_{av}(分离化合物在内水和外水体积中的比例关系)表示,K_{av} 值的大小和凝胶柱床的总体积(V_t)、外水体积(V_o)以及分离物本身的洗脱体积(V_e)有关:

$$K_{av} = (V_e - V_o)/(V_t - V_o) \tag{1}$$

在限定的层析条件下,V_t 和 V_o 都是恒定值,而 V_e 是随着分离物相对分子质量的变化而改变。相对分子质量大,V_e 值小,K_{av} 值也小。反之,相对分子质量小 V_e 值大,K_{av} 值大。

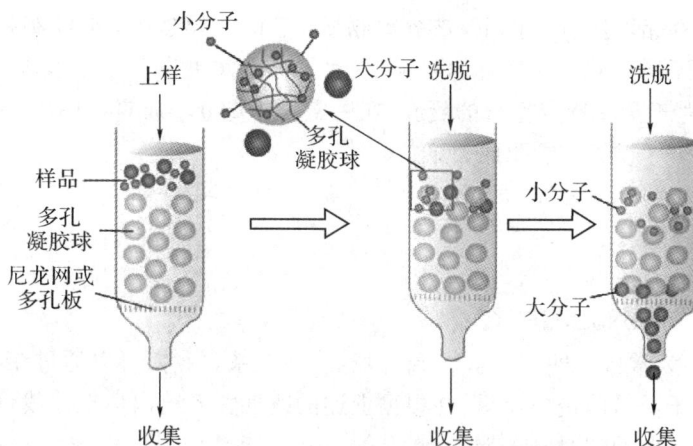

图 8-1　凝胶过滤原理示意

有关凝胶层析柱中凝胶自身(基质)体积(V_g)、外水体积(V_o)、内水体积(V_i)及柱床总体积(V_t)参见示意图(图 8-2)。

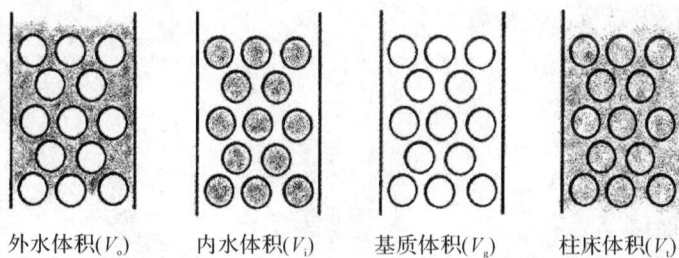

外水体积(V_o)　　内水体积(V_i)　　基质体积(V_g)　　柱床体积(V_t)

图 8-2　凝胶层析柱各种体积示意(阴影部分)

凝胶层析柱中的几种层析峰(图 8-3)。

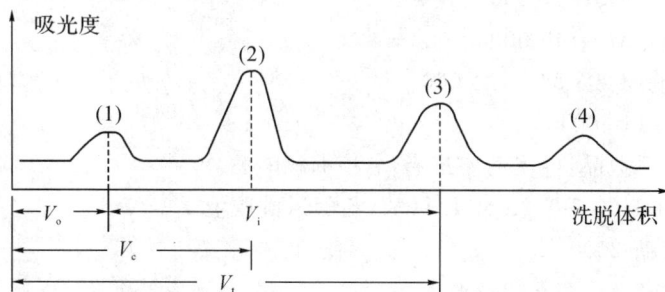

(1) 完全排阻的大分子　　　(2) 中等分子
(3) 完全渗透的小分子　　　(4) 吸附分子

图 8-3　凝胶层析洗脱曲线示意

有效分配系数 K_{av} 是判断分离效果的一个重要参数,同时也是测定蛋白质相对分子质量的一个依据。在相同层析条件下,被分离物质 K_{av} 值差异越大,分离效果越好。反之,分离效果差或根本不能分开。在实际的实验中,我们可以实测出 V_t、V_o 及 V_e 的值,从而计算出 K_{av} 的大小。对于某一特定型号的凝胶,在一定的相对分子质量范围内,K_{av} 与 $\log M_w$(M_w 表示物质的相对分子质量)成线性关系:

$$K_{av} = -b \log M_w + C \tag{2}$$

式中:b,C 为常数。

同样可以得到:

$$V_e = -b' \log M_w + C' \tag{3}$$

式中:b',C' 为常数。即 V_e 与 $\log M_w$ 也成线性关系。我们可以通过在一凝胶柱上分离多种已知相对分子质量的蛋白质后,并根据上述的线性关系绘出标准曲线,然后用同一凝胶柱测出其他未知蛋白的相对分子质量。

四、器材与试剂

1. 器材

(1)玻璃层析柱(20 mm×60 cm)

(2)恒流泵(或下口恒压贮液瓶)

(3)自动部分收集器

(4)紫外分光光度计

(5)100 mL 试剂瓶

(6)1000 mL 量筒

(7)250 mL 烧杯

(8)50 mL、100 mL 烧杯

(9)10 mL(或 5 mL)刻度试管

2. 试剂

(1)标准蛋白

牛血清白蛋白:$M_w = 67\,000$

鸡卵清清蛋白:$M_w = 45\,000$

胰凝乳蛋白酶原 A:$M_w = 24\,000$

溶菌酶:$M_w = 14\,300$

(2)未知蛋白质样品:由实验室准备　　核糖核酸酶

(3)0.025mol/L KCl-0.2mol/L HAc(乙酸)(洗脱液 1000 mL)

(4)蓝色葡聚糖-2000

五、操作步骤

1. 凝胶的溶胀

称取 7 g Sephadex G-75 于 250 mL 烧杯中加入洗脱液 100 mL,置室温溶胀 2～3 d,反复倾泻去掉细颗粒,然后减压抽气去除凝胶孔隙中的空气,沸水浴中煮沸 2～3 h(可去除颗粒内部的空气及灭菌)。

2.装柱

(1)准备

取洁净的玻璃层析柱垂直固定在铁架台上。

(2)凝胶柱总体积(V_t)的测定

在距柱上端约 5 cm 处作一记号,关闭柱出水口,加入去离子水,打开出水口,液面降至柱记号处。即关闭出水口,然后用量筒接收柱中去离子水(水面降至层析柱玻璃筛板),读出的体积即为柱床总体积 V_t。也可以最后走完未知蛋白后再测定 V_t。

(3)在柱中注入洗脱液(约 1/3 柱床高度),将凝胶浓浆液缓慢倾入柱中,待凝胶沉积约 1～2 cm 高度后打开出水口,流速一般用 3～6 mL/10 min。胶面上升到柱记号处则装柱完毕,注意装柱过程中凝胶不能分层。然后关闭出水口,静置片刻,等凝胶完全沉降,则接上恒流泵,用 1～2 倍柱床体积的洗脱液平衡柱子,使柱床稳定。

3.V_o 的测定

吸去柱上端的洗脱液(切不要搅乱胶面,可覆盖一张滤纸或尼龙网)。打开出水口,使残余液体降至与胶面相切(但不要干胶),关闭出水口。用细滴管吸取 0.5 mL(2 mg/mL)蓝色葡聚糖-2000,小心地绕柱壁一圈(距胶面 2 mm)缓慢加入,然后迅速移至柱中央慢慢加入柱中,打开出水口(开始收集),等溶液渗入胶床后,关闭出水口,用少许洗脱液加入柱中,渗入胶床后,柱上端再用洗脱液充满后用 3 mL/10 min 的的速度开始洗脱。最后作出洗脱曲线。收集并量出从加样开始至洗脱液中蓝色葡聚糖浓度最高点的洗脱液体积即为 V_o。注意:蓝色葡聚糖洗下来之后,还要用洗脱液(1～2 倍床体积)继续平衡一段时间,以备下步实验使用。

4.标准曲线的制作

(1)用洗脱液配制标准蛋白溶液全班共用,溶液中三种蛋白的浓度各为:牛血清清蛋白(2.5 mg/mL)、鸡卵清清蛋白(6.0 mg/mL)、和溶菌酶(2.5 mg/mL)。

(2)按第三步的操作方法加入上述标准蛋白溶液(0.5～1 mL),以 1.5 mL 每管/5 min 的速度洗脱并收集洗脱液。

(3)用紫外分光光度计逐管测定 A_{280},并确定各种蛋白的洗脱峰最高点,然后量出各种蛋白的洗脱体积 V_e。由于每管只收集了 1.5 mL 洗脱液,量比较少,因此比色时要加入一定量的洗脱液进行测定(一般的比色杯可以盛装 3 mL 溶液)。当然,也可以用微量比色杯进行测定。(一般使用自动液相层析仪设备,此步骤可省略,仪器可实现在线实时检测洗脱液吸光值。)

(4)以 A_{280} 为纵坐标,V_e 为横坐标画出标准蛋白的洗脱曲线。

(5)以 K_{av} 为纵坐标,$\lg M_w$ 为横坐标作图画出一条标准曲线。

(6)以 V_e 为纵坐标,$\lg M_w$ 为横坐标作图画出一条标准曲线。

5.未知蛋白相对分子质量的测定

测定方法同标准曲线制作的 1、2、3 步相同,然后在标准曲线上查得 $\log M_w$,其反对数便是待测蛋白质的相对分子质量。

注意:实验完毕后,将凝胶全部回收处理,以备下次实验使用,严禁将凝胶丢弃或倒入水池中。

六、讨论分析题

假如你用生化提取方法得到了凝血酶后,请用凝胶层析原理进行设计测凝血酶相对分子质量的实验方法(要求写出主要实验步骤)。

提示:

层析柱:1.2 cm×60 cm

葡聚糖凝胶:G-75

溶胀度:12~15 mL/g

葡聚糖凝胶:G-25

溶胀度:4~6 mL/g

凝血酶大约相对分子质量:10 000~20 000

实验九　SDS-聚丙烯酰胺凝胶电泳法测定蛋白质的相对分子质量

一、预习思考题

1. 样品缓冲溶液中各种试剂的作用是什么？
2. 实验是否需在低温条件下进行？
3. 简述聚丙烯酰胺凝胶电泳测定生物分子相对分子质量的原理，如何调节凝胶的孔径？
4. SDS-凝胶电泳中 TEMD 的作用是什么？在样品缓冲液中加入 0.1% 溴酚蓝有何作用？
5. 实验中溴酚蓝和考马斯亮蓝的作用分别是什么？
6. 实验在灌制分离胶及浓缩胶时为什么要加附一层水？
7. 电泳要求的基本条件有哪些？
8. 聚丙烯酰胺凝胶电泳的制胶过程中，哪些因素影响胶的凝聚？
9. 电泳系统的不连续性表现在哪几个方面？存在哪几种物理效应？
10. 为什么样品会在浓缩胶中被压缩成层？

二、目的要求

1. 了解电泳实验原理。
2. 掌握垂直平板电泳实验操作规程。
3. 学习用电泳方法测定蛋白相对分子质量。

三、基本原理

最广泛使用的不连续缓冲系统最早是由 Ornstein(1964) 和 Davis(1964) 设计的，样品和浓缩胶中含 Tris-HCl(pH 6.8)，上下槽缓冲液含 Tris-甘氨酸(pH 8.3)，分离胶中含 Tris-HCl(pH 8.8)。系统中所有组分都含有 0.1% 的 SDS(Laem mLi, 1970)。样品和浓缩胶中的氯离子形成移动界面的先导边界而甘氨酸分子则组成尾随边界，在移动界面的两边界之间是一电导较低而电位梯度较陡的区域，它推动样品中的蛋白质前移并在分离胶前沿积聚。此处 pH 值较高，有利于甘氨酸的离子化，所形成的甘氨酸离子穿过堆集的蛋白质并紧随氯离子之后，沿分离胶泳动。从移动界面中解脱后，SDS-蛋白质复合物成一电位和 pH 值均匀的区带泳动穿过分离胶，并被筛分而依各自的大小得到分离。

SDS 与蛋白质结合后引起蛋白质构象的改变。SDS-蛋白质复合物的流体力学和光学性质表明，它们在水溶液中的形状，近似于雪茄烟形状的长椭圆棒，不同蛋白质的 SDS 复合物的短轴长度都一样(约为 18Å，即 1.8 nm)，而长轴则随蛋白质相对分子质量成正比变化。这样的 SDS-蛋白质复合物，在凝胶电泳中的迁移率，不再受蛋白质原有电荷和形状的影响，而只是椭圆棒的长度也就是蛋白质相对分子质量的函数。

由于 SDS 和巯基乙醇的作用,蛋白质完全变性和解聚,解离成亚基或单个肽链,因此测定的结果只是亚基或单条肽链的相对分子质量。

SDS-聚丙烯酰胺凝胶的有效分离范围取决于用于灌胶的聚丙烯酰胺的浓度和交联度。在没有交联剂的情况下聚合的丙烯酰胺形成毫无价值的黏稠溶液,而经双丙烯酰胺交联后凝胶的刚性和抗张强度都有所增加,并形成 SDS-蛋白质复合物必须通过的小孔。这些小孔的孔径随"双丙烯酰胺:丙烯酰胺"比率的增加而变小,比率接近 1:20 时孔径达到最小值。SDS-聚丙烯酰胺凝胶大多按"双丙烯酰胺:丙烯酰胺"为 1:29 配制,试验表明它能分离大小相差只有 3% 的蛋白质。

凝胶的筛分特性取决于它的孔径,而孔径又是灌胶时所用丙烯酰胺和双丙烯酰胺绝对浓度的函数。用 5%～15% 的丙烯酰胺所灌制凝胶的线性分离范围如表 9-1。

表 9-1   SDS-聚丙烯酰胺凝胶的有效分离范围

* 丙烯酰胺浓度/%	线性分离范围/k
15	12～43
10	16～68
7.5	36～94
5.0	57～212

* 双丙烯酰胺:丙烯酰胺摩尔比为 1:29。

四、材料、试剂与器材

1. 材料试剂(图 9-1)

(1)丙烯酰胺和 N,N'-亚甲双丙烯酰胺。以温热(利于溶解双丙烯酰胺)的去离子水配制含有 29%(w/v)丙烯酰胺和 1%(w/v)N,N'-亚甲双丙烯酰胺的贮存液,丙烯酰胺和双丙烯酰胺在贮存过程中缓慢转变为丙烯酸和双丙烯酸,这一脱氨基反应是光催化或碱催化的,故应核实溶液的 pH 值不超过 7.0。这一溶液置棕色瓶中贮存于室温,每隔几个月须重新配制。

小心:丙烯酰胺和双丙烯酰胺具有很强的神经毒性并容易吸附于皮肤。

(2)十二烷基硫酸钠(SDS)。SDS 可用去离子水配成 10%(w/v)贮存液保存于室温。

(3)用于制备分离胶和积层胶的 Tris 缓冲液。

(4)TEMED(N,N,N',N'-四甲基乙二胺)。TEMED 通过催化过硫酸铵形成自由基而加速丙烯酰胺与双丙烯酰胺的聚合。

(5)过硫酸铵。过硫酸铵提供驱动丙烯酰胺和双丙烯酰胺聚合所必需的自由基。须新鲜配制。

(6)1.5 mol/L Tris,pH 8.8(分离胶缓冲液):1.5 mol/L Tris-HCl,0.4% SDS。

(7)0.5 mol/L Tris,pH 6.8(浓缩胶缓冲液):0.5 mol/L Tris-HCl,0.4% SDS。

(8)Tris-甘氨酸电泳缓冲液(pH 8.3):0.025 mol/L Tris,0.192 mol/L 甘氨酸,0.1% SDS。

(9)样品处理液:50mmol/L Tris-HCl(pH 6.8),100mmol/L DTT(or 5% 巯基乙醇),

2% SDS,0.1% 溴酚蓝,10% 甘油。

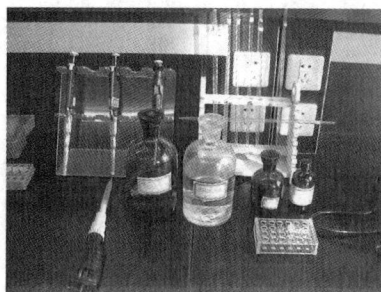

图 9-1　部分所用试剂和器材

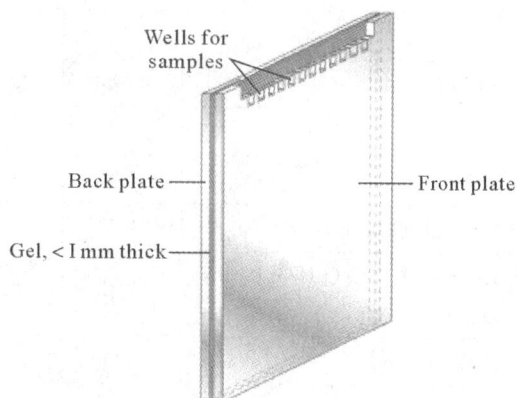

图 9-2　垂直平板电泳玻璃板图示

(10)染色液:0.1% 考马斯亮蓝 R-250,40% 甲醇,10% 冰醋酸。

(11)脱色液:10% 甲醇,10% 冰醋酸。

2.器材

(1)垂直板电泳槽

(2)稳压稳流电泳仪

(3)脱色摇床

(4)微量移液器等

五、实验步骤

1.配制 SDS-聚丙烯酰胺凝胶所需的各种试剂

2.SDS-聚丙烯酰胺凝胶的灌制

(1)根据厂家说明书安装玻璃板(图 9-2)。

(2)确定所需凝胶溶液体积,按表 9-2 给出的数值在一小烧杯中按所需丙烯酰胺浓度配制一定体积的分离胶溶液,并于真空干燥器中抽真空 10min,排除胶内气泡。一旦加入 TEMED,马上开始聚合,故应立即快速旋动混合物并进入下步操作。

表 9-2　配制 Tris-甘氨酸 SDS-聚丙烯酰胺凝胶电泳分离胶溶液

溶液成分	总体积(mL)					
	5	10	15	20	25	30
6%分离胶						
水/mL	2.6	5.3	7.9	10.6	13.2	15.9
30%丙烯酰胺/mL	1.0	2.0	3.0	4.0	5.0	6.0
1.5 mol/L Tris(pH 8.8)分离胶液/mL	1.3	2.5	3.8	5.0	6.3	7.5
10% SDS/mL	0.05	0.1	0.15	0.2	0.25	0.3
10%过硫酸铵/mL	0.05	0.1	0.15	0.2	0.25	0.3

溶液成分	总体积(mL)					
	5	10	15	20	25	30
TEMED/mL	0.004	0.008	0.012	0.016	0.02	0.024
8%分离胶						
水/mL	2.3	4.6	6.9	9.3	11.5	13.9
30%丙烯酰胺/mL	1.3	2.7	4.0	5.3	6.7	8.0
1.5 mol/L Tris(pH 8.8)分离胶液/mL	1.3	2.5	3.8	5.0	6.3	7.5
10% SDS/mL	0.05	0.1	0.15	0.2	0.25	0.3
10%过硫酸胺/mL	0.05	0.1	0.15	0.2	0.25	0.3
TEMED/mL	0.003	0.006	0.009	0.012	0.015	0.018
10%分离胶						
水/mL	1.9	4.0	5.9	7.9	9.9	11.9
30%丙烯酰胺/mL	1.7	3.3	5.0	6.7	8.3	10.0
1.5 mol/L Tris(pH 8.8)分离胶液/mL	1.3	2.5	3.8	5.0	6.3	7.5
10% SDS/mL	0.05	0.1	0.15	0.2	0.25	0.3
10%过硫酸胺/mL	0.05	0.1	0.15	0.2	0.25	0.3
TEMED/mL	0.002	0.004	0.006	0.008	0.01	0.012
12%分离胶						
水/mL	1.6	3.3	4.9	6.6	8.2	9.9
30%丙烯酰胺/mL	2.0	4.0	6.0	8.0	10.0	12.0
1.5 mol/L Tris(pH 8.8)分离胶液/mL	1.3	2.5	3.8	5.0	6.3	7.5
10% SDS/mL	0.05	0.1	0.15	0.2	0.25	0.3
10%过硫酸胺/mL	0.05	0.1	0.15	0.2	0.25	0.3
TEMED/mL	0.002	0.004	0.006	0.008	0.01	0.012
15%分离胶						
水/mL	1.1	2.3	3.4	4.6	5.7	6.9
30%丙烯酰胺/mL	2.5	5.0	7.5	10.0	12.5	15.0
1.5 mol/L Tris(pH 8.8)分离胶液/mL	1.3	2.5	3.8	5.0	6.3	7.5
10% SDS/mL	0.05	0.1	0.15	0.2	0.25	0.3
10%过硫酸胺/mL	0.05	0.1	0.15	0.2	0.25	0.3
TEMED/mL	0.002	0.004	0.006	0.008	0.01	0.012

（3）迅速在两玻璃板的间隙中灌注丙烯酰胺溶液，留出灌注浓缩胶所需空间（梳子的齿长再加 0.5 cm）。再在胶液面上小心注入一层水（约 2~3 mm 高），以阻止氧气进入凝胶溶液。

（4）分离胶聚合完全后（约 30 min），倾出覆盖水层，再用滤纸吸净残留水。

（5）制备浓缩胶：按表 9-3 给出的数据，在另一小烧杯中制备一定体积及一定浓度的丙烯酰胺溶液，并于真空干燥器中抽真空 10min，排除胶内气泡，一旦加入 TEMED，马上开始聚合，故应立即快速旋动混合物并进入下步操作。

表 9-3　配制 Tris-甘氨酸 SDS-聚丙烯酰胺凝胶电泳 5% 浓缩胶溶液

溶液成分	总体积（mL）				
	3	4	5	6	8
水/mL	2.1	2.7	3.4	4.1	5.5
30%丙烯酰胺/mL	0.5	0.67	0.83	1.0	1.3
0.5 mol/L Tris(pH6.8)浓缩胶液/mL	0.38	0.5	0.63	0.75	1.0
10% SDS/mL	0.03	0.04	0.05	0.06	0.08
10%过硫酸胺/mL	0.03	0.04	0.05	0.06	0.08
TEMED/mL	0.003	0.004	0.005	0.006	0.008

（6）聚合的分离胶上直接灌注浓缩胶，立即在浓缩胶溶液中插入干净的梳子。小心避免混入气泡，再加入浓缩胶溶液以充满梳子之间的空隙，将凝胶垂直放置于室温下。

（7）在等待浓缩胶聚合时，可对样品进行处理，在样品中按 1：1 体积比加入样品处理液，在 100 ℃ 加热 3 min 以使蛋白质变性。

（8）浓缩胶聚合完全后（30 min），小心移出梳子。把凝胶固定于电泳装置上，上下槽各加入 Tris-甘氨酸电极缓冲液。必须设法排出凝胶底部两玻璃板之间的气泡。

3.加样电泳

（1）按预定顺序加样，加样量通常为 10~25 μL（1.5 mm 厚的胶）。

（2）将电泳装置与电源相接，凝胶上所加电压为 8 V/cm。当染料前沿进入分离胶后，把电压提高到 15 V/cm，继续电泳直至溴酚蓝到达分离胶底部上方约 1 cm，然后关闭电源。

（3）从电泳装置上卸下玻璃板，用刮勺撬开玻璃板。紧靠最左边一孔（第一槽）凝胶下部切去一角以标注凝胶的方位。

4.用考马斯亮蓝对 SDS-聚丙烯酰胺凝胶进行染色

经 SDS-聚丙烯酰胺凝胶电泳分离的蛋白质样品可用考马斯亮蓝 R-250 染色。染色 10~20 min。

5.换脱色液脱色

需 3~10 h，其间更换多次脱色液至背景清晰。

脱色后，可将凝胶浸于水中，长期封装在塑料袋内而不降低染色强度。为永久性记录，可对凝胶进行拍照，或将凝胶干燥成胶片。此方法检测灵敏度为 0.2~1.0 μg。

六、结果处理

测量并计算相对分子质量。

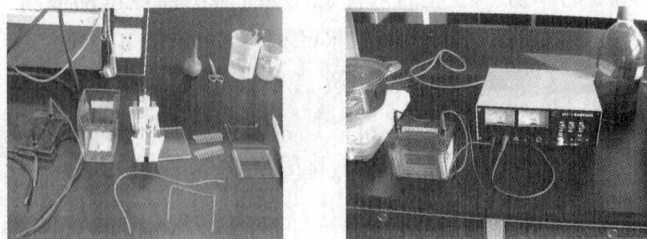

图 9-3 垂直平板电泳槽及稳压电泳仪

蛋白质的相对分子质量与它的电泳迁移有一定关系式,经 37 种蛋白的测定得到以下的关系式:

$$M_w = K \, (10^{-bm}) \tag{1}$$

$$\lg M_w = \lg K - bm = K_1 - bm \tag{2}$$

其中 M_w 是蛋白质相对分子质量;K 和 K_1 为常数

b 为斜率,m 是电泳迁移率,实际使用的是相对迁移率 m_R

如果用几种标准蛋白质相对分子质量的对数作纵坐标,用各自的相对迁移率作横坐标,即可画出一条斜率为负极的标准曲线。相对迁移率为:$m_R = d_{pr} / d_{BPB}$

式中:d_{pr}、d_{BPB} 分别为样品和 BPB(溴酚兰)以分离胶表面为起点迁移的距离。

欲求未知蛋白的相对分子质量,只需求出它的相对迁移率。然后,从标准曲线上就可求出此未知蛋白的相对分子质量。

取出脱色后的凝胶平放在两块透明投影胶片中间,赶尽气泡,在复印机上复印。在复印的凝胶图上用直尺分别量出各条蛋白带迁移的距离 d_{pr} 和 d_{BPB}(以蛋白带的上沿或中心为准),计算相对迁移率,根据方程式:

$$\lg M_w = K_1 - bm_R$$

用各标准蛋白相对分子质量的对数(纵坐标)和相对迁移率 m_R(横坐标)画出标准曲线,由标准曲线再求出其他各待测和未知蛋白带的相对分子质量,如有可能计算其误差。

七、讨论分析题

1. 电泳过程中正负极发生什么变化?

2. 影响实验误差可能的原因是什么? 根据你的实验进行分析。

3. 配制 SDS-分离胶缓冲液:1.5 mol/L Tris-HCl,pH 8.8,加 0.4%SDS。总体积为 100 mL(Tris 相对分子质量 121.14)。请写出具体配制过程。

4. 配制 SDS-浓缩胶缓冲液:0.5 mol/L Tris-HCl,pH 6.8,加 0.4%SDS。总体积为 100 mL(Tris 相对分子质量 121.14)。请写出具体配制过程

5. 配制 SDS-电极缓冲液:0.025 mol/L Tris,0.192 mol/L 甘氨酸,0.1%SDS,pH 8.3,总体积为 500 mL(Tris 相对分子质量 121.14;甘氨酸相对分子质量 75)。请写出具体配制过程。

6. 根据实验过程的体会,总结如何做好聚丙烯酰胺垂直板电泳? 哪些是关键步骤?

7. 上下两槽电泳缓冲液电泳后,能否混合存放? 为什么?

· 糖 类 ·

实验十 3,5-二硝基水杨酸比色法测定糖的浓度

一、课前设疑

1. 在样品的总糖提取时,为什么要用浓 HCl 处理? 而在其测定前,又为何要用 NaOH 中和?

2. 标准葡萄糖浓度梯度和样品含糖量的测定为什么要同步进行?

3. 比色测定的操作要点是什么? 方法的基本原理是什么?

4. 72 型分光光度计的原理及使用时的注意事项是什么?

5. 比色测定时为什么要设计空白管?

6. 3,5-二硝基水杨酸比色法是如何对总糖进行测定的?

7. 如何正确绘制和使用标准曲线?

8. 糖测定过程中的干扰物质有哪些? 如何除去?

9. 在提取糖时,其他杂质是否会影响到测定?

二、目的要求

1. 了解 3,5-二硝基水杨酸比色法测定糖的原理。

2. 掌握总糖定量测定的操作方法。

三、基本原理

还原糖是指含自由醛基或酮基的单糖(如葡萄糖)和某些具有还原性的双糖(如麦芽糖)。它们在碱性条件下,可变成非常活泼的烯二醇。遇氧化剂时,具有还原能力,烯二醇本身则被氧化成糖酸及其他产物。

黄色的 3,5-二硝基水杨酸(DNS)试剂与还原糖在碱性条件下共热后,自身被还原为棕红色的 3-氨基-5-硝基水杨酸(图 10-1)。在一定范围内,反应液里棕红色的深浅与还原糖的浓度成正比,在波长为 540 nm 处测定溶液的吸光度,查对标准曲线并计算,便可求得样品中还原糖的浓度。

对于非还原性的双糖(如蔗糖)以及还原性很小的多糖(如淀粉),应先用酸水解法将它们彻底水解成单糖。再借助于测定还原糖的方法,可推算出总糖的浓度。由于多糖水解时,在每个单糖残基上加了一分子水,因而在计算时,须扣除加入的水量,当样品里多糖浓度远大于单糖浓度时,则比色测定所得总糖浓度应乘以折算系数(0.9),即得比较接近实际的样

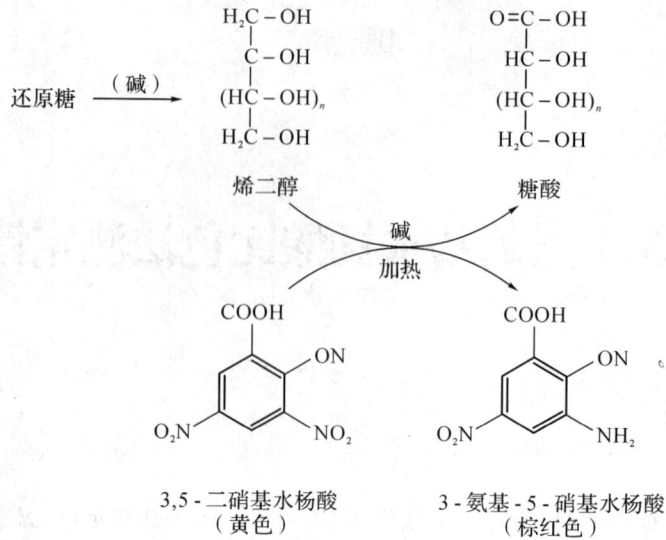

图 10-1 原理示意图

品中总糖浓度。

四、材料、试剂及器材

1. 材料

面粉

2. 试剂

(1)葡萄糖标准液(1 mg/mL)

预先将分析纯葡萄糖置 80 ℃烘箱内约 12 h。准确称取 500 mg 葡萄糖于烧杯中,用蒸馏水溶解后,移至 500 mL 容量瓶中,定容,摇匀(冰箱中 4 ℃保存期约一星期)。若该溶液发生混浊和出现絮状物现象,则应弃之,重新配制。

(2)3,5-二硝基水杨酸试剂(DNS 试剂)

将 5.0 g 3,5-二硝基水杨酸溶于 200 mL 2 mol/L NaOH 溶液中(不适宜用高温促溶),接着加入 500 mL 含 130 g 酒石酸钾钠的溶液,混匀。再加入 5 g 结晶酚和 5 g 亚硫酸钠,搅拌溶解后,定容至 1000 mL。暗处保存备用。

(3)碘液

称取 5 g 碘和 10 g 碘化钾,溶于 100 mL 水中。

(4)酚酞指示剂

称取 0.1 g 酚酞,溶于 250 mL 70%(V/V)的乙醇中。

(5)HCl 溶液(6 mol/L)

取 500 mL 12 mol/L HCl,用水稀释至 1000 mL。

(6)NaOH 溶液(6 mol/L)

取 240 g NaOH,加水溶解,定容至 1000 mL。

3. 器材

(1)分光光度计

(2)电子天平

(3)沸水浴

(4)刻度试管:25 mL×8

(5)容量瓶:100 mL×2

(6)锥形瓶:100 mL×1

(7)移液管:1 mL×2 2 mL×2 10 mL×2

(8)烧杯:250 mL×1 50 mL×1

(9)滴管:2

(10)洗耳球:2

(11)滤纸:11 cm

(12)坐标纸

(13)漏斗、洗瓶、白瓷板、试管架、移液管架、试管夹、玻璃棒:各1

五、操作步骤

1.样品中总糖的提取

(1)取材

称取 0.7 g 面粉,准确记录实际质量(W),放入 100 mL 锥形瓶中。

(2)溶解

先用几滴蒸馏水调成糊状,加入 15 mL 蒸馏水,再加入 10 mL 6 mol/L HCl,搅匀。

(3)水解

置于沸水浴中水解 30 min。用玻璃棒取一滴水解液于白瓷板中,加 1 滴碘液,检查淀粉水解程度。如显蓝色,表明未水解完全,应继续水解。如已水解完全,则不显蓝色,可以取出沸水浴中的锥形瓶,冷却。

(4)中和

加 1 滴酚酞指示剂,加入 10 mL 6 mol/L NaOH 中和至微红色。

(5)定容

将溶液转移至 100 mL 容量瓶(B_1)中定容。

(6)过滤

用滤纸过滤(注意:滤纸不能用蒸馏水湿润)。

(7)稀释

精确吸取滤液 10 mL,移入另一个 100 mL 容量瓶(B_2)中,定容。(B_2)液作为总糖待测液备用。

2.标准曲线制作及样品测定

取 8 支 25 mL 刻度试管,按下表 10-1 所示顺序操作。

表 10-1　标准曲线实验表格

操作＼管号	空白	标准葡萄糖浓度梯度					样品	
	0	1	2	3	4	5	I	II
葡萄糖标准液/mL		0.2	0.4	0.6	0.8	1.0		
样品待测液/mL							1.0	1.0
蒸馏水/mL	2.0	1.8	1.6	1.4	1.2	1.0	1.0	1.0
DNS 试剂(mL)	各 2.0							
反应	各管混匀,沸水浴 5 min							
定容	冷却;分别用蒸馏水定容至 25 mL							
比色	以 0 号管为空白参比,测定 $\lambda = 540$ nm 处的吸光度							
记录吸光度(A_{540})								

六、结果处理

1. 由 0～5 号管的数据,以葡萄糖浓度(mg)为横坐标,A_{540} 为纵坐标,在坐标纸上绘制标准曲线。

2. 求两个样品管 A_{540} 的平均值。

3. 由 A_{540} 从标准曲线中求样品管中葡萄糖的浓度(mg)。

4. 计算你所取的生物材料中总糖的百分浓度。

七、讨论分析题

1. 总糖包括哪些化合物?

2. 可用不同材料,以比较含糖量的差异。

3. 面粉中主要含有何种糖?

实验十一　费林试剂热滴定定糖法

一、课前设疑

影响测定结果的主要操作因素是什么？为什么必须严格控制实验条件和操作步骤？

二、目的要求

1. 通过实验,初步掌握费林试剂热滴定定糖法的原理和方法。
2. 正确掌握滴定管的使用方法和热滴定的终点。

三、基本原理

糖类包括多糖、双糖和单糖,其中单糖和某些双糖具有游离的羰基,称为还原糖,多糖和蔗糖无还原性。利用糖的还原性,把费林试剂(氧化剂)中的二价铜离子还原为一价铜,进行氧化还原反应,而进行测定。非还原糖必须转化为还原糖,再进行测定。

费林试剂中酒石酸钾钠铜是一种氧化剂,反应的终点可用次甲基蓝作指示剂,在碱性、沸腾环境下还原呈无色。根据费林试剂完全还原所需的还原糖量,计算出样品还原糖量。

四、材料、试剂及器材

(1)费林试剂

甲液:69.3 g $CuSO_4 \cdot 5H_2O$ 定容至 1000 mL

乙液:346 g 酒石酸钾钠+100 g NaOH 用水定容至 1000 mL

(2)1%次甲基蓝溶液:1 g 次甲基蓝+100 mL 水,棕色瓶保存

(3)0.2%标准葡萄糖溶液:2 g 无水葡萄糖 105 ℃烘干到恒重,加水到 1000 mL

(4)碱式滴定管

(5)样品溶液:待测葡萄糖液(GS)

样品 1:稀释 20 倍

样品 2:稀释 50 倍

(6)电炉

五、操作步骤

1. 费林试剂标定

(1)取甲液 5 mL+乙液 5 mL,置于 250 mL 三角瓶中,加入 10 mL 水,并从滴定管中加入 0.2%的标准 GS 若干毫升(约 23 mL,量控制在后滴定时消耗 GS 在 0.5~1.0 mL)。

（2）电炉上加热至沸，并保持微沸 2 min，加 2 滴 1%次甲基蓝溶液，用 0.2%标准 GS 滴定至蓝色消失，有红棕色沉淀，溶液清亮为终点。记录耗用的 GS 量为 V_0，必须在 1 min 内完成。

2.定糖预备试验

同 1 法取费林试剂，加 10 mL 样品液，摇匀于电炉上加热至沸，保持微沸 2 min，加 2 滴 1%次甲基蓝，用 0.2%GS 滴定至蓝色消失。记录耗用的 GS 量为 V_1。

3.样品中还原糖测定

同上法吸取费林试剂加 10 mL 样品液（预先稀释），补加(V_0-V_1)毫升水，并从滴定管中预先加入(V_1-1) mL 0.2%GS，摇匀至电炉上加热至沸，保持 2 min 微沸，加入 2 滴 1%次甲基蓝，继续用 GS 滴定至蓝色消失。记录消耗的标准 GS 体积为 V 毫升。

六、计算

还原糖浓度(以葡萄糖计,g/mL)$=(V_0-V)\times0.002\times1/10\times n$

式中：V_0——费林试剂标定值，mL

V——样品糖液测定值，mL

0.002——标准 GS 液浓度，g/mL

10——样品糖液体积，mL

n——样品稀释倍数

七、讨论分析题

比较费林试剂比色法与 3,5-二硝基水杨酸比色法测定可溶性淀粉中还原糖和总糖的结果，这两种方法各有何优点？

实验十二　可溶性总糖的测定(蒽酮比色法)

一、课前设疑

1.本法多用于测定什么样品?

2.加蒽酮试剂时为什么盛有样品的试管必须浸于冰水中冷却?

3.本法是否可以用来测定血液、水果、蜂蜜及蔬菜的总糖浓度?是否可以用来测定这些物质的还原糖浓度?为什么?

4.分光光度计的原理及操作注意事项是什么?

二、目的要求

1.掌握蒽酮法测定可溶性糖浓度的原理和方法。

2.学习植物可溶性糖的一种提取方法。

3.学习分光光度计的使用。

三、基本原理

糖类在较高温度下可被浓硫酸作用而脱水生成糖醛或羟甲基糖醛后,与蒽酮($C_{14}H_{10}O$)脱水缩合,形成糖醛的衍生物,呈蓝绿色。该物质在 620 nm 处有最大吸收,在 150 μg/mL 范围内,其颜色的深浅与可溶性糖浓度成正比。

这一方法有很高的灵敏度,糖浓度在 30 μg 左右就能进行测定,所以可做为微量测糖之用。一般样品少的情况下,采用这一方法比较适合。

四、材料、试剂及器具

1.材料

甜高粱,甘草。

2.试剂

(1)葡萄糖标准液:100 μg/mL;

(2)浓硫酸;

(3)蒽酮试剂:0.2 g 蒽酮,1 g 硫脲(隔氧稳定剂)置于烧杯中,在搅拌条件下,缓慢加入 100 mL 浓 H_2SO_4,完全溶解后,储存于棕色瓶中,该液当日配制使用。

3.器具

(1)电子天平;

(2)超声波清洗器;

(3)电热恒温水浴锅;

(4)抽滤设备;

(5)分光光度计;

(6)容量瓶;

(7)刻度吸管等。

五、操作步骤

1.葡萄糖标准曲线的制作。

取 7 支大试管,按下表 12-1 数据配制一系列不同浓度的葡萄糖溶液:

表 12-1 制作葡萄糖标准曲线时的溶液配制

管号	1	2	3	4	5	6	7
葡萄糖标准液/mL	0	0.1	0.2	0.3	0.4	0.6	0.8
蒸馏水/mL	1	0.9	0.8	0.7	0.6	0.4	0.2
葡萄糖浓度/μg	0	10	20	30	40	60	80

在每支试管中立即加入蒽酮试剂 4.0 mL,迅速浸于冰水浴中冷却,各管加完后一起浸于沸水浴中,管口加盖,以防蒸发。自水浴沸腾起计时,准确煮沸 10 min,取出,用冰浴冷却至室温,在 620 nm 波长下以第一管为空白,迅速测其余各管吸光值。以标准葡萄糖浓度(μg)为横坐标,以吸光值为纵坐标,绘出标准曲线。

2.植物样品中可溶性糖的提取:将样品粉碎,105℃烘干至恒重,精确称取 1~5 g,置于50 mL 三角瓶中,加沸水 25 mL,加盖,超声提取 10 min,冷却后过滤(抽滤),残渣用沸蒸馏水反复洗涤并过滤(抽滤),滤液收集在 50 mL 容量瓶中,定容至刻度,得可溶性糖的提取液。

3.稀释:吸取提取液 2 mL,置于另一 50 mL 容量瓶中,以蒸馏水定容,摇匀。

4.测定:吸取 1 mL 已稀释的提取液于试管中,加入 4.0 mL 蒽酮试剂,平行三份;空白管以等量蒸馏水替代提取液。以下操作同标准曲线制作。根据 A_{620} 平均值在标准曲线上查出葡萄糖的浓度(μg)。

六、结果处理

$$样品含糖量(\%) = \frac{c \times V_总 \times D}{W \times V_测 \times 10^6} \times 100\% \tag{1}$$

式中:c——在标准曲线上查出的糖浓度(μg);

$V_总$——提取液总体积(mL);

$V_测$——测定时取用体积(mL);

D——稀释倍数;

W——样品重量(g);

10^6——样品重量单位由 g 换算成 μg 的倍数。

七、注意事项

1. 该显色反应非常灵敏，溶液中切勿混入纸屑及尘埃。

2. H_2SO_4 要用高纯度的。

3. 不同糖类与蒽酮的显色有差异，稳定性也不同。加热、比色时间应严格掌握。

八、讨论分析题

1. 用水提取的糖类有哪些？

2. 制作标准曲线时应注意哪些问题？

实验十三　糖的分离鉴定
——硅胶 G 薄层层析法

一、预习思考题

1. 本实验在操作过程中有哪些方面是实验成功的关键？
2. 薄层层析与纸层析、柱层析分离的原理有何区别？

二、目的要求

1. 了解并初步掌握吸附层析的原理。
2. 学习薄层层析的一般操作及定性鉴定的方法。

三、基本原理

薄层层析是一种广泛应用于氨基酸、多肽、核苷酸、脂肪类、糖脂和生物碱等多种物质的分离和鉴定的层析方法。由于层析是在吸附剂或支持介质均匀涂布的薄层上进行的，所以称之为薄层层析。

薄层层析的主要原理是，根据样品组分与吸附剂的吸附力及其在展层溶剂中的分配系数的不同而使混合物分离。当展层溶剂移动时，会带着混合样品中的各组分一起移动，并不断发生吸附与解吸作用以及反复分配作用。根据各组分在溶剂中溶解度不同和吸附剂对样品各组分的吸附能力的差异，最终将混合物分离成一系列的斑点。如果把标准样品在同一层析薄板上一起展开，便可通过在同一薄板上的已知标准样品的 R_f 值和未知样品各组分的 R_f 值进行对照，就可初步鉴定未知样品各组分的成分。

薄层层析根据所支持物的性质和分离机制的不同包括吸附层析、离子交换层析和凝胶过滤等。糖的分离鉴定可用吸附剂或支持剂中添加适宜的黏合剂后再涂布于支持板上，可使薄层黏牢在玻璃板（或涤沦片基）这类基底上。

硅胶 G 是一种已添加了黏合剂——石膏($CaSO_4$)的硅胶粉，糖在硅胶 G 薄层上的移动速度与糖的相对分子质量和羟基数等有关，经适当的溶剂展开后，糖在硅胶 G 薄层上的移动距离为戊糖＞己糖＞双糖＞三糖。若采用硼酸溶液代替水调制硅胶 G 制成的薄板可提高高糖的分离效果。如对已分开的斑点显色，而将与它位置相当的另一个未显色的斑点从薄层上与硅胶 G 一起刮下，以适当的溶液将糖从硅胶 G 上洗脱下来，就可用糖的定量测定方法测出样品中各组分的糖浓度。

薄层层析的展层方式有上行、下行和近水平等。一般常采用上行法，即在具有密闭盖子的玻璃缸（即层析缸）中进行，将适量的展层溶液倒于缸底，把点有样品的薄层板放入缸中即可（如图 13-1 所示）。保证层析缸内有充分展层溶剂的饱和蒸汽是实验成功的关键。

与纸层析、柱层析等方法比较，薄层层析有明显的优点：操作方便，层析时间短，可分离各种化合物,样品用量少(0.1 至几十微克的样品均可分离),比纸层析灵敏度高 10～100 倍,显色和观察结果方便,如薄层由无机物制成,可用浓硫酸、浓盐酸等腐蚀性显色剂。因此,薄层层析是一项实验常用的分离技术,其应用范围主要在生物化学、医药卫生、化学工业、农业生产、食品和毒理分析等领域,对于天然化合物的分离和鉴定也已广泛应用。

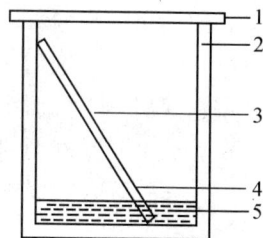

图 13-1　封闭式展层缸
1.缸盖；2.层析缸；3.薄层板；
4.点样处；5.展层溶剂；

四、材料、试剂与器具

1.材料

木糖(或棉子糖)、葡萄糖、蔗糖、混合样品、硅胶 G。

2.试剂

(1)1‰糖标准溶液:取木糖(或棉子糖)、葡萄糖、蔗糖各 1 g,分别用 75%乙醇溶解并定容到 100 mL。

(2)1‰糖标准混合溶剂:取上述各种糖各 1 g,混合后用 75%乙醇溶解并定容至 100 mL。

(3)0.1 mol/L 硼酸(H_3BO_3)溶液。

(4)展层溶剂氯仿:甲醇＝60：40(V/V)。

(5)苯胺-二苯胺-磷酸显色剂:1 g 二苯胺溶于由 1 mL 苯胺、5 mL 85%磷酸、50 mL 丙酮组成的混合溶液中。

3.器具

(1)烧杯；

(2)玻璃板(8 cm×12 cm)；

(3)层析缸(15 cm×30 cm)；

(4)毛细管(0.5mm)；

(5)玻棒；

(6)喷雾器；

(7)烘箱；

(8)尺、铅笔；

(9)干燥器。

五、操作步骤

1.硅胶 G 薄层板的制备

将制备薄层用的玻璃板预先用洗液洗干净并烘干,玻璃板要求表面光滑。

称取硅胶 G 粉 6 g,加入 12 mL 0.1 mol/L 硼酸溶液,用玻棒在烧杯中慢慢搅拌至硅胶浆液分散均匀、黏稠度适中,然后倾倒在干净、干燥的玻璃板上,倾斜玻璃或用玻璃棒将硅胶 G 由一端向另一端推动,使硅胶 G 铺成厚薄均匀的薄层。待薄板表面水分干燥后置于烘箱内,待温度升至 110 ℃后活化 30 min。冷却至室温后取出,置于干燥器中备用(注意:避免薄板骤热、骤冷使薄层断裂或在展层过程中脱落)。制成的薄层板,要求表面平整,厚薄均匀。

手工涂布薄板的方法：

(1)玻棒涂布:选用一根直径为 1~1.2 cm 的玻璃棒或玻璃管在两端绕几圈胶布,胶布的圈数视薄层的厚度而定,常用厚度为 0.56~1.0 mm,把吸附剂倒在玻璃板上,用这根玻璃棒在玻璃上将吸附剂向一个方向推动,即成薄板。

(2)倾斜涂布:将吸附剂浆液倒在玻璃上,然后倾斜使吸附剂漫布于玻板上面成薄层。

2.点样

取制备好的薄板一块,在距底边 1.5 cm 处划一条直线,在直线上每隔 1.5~2 cm 作为一记号(用铅笔轻点一下,不可将薄层刺破),共 4 个点。用 0.5 mm 直径的毛细管吸取糖样品量约 5~50 μg,点样体积约 1~1.5 μL,可分次滴加,控制点样斑点直径不超过 2 mm。在点样过程中可用吹风机冷热风交替吹干样品,也可以让样品自然干燥。

3.展层

将已点样的薄板点样一端放入盛有展层溶剂的层析缸中,展层液面不得超过点样线,层析缸密闭,自下向上展层,当展层溶剂到达距薄析顶端约 1 cm 处时取出薄板,前沿用铅笔或小针作一记号。60 ℃烘箱内烘干或晾干。

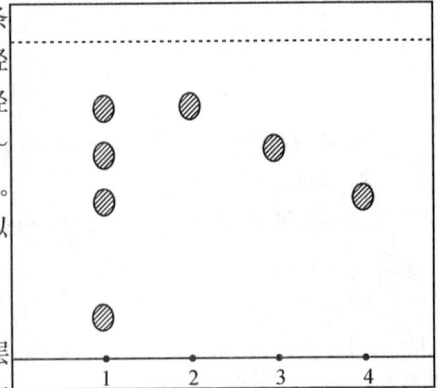

1. 混合样品　2. 木糖　3. 葡萄糖　4.蔗糖

图 13-2　硅胶 G 薄层析图谱(示意图)

4.显色

将苯胺-二苯胺-磷酸显色剂均匀喷雾在薄层上,置 85 ℃烘箱内加热至层析斑点显现(如图 13-2 所示),此显色剂可使各种糖显现出不同的颜色,如下表 13-1 所示。

表 13-1　各种糖的显色

糖的种类	木糖	葡萄糖	蔗糖
显色	黄绿	灰蓝色绿	蓝褐

5.样品中糖定性鉴定

薄层显色后,根据各显色斑点的颜色相对位置,测算 R_f 值

$$R_f = \frac{原点到层析斑点中心的距离}{原点到展层溶剂前沿的距离}$$

将混合样品图谱与标准样品图谱相比较或通过混合样品与标准样品 R_f 值的比较,确定混合样品中所分离的各个斑点分别为何种糖。

六、影响 R_f 值的因素如下

1.展层溶剂的样品组分的性质:样品组分若在固定相中溶解度较大,在流动相中溶解度小,则 R_f 值小;反之,R_f 值大。

2.吸附剂的性质和质量:不同批号和厂家的产品,其性质和质量不尽相同。

3.吸附剂的活度。

4.薄层的厚度。

　5.层析槽的形状、大小和饱和度。

　6.展层方式。

　7.杂质的存在和量的多少。

　8.展层的距离。

　9.样品量。

　10.温度。

　　由于影响 R_f 值的因素很多,故不能仅根据 R_f 值来鉴定未知样品组分。一般采用几种薄层层析法来确认样品的未知组分,如一种用吸附薄层层析,另一种用聚酰胺薄层层析等。实践中,也可把未知样品与标准品混合点样,然后进行薄层层析。如果在几个不同类型的薄层层析中,两者都不发生分离,则可证明这两个化合物是相同的。

七、注意事项

　　1.制备薄板时,薄板的厚度及均一性对样品的分离效果和 R_f 值的重复性影响很大,普通薄层厚度以 $250~\mu m$ 为宜。若用薄层层析法制备少量的纯物质时,薄厚度可稍大些,常见为 $500 \sim 700~\mu m$,甚至 $1 \sim 2~mm$。

　　2.活化后的薄层析在空气中不能放置太久,否则会因吸潮降低活性。

　　3.用于薄层层析的样品溶液的质量要求非常高,样品中必须不含盐,若含有盐分则会引起严重的拖尾现象,甚至有时得不到正确的分离效果。

　　4.样品溶液应具有一定的浓度,一般为 $1 \sim 5~g/L$,若样品太稀,点样次数太多,就会影响分离效果,所以必须进行浓缩处理。

　　5.样品的溶剂最好使用挥发性的有机溶液(如乙醇、氯仿等),不宜用水溶液,因为水分子与吸附剂的相互作用力较弱,当它占据了吸附表面上的活性位置时,就使吸附剂的活性降低,从而使斑点扩散。

　　6.样品点样量不宜太多,若点样量超载(即超过该吸附剂负载能力),则会降低 R_f 值,层析斑点的形状被破坏。点样量一般为几到几十微克,体积为 $1 \sim 20~\mu L$。

　　7.展层必须在密封的器皿中进行,器皿事先应用展层溶液剂饱和,把薄板的点样端浸入展层剂中,深度约为 $0.5 \sim 1.0~cm$。千万勿使点样斑点浸入展层溶剂中。

　　8.展层溶剂的选择:

　　(1)根据溶剂的结构、性质的不同而定,主要以溶液剂的极性大小为依据。在同一吸附剂上,溶剂极性越大,对同一性质的化合物的洗脱能力也越大,即在薄层板上把这一化合物推进得越远,R_f 值也越大。如果发现用一种溶剂展开某一化合物,其 R_f 值太小,则可考虑换用另一种极性较大的溶剂,或在原来的溶剂中加入一定量极性较大的溶液进行展层。溶液极性极大小次序如下:水>甲醇>正丙醇>丙酮>乙酸甲酯>乙酸乙酯>乙醚>氯仿>三氯甲烷>苯>三氯乙烯>四氯化碳>二硫化碳>石油醚。

　　(2)根据被分离物质的极性和吸附剂的性质而定。在同一吸附剂上,不同化合物的吸附规律是:

　　①饱和碳氢化合物不易吸附或吸附不牢。

　　②不饱和碳氢化合物被吸附,含双键越多,吸附得越牢。

　　③碳氢化合物被一个功能基取代后,其吸附性增大。各功能基使吸附性增大的递增顺

序是：

$$-CH_3 < -O- < \diagup\!\!\!\!\diagdown C-O- < -NH_2 < -OH < -COOH$$

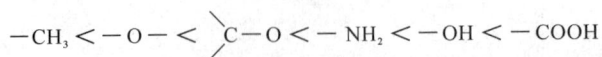

在薄层上,对于吸附较大化合物,一般需用极性较大的溶剂(展层剂)才能推动它。

(3)若样品组分具有酸碱性,则可将展层的 pH 值作适当调整。若样品组分为碱性,则调节展层溶剂 pH 为碱性,以增加展层溶液的分辨率,使样品在薄板上展层后,斑点圆而集中,避免拖尾现象。当样品组分具有酸性时,调节展层溶剂 pH 为酸性,可得到圆而集中的斑点。

9.在薄层层析时,层析缸溶剂饱和度对分离效果影响较大,在不饱和层析缸中,展层易引起边缘效应,因为极性较弱的溶液和沸点较低的溶剂在边缘挥发得快,从而使样品组分在边缘的 R_f 值高于中部的 R_f 值,用饱和的层析缸可以消除边缘效应。

10.为了获得更好的薄层层析的效果,也可采用双向展层、多次展层和连续展层。多次展层是指选用一种溶剂展开至一定距离后,将薄层板取出,待溶剂挥发后再按同一方向用第二种溶剂展开。

11.薄层层析展开后,对被分离的样品组分进行定性或定量分析,都要用不同的显色方法先确定它们的位置。有的物质在紫外灯下可显示出荧光斑点,如核苷酸等;对于在紫外光下不显荧光的样品,可用荧光薄层检出,该薄层的制法是将荧光物质(1.5%硅酸镉粉)加入吸附剂中,或在薄板上喷 0.04%荧光钠水溶液、0.5%硫酸奎宁醇溶液及 1%磺基水杨酸的丙酮溶液;有的有色物质在展层后可显示有颜色的斑点;对无色化合物的显色,主要采用两种方法,即物理方法和化学方法。物理方法如用紫外灯照射,属非破坏性显色方法。化学方法如用茚三酮显色剂喷雾显色可使氨基酸类化合物显色;对于无机吸附剂制成的薄层,可用强腐蚀性显色剂如硫酸、硝酸或其他混合溶液,因为这些显色剂几乎可使所有机化合物转变成碳,为破坏性显色方法,此类显色剂称为万能显色剂,但它们不适用于定量测定或制备用的薄层上。

八、讨论分析题

1.分析本实验的层析图谱。
2.比较薄层层析和纸层析操作方法的异同。

· **酶** ·

实验十四　酶的基本性质

一、课前设疑

1. 在测定酶活力时应注意哪些反应条件？为什么？
2. 酶在干燥的状态下与水溶液中，它的活性受温度的影响是否相同？这个性质对酶的保存有何意义？
3. 酶反应的最适温度是酶的特征物理常数吗？它与哪些因素有关？
4. pH 对酶活性有何影响？什么是酶反应的最适 pH？
5. 酶反应的 pH 是否是一个常数？它与哪些因素有关？这种性质对于选择测定酶活性的条件有什么意义？
6. 什么是酶的活化剂？
7. 什么是酶的抑制剂？与变性剂有何区别？
8. 如何证明酶的专一性？

二、目的要求

1. 掌握测定淀粉酶活力的原理和基本方法
2. 了解淀粉酶对不同底物的专一性
3. 了解 pH、温度、抑制剂和激活剂对酶活力的影响

实验 14-1　酶的特性——底物专一性

一、基本原理

酶与一般催化剂最主要的区别之一是它具有高度的专一性。所谓专一性指的是一种酶只能对一种化合物或一类化合物（通常在这些化合物的结构中具有相同的化学键）起一定的催化作用，而不能对别的物质发生催化反应。例如，淀粉酶只作用于淀粉中的 α-1,4-葡萄糖苷键，而不能作用于蔗糖分子中 α-D-吡喃葡萄糖的 C_1 和 β-D-呋喃果糖的 C_2 之间的糖苷键。

蔗糖无还原性，淀粉的还原性也极小，它们对 3,5-二硝基水杨酸试剂（DNS 试剂）呈阴性反应，而唾液淀粉酶（主要含 α-淀粉酶）水解淀粉后的产物则为还原性糖，与 DNS 试剂共热呈阳性反应，产生红棕色。据此可以检验蔗糖和淀粉有无被唾液淀粉酶水解，从而了解酶作用的专一性。

　　酶活力也称酶活性,是以酶在最适温度、最适 pH 等条件下,催化一定的化学反应的初速度来表示。本实验是以一定量的唾液淀粉酶液,于 37 ℃、pH 6.8 的条件下,在一定的初始作用时间里将淀粉转化为还原糖,然后通过与 DNS 试剂作用,比色测定,求得还原糖的生成量,从而计算出酶反应的初速度,即酶的活力。这里规定,一个淀粉酶活力单位定义为在 37 ℃、pH 6.8 的条件下,每分钟水解淀粉生成 1 mg 还原糖所需的酶量。

二、材料、试剂及器具

1. 材料

唾液。

2. 试剂

(1)淀粉溶液(0.5%):称取 5 g 可溶性淀粉,溶于 1000 mL 热水中(临用前配制)。

(2)蔗糖溶液(1%)。

(3)3,5-二硝基水杨酸试剂(DNS 试剂):将 5.0 g 3,5-二硝基水杨酸溶于 200 mL 2mol/L NaOH 溶液中(不适宜用高温促溶),接着加入 500 mL 含 130 g 酒石酸钾钠的溶液,混匀。再加入 5 g 结晶酚和 5 g 亚硫酸钠,搅拌溶解后,定容至 1000 mL。暗处保存备用。

(4)磷酸缓冲液(0.2 mol/L,pH 6.8)。

(5)NaOH 溶液(6 mol/L)。

(6)NaCl 溶液(0.3%)。

3. 器具

(1)分光光度计;

(2)恒温水浴锅;

(3)刻度试管:25 mL×10;

(4)容量瓶:100 mL×1;

(5)移液管:1 mL×4　2 mL×2;

(6)烧杯:250 mL×1;

(7)滴管:2;

(8)洗耳球:2;

(9)洗瓶、试管架、移液管架、玻璃棒:各 1。

三、操作步骤

1. 唾液淀粉酶的制备

(1)提取

实验者先用水漱口清洁口腔,然后含一小口(约 5 mL)蒸馏水于口中轻漱一、二分钟。

(2)过滤

将口腔中的酶提取液用一层脱脂棉过滤。

(3)稀释

取滤液 1 mL,用水定容至 100 mL。作为淀粉酶的样品液(由于不同人或同一人不同时间收集到的唾液淀粉酶的活性并不相同,稀释倍数可以是 50～300 倍,甚至超过此范围)。

2.唾液淀粉酶的专一性实验

取 4 支试管,按表 14-1 编号并操作,记录所观察到的颜色。

表 14-1　唾液淀粉酶的专一性实验

操作＼管号	①	②	③	④
pH 6.8 缓冲液/mL	1	2	1	2
蔗糖溶液/mL	1	1		
淀粉溶液/mL			1	1
淀粉酶液/mL	1		1	
酶促反应	摇匀,37 ℃水浴 5 min			
DNS 试剂/mL	各 2			
显色反应	沸水浴 5 min			
颜色				

3.唾液淀粉酶活力的测定

取 25 mL 刻度试管 5 支,按表 14-2 编号并操作,记录实验结果。

表 14-2　唾液淀粉酶活力测定的实验表格

操作＼管号	空白 0	0 时刻 A_1	0 时刻 A_2	5 分钟时刻 B_1	5 分钟时刻 B_2
淀粉酶液/mL	各 1				
pH 6.8 缓冲液/mL	各 1				
NaCl 溶液/mL	各 1				
预热	摇匀,37 ℃水浴 2 min				
6 mol/L NaOH 溶液/mL		1	1		
预热的淀粉溶液/mL		1	1	1	1
蒸馏水/mL	1				
酶促反应	摇匀,37 ℃水浴 5 min(准确计时)				
6 mol/L NaOH 溶液/mL	1			1	1
DNS 试剂/mL	各 2				
显色反应	摇匀,沸水浴 5 min,冷却,各用水定容至 25 mL				
比色	以 0 号管为空白参比,测定 $\lambda=540$ nm 处的吸光度				
记录吸光度(A_{540})					

四、结果处理

1.解释表 14-1 的实验结果。

2.根据表 14-2 的实验结果,并利用"3,5-二硝基水杨酸比色法测定糖的浓度"实验中制作的标准曲线,计算每毫升新鲜唾液含有淀粉酶的活力单位。

实验 14-2   影响酶活性的因素(1)——温度,最适温度测定

一、基本原理

酶的催化作用受温度的影响。在最适温度下,酶的反应速度最高。大多数动物酶的最适温度为 37~40 ℃,植物酶的最适温度为 50~60 ℃。

酶对温度的稳定性与其存在形式有关。有些酶的干燥制剂,虽加热到 100 ℃,其活性并无明显的改变,但在 100 ℃ 的溶液中却很快地完全失去活性。低温能降低酶或抑制酶的活性,但不能使酶失活。

淀粉和可溶性淀粉遇碘呈蓝色,糊精按其分子的大小,遇碘可呈蓝色、紫色、暗褐色或红色。最简单的糊精遇碘不呈颜色,麦芽糖遇碘也不呈色,在不同温度下,淀粉被唾液淀粉酶水的程度可由水解混合物遇碘呈现的颜色来判断。

二、材料、试剂与器具

1. 材料
新鲜配制稀释 200 倍的新鲜唾液
2. 试剂
(1)0.2% 淀粉
(2)0.3% NaCl 溶液
(3)KI-I_2 碘溶液
3. 器具
(1)恒温水浴(沸水浴)
(2)冰浴
(3)试管及试管架

三、操作步骤

取 3 支干燥的试管,编号后按表 14-3 加入试剂

表 14-3   影响酶活性的因素——温度实验表格

管号	1	2	3
淀粉溶液/mL/	1.5	1.5	1.5
稀释唾液/mL	1	1	
煮沸过的稀释唾液(mL)			1

摇匀后,将 1、3 号试管放入 37 ℃ 恒温水浴中,2 号试管放入冰水中。10 min 后取出(将 2 号内液体分两半),用 KI-I_2 溶液来检验 1、2、3 号管内淀粉被唾液淀粉酶水解的程度。记录并解释结果。将 2 号管剩下的一半溶液放入 37 ℃ 水浴中继续保温 10 min 后,再用 KI-I_2 液实验,记录实验结果。

实验 14-3　影响酶活性的因素(2)—— pH,最适 pH 测定

一、基本原理

酶的活力受环境 pH 值的影响极为显著。不同酶的最适 pH 不同。本实验观察 pH 对唾液淀粉酶活性的影响。唾液淀粉酶的最适 pH 约为 6.8。

二、材料、试剂与器材

1. 材料

新配制的溶于 0.3%NaCl 的 0.5%淀粉溶液

2. 试剂

0.2 mol/L Na$_2$HPO$_3$ 溶液;0.1 mol/L 柠檬酸溶液;KI-I$_2$ 碘溶液;pH 试纸

3. 器材

(1)恒温水浴

(2)试管及试管架;吸管;滴管;锥形瓶等

三、操作步骤

取 4 只标有号码的 5 mL 锥形瓶。用吸管按表 14-4 添加 0.2 mol/L 磷酸氢二钠溶液和 0.1 mol/L 柠檬酸溶液以制备 pH 5.0～8.0 的四种缓冲液。

表 14-4　影响酶活力的因素——pH 实验试剂配制

锥形瓶号	0.2 mol/L Na$_2$HPO$_3$ 溶液/mL	0.1 mol/L 柠檬酸溶液/mL	pH
1	5.15	4.85	5.0
2	6.05	3.95	5.8
3	7.72	2.28	6.8
4	9.72	0.28	8.0

配制好缓冲液后,再取 4 只锥形瓶,按表 14-5 添加试剂。

表 14-5　影响酶活力的因素——pH 实验表格

pH	5	5.8	6.8	8.0
缓冲液/mL	3	3	3	3
0.5%淀粉溶液/mL	2	2	2	2
	向各个试管加入稀释唾液的时间间隔为 1 min,混匀后依次置于 37 ℃的恒温水浴中			
稀释 200 倍唾液/mL	2	2	2	2
检查淀粉水解程度	待向第四只试管加入唾液 2 min 后,每隔 1 min 从第 3 管中取出 1 滴反应液于白瓷板上,加碘液检查反应进行情况,直至反应液变为棕黄色,即可停止反应,取出所有试管。从第一只试管依次添加碘液,时间间隔也为 1 min。			
碘液/滴	1～2	1～2	1～2	1～2
现象				

从 4 个锥形瓶中各取缓冲液 3 mL,分别注入 4 支带有号码的试管,随后于各个试管中添加 0.5％淀粉溶液 2 mL 和稀释 200 倍的新鲜唾液 2 mL。向各试管中加入稀释唾液的时间间隔为 1 min。将各试管中物质混匀,并依次置于 37 ℃恒温水浴中保温。

待向第 4 管加入唾液 2 mL 后,每隔 1 min 由第 3 管取出一滴混合液,置于白瓷板上,加 1 小滴 KI-I$_2$ 溶液。添加 KI-I$_2$ 溶液,检验淀粉的水解程度。待混合变为棕黄色后,向所有试管依次添加 1~2 滴 KI-I$_2$ 溶液。添加滴 KI-I$_2$ 溶液的时间间隔,从第 1 管起,亦均为 1 min。

观察各试管中物质呈现的颜色,分析 pH 对唾液淀粉酶活性的影响。

实验 14-4　影响酶活性的因素(3)——激活剂和抑制剂

一、基本原理

酶的活性受活化剂或抑制剂的影响,氯离子为唾液淀粉酶的活化剂,铜离子为其抑制剂。

二、材料、试剂与器具

1.材料
(1)0.1％淀粉溶液
(2)稀释 200 倍的新鲜唾液
2.试剂
(1)1％ NaCl 溶液
(2)1％ CuSO$_4$ 溶液
(3)KI-I$_2$ 碘溶液
(4)1％Na$_2$SO$_4$ 溶液
3.器具
(1)恒温水浴
(2)试管及试管架

三、操作步骤

按下表 14-6 进行实验试剂配制。

表 14-6　唾液淀粉酶活化及抑制剂实验加样顺序

管　号	1	2	3	4
0.1%淀粉溶液/mL	1.5	1.5	1.5	1.5
稀释的新鲜唾液/mL	0.5	0.5	0.5	0.5
1% NaCl 溶液/mL	0.5	—	—	—
1% $CuSO_4$ 溶液/mL	—	0.5	—	—
1% Na_2SO_4 溶液/mL	—	—	0.5	—
蒸馏水/mL	—	—	—	0.5
37 ℃恒温水浴中保温 10 min				
KI-I_2 溶液(滴)	2~3	2~3	2~3	2~3
现　象				

四、注意事项

1.各人唾液中淀粉酶活力不同,因此实验 2、3、4 应随时检查反应进行情况。如反应进行得太快,应适当稀释唾液;反之,则应减少唾液淀粉酶稀释倍数。

2.酶的抑制与激活最好用经透析的唾液,因为唾液中含有少量 Cl^-。另外,注意不要在检查反应程度时使各管溶液混杂。

五、讨论分析题

1.说明底物浓度、酶浓度、温度和 pH 对酶反应速度的影响。

2.通过几个酶学实验,你对下面问题如何认识:

(1)酶作为生物催化剂具有哪些特性?

(2)进行酶的实验必须注意控制哪些条件?为什么?

3.什么是酶的最适温度?有何实践意义?

实验十五　植物组织中过氧化氢酶的活力测定
——高锰酸钾滴定法

一、课前设疑

1. 什么是过氧化氢酶？在生物体内的作用原理是什么？
2. 如何测定过氧化氢酶活力？

二、目的要求

1. 掌握酶活力测定的方法。
2. 了解过氧化氢酶在生物体中的作用原理。

三、基本原理

过氧化氢酶（CAT）属于血红蛋白酶,含有铁,它能催化过氧化氢分解为水和分子氧,在此过程中起传递电子的作用,过氧化氢则既是氧化剂又是还原剂。

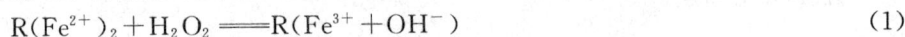

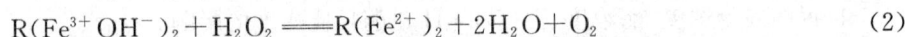

$$R(Fe^{2+})_2 + H_2O_2 = R(Fe^{3+} + OH^-) \tag{1}$$

$$R(Fe^{3+}OH^-)_2 + H_2O_2 = R(Fe^{2+})_2 + 2H_2O + O_2 \tag{2}$$

据此,可根据 H_2O_2 的消耗量或 O_2 的生成量测定该酶活力大小。在反应系统中加入一定量（反应过量）的 H_2O_2 溶液,经酶促反应后,用标准高锰酸钾溶液（在酸性条件下）滴定多余的 H_2O_2

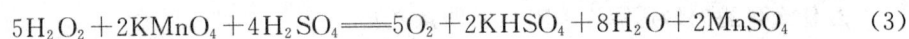

$$5H_2O_2 + 2KMnO_4 + 4H_2SO_4 = 5O_2 + 2KHSO_4 + 8H_2O + 2MnSO_4 \tag{3}$$

即可求出消耗的 H_2O_2 的量。

四、材料、试剂与器具

1. 材料

小麦叶片、植物嫩芽等

2. 试剂

(1) 10% H_2SO_4；

(2) 0.2 mol/L 磷酸缓冲液 pH 7.8；

(3) (3) 0.02mol/L 高锰酸钾标准液配制：称取 $KMnO_4$（AR）3.1605g,用新煮沸冷却蒸馏水配制成 1000mL。用减量法准确称取 $Na_2C_2O_4$（0.11～0.13）g 几份,分别置于 250 mL 锥形瓶中,加蒸馏水 40 mL 使之溶解,加入 10% H_2SO_4 溶液 10mL,加热至（75～85）℃（见冒热气）,趁热用 $KMnO_4$ 标准溶液滴定,刚开始反应较慢,滴入一滴 $KMnO_4$ 标准溶液摇动,待溶液褪色,再加第二滴 $KMnO_4$（此时生成的 Mn^{2+} 起催化作用）。随着反应速度的加快,滴定速度也可逐渐加快,但滴定中始终不能过快,尤其近等量点时,更要小心滴加,不断摇动或搅拌。滴定至溶液呈现微红色并持续半分钟不褪色即为终点。

离子反应方程式:$2MnO_4^- + 5C_2O_4^{2-} + 16H^+ \longleftrightarrow 2Mn^{2+} + 10CO_2 + 8H_2O$

$$C_{KMnO_4} = \frac{m(Na_2C_2O_4)/M(Na_2C_2O_4) \times 2}{V(KMnO_4)/1000 \times 5}$$

(4) 0.1mol/L H_2O_2:市售 30% H_2O_2 大约等于 17.6mol/L,取 30% H_2O_2 溶液 5.68mL,稀释至1000mL,用标准 0.02mol/L $KMnO_4$ 溶液(在酸性条件下)进行标定。

(5) 草酸钠(AR)。

3. 器具

(1) 恒温水浴;

(2) 研钵;三角瓶 50 mL×4;酸式滴定管(10 mL);容量瓶 25 mL×1 等。

五、操作步骤

1. 酶液提取

取小麦叶片 2.5g 加入 pH 7.8 的磷酸缓冲溶液少量,研磨成匀浆,转移至 25 mL 容量瓶中,用该缓冲液冲洗研钵,并将缓冲洗液转入容量瓶中,用同一缓冲液定容,4000 r/min 离心 15min,上清液即为过氧化氢酶的粗提液。

2. 反应

取 50 mL 三角瓶 4 个(两个测定两个对照),测定瓶中加入酶液 2.5 mL,对照瓶中加入煮死酶液 2.5 mL,再加入 2.5 mL 0.1 mol/L H_2O_2,同时计时,于 30 ℃恒温水浴中保温 10 min,立即加入 10% H_2SO_4 2.5 mL。

3. 滴定

用 0.1 mol/L $KMnO_4$ 标准溶液滴定 H_2O_2,至出现粉红色(在 30 min 内不消失)为终点。

六、计算

酶活力用每克鲜重样品 1 min 内分解 H_2O_2 的毫克数表示:

$$\text{酶活(mg } H_2O_2/g \cdot min) = \frac{(A-B) \times V_t \times 1.7}{W \times V_1 \times t} \tag{4}$$

式中:A 为反应前 $KMnO_4$ 滴定毫升数;

B 为酶反应后 $KMnO_4$ 滴定毫升数;

V_t 为酶液总量(mL);

V_1 为反应所用酶液量(mL);

W 为样品鲜重(g);

t 为反应时间;

1.7—1 mL 0.1 mol/L 的 $KMnO_4$ 相当于 1.7 mg H_2O_2。

七、注意事项

所用 $KMnO_4$ 溶液及 H_2O_2 溶液临用前要经过重新标定。

八、讨论分析题

1.影响过氧化氢酶活力测定的因素有哪些?

2.过氧化氢酶与哪些生化过程有关?

3.过氧化氢酶的活力测定还有另外一种方法,即紫外吸收法,原理是 H_2O_2 在 240 nm 波长下有强烈吸收,过氧化氢酶能分解过氧化氢,使反应溶液吸光度(A_{240})随反应时间而降低。根据测量吸光率的变化速度即可测出过氧化氢酶的活力。请你查阅资料设计一个应用该方法测定过氧化氢酶活力的实验。

实验十六　底物浓度对酶促反应速度的影响
——米氏常数的测定

一、课前设疑

1. 试述底物浓度对酶促反应速度的影响？
2. 在什么条件下,测定酶的 K_m 值可以作为鉴定酶的一种手段,为什么？

二、目的要求

1. 了解底物浓度对酶促反应的影响。
2. 掌握测定米氏常数 K_m 的原理和方法。

三、基本原理

早在 1931 年,Michealis 和 Menten 首先提出酶促反应速度和底物浓度的关系可用米氏方程来表示：

$$v = \frac{V[S]}{K_m[S]} \tag{1}$$

式中：v 为反应初速度(微摩尔浓度变化/min)；

V 为最大反应速度(微摩尔浓度变化/min)；

[S]为底物浓度(mol/L)；

K_m 为米氏常数(mol/L)。

这个方程表明当已知 K_m 及 V 时,酶反应速度与底物浓度之间的定量关系。K_m 值等于酶促反应速度达到最大反应速度一半时所对应的底物浓度,是酶的特征常数之一。不同的酶 K_m 值不同,同一种酶与不同底物反应 K_m 值也不同,K_m 值可近似地反应酶与底物的亲和力大小：K_m 值大,表明亲和力小；K_m 值小,表明亲合力大。测 K_m 值是酶学研究的一个重要方法。大多数纯酶的 K_m 值在 0.01~100 mmol/L。

Linewaeaver-Burk 作图法(双倒数作图法)是用实验方法测 K_m 值的最常用的简便方法：

$$\frac{1}{v} = \frac{K_m}{V} \times \frac{1}{[S]} + \frac{1}{V}$$

于是实验时可选择不同的[S],测对应的 v；求出两者的倒数,以 $\frac{1}{v}$ 对 $\frac{1}{[S]}$ 作图,得到一个斜率为 K_m/V 的直线。将直线外推与横坐标轴相交,其截距为 $-\frac{1}{[S]} = \frac{1}{K_m}$,由此求出 K_m 值(见图 16-1)。

本实验以胰蛋白酶消化酪蛋白为例。以蛋白酶催化蛋白质中碱性氨基酸(L-精氨酸和 L-赖氨酸)的羧基所形成的肽键水解。水解时有自由氨基生成,可用甲醛滴定法判断自由氨基增加的数量而跟踪反应,求得初速度。

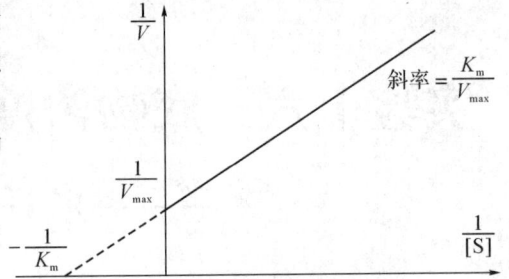

图 16-1

四、材料、试剂与器具

1. 材料

酪蛋白溶液

2. 试剂

(1)中性甲醛溶液

(2)酚酞溶液

(3)0.1mol/L NaOH 溶液

(4)胰蛋白酶溶液

3. 器具

(1)恒温水浴

(2)50 mL 三角烧瓶(×12);150 mL 三角烧瓶(×4);5 mL 吸管(×1),10 mL(×5);100 mL 量筒(×4);25 mL 碱式滴定管及滴定台;蝴蝶夹;滴定管等。

五、操作步骤

取 50 mL 三角烧瓶 6 个,编号 0、1、2、3、4、5、6。分别加入 5 mL 甲醛与 1 滴酚酞,以 0.1 mol/L 标准 NaOH 滴定至微红色,6 个瓶颜色应当一致。

量取 40 g/L 酪蛋白溶液 100 mL,加入一个 150 mL 三角烧瓶,37 ℃保温 10 min,同时胰蛋白酶液也在 37 ℃保温 10 min。然后吸取 10 mL 酶液加到酪蛋白液中。(同时计时!)充分混合后立即取出 10 mL 反应液(定为 0 时样品)加入一含甲醛的小三角烧瓶中(0 号)加 10 滴酚酞;以 0.1mol/L NaOH 滴定至微弱而持续的微红色。在接近终点时,按耗去的 NaOH 毫升数,每毫升加一滴酚酞,在继续滴至终点,记下耗去的 0.1 mol/L 标准 NaOH 毫升数。

在 2、4、6、8 和 10 min 时,分别取出 10 mL 反应液,加入 1、2、3、4、5 号小三角烧瓶,同上操作。在每个样品中滴定终点的颜色应当是一致的。以滴定度(即耗去的 NaOH 毫升数)对时间作图得一直线,其斜率即初速度为 V_{40}(相对于 40 g/L 的酪蛋白浓度)。

然后分别量取 30、20、10 g/L 的酪蛋白溶液,重复上述操作,分别测出 V_{30}、V_{20}、V_{10}。

利用上述结果,以 $\dfrac{1}{v}$ 对 $\dfrac{1}{[S]}$ 作图,即求出 V 与 K_m 值。

六、注意事项

1. 实验表明,反应速度只在最初一段时间内保持恒定,随着反应时间的延长,酶促反应速度逐渐下降。原因有多种,如底物浓度降低,产物浓度增加而对酶产生抑制作用并加速逆反应的进行,酶在一定 pH 及温度下部分失活等。因此,研究酶的活力以酶促反应的初速度为准。

2.本实验是一个定量测定方法,为获得准确的实验结果,应尽量减少实验操作中带来的误差。因此配制各种底物溶液时应用同一母液进行稀释,保证底物浓度的准确性。各种试剂的加量也应准确,并严格控制准确的酶促反应时间。

七、讨论分析题

1.米氏方程中的 K_m 值有何实际应用?

2.为什么酶促反应速度常以初速度表示?

实验十七　种子粗脂肪提取和定量测定
——索氏提取法

一、预习思考题

1. 乙醚使用中应注意哪些安全问题？
2. 实验中若发现乙醚从冷凝管上端不断挥发溢出，应采取什么方法解决？

二、目的要求

1. 加深了解乙醚试剂的正确应用和安全问题。
2. 掌握使用索氏提取器测定粗脂肪的方法。
3. 了解测定过程中误差的来源及修正方法。

三、基本原理

样品用无水乙醚或石油醚等有机溶剂提取后，蒸去溶剂所得的物质即为脂肪或称粗脂肪，因为提取物除脂肪外，还或多或少含色素、挥发油、腊、树脂、游离脂肪酸、磷脂及脂肪伴随物等物质，本法所得的脂肪为游离脂肪。

四、试剂与设备

1. 试剂
(1) 无水乙醚或石油醚
(2) 海沙
2. 设备
(1) 索氏提取器(图 17-1)
(2) 电热鼓风干燥箱：温控(103±2) ℃
(3) 分析天平：感量 0.1 mg
(4) 称量皿：铝质或玻璃质，内径 60～65 mm，高 25～30 mm
(5) 铰肉机：篦孔径不超过 4 mm
(6) 组织捣碎机

五、操作步骤

1. 样品处理

（1）固体样品

准确称取样品 2～5 g（可取测定水分后的样品），必要时拌以海沙，全部移入滤纸筒内。

（2）液体或半固体样品

称取 5.0～10.0 g 样品置于蒸发皿中，加入海沙约 20 g，于沸水浴上蒸干后，再于 95～105 ℃干燥，研细，全部移入滤纸筒内。蒸发皿及附有样品的玻棒均用沾有乙醚的脱脂棉擦净，并将脱脂棉放入滤纸筒内。

2.抽提

将滤纸筒放入脂肪抽提筒内，连接已干燥至恒重的接受瓶。由抽提器冷凝管上端加入无水乙醚或石油醚至瓶内容积的 2/3 处，于水浴上加热使乙醚或石油醚不断回流，抽提脂肪，一般抽提 6～12 h。

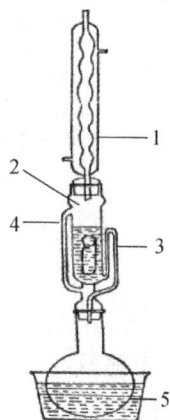

图 17-1　索氏提取器
1.冷凝管；2.提取管；3.虹吸管；
4.连接管；5.提取瓶

3.称量

取下接受瓶，回收乙醚或石油醚，待接受瓶内乙醚剩 1～2 mL 时在水浴上蒸干，再于 95～105 ℃干燥 2 h，放入干燥器内冷却 0.5 h 后称量。

4.计算

$$x = 100(m_1 - m_0)/m_2$$

式中：x 为样品中脂肪的质量分数（%）；

　　　m_0 为接受瓶的质量（g）；

　　　m_1 为接受瓶和脂肪的质量（g）；

　　　m_2 为样品的质量（如是测定水分后的样品，按测定水分前的质量计）（g）。

六、讨论分析题

索氏提取法提取的是粗脂肪，若要制备单一组分脂类成分，可用什么办法进一步处理？

实验十八 脂肪碘值的测定

一、课前设疑

测定碘值有何意义？液体油脂与固体油脂碘值间有何区别？

二、目的要求

1. 掌握测定脂肪碘值的原理和操作方法。
2. 了解测定脂肪碘值的意义。

三、基本原理

不饱和脂肪酸碳链上含有不饱和键，可与卤素（Cl_2、Br_2、I_2）进行加成反应。不饱和键数目越多，加成的卤素量也越多，通常以"碘值"表示。在一定条件下，每 100 g 脂肪所吸收碘的克数称为该脂肪的"碘值"。碘值越高，表明不饱和脂肪酸的浓度越高，它是鉴定和鉴别油脂的一个重要常数。

碘与脂肪的加成反应很慢，而氯及溴与脂肪的加成反应快，但常有取代和氧化等副反应。本实验使用溴化碘（IBr）进行碘值的测定，这种试剂稳定，测定的结果接近理论值。IBr 的一部分与油脂的不饱和脂肪酸起加成作用，剩余部分与碘化钾作用放出碘，放出的碘用硫代硫酸钠滴定。实验时取样多少决定于油脂样品的碘值。可参考表 18-1 与表 18-2。

表 18-1　样品最适量和碘值的关系

碘　值/g	<30	30～60	60～100	100～140	140～160	160～210
样品数/g	约 1.1	0.5～0.6	0.3～0.4	0.2～0.3	0.15～0.26	0.13～0.15
作用时间/h	0.5	0.5	0.5	1.0	1.0	1.0

表 18-2　几种油脂的碘值

名　称	亚麻子油	鱼肝油	棉子油	花生油	猪　油	牛　油
碘值/g	175～210	154～170	104～110	85～100	48～64	25～41

四、试剂与器具

1. 试剂

(1)溴化碘溶液

称取 12.2 g 碘，放入 1500 mL 锥形瓶内，缓慢加入 1000 mL 冰乙酸（99.5%），边加边摇,同时略温热,使碘溶解。冷却后,加溴约 3 mL。

注意:所用冰乙酸不应含有还原性物质。检查方法:取 2 mL 冰乙酸,加少许重铬酸钾及硫酸,若呈绿色,则证明有还原性物质存在。

(2)0.1 mol/L 标准硫代硫酸钠溶液

取结晶硫代硫酸钠 50 g,溶在经煮沸后冷却的蒸馏水(无 CO_2 存在)中。添加硼砂 7.6 g 或氢氧化钠 1.6 g(硫代硫酸钠溶液在 pH 9～10 时最稳定)。稀释到 2000 mL 后,用标准 0.1 mol/L 碘酸钾溶液按下法标定:准确量取 0.1 mol/L 碘酸钾溶液 20 mL、10％碘化钾溶液 10 mL 和 1 mol/L 硫酸 20 mL,混合均匀。以 1％淀粉溶液作指示剂,用硫代硫酸钠溶液进行标定。按下面所列反应式计算硫代硫酸钠溶液浓度后,用水稀释至 0.1 mol/L。

(3)纯四氯化碳

(4)1％淀粉溶液(溶于饱和氯化钠溶液中)

(5)10％碘化钾溶液

(6)花生油或猪油

2.器具

(1)碘瓶(或带玻璃塞的锥形瓶)

(2)棕色、无色滴定管各 1 支

(3)吸量管

(4)量筒

(5)分析天平

五、操作步骤

1.准确称取 0.3～0.4 g 花生油 2 份,置于两个干燥的碘瓶内,切勿使油粘在瓶颈或壁上。加入 10 mL 四氯化碳,轻轻摇动,使油全部溶解。用滴定管仔细地加入 25 mL 溴化碘溶液,勿使溶液接触瓶颈,塞好瓶塞,在玻璃塞与瓶口之间加数滴 10％碘化钾溶液封闭缝隙,以免碘的挥发损失。在 20～30 ℃暗处放置 30min,并不时轻轻摇动。油吸收的碘量不应超过溴化碘溶液所含之碘量的一半,若瓶内混合物的颜色很浅,表示花生油用量过多,改称较少量花生油,重做。

2.放置 30 min 后,立刻小心地打开玻璃塞,使塞旁碘化钾溶液流入瓶内,切勿丢失。用新配制的 10％碘化钾 10 mL 和蒸馏水 50 mL 把玻璃塞和瓶颈上的液体冲洗入瓶内,混匀。用 0.1 mol/L 硫代硫酸钠溶液迅速滴定至浅黄色。加入 1％淀粉溶液约 1 mL,继续滴定,将近终点时,用力振荡,使碘油四氯化碳全部进入水溶液内。再滴至蓝色消失为止,即达滴定终点。

另作 2 份空白对照,除不加油样品外,其余操作同上。滴定后,将废液倒入废液缸内,以便回收四氯化碳。计算碘值。

六、结果计算

碘值表示 100 g 脂肪所能吸收碘的克数,因此样品碘值的计算如下:

$$碘值=\frac{(A-B)\times T\times 100}{m} \tag{1}$$

式中:A:滴定空白用去的 $Na_2S_2O_3$ 溶液的平均毫升数

　　　B:滴定碘化后样品用去的 $Na_2S_2O_3$ 溶液的平均毫升数

　　　m:样品的重量(g)

　　　T:1 mL 0.1 mol/L 硫代硫酸钠溶液相当的碘的克数

七、注意事项

(1)碘瓶必须洁净、干燥,否则油中含有水分,引起反应不完全。

(2)加碘试剂后,如发现碘瓶中颜色变浅褐色时,表明试剂不够,必须再添加 10～15 mL 试剂。

(3)如加入碘试剂后,液体变浊,这表明油脂在 CCl_4 中溶解不完全,可再加些 CCl_4。

(4)将近滴定终点时,用力振荡是本滴定成败的关键之一,否则容易滴加过头或不足。如振荡不够,CCl_4 展会出现紫或红色,此时应用力振荡,使碘进入水层。

(5)淀粉溶液不宜加得过早,否则滴定值偏高。

八、讨论分析题

滴定完毕放置一定时间后,溶液应返回蓝色,否则表示滴定过量,为什么?

· 核酸类 ·

实验十九　核酸碱基的分离——纸层析法

一、课前设疑

1.纸层析法的原理是什么?

2.何谓 R_f 值? 影响 R_f 值的主要因素是什么?

3 本实验中核酸碱基检测手段采用何方法? 其显色剂是什么? 原理如何?

二、目的要求

1.学习核酸碱基纸层析法的基本原理。

2.掌握核酸碱基纸层析的操作技术。

3.学习核酸的酸水解及紫外分析鉴定的原理和操作方法。

三、基本原理

DNA 和 RNA 含有的主要碱基组成是类似的,所不同的是 DNA 中胸腺嘧啶在 RNA 内为尿嘧啶所代替。

核酸经水解可以得到不同的产物,其中包括核苷酸、核苷和游离的碱基等。酸水解时,嘌呤碱与戊糖间的糖苷键比嘧啶碱与戊糖间的糖苷键更不稳定,DNA 和 RNA 都具有此特性。若用浓酸水解核酸,100 ℃作用 10 min 可得到游离的嘌呤碱,而处理 1 h 才能水解得到嘧啶碱。核酸及碱基在 254 nm 紫外灯照射下具有特征吸收光值,因此,核酸水解后经过纸层析分离可用紫外分析进行鉴定。

四、试剂与器具

1.试剂

核酸:酵母 RNA 和小牛胸腺 DNA

高氯酸(70%~72%)

标准碱基溶液:腺嘌呤、鸟嘌呤、胞嘧啶、尿嘧啶、胸腺嘧啶各五种 0.1 mol/L HCL 溶液,浓度为 5 mmol/L

展层溶剂:正丁醇∶甲醇∶4 mol/L 盐酸=1.5∶1.5∶1.0(v/v/v)

2.器具

(1)层析缸

(2)点样毛细管

(3)小烧杯

(4)培养皿

(5)量筒

(6)离心机和离心管

(7)紫外光分析灯

(8)层析滤纸(新华1号)

(9)直尺及铅笔

(10)烘箱

五、操作步骤

1. 核酸的水解

分别称取核酸小牛胸腺 DNA 和酵母 RNA100 mg,移入小试管内,加入 1 mL 浓高氯酸混匀,在小试管顶部放一个玻璃球以减少蒸发作用。将试管放入沸水浴中加热 1 h,水解完毕,待试管冷却后,加入 1 mL 蒸馏水混匀,3000 r/min 离心 15 min,上清液为核酸水解液。

2. 纸层析分离

用国产的新华 1 号滤纸(宽 20 cm、长 30 cm)进行纸层析,在一端距边缘 2.5 cm 处用铅笔画一条与底边平行的直线,在纸上每隔 2 cm 处用铅笔点上小点,共 9 点,点外画一个直径为 1.5mm 小圆圈,每个点编号后,按下表 19-1 进行点样。

表 19-1　碱基纸层析点样顺序

编号	1	2	3	4	5	6	7	8	9
样品	RNA 水解液	RNA 水解液	鸟嘌呤	腺嘌呤	胞嘧啶	尿嘧啶	胸腺嘧啶	DNA 水解液	DNA 水解液

用毛细管将标准碱基溶液或核酸溶液分别对号点在滤纸的底线上的各点的中心上,毛细管触到纸面上,使溶液形成的斑点不超过小圆圈,每个样品重复点 3～4 次(约 5～10 μL),每次点样后,待凉干后再点下一次,点完后,将滤纸卷成圆筒,用线缝合。缝时纸两边缘间留一定的距离,以免接触发生毛细现象。将滤纸筒垂直放入层析缸内,在小烧杯内放入少许展层溶剂,盖上盖子平衡 2 h 后,从层析缸上口,用带玻璃管的小漏斗加入展层剂,然后立即盖紧盖子。当展层剂前沿达到距纸上端 2 cm 时取出滤纸筒,画好溶剂前沿,在通风处凉干,后再在 60 ℃烘箱内烘至滤纸干燥。

3. 紫外光分析鉴定

在波长 260 nm 左右的紫外光下观察干燥的层析滤纸,用铅笔圈出吸收紫外光的斑点,计算它们的 R_f 值与核酸水解液中各斑点的 R_f 值相比较确定 DNA 和 RNA 的碱基组成

4. 计算

计算各种核酸碱基的 R_f 值。

六、注意事项

核酸水解过程中有发生爆炸的危险,所以必须在通风柜内进行,并且在玻璃或者有机玻

璃的防护屏后面进行观察,不要使水解物加热至干。

七、讨论分析题

1. 本实验与氨基酸的纸层析法分离实验有什么异同?

2. 核酸水解产物的纸层析图谱,为什么能够在波长 260 nm 左右的紫外光下进行分析测定? 这种紫外分析法有何优点?

3. 在没有标准碱基的情况下,如何应用纸层析分离鉴定核酸水解液中各种碱基组成?

实验二十　核酸的紫外扫描及含量测定

一、课前设疑

1.本实验检测手段选择的理论基础是什么？

2.样品体系中其它物质是否对实验结果有干扰,为什么？

3.紫外吸收法测定核酸含量的原理是什么？ 采用紫外检测法测核酸含量有哪些优缺点？

4.样品中如含有核苷酸类杂质,则如何校正？

二、目的要求

1.通过实验,了解紫外线(UV)测定核酸浓度的原理。

2.进一步熟悉紫外分光光度计的使用方法。

三、基本原理

核酸、核苷酸及其衍生物都具有共轭双键,具有紫外吸收。RNA 和 DNA 的紫外吸收峰为 260nm。一般在 260 nm 波长下,每毫升含 1 μg DNA 溶液的光吸收值约为 0.020,每毫升含 1 μgRNA 溶液的光吸收值为 0.022～0.024。故测定待测浓度 RNA 或 DNA 溶液 260nm 的光吸收值即可计算出其中核酸的含量。此法操作简便,迅速。纯净的 RNA 溶液,其 A260/A280≥2;纯净的 DNA 溶液,其 A260/A280≥1.8。当样品中蛋白质含量较高时,比值即下降。若样品内混杂有大量的蛋白质和核苷酸等吸收紫外光的物质,应设法事先除去。

如果已知待测的核酸样品不含酸溶性核苷酸或可透析的低聚多核苷酸,即可将样品配制成一定浓度的溶液(20～50ug/mL),在紫外分光光度计上直接测定。

四、材料、试剂与器具

1.材料

RNA 或 DNA 干粉。

2.试剂

(1)钼酸铵—过氯酸沉淀剂:取 3.6mL70％过氯酸(市售规格)和 0.25g 钼酸铵于 96.4mL 蒸馏水中;

(2)2.5—6％氨水:市售 25％～30％浓氨水稀释 5 倍;

(3)标准 DNA 溶液:100ug/mL;

（4）待测的 DNA 溶液；

（5）0.01 mol／L NaOH；

3.仪器

（1）分析天平、离心机、紫外分光光度计、移液器、冰浴、离心管、烧杯、容量瓶（50）、吸量管、试管及试管架等

五、操作步骤

检查试管是否干燥、洁净；若否，将其洗净并置于干燥箱内 120℃烘干。

1.标准曲线的制作

取 7 只试管、2 只取样器（分别为 1mL 和 5mL），按照表 20-1 加样。

表 20-1　标准曲线的制作

试管	1	2	3	4	5	6	7
标准 DNA 溶液（mL）	0	0.1	0.2	0.4	0.6	0.8	1
蒸馏水（mL）	5	4.9	4.8	4.6	4.4	4.2	4
A_{260}	0						

混匀后以 1 号试管为空白在 260nm 处测定光吸收值 A，以标准 DNA 溶液的毫升数为横坐标、A 为纵坐标在坐标纸上绘制出标准曲线，它是一条直线。

2.核酸最大紫外吸收波长（λm）的确定

以表 20-1 中的 7 号试管为测定对象，以 1 号试管为空白，在 240～290nm 范围内每隔 10nm 分别测定光吸收值 A。注意，每次换了波长之后都需要用空白重新调校"0％T"和"100％T"。以 A 为纵坐标、λ（nm）为横坐标作一条平滑曲线，找出最高峰处所对应的波长 λm。

3.样品制备

准确称取核酸样品若干，加少量 0.01mol／L NaOH 调成糊状，再加适量水，用 5—6％氨水调至 pH7.0，最后加水配制成每毫升含 5－50ug 核酸的溶液。如果待测的核酸样品中含有酸溶性和核苷酸或可透析的低聚多核苷酸，则在测定时需加钼酸铵—过氯酸沉淀剂，除去大分子核酸，测定上清液 260nm 处吸收值作为对照。具体操作如下：

取两只离心管，甲管加入 2 mL 样品溶液和 2mL 蒸馏水，乙管加入 2mL 样品溶液和 2mL 沉淀剂。混匀，在冰浴上放置 30min，在 3000 r／min 下离心 10min，从甲、乙两管中分别吸取 0.5mL 上清夜，用蒸馏水定容至 50mL（视核酸浓度决定稀释倍数），选择厚度为 1cm 的石英比色杯，在 260nm 波长处测定 A 值。

4.样品测定

取一支试管，编号 8，加入 6mL 左右待测的 DNA 溶液（同时做空白对照），仍以 1 号试管为空白，分别在 260nm 和 280nm 处测定其光吸收 A，用 A_{260} 在标准曲线上查出其对应于标准 DNA 溶液的毫升数 V，由公式：V＊100/5 计算出待测 DNA 溶液的浓度（ug/mL）。再根据 $A260/A280$ 的值来判断该待测的 DNA 样品是否纯净，并根据待测 DNA 溶液的 A_{260} 值由公式（1）直接计算 DNA 溶液浓度。

$$样品\ DNA(RNA)浓度(\mu g/mL)=\frac{\Delta A_{260nm}值}{0.020(或\ 0.023)\times L}\times 稀释倍数 \qquad (1)$$

要求:将用过的玻璃仪器和取样器套头洗净,清洁紫外分光光度计(尤其是比色槽内)、清洗比色皿,整理好桌面上的仪器和试剂,并注意清洁自己的操作台,请老师验收,实验报告当场交给老师。

3.结果记录:

表 20-2　DNA 溶液扫描结果

λ(nm)	240	250	260	270	280	290
A						
λ_m						

表 20-3　DNA 标准曲线及待测溶液检测结果

试管	1	2	3	4	5	6	7	8
A_{260}	0							
试管 8 对应于标准 DNA 溶液的毫升数 V								
待测的 DNA 溶液的浓度(ug/mL) 由公式 $V\times 100/5$ 计算								
待测 DNA 溶液浓度(ug/mL)由公式 ΔA_{260nm}值/0.020								
待测的 DNA 溶液的 A_{260}/A_{280}								
待测 DNA 溶液是否纯净?								

六、讨论分析题

1. 干扰本实验的物质有哪些?
2. 设计排除这些干扰物的实验方法。
3. 如果手接触了石英比色皿的光面而没有被擦净会导致什么误差,为什么?
4. 如果抵达波长后不用空白样来调"0%"和"100%",而是直接测定,会导致什么结果?

实验二十一 定磷法测定 RNA 浓度

一、预习思考题

本实验操作过程中有哪些关键环节？

二、目的要求

1. 掌握测定核酸浓度的定磷法的原理和操作方法。
2. 掌握消化技术。

三、基本原理

核酸经消化生成无机磷,无机磷在酸性条件下与钼酸铵反应生成磷钼酸,在还原剂作用下,磷钼酸还原成钼蓝。颜色的深浅与无机磷的浓度成正比。通过测定 OD_{650},可测定磷的浓度,进一步计算出核酸的浓度。

四、材料、试剂与器具

1. 材料

核酸样品液:酵母 RNA1～10 mg/mL。

2. 试剂

(1)标准磷溶液:K_2HPO_4(105 ℃烘干至恒重)0.2195 g＋H_2O 定容至 50 mL(含磷量 1 mg/mL),冰箱中保存备用。临用前稀释 100 倍,成为含磷量为 10 μg/mL。

(2)定磷试剂:先配制 3 mol/L 硫酸、2.5％钼酸铵、10％抗坏血酸,可在冰箱中保存。

临用时按体积比及顺序配制:水：3 mol/L 硫酸：2.5％钼酸铵：10％抗坏血酸＝2：1：1：1。注意:硫酸加入水中要小心,应慢慢加入。

(3)沉淀剂:称取 1 g 钼酸铵＋14 mL70％过氯酸＋386 mL 水。

(4)5 mol/L 硫酸。

(5)30％过氧化氢。

3. 器具

(1)离心机;

(2)凯氏烧瓶;

(3)烘箱;

(4)分光光度计;

(5)恒温水浴。

五、操作步骤

1. 标准曲线的制作

分别吸取 0、0.2、0.4、0.6、0.8、1.0 mL 标准磷溶液加入试管中,用水补足到 3 mL。各加入定磷试剂 3 mL,摇匀,于 45 ℃水浴中保温 25 min,冷却至室温,用分光光度计测 OD_{650} 值。

2. 核酸的消化

吸取核酸样品液 1 mL 于凯氏烧瓶中,另吸取蒸馏水 1 mL 做空白试验。各加入 2 mL 5 mol/L 硫酸。置于 140～160 ℃烘箱内消化 2～4h,待溶液呈黄褐色后,取出冷却,加入 1～2 滴 30%过氧化氢,继续消化,到溶液透明为止。取出冷却后加入 1 mL 蒸馏水,于沸水浴中加热 10 min,以分解消化过程中形成的焦磷酸。然后将消化液用蒸馏水转移至 100 mL 容量瓶中定容到刻度。

3. 总磷的测定

分别取上述样品消化液和空白液 1 mL,各加入蒸馏水 2 mL 和定磷试剂 3 mL,摇匀,于 45 ℃保温 25 min,冷却至室温,测定 OD_{650},从标准曲线查出含磷量,乘以 100,即为每毫升样品的总磷量。

4. 样品中无机磷的测定

各取 1 mL 核酸样品液和蒸馏水,各加入沉淀剂 1 mL,摇匀,以 3500 r/min 离心 15 min。取 0.2 mL 上清液,加 2.8 mL 水和 3 mL 定磷试剂,如上述方法测 OD_{650},从标准曲线查出含磷量,乘以 10 即为每毫升样品液中的无机磷浓度。

六、计算

不同来源的核酸其含磷量有所差别,一般 DNA 含磷量为 9.5%,RNA 含磷量为 9.2%,因此,按下式计算样品中核酸含量:

$$RNA(DNA)含量(ug/mL)=(总磷量-无机磷量)\times 10.9(或 10.5)$$

实验二十二　二苯胺显色法测定 DNA 浓度

一、课前设疑

二苯胺法测定 DNA 含量应注意哪些事项？

二、目的要求

学习和掌握用二苯胺显色法测定 DNA 浓度的原理和操作方法。

三、基本原理

脱氧戊糖核酸及其核苷酸中的糖为 $2'$-脱氧戊糖，与核糖核酸中的戊糖由于结构上的差别，带来化学反应也各不相同，常用两种糖的不同呈色反应加以鉴定，并通过光谱分析进行定量分析。

$2'$-脱氧核糖的显色反应可分为三种类型，其中一种反应是 $2'$-脱氧戊糖与其他糖类不同的，因其在溶液中主要以醛的形式存在；另一种反应为一些羟基醛类和酮基醛类所呈现的各种不同强度的显色反应；第三种反应是糖类呋喃衍生物的显色反应。因此，通过 DNA 的三种脱氧戊糖的呈色反应，测定 DNA 浓度的方法很多：

(1)DNA 与半胱氨酸同硫酸一起加热产生桃红色；

(2)DNA 与色氨酸同高氯酸一起加热的反应产物呈紫色；

(3)DNA、吲哚、盐酸共热呈黄棕色；

(4)DNA、咪唑、硫酸反应后为紫色；

(5)DNA 与 Schiff 试剂反应后呈蓝色。

上述各种反应以 DNA 与半胱氨酸同硫酸的反应最为特异，吸收光谱与 $2'$-脱氧核糖类似的阿拉伯糖醛所得的显色产物吸收光谱都不同，最大吸收波长为 490 nm。此法适用于测定游离的胸腺嘧啶核苷酸。若定量测定核酸浓度时灵敏度较差，是二苯胺法灵敏度的一半。(2)号反应定量测定时灵敏度是二苯胺法的三分之一，第(3)种方法操作麻烦，第(5)种方法灵敏度最差。因此一般用二苯胺法定量测定 DNA，原理为：在强酸、加热条件下，可以使 DNA 中的嘌呤碱基与脱氧核糖间的糖苷键断裂，产生嘌呤碱基、脱氧核糖与嘧啶核苷酸。其中，$2'$-脱氧核糖在酸性环境中成为 w-羟基-r-酮基戊醛，此物与二苯胺反应生成蓝色化合物，在 595 nm 处有最大吸收。DNA 在 $40 \sim 400$ μg 范围内光吸收值与 DNA 浓度成正比。在反应中加入少量乙醛可提高灵敏度，而且其他化合物的干扰也显著降低。当样品中含少量 RNA 时不影响测定，而蛋白质、多种糖及其衍生物芳香醛、羟基醛都能与二苯胺形成各种有色物质，干扰测定。

四、材料、试剂与器具

1. 材料

肝脏 DNA

2. 试剂

(1)DNA 标准溶液(须经定磷法测定其纯度)

取标准 DNA 以 0.01 mol/L 氢氧化钠溶液配成 200 mg/L 的标准液。

(2)待测样品液

准确称取猪脾 DNA 或用紫外分光光度法中剩下的 DNA 液配成 100 mg/L 的溶液。

(3)二苯胺试剂

使用前称取 0.8 g 二苯胺(需在 70%乙醇中重结晶两次),溶于 180 mL 冰乙酸中,再加入 8 mL 过氯酸(60%以上),混匀待用。临用前加入 1.6%乙醛溶液 0.8 mL,所配试剂应为无色。

(4)1.6%乙醛

取 47%乙醛 3.4 mL,加重蒸水定容至 100 mL(置于冰箱中,一周之内可以使用)。

3. 器具

(1)分光光度计

(2)分析天平

(3)恒温水浴

(4)试管,吸量管,容量瓶,试管架,洗耳球等

五、操作步骤

1. 标准曲线制作

取 6 支试管,按表 22-1 添加试剂。

表 22-1 二苯胺显色法测定 DNA 含量实验试剂配制

组号	1	2	3	4	5	6
管号	1	2	3	4	5	6
标准液/mL	0	0.4	0.8	1.2	1.6	2
H_2O/mL	2.0	1.6	1.2	0.8	0.4	0
二苯胺/mL	4	4	4	4	4	4

混匀后于 60 ℃恒温水浴保温 60 min,冷却后以 1 号管作对照,于 595 nm 处测定 A_{595},以 DNA 浓度为横坐标,光吸收值为纵坐标,绘制标准曲线。

2. 样品的测定

取 2 支试管,各加 2 mL 待测液(内含 DNA 量要在可测范围内)和 4 mL 二苯胺试剂,摇匀,其余操作同 1。

3. DNA 浓度计算

根据测得的光吸收值,从标准曲线上查处相当于光吸收值的 DNA 浓度,按下式计算制

品中 DNA 的质量分数：

　　DNA 质量分数/％＝待测液中测得的 DNA 质量(μg)/待测液中制品的质量(μg)×100

六、注意事项

　　二苯胺试剂具有腐蚀性,且二苯胺反应产生的蓝色不易褪色,操作中应防止洒出,比色时,比色杯外面一定要擦干净。

七、讨论分析题

　　DNA 制品都可以用哪些方法测定其含量？试从它们的原理、准确性等方面加以比较。

实验二十三　苔黑酚法测定 RNA 浓度

一、课前设疑

1.当样品中含有蛋白质杂质时是否对测定结果有影响？如何去除蛋白质杂质？

2.当样品中混有 DNA 时是否对测定结果有影响，为什么？防止 DNA 影响的手段有哪些？

二、目的要求

学习和掌握用苔黑酚法测定 RNA 浓度的原理和操作方法。

三、基本原理

由于核酸中戊糖可与很多试剂反应，并有特殊的颜色，因此可根据光谱分析测定 RNA 浓度。测 RNA 浓度的方法有：

1.间苯三酚法

测定方法是将 8 mL 0.1％三氯化铁溶液(溶于 1 份盐酸和 6 份冰乙酸中)加入 1 mL 未知溶液(每毫升约含 2 mg RNA)，摇匀后，将反应液浸入沸水中准确加热 4 min，冷却至室温，放置 2～24 h，10 h 后显出最深的颜色，借 Beckmen 分光光度计测定 680 nm 处的最大吸收值。此法灵敏度差，操作也麻烦。

2.戊糖与半胱氨酸法

测定方法与测 DNA 的方法相同，反应时间不同，RNA 的最大吸收值在 390 nm。此法适于测定 DNA 浓度少的杂质 RNA。

3.苔黑酚法

苔黑酚是 3,5-二羟基甲苯的俗名，又称为地衣酚。

反应的催化剂分为两类：

(1)三氯化铁催化剂

(2)氯化铜催化剂

后来人们不断做了改进：根据戊糖与盐酸共热能释放出糖醛，把糖醛溶于二甲苯，然后与乙酸甲苯胺反应生成红色；或者与对溴苯肼生成黄色，都可测定 RNA 浓度。利用戊糖反应测定 RNA 浓度的最灵敏、最常用的方法是利用苔黑酚反应测 RNA 中的核糖(五碳糖)，方法是先把试样与苔黑酚结合，生成蓝绿色的溶液。反应产物在 670 nm 处有最大吸收。当 RNA 浓度在 10～100 mg/L 范围内，其浓度与光吸收值成线性关系。因此，可利用核糖的呈色反应进行比色测定 RNA 浓度。

苔黑酚测定法得出的核酸浓度往往偏高,因为水解液中除核酸戊糖外,其他物质含有的戊糖(如粘多糖)也有呈色反应,DNA 和其他杂质也能给出类似的颜色,有大量 DNA 存在时,加入适量的 $CuCl_2 \cdot H_2O$ 可减少 DNA 的干扰。

四、材料、试剂与器具

1. 材料

(1)标准母液

准确称取 RNA25 mg,用少量蒸馏水溶解(如不溶,可滴加氨水,调 pH 至 7.0)定容至 25 mL,此溶液每 mL 含 RNA 1 mg。

(2)标准 RNA 溶液

取母液 2.5 mL,定容至 25 mL,使成 100 mg/L 的 RNA 溶液,酵母 RNA 浓度在 100~1000 mg/L 范围内。

2. 试剂

苔黑酚试剂

先配制含 0.1%三氯化铁的浓盐酸溶液,实验前用此液作溶剂配成 0.1%苔黑酚溶液

3. 器具

(1)分光光度计

(2)恒温水浴箱

(3)吸量管、试管、温度计等

五、操作步骤

1. 标准曲线的制作

取试管 6 支,按表 23-1 编号及加入试剂,加毕摇匀。

表 23-1　苔黑酚法测定 RNA 含量实验试剂配制

试剂	管号					
	0	1	2	3	4	5
RNA 标准液/mL	0	0.4	0.8	1.2	1.6	2.0
蒸馏水/mL	2.0	1.6	1.2	0.8	0.4	0
苔黑酚试剂/mL	2.0	2.0	2.0	2.0	2.0	2.0

混匀后置于 100 ℃恒温水浴中保温 25 min,取出冷却,以 0 号管做对照,于 670 nm 处测定光吸收值 A670 nm。以 RNA 浓度为横坐标,光吸收值为纵坐标作图,绘制标准曲线。

2. 样品的测定

取 1.0 mL 样品液于试管内,加蒸馏水 1.0 mL、苔黑酚试剂 2.0 mL,100 ℃恒温水浴保温 25 min,测 A_{670},根据标准曲线求得 RNA 质量(μg)。

RNA 质量分数/% = 测得样品中 RNA 质量(μg)/样液中样品的质量(μg)×100　　(1)

或者取含有 30 gRNA 的溶液 2 mL,加 2 mL 苔黑酚试剂;取含 100 mg/L RNA 的标准样品 12 mL 和 2 mL 苔黑酚试剂,其他操作同上,以 2 mL 蒸馏水作为空白,测定 A_{670},计算

公式如下:

$$RNA\ 质量浓度/mg/L = (S/H) \times c \times D \qquad (2)$$

式中:S 为样品的光吸收值;

　　H 为标准 RNA 溶液的 A 值;

　　c 为标准 RNA 溶液的浓度;

　　D 为样品稀释倍数。

样品测定需与制作标准曲线使用同一批试剂,同一台分光光度计。

六、讨论分析题

查阅资料设计出其余两种 RNA 定量测定方法的实验流程。并说明它们与苔黑酚法比较有何优缺点?

实验二十四　DNA 的琼脂糖凝胶电泳

一、课前设疑

1. 本实验用什么方法对电泳后核酸进行染色？操作过程中应注意哪些防护？
2. DNA 样品为什么应在加缓冲液后点样？

二、目的要求

通过实验学会平板琼脂糖电泳鉴定 DNA 的原理及操作技术。

三、基本原理

琼脂糖是从海藻中提取出来的一种杂聚多糖，是由 D 型和 L 型半乳糖以 $\alpha-1,3$ 和 $\beta-1,4$ 糖苷键相连形成的线状高聚物（如下图 24-1 所示）。琼脂糖遇冷水膨胀，溶于热水成溶胶，冷却后成为孔径范围从 50nm 到大于 200nm 的凝胶。

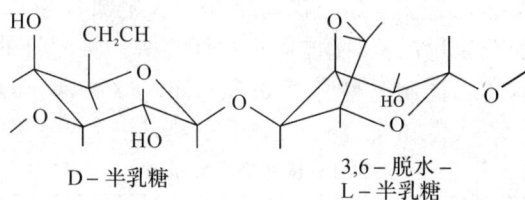

图 24-1　琼脂糖结构

琼脂糖凝胶电泳是分离、鉴定和纯化 DNA 片段最为常用的方法之一，这种方法简便易行。而且琼脂糖可以灌制成各种形状、大小和孔径，在不同的装置中进行电泳，如果有必要，还能够从凝胶中回收 DNA 谱带。DNA 分子在 pH 值高于其等电点的溶液中带负电荷，在电场中向阳极移动。DNA 分子在电场中通过琼脂糖凝胶而泳动，除了电荷效应以外，还有分子筛效应。由于 DNA 分子片段的相对分子质量不同，移动速度也不同，所以可将相对分子质量不同或构象不同的 DNA 分离。

琼脂糖凝胶的分离范围较广，选择不同凝胶浓度和装置，从 50 个碱基对到几兆不同长度的 DNA 都可以实现分离。使用电场强度和电泳方向恒定的水平板琼脂糖凝胶电泳的方法，可以很好的分离长度在 $50-20,000$ bp 的 DNA 片段。如 $0.6\sim1.4\%$ 琼脂糖凝胶适用于 $3\times10^{6}\sim11\times10^{6}$ 相对分子质量的 DNA 分子或片段的分离，所需 DNA 样品量为 $0.5\sim1.0$ μg。

DNA 在琼脂糖凝胶中的迁移率受多种因素影响。例如 DNA 分子的大小；琼脂糖的浓度;所加电压等等。DNA 片段越长,泳动速度越慢,而且泳动速度与电场强度成正比。一个给定大小的线性 DNA 片段,在不同浓度的琼脂糖凝胶中迁移率不同,DNA 电泳迁移率的对数与凝胶浓度成线性关系。

琼脂糖凝胶电泳分离后的 DNA 可用溴化乙啶染色。溴化乙啶 $C_{21}H_{20}BrN_3$(EB)的分子结构如图 24-2 所示。

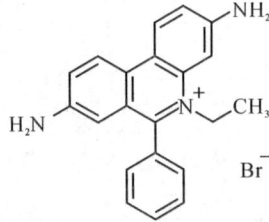

图 24-2　EB 分子结构图

溴化乙啶分子可插入 DNA 双螺旋结构的两个碱基之间,形成一种荧光络合物。在 254nm 波长紫外光照射下,呈现橙黄色的荧光。用溴化乙啶检测 DNA,可检出 10^{-9}g 以上的 DNA 含量。

四、实验材料

1. 器材

水平板电泳槽;灌胶模具及梳齿;电泳仪;水浴锅;微量移液器

2. 试剂

(1)DNA 样品;DNA 标准分子量标记物;琼脂糖;1x 电泳缓冲液 TBE;6x 样品缓冲液

(2)溴化乙锭:水中加入溴化乙啶,搅拌数小时至溶解。将配好的 10 mg/mL 溴化乙啶溶液装在棕色瓶中,室温保存,使用时稀释至 $0.5\mu g/mL$。(有毒,操作时必须戴手套,在通风柜内进行。)

表 24-1　缓冲溶液配制表

缓冲溶液	工作溶液	储存溶液(每升)
TBE	0.5x 0.045mol/L Tris—硼酸 0.001mol/L EDTA	5x 54 g Tris 碱 27.5g 硼酸 20mL 0.5mol/L EDTA (pH8.0)
6x 样品缓冲液	0.2% 溴酚蓝 50% (w/v) 蔗糖水液	储存温度 4℃

五、实验操作

1. 琼脂糖胶液的制备:称取 1 g 琼脂糖,置于三角烧瓶中,加入 100 mLpH8.0TBE 缓冲液,瓶口扣上一小烧杯,加热 8—10 分钟,琼脂全部融化于缓冲液中。取出摇匀,即为 1%琼脂。(也可加溴化乙啶 $2.5~\mu l$)

2. 凝胶板的制备:照厂家说明准备好灌胶模具(实验操作示意如图 24-3 所示),用橡皮膏将凝胶塑料托盘短边缺口封住,置水平玻板或工作台面上(须调水平,将样品槽模板(梳子)插进托盆长边上的凹槽内,距一端约 1.5 cm)。梳子底边与托盘表面保持 0.5～1mm 的间隙。待琼脂糖冷至 65℃左右。取 25 mL 小心地倒入托盘内,使凝胶缓慢地展开直至在托盘表面形成一层约 3～5mm 厚均匀胶层。液内不存有气泡。室温下静置 0.5～1 h。

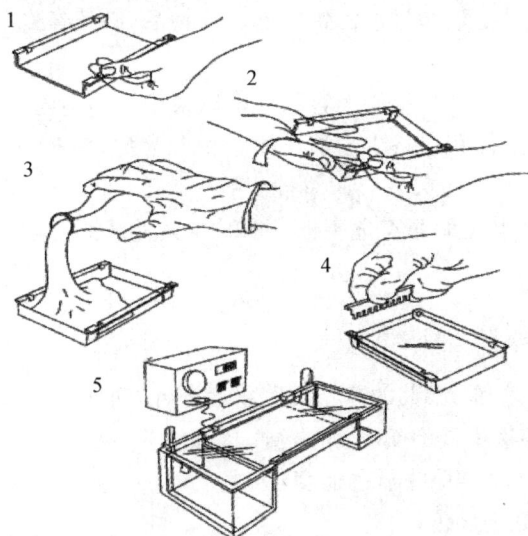

图 24-3　琼脂糖灌胶示意

3.室温放置 30～45 分钟,待凝胶完全凝固后,用小滴管在梳齿附近加人少量缓冲液润湿凝胶,双手均匀用力轻轻拔出样品槽模板(注意勿使样品槽破裂),则在胶板上形成相互隔开的样品槽,取下封边的橡皮膏,按照厂家说明将凝胶放入水平板电泳槽。

4.在电泳槽中加入电泳缓冲液,电泳缓冲液没过胶面 1 mm,拔下梳齿形成样品池。

5.加样:取样品与 6X 样品缓冲液按照比例混合后,用微量移液器缓慢加入样品池中,每个槽加 10 μl 左右。因此加样量不宜超过 20 μl,避免因样品过多而溢出,污染邻近样品。加样时,注射器针头穿过缓仲液小心插人加样槽底部,但不要损坏凝胶槽,然后缓慢地将样品推进槽内让其集中沉于槽底部。

6.电泳:盖上电泳槽并且通电,注意电源正负极,将样品放于负极,确保样品向阳极移动。在样品进胶前可用略高电压,防上样品扩散。样品进胶后,应控制电压降不高于 5 V/cm(电压值 V/电泳板两极之间距离比)。当染料条带移动到距离凝胶前沿约 1 cm 时,停止电泳。

7.染色:从电泳槽中取出凝胶,将凝胶置于 0.5 μg/mL 溴化乙啶水溶液中,室温下振摇染色 30～45 分钟。

8.观察与拍照:小心地取出凝胶置托盘上,并用水轻轻冲洗胶表面的溴化乙锭溶液,然后再将胶板推至预先浸湿并铺在紫外灯观察台上的玻璃纸内,在波长 254 nm 紫外灯下进行观察。DNA 存在的位置呈现橘红色荧光,肉眼可观察到清晰的条带.荧光在 4-6 小时后减弱,因此,初步观察后,应立即拍照记录下电泳图谱.观察时应戴上防护眼镜或有机玻璃防护面罩,避免紫外光对眼睛的伤害。

9.回收染色液,集中处理。

六、注意事项

1. 溴乙锭是 DNA 诱变剂,配制和使用 EB 染色液时,应戴乳胶手套,并且不要将该溶液洒在桌面或地面上。凡是沾污过溴乙锭的器皿或物品,必须经专门处理后,才能进行清洗或弃去。

2. 加样量的多少决定于加样槽最大容积。可以采用大小不同样品槽模板以形成容积不同的加样槽。加入样品的体积应略少于加样槽容积。为此,对于较稀的样品液应设法调整其浓度或加以浓缩。

3. 紫外线对人体,尤其是眼睛有危害性。为减少紫外线照射,必须确保紫外线光源受到遮蔽。

七、附:核酸银染法

1. 取胶,用 10% 乙醇和 0.5% 的冰乙酸固定 6 分钟,两次;

2. 0.2% $AgNO_3$ 溶液中浸泡 10—12 分钟,蒸馏水充分漂洗;

3. 1.5% NaOH 和 0.4% 甲醛显色适度;

4. 0.75% $NaCO_3$ 终止显色;

5. 凝胶压平、抽干、观察。

八、讨论分析题

影响琼脂糖凝胶 DNA 电泳的因素有哪些? 分别有怎样的影响?

实验二十五　维生素 C 的定量测定
——2,6-二氯酚靛酚法

一、课前设疑

1. 为了测得准确的维生素 C 浓度,实验过程中都应注意哪些操作步骤? 为什么?
2. 为什么样品溶液要用 2% 草酸提取,而且整个滴定过程要快速?

二、目的要求

1. 学习并掌握定量测定维生素 C 的原理和方法。
2. 了解蔬菜、水果中维生素 C 浓度情况。

三、基本原理

维生素 C 是人类营养中最重要的维生素之一,缺少它时会产生坏血病,因此又称为抗坏血酸(ascorbic acid)。它对物质代谢的调节具有重要的作用。近年来,发现它还有增强机体对肿瘤的抵抗力,并具有化学致癌物的阻断作用。

维生素 C 是具有 L 系糖型的不饱和多羟基物,属于水溶性维生素。它分布很广,植物的绿色部分及许多水果(如橘子、苹果、草莓、山楂等)、蔬菜(黄瓜、洋白菜、西红柿等)中的浓度更为丰富。

维生素 C 具有很强的还原性。它可分为还原型和脱氢型。金属铜和酶(抗坏血酸氧化酶)可以催化维生素 C 氧化为脱氢型。根据它具有还原性质可测定其金属浓度。

还原型抗坏血酸能还原染料 2,6-二氯酚靛酚(DCPIP),本身则氧化为脱氢型。在酸性溶液中,2,6-二氯酚靛酚呈红色,还原后变为无色(如图 25-1)。因此,当用此染料滴定含有维生素 C 的酸性溶液时,维生素 C 尚未全部被氧化前,则滴下的染料立即被还原成无色。一旦溶液中的维生素 C 已全部被氧化时,则滴下的染料立即使溶液变成粉红色。所以,当溶液从无色变成微红色时即表示溶液中的维生素 C 刚刚全部被氧化,此时即为滴定终点。如无其他杂质干扰,样品提取液所还原的标准染料量与样品中所含还原型抗坏血酸量成正比。

本法用于测定还原型抗坏血酸,总抗坏血酸的量常用 2,4-二硝基苯肼法和荧光分光光度法测定。

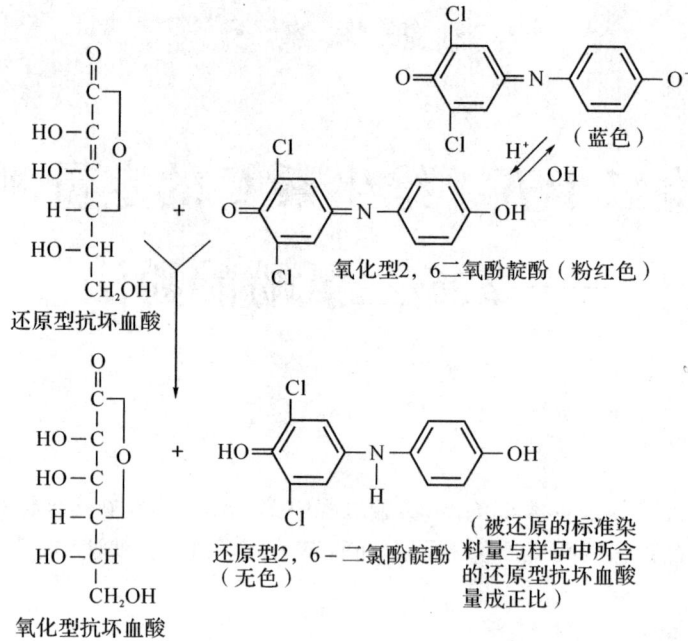

图 25-1　2,6-二氯酚靛酚氧化还原反应式

四、材料、试剂与器具

1.材料
苹果、卷心菜、青椒、绿豆芽等。

2.试剂
(1)2％草酸溶液

草酸 2 g 溶于 100 mL 蒸馏水中。

(2)1％草酸溶液

草酸 1g 溶于 100 mL 蒸馏水中。

(3)标准抗坏血酸溶液(1 mg/mL)

准确称取 100 mg 纯抗坏血酸(应为洁白色,如变为黄色则不能用)溶于 1％草酸溶液中,并稀释至 100 mL,贮于棕色瓶中,冷藏。最好临用前配制。

(4)0.1％ 2,6－二氯酚靛酚溶液

250 mg 2,6－二氯酚靛酚溶于 150 mL 含有 52 mg NaHCO$_3$ 的热水中,冷却后加水稀释至 250 mL,贮于棕色瓶中冷藏(4 ℃)约可保存一周。每次临用时,以标准抗坏血酸溶液标定。

3.器具
(1)组织捣碎器

(2)微量滴定管(5 mL 参见图 25-2)

(3)锥形瓶(100 mL),吸量管(10 mL),漏斗,滤纸,容量瓶(100 mL,250 mL)等

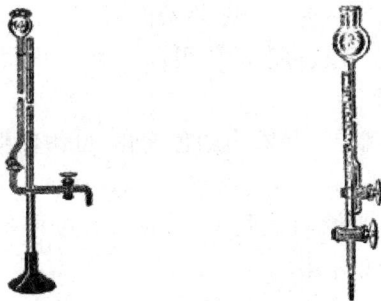

图 25-2　（左）座式微量滴定管，（右）夹式微量滴定管

五、操作步骤

1. 样品提取

水洗干净整株新鲜蔬菜或整个新鲜水果，用纱布或吸水纸吸干表面水分。然后称取 20 g，加入 20 mL 2% 草酸，用研钵研磨，四层纱布过滤，滤液备用。纱布可用少量 2% 草酸洗几次，合并滤液，滤液总体积定容至 50 mL。

2. 标准液滴定

准确吸取标准抗坏血酸溶液 1 mL 置 100 mL 锥形瓶中，加 9 mL 1% 草酸，用微量滴定管以 0.1% 2,6-二氯酚靛酚溶液滴定至淡红色，并保持 15 s 不褪色，即达终点。由所用染料的体积计算出 1 mL 染料相当于多少毫克抗坏血酸（取 10 mL 1% 草酸作空白对照，按以上方法滴定）。

3. 样品滴定

准确吸取滤液三份平行样品，每份 10 mL，分别放入 3 个锥形瓶内，滴定方法同前。另取 10 mL 1% 草酸三份作空白对照滴定。

六、结果计算

$$维生素 C 浓度(mg/100\ g) = \frac{(V_A - V_B) \times S}{W} \times 100$$

式中：V_A 为滴定样品所耗用的染料的平均毫升数；

　　　V_B 为滴定空白对照所耗用的染料的平均毫升数；

　　　S 为 1 mL 染料能氧化抗坏血酸毫克数（由操作 2 计算出）；

　　　W 为待测样品的重量(g) = $D \times$ 样品称取重量$/C$

　　　C 为样品提取液的总毫升数；

　　　D 为滴定时所取的样品提取液毫升数。

七、注意事项

（1）某些水果、蔬菜（如橘子、西红柿等）浆状物泡沫太多，可加数滴丁醇或辛醇。

（2）整个操作过程要迅速，防止还原型抗坏血酸被氧化。滴定过程一般不超过 2 min。滴定所用的染料不应小于 1 mL 或多于 4 mL，如果样品含维生素 C 太高或太低时，可酌情增减样液用量或改变提取液稀释度。

（3）本实验必须在酸性条件下进行。在此条件下,干扰物反应进行得很慢。

（4）2％草酸有抑制抗坏血酸氧化酶的作用,而1％草酸无此作用。

（5）干扰滴定因素有:

若提取液中色素很多时,滴定不易看出颜色变化,可用白陶土脱色,或加 1 mL 氯仿,到达终点时,氯仿层呈现淡红色。

Fe^{2+} 可还原二氯酚靛酚。对含有大量 Fe^{2+} 的样品可用 8％乙酸溶液代替草酸溶液提取,此时 Fe^{2+} 不会很快与染料起作用。

样品中可能有其他杂质还原二氯酚靛酚,但反应速度均较抗坏血酸慢,因而滴定开始时,染料要迅速加入,而后尽可能一点一点地加入,并要不断地摇动三角瓶直至呈粉红色,于 15 s 内不消褪为终点,保证滴定过程不要超过 2 min。

（6）提取的浆状物如不易过滤,亦可离心,留取上清液进行滴定。

八、讨论分析题

1.指出本实验采用的定量测定维生素 C 的方法有何优缺点?

2.试简述维生素 C 的生理意义及应用情况。

3.根据维生素 C 的特性请你列举一些富含 Vc 的常见食物。

实验二十六　维生素 B_1 的定量测定
——荧光法

一、课前设疑

维生素 B_1 的定量测定还有没有其他方法？为什么荧光法被普遍采用？

二、目的要求

掌握荧光法测定维生素 B_1 的原理和方法。

三、基本原理

维生素 B_1（硫胺素）属于水溶性维生素，在碱性高铁氰化钾溶液中，能被氧化成一种蓝色的荧光化合物——硫色素，在紫外线下，硫色素发出荧光。在给定条件下，以及没有其他荧光物质干扰时，此荧光之强度与硫色素的浓度成正比。利用人造沸石对维生素 B_1 的吸附作用去除样品中的干扰荧光测定的杂质，然后洗脱维生素 B_1，测定其荧光强度。

四、材料、试剂与器具

1. 材料

麸皮。

2. 试剂

(1)碱性高铁氰化钾：1 mL 1％的高铁氰化钾溶液，用 15％NaOH 稀释至 15 mL。

(2)2.5 mmol/L 无水 NaAc 溶液：205 g 无水 NaAc 用水溶解并稀释至 1000 mL。

(3)25％酸性 KCl 溶液：8.5 mL 浓 HCl 用 25％KCl 溶液稀释至 1000 mL。

(4)25％KCl 溶液。

(5)无水正丁醇。

(6)15％NaOH 溶液。

(7)20％（w/v）连二亚硫酸钠（$Na_2S_2O_4$）。

(8)0.04％溴甲酚绿指示剂。

(9)维生素 B_1 标准液：①维生素 B_1 标准储备液（25 $\mu g/mL$）：准确称取标准品维生素 B_1 100 mg 溶于 0.01 mmol/L 盐酸中，稀释至 1000 mL，于冰箱中保存。②维生素 B_1 标准工作液：维生素 B_1 标准储备液稀释 100 倍，用冰醋酸调至 pH 4.5。避光，贮于 4 ℃冰箱。

3. 器具

(1)沸水浴。

(2)荧光分光光度计。

(3)试管 1.5 cm×15 cm(×4),移液管 10 mL(×1),5 mL(×4);带塞锥形瓶 250 mL(×1),布氏漏斗,人造沸石等。

五、操作步骤

1.样品制备

称取 2~10 g 样品于 100 mL 三角瓶中,加入 50 mL 0.1 mol/L 盐酸,搅拌直到颗粒物分散均匀,在沸水浴中水解样品 30 min。水解液冷却后,滴加 2 mol/L 醋酸钠,用 0.04% 溴甲酚绿作外指示剂调至 pH 4.5。离心 10 min,3000 r/min。向上清液中加入人造沸石 2~4 g,振摇 30 min,用布氏漏斗抽滤,用蒸馏水洗涤沸石 3 次,洗液弃去。然后用 5 mL 酸性 KCl 搅拌,洗脱 3 次,洗脱液合并,并用 25% 酸性 KCl 溶液定容至 25 mL。

2.氧化

将 5 mL 样品净化液分别加入 1、2 试管中。在避光条件下将 3 mL 15% 氢氧化钠溶液加入试管 1 中,将 3 mL 高铁氰化钾溶液加入试管 2 中,振摇 15 s,然后加入 10 mL 正丁醇,剧烈振摇 90 s。重复上述操作,用标准工作液代替样品净化液。静置分层后吸去下层碱性溶液,加入 2~3 g 无水硫酸钠使溶液脱水。

3.测定

(1)于激发光波长 365 nm、发射光波长 435 nm 处测量样品管及标准管的荧光值。

(2)待样品及标准的荧光值测量后,在各管的剩余液(约 5~7 mL)中加 0.1 mL 20% 连二亚硫酸钠溶液,立即混匀,在 20 s 内测出各管的荧光值,作为各自的空白值。

4.计算

按下式计算样品中维生素 B_1 的浓度:

$$X = \frac{(A-B) \times S}{(C-D) \times m} \times f \times \frac{100}{1000}$$

式中:X 为样品中含维生素 B_1 的量(mg/100g);

　　　A 为样品荧光值;

　　　B 为样品管空白荧光值;

　　　C 为标准管荧光值;

　　　D 为标准管空白荧光值;

　　　f 为稀释倍数;

　　　m 为样品的质量(g);

　　　S—标准管中的维生素 B_1 浓度(μg);

　　　100/1000—将样品中维生素 B_1 量由 $\mu g/g$ 折算成 mg/100 g 的折算系数。

六、注意事项

加入人造沸石要过量,保证维生素 B_1 的定量吸附。

七、讨论分析题

1.什么食物中含较多的维生素 B_1?

2.维生素 B_1 在生物体内代谢中起什么作用? 维生素 B_1 缺乏症有何症状?

实验二十七　核黄素的荧光法测定

一、课前设疑

核黄素有哪些特性,本实验操作中是否需要避光,为什么?

二、目的要求

1. 核黄素是机体的物质代谢和能量代谢中不可缺少的物质。
2. 通过测定食物中核黄素浓度,可了解人体核黄素摄入情况。

三、基本原理

核黄素受到波长为 $440\sim500$ nm 的光照射后能产生光黄素(luniflavin),此物质能产生较强的荧光。在稀溶液中其荧光强度与核黄素浓度成正比。

试液中再加入低亚硫酸钠($Na_2S_2O_4$),将荧光素还原为无荧光物质。然后再测定试液中残余荧光物质的荧光强度,两者之差即为食品中核黄素所产生的荧光强度。本方法检出限为 0.006 μg;线性范围为 $0.1\sim20$ μg。

四、试剂与器具

1. 试剂

(1)1.0 mol/L 盐酸溶液:吸取分析纯浓盐酸 83.3 mL 于 1 L 容量瓶中,加蒸馏水稀释至刻度。

(2)0.1 mol/L 盐酸溶液:将上液按 1:10 稀释。

(3)4%氢氧化钠溶液。

(4)0.4%氢氧化钠溶液。

(5)3%高锰酸钾溶液。

(6)3%过氧化氢溶液。

(7)核黄素储备液(23 μg/mL):精确称取已干燥过的核黄素(在干燥器中放置 24 h)25 mg,加少量蒸馏水溶解后倒入 1 L 容量瓶,加蒸馏水 500 mL,加入 2.4 mL 冰醋酸,将其放在温水中摇动使颗粒完全溶解,冷却后稀释至刻度,加入少量甲苯,避光冷藏备用。

(8)核黄素工作液(0.1 μg/mL):吸取上液 1.0 mL,加水稀释至 250 mL。避光,贮于 4 ℃冰箱中可保存一周。

(9)20%低亚硫酸钠溶液:用时现配,保存在冰水浴中,4 h 内有效。

(10)0.04%溴甲酚绿指示剂:称取 0.1 g 溴甲酚绿于小研钵中,加 1.4 mL 0.4%氢氧化钠溶液研磨,加少许水继续研磨直至完全溶解,加水稀释至 250 mL。

(11)2.5 mol/L 无水乙酸钠溶液,使用时现配制。

(12)10％木瓜蛋白酶溶液:使用前用 2.5 mol/L 无水乙酸钠溶液配制。

(13)10％淀粉酶溶液:使用前用 2.5 mol/L 无水乙酸钠溶液配制。

(14)洗脱液:丙酮：冰醋酸：水(5：2：9)。

2.器具

(1)荧光光度计;

(2)高压消毒锅;

(3)锥形烧瓶,核黄素吸附柱(如图 27-1)。

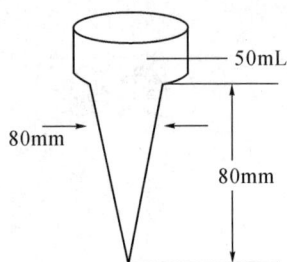

图 27-1 核黄素吸附柱

五、操作步骤

整个操作过程需避光进行。

1.样品前处理

称取 2～10 g 样品(约含 10～200 μg 核黄素)于 100 mL 锥形瓶中,加入 50mL 0.1 mol/L 盐酸,搅拌使样品颗粒分散均匀后,置于高压锅内,在 10.3×10⁴ Pa 高压下水解样品 30 min。水解液冷却后,加入 4％氢氧化钠调 pH 至 4.5(取少许水解液用溴甲酚绿检验呈草绿色,pH 即为 4.5)。

2.酶解

(1)含有淀粉样品的水解液加入 3 mL 10％淀粉酶溶液,于 37～40 ℃保温约 16 h。

(2)含有高蛋白样品的水解液加入 3 mL 10％木瓜蛋白酶溶液,于 37～40 ℃保温约 16 h。

上述酶水解液用蒸馏水定容至 100 mL,过滤。滤液在 4 ℃冰箱可保存一周。

3.氧化去杂质

取试管 2 支分别编号 A 和 B,按表 27-1 操作。

表 27-1 核黄素荧光法测定实验试剂配制

管号	A(样品管)	B(标准管)
滤液/mL	10.0	—
核黄素工作液/mL	—	1.0
蒸馏水/mL	1.0	10.0
冰醋酸/mL	1.0	1.0
	混匀	
3％高锰酸钾溶液/mL	0.5	0.5

混匀后放置 2 min 以氧化样品中的杂质与色素,再滴加 3％过氧化氢至溶液褪色,以还原高锰酸钾。剧烈摇动试管,使多余氧气逸出。

4.核黄素的吸附与洗脱

吸附柱下端用一小团脱脂棉垫上,然后称取 1g 硅镁吸附剂湿法装柱(约 5 cm 高)。勿使柱内产生气泡,调节流速为 60 滴/分钟左右。将 A 和 B 管内氧化后的液体通过吸附柱后,用约 20 mL 热蒸馏水洗脱样品中的杂质,再用 5.0 mL 洗脱液将核黄素洗脱,用具塞试管收集洗脱液,再用蒸馏水洗脱吸附柱,收集洗出的液体合并于具塞试管中,定容至 10 mL,混匀后留待测荧光强度。

5.测定荧光强度

选择激发波长为 420 nm,发射波长为 520 nm,测定样品管及标准管的荧光强度。然后,在各管的剩余液中加 0.1mL 20%低亚硫酸钠溶液,立即混匀,在 20 s 内测出各管的荧光值,作为各自的空白值。

六、结果计算

$$样品中的核黄素(\mathrm{mg}/100\ \mathrm{g}) = \frac{(A-B) \times S}{(C-D) \times W} \times f \times \frac{100}{1000} \tag{1}$$

式中:A 为样品荧光值;

B 为样品管空白荧光值;

C 为标准管荧光值;

D 为标准管空白荧光值;

f 为稀释倍数;

W 为样品重量(g);

S 为标准管中核黄素浓度(μg);

$\frac{100}{1000}$为样品中核黄素量由 μg/g 折算成 mg/100 g 的折算系数。

七、注意事项

1.加入低亚硫酸钠的量不能过多以免影响荧光强度,加入后必须立即读数,否则核黄素又会被空气氧化为氧化型。

2.过氧化氢不宜多加,因会产生气泡而影响比色。

3.如加入高锰酸钾后有氧化锰细微褐色溶液混浊,可离心使之澄清。

4.不能用皂粉洗涤玻璃器材,应用硫酸-重铬酸钾洗液浸洗,再以清水洗净,继以蒸馏水冲洗。

八、讨论分析题

1.核黄素的定量测定还有没有其他方法?试加以比较之。

2.核黄素有哪些重要特性和生理作用,缺乏症有哪些?哪些食物中富含该种维生素?

实验二十八　肌糖元的酵解作用

一、课前设疑

1. 本实验在 37 ℃ 保温前不加液体石蜡是否可以？为什么？
2. 本实验如何检验糖酵解作用？

二、目的和要求

1. 学习检验糖酵解作用的原理和方法。
2. 了解糖酵解作用在糖代谢过程中的地位及生理意义。

三、基本原理

肌糖元的酵解作用，在动物、植物、微生物等许多生物机体内，糖的无氧分解几乎都按完全相同的过程进行，本实验以动物肌肉组织中肌糖元的酵解过程为例。肌糖元的酵解作用，即肌糖元在缺氧的条件下，经过一系列的酶促反应最后转变成乳酸的过程。肌肉组织中的肌糖元首先与磷酸化合而分解，经过己糖磷酸脂、丙糖磷酸脂、丙酮酸等一系列中间产物，最后生成乳酸。即肌糖元在缺氧条件下经过一系列的酶促反应，最后转变成乳酸的过程，见图 28-1。

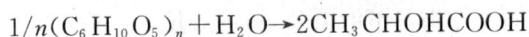

$$1/n(C_6H_{10}O_5)_n + H_2O \rightarrow 2CH_3CHOHCOOH$$

糖　元　　　　　　　　　乳　酸

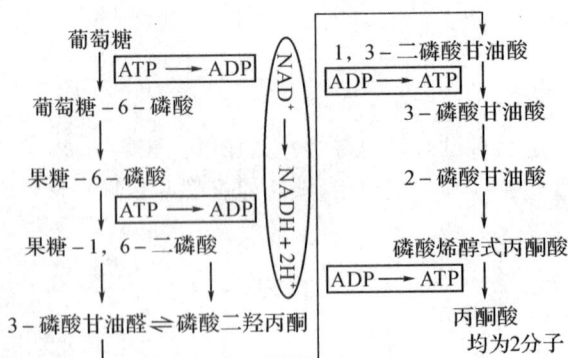

图 28-1　肌糖元酵解作用示意

$$\text{肌糖元} \longrightarrow \text{丙酮酸} \begin{cases} \xrightarrow{\text{有氧}} \text{TCA循环} \longrightarrow CO_2 + H_2O \\ \xrightarrow{\text{缺氧}} \text{乳酸} \xrightarrow{\text{浓硫酸}} \text{乙醛} \downarrow \xrightarrow{\text{羟基联苯}} \text{红紫色物质} \end{cases}$$

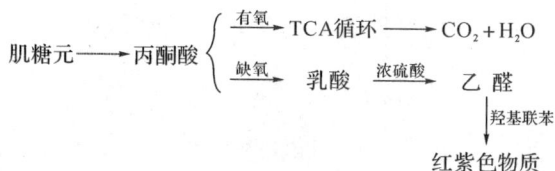

注：催化酵解作用的酶系统来源于肌肉糜

图 28-2　肌糖元酵解过程

肌糖元的酵解作用是糖类供给组织能量的一种方式。当机体突然需要大量的能量，而又供氧不足(如剧烈运动时)，则糖元的酵解作用暂时满足能量消耗的需要。在有氧条件下，组织内糖元的酵解作用受到抑制，而有氧氧化则为糖代谢的主要途径。

糖元酵解作用的实验，一般用肌肉糜或肌肉提取液作为糖元酵解实验的材料。用肌肉糜时，实验必须在无氧条件下进行；用肌肉提取液时，则可在有氧条件下进行。因为催化酵解作用的酶系全部存在于肌肉提取液中，而三羧酸循环和呼吸链的酶系则集中在线粒体中。糖元可用淀粉代替。淀粉存在于绿色植物的多种组织中(种子、块茎、干果)。

本实验糖元或淀粉的酵解作用可用乳酸的生成来检查糖元或淀粉的酵解作用。但糖类和蛋白质会干扰乳酸的测定。在除去蛋白质与糖元后，乳酸可与硫酸共热产生乙醛，后者再与对羟基联苯反应产生紫红色物质。根据颜色的显现而加以鉴定。

该法比较灵敏，每毫升溶液含 $1\sim5~\mu g$ 乳酸即产生明显的颜色反应，若有大量糖类和蛋白质等杂质存在，则严重干扰测定结果，因此，实验中应尽量除净这些物质。另外，测定时所用的仪器应严格地洗涤干净。

四、材料、试剂与器具

1. 材料

鸡。

2. 试剂

(1)0.5%糖元溶液(或 0.5%淀粉溶液)。

(2)液体石蜡。

(3)15%偏磷酸溶液。

(4)氢氧化钙粉末。

(5)浓硫酸。

(6)饱和硫酸铜溶液：硫酸铜溶解度为 20.7 g(20 ℃)。

(7)1/15 mol/L 磷酸缓冲液(pH 7.4)：

A：1/15 mol/L 磷酸二氢钾溶液：9.078 g KH_2PO_4 —— 1000 mL

B：1/15 mol/L 磷酸氢二钠溶液：11.876 g $Na_2HPO_4 \cdot 2H_2O$ —— 1000 mL

A：B＝1：4(v/v)

(8)1.5%对羟基联苯试剂：对羟基联苯 1.5 g＋0.5% NaOH100 mL。

3. 器具

(1)冰浴。

(2)恒温水浴。

(3)天平,试管及试管架,吸管(5、2、1、0.5 mL),滴管,玻璃棒,剪刀及镊子,漏斗,滤纸等。

五、操作步骤

1.肌肉糜的制备

鸡放血后,立即取腿部或胸部肌肉,在低温条件下用剪刀剪碎制成肌肉糜。

2.肌肉糜的糖元酵解

1)取 4 支编号试管分别编号,1、2 管为试验管,3、4 管为对照管,分别加入 3 mL pH 7.4 的磷酸缓冲液和 1 mL 0.5%淀粉溶液。向对照管内加入 15%的偏磷酸溶液 2 mL,以沉淀蛋白质和终止酶的反应。然后每支试管内加入新鲜的肌肉糜 0.5 g,用玻璃棒将肌肉碎块打散,搅匀,立即加入 1 mL/管一薄层的液体石蜡,以隔绝空气。同时将 4 支试管放入 37℃恒温水浴中保温。

(2)1~1.5 h 后取出试管,立即向试管内加入 15%偏磷酸液 2 mL 并混匀。将各试管内容物分别过滤或 3000 r/min 离心,弃去沉淀。量取每个样品的滤液 4 mL,分别加入已编号的试管中,然后每管内加入饱和的硫酸铜液 1 mL,混匀,再加入 0.4g 氢氧化钙粉末,塞上橡皮塞用力振荡(因为皮肤上有乳酸勿与手指接触)。放置 30 min,并不时振荡,使糖沉淀完全。将每个样品分别过滤或 3000 r/min 离心,弃去沉淀。

3.乳酸的测定

取 4 支洁净、干燥的试管,编号。各加入浓硫酸 1.5 mL 和 2~4 滴的对羟基联苯试剂,混匀后放入冰浴中冷却。将每个样品的滤液 0.25 mL 逐滴加入到已冷却的上述混合液中,随加随摇动冰浴中的试管,注意冷却。将各试管混合均匀,放入沸腾的水浴中待显色后即取出,比较和记录各管溶液的颜色深浅,并加以解释。

六、讨论分析题

根据各管颜色深浅情况,对肌糖元酵解反应进行分析讨论。

实验二十九　脂肪酸 β-氧化作用

一、课前设疑

1.什么是酮体？本实验如何计算样品中丙酮的浓度？

2.为什么可以通过测丙酮的量来推算出细胞脂肪酸 β-氧化作用的强弱？

3.本实验为什么选用肝组织,选用其他组织是否可以,为什么？

二、目的要求

1.了解脂肪酸的 β-氧化作用。

2.通过测定和计算反应液内丁酸氧化生成丙酮的量,掌握测定 β-氧化作用的方法及其原理。

三、基本原理

在肝脏中,脂肪酸经 β-氧化作用生成乙酰辅酶 A。二分子乙酰辅酶 A 可缩合生成乙酰乙酸。乙酰乙酸可脱羧生成丙酮,也可还原生成 β-羟丁酸,乙酰乙酸、β-羟丁酸和丙酮总称为酮体。酮体为机体代谢的中间产物。在正常情况下,其产量甚微;患糖尿病或食用高脂肪膳食时,血中酮体浓度增高,尿中也能出现酮体。

本实验用新鲜肝糜与丁酸保温,生成的丙酮在碱性条件下,与碘生成碘仿。反应式如下：

$$2NaOH + I_2 \rightarrow NaOI + H_2O + NaI \tag{1}$$

$$CH_3COCH_3 + 3NaOI \rightarrow CHI_3 + CH_3COONa + 2NaOH \tag{2}$$

剩余的碘可用标准硫代硫酸钠溶液滴定：

$$NaOI + NaI + 2HCl \rightarrow I_2 + 2NaCl + H_2O \tag{3}$$

$$I_2 + 2Na_2S_2O_3 \rightarrow Na_2S_4O_6 + 2NaI \tag{4}$$

根据滴定样品与滴定对照所消耗的硫代硫酸钠溶液体积之差,可以计算由丁酸氧化生成丙酮的量。

四、材料、试剂和器具

1.材料

鲜猪肝。

2.试剂

(1)0.5%淀粉溶液。

(2)0.9%氯化钠溶液。

(3)0.5 mol/L 丁酸溶液(取 5 mL 丁酸溶于 100 mL0.5 mol/L 氢氧化钠溶液中)。

(4)15%三氯乙酸溶液。

(5)10%氢氧化钠溶液。

(6)10%盐酸溶液。

(7)0.2 mol/L 碘液:25.4 g I+50 g KI 定容到 1000 mL,用标准 0.05 mol/L 硫代硫酸钠溶液标定。

(8)标准 0.01 mol/L 硫代硫酸钠溶液:将已标定的 0.05 mol/L 硫代硫酸钠稀释成 0.01 mol/L。

(9)1/15 mol/L pH 7.6 磷酸缓冲液:1/15 mol/L 磷酸氢二钠 86.8 mL+1/15 mol/L 磷酸二氢钠 13.2 mL。

3.器具

(1)恒温水浴。

(2)5 mL 微量滴定管,吸管,剪刀,50 mL 锥形瓶,漏斗,试管及试管架等。

五、实验步骤

1.肝糜制备

取肝用 0.9%氯化钠液冲洗污血后,用滤纸吸去表面的水分。称取肝组织 5 g 置研钵中,加少量的 0.9%氯化钠研成细浆。再加 0.9%氯化钠液到总体积为 10 mL。

2.保温反应

取 2 个 50 mL 锥形瓶,各加入 3 mL 1/15 mol/L 磷酸 pH 7.6 的磷酸盐缓冲液。向一个锥形瓶中加入 2 mL 正丁酸,另一个锥形瓶作为对照,不加正丁酸。然后各加入 2 mL 肝糜。混匀于 43 ℃恒温水浴内保温。

3.沉淀蛋白质

保温 1.5 h 后,取出锥形瓶,各加入 3 mL 15%的三氯乙酸,在对照瓶内追加 2 mL 正丁酸,混匀,静置 15 min,过滤。将滤液收集在 2 支试管中。

4.酮体的测定

吸取两种滤液各 2 mL 分别放入另 2 个锥形瓶中,再加 3 mL 0.1 mol/L 碘液和 3 mL 10%氢氧化钠液。摇匀后,静置 10 min。加入 3 mL10%盐酸中和。然后用 0.01 mol/L 标准硫代硫酸钠液滴定剩余的碘。滴至浅黄色时,加入 3 滴 0.1%淀粉液作指示剂。摇匀,滴至蓝色消失为止。记录所消耗的硫代硫酸钠液的毫升数。

六、结果计算

肝脏的丙酮浓度(mmol/g)$=(A-B)\times c_{\mathrm{Na_2S_2O_3}}\times 1/6$ (5)

A:为滴定对照所消耗的 0.01 mol/L 硫代硫酸钠溶液的毫升数;

B:为滴定样品所消耗的 0.01 mol/L 硫代硫酸钠溶液的毫升数;

$c_{\mathrm{Na_2S_2O_3}}$:为标准硫代硫酸钠溶液的浓度(mol/L);

1/6:1 mol 标准硫代硫酸钠相当于丙酮的量。

七、讨论分析题

1.酮体为什么只能在肝外组织进行作用？

2.为什么要生成酮体？

3.机体在什么情况下会出现酮体代谢失调？如何检测和预防？

实验三十　发酵过程中无机磷的利用和检测

一、课前设疑

本实验如何观察发酵过程中无机磷的消耗？

二、目的要求

1. 了解发酵过程中无机磷的作用。
2. 掌握定磷法的原理和操作技术。

三、基本原理

酵母能使蔗糖和葡萄糖发酵产生乙醇和二氧化碳。此过程与无机磷将糖磷酸化有关。

本实验利用无机磷与钼酸形成的磷钼酸络合物能被还原剂 α-1,2,4－氨基萘酚磺酸钠还原成钼蓝的原理来测定发酵前后反应混合物中无机磷的浓度，用以观察发酵过程中无机磷的消耗。

四、材料、试剂和器具

1. 材料

新鲜啤酒酵母。

2. 试剂

(1)蔗糖。

(2)5％三氯乙酸。

(3)3 mol/L 硫酸和 2.5％钼酸铵等体积混合液。

(4)磷酸盐溶液：称取 $Na_2HPO_4 \cdot 12H_2O$ 120.7g(或 $Na_2HPO_4 \cdot 2H_2O$ 60 g)和 KH_2PO_4 20 g 溶解于蒸馏水中，定容至 1000 mL，在冰箱中贮存备用。临用前稀释适当倍数。

(5)标准磷酸盐溶液：将磷酸二氢钾(KH_2PO_4)在 110 ℃烘箱中烘干 2 h，冷却后准确称取 0.1098 g，用蒸馏水溶解，定容到 1000 mL，成为每毫升溶液含 25 μg 无机磷的标准磷酸盐溶液。

(6)α-1,2,4-氨基萘酚磺酸溶液：将 0.25 g α-1,2,4-氨基萘酚磺酸，15 g 亚硫酸氢钠及 0.5 g 亚硫酸钠溶于 100 mL 蒸馏水中。使用前稀释 3 倍。

3. 器具

(1)分光光度计。

(2)试管 1.5 cm×15 cm(×15)；移液管 0.2 mL(×2)，0.5 mL(×2)，1 mL(×2)，5 mL

（×3）；锥形瓶 50 mL（×1）；水浴锅；研钵；滤纸等。

五、操作方法

1. 制作标准曲线

取 9 支试管编号后，按下表 29-1 顺序加入试剂。

表 29-1　标准曲线制作实验

管号	0	1	2	3	4	5
标准磷酸盐溶液/mL	0	0.2	0.4	0.6	0.8	1.0
含磷量/μg	0	5	10	15	20	25
蒸馏水/mL	3.0	2.8	2.6	2.4	2.2	2.0
钼铵酸-硫酸混合液/mL	2.5	2.5	2.5	2.5	2.5	2.5
α-1,2,4-氨基萘酚磺酸钠溶液/mL	0.5	0.5	0.5	0.5	0.5	0.5
充分混匀后，37 ℃水浴保温 10 min						
A_{600}						

绘制标准曲线：以 A_{600} 为纵坐标，含磷量为横坐标，在坐标纸上绘制标准曲线。

2. 酵母发酵

称取 2～4g 新鲜酵母和 1g 蔗糖，放入研钵内仔细研碎。加入 5 mL 蒸馏水和 5 mL 磷酸盐溶液研磨均匀。将匀浆转移至 50 mL 锥形瓶中并立即取出 0.5 mL 均匀的悬浮液，加入到已盛有 3.5 mL 三氯乙酸溶液的试管中，摇匀作为试样 1。将锥形瓶放入 37 ℃恒温水浴中，每隔 30 min 取出 0.5 mL 悬浮液，立即加入已盛有 3.5 mL 三氯乙酸溶液的试管中，摇匀。共取 3 次，作为试样 2、3、4。将每个试样过滤后，得无蛋白滤液备用。

3. 无机磷的测定

取 5 支干燥洁净的试管，编号后按下表 29-2 加入各种溶液

表 29-2　无机磷的测定实验

管号	1	2	3	4	5
发酵时间/min	0	30	60	90	—
无蛋白滤液/mL	0.1	0.1	0.1	0.1	—
蒸馏水/mL	0.9	2.9	2.9	2.9	2.9
钼铵酸—硫酸混合液/mL	0.5	2.5	2.5	2.5	2.5
α-1,2,4-氨基萘酚磺酸钠溶液/mL	0.5	0.5	0.5	0.5	0.5
充分混匀后，37 ℃水浴保温 10min					
A_{660}					

从标准曲线上查处各试样的无机磷浓度，以试样 1 的无机磷浓度为 100%，计算酵母发酵 30、60 和 90 min 后消耗无机磷的相对百分数。

六、注意事项

在本实验的预备实验中,应首先摸索酵母的用量及磷酸盐的稀释倍数。使光吸收值在适当的范围内。

七、讨论分析题

1. 为什么在发酵过程中会产生无机磷的消耗,这一现象说明什么问题?
2. 测定反应中无机磷的消耗的意义是什么?

实验三十一　氨基转换反应及其产物的鉴定

一、预习思考题

1. 什么叫转氨作用?
2. 转氨作用在蛋白质的合成与分解及糖、脂肪代谢中有何作用?

二、目的要求

1. 了解转氨酶在代谢过程中的重要作用。
2. 学习应用纸层析法鉴定氨基转换反应。

三、基本原理

体内 α-氨基酸的 α-氨基在氨基转换酶的作用下,移换至 α-酮酸的过程,称氨基转换作用。此类酶各有一定的特异性,普遍存在于动物各组织中。

本实验是将谷氨酸与丙酮酸在肌肉糜中谷氨酸-丙酮酸氨基转换酶(简称谷-丙转氨酶)的作用下进行氨基转化反应,然后用纸层析法检查反应体系中丙氨酸的生成。其反应过程如下:

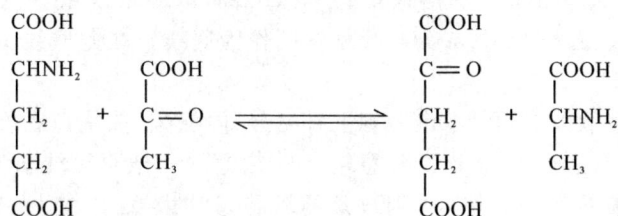

由于谷氨酸、丙酮酸在肌肉糜中可循其他代谢途径分解和转化,影响氨基转换过程的观察,因此在反应体系中添加碘醋酸(或溴醋酸)以抑制谷氨酸和丙酮酸的其他代谢过程。

四、材料、试剂和器具

1. 材料
肌肉糜。

取兔子肌肉 2 g,置研钵中,加 0.9% 氯化钠溶液 6 mL,在低温下研磨成细浆,离心 5 min(3000 r/min),弃去沉淀,得肌肉糜提取液。

2. 试剂
(1)1% 谷氨酸溶液(用 1% KOH 溶液调到中性)。

(2)1%丙酮酸钠溶液(用 1% KOH 溶液调到中性)。

(3)0.1%KHCO₃ 溶液。

(4)0.025%溴醋酸溶液(用 1% KOH 溶液调到中性)。

(5)2% HAc 溶液。

(6)0.1%标准谷氨酸溶液。

(7)0.1%标准丙氨酸溶液。

(8)1%KOH 溶液。

(9)展开剂:酚饱和水溶液:2 份酚加 1 份水混合放入分液漏斗,振荡。静置 24 h 后分层,取下层酚置瓶中备用。

(10)显色剂:0.1%茚三酮正丁醇溶液。

3. 器具

试管 1.5 cm×15 cm;研钵(或玻璃匀浆器);毛细管;烧杯;恒温水浴;培养皿 9 cm;直径 13 cm 圆形滤纸;喷雾器;吹风机。

五、操作步骤

1. 转氨酶作用

取试管 2 只编号(1、2),向每个试管各加 0.5 mL 1%谷氨酸溶液,0.5 mL 1%丙酮酸钠溶液,0.5 mL 0.1%KHCO₃ 和 0.25 mL 0.025%溴醋酸,混匀。然后分别加入肌肉糜提取液 0.5 mL,混匀,将其中一只试管立即在沸水浴中加热 2～3 min 做对照。用塞子塞住另一只试管,置于 45 ℃水浴中保温 60 min。

保温完毕,取出试管。向每只试管中各加 2% HAc 溶液 4 滴,再置于沸水浴中 2 min,使蛋白质完全沉淀。过滤收集滤液待用。

2. 层析验证

取培养皿一个,加入酚水饱和溶液,约 0.5 cm 高,取圆形滤纸一张,在中心剪一直径 1～2 mm 的小孔,并以圆心约 1 cm 为半径划一圆作为底线。在此底线上,用铅笔点四个等距离的原点并标明 1、2、3、4;

用毛细管分别吸取以上两种滤液及标准谷氨酸、丙氨酸,依次点在标明号码的原点处,以吹风机吹干,再重新点样 2～4 次。注意斑点不能太大,一般直径约 0.3 cm 为宜。然后将滤纸平放在盛饱和酚的培养皿上。另取一条滤纸卷成筒状,直径约 1～2 mm,将此小筒插入滤纸中心小孔(不可突出纸面之上),使层析滤纸通过此小筒与酚溶液相连。另取一大小相同的培养皿盖在滤纸上,此时酚溶液即由滤纸中心孔向四周扩散。

当酚溶液扩展到距离纸边缘约 1.5 cm 时(约 1 h),取出滤纸。用铅笔画下酚溶液扩展边缘,用吹风机吹干。用喷雾器喷以 0.1%茚三酮溶液,再用热风吹干。用铅笔圈下各显色点。测定各显色点的 R_f 值,并解释之。

六、计算

R_f＝原点至斑点中心的距离/原点至溶剂前沿的距离

七、讨论分析题

比较、解释、讨论本实验结果。

第三部分
设计综合开放实验

课前设疑

1. 如何保持生化物质的生物活性？一般生化物质在碱性条件下容易变性，还是在酸性条件下容易变性？
2. 一般从天然生物材料制作生化物质的过程大体可分为几个阶段？
3. 在制备生化物质前应如何选择原料？
4. 生物组织与细胞破碎常用哪些方法？
5. 什么叫动态吸附和静态吸附？它们在应用上有何区别？
6. 对酸性物质的提取，常在什么条件下进行？对碱性物质的提取，常在什么条件下进行？对两性物质的提取，常在什么条件下进行？
7. 干燥离子交换剂应如何进行处理？何谓离子交换剂转型？
8. 生物大分子分离纯化主要依据哪些生化原理？如何选择分离纯化方法？
9. 生物大分子活性物质浓缩方法有哪些？
10. 如何评估生化分离纯化方法？
11. 生物分子纯度鉴定方法有哪些？
12. 动植物 DNA 或 RNA 提取的方法主要有哪些？
13. 蛋白质浓度测定方法有哪些？如何鉴定所提取蛋白的纯度？未知蛋白质相对分子质量测定方法有哪些？

实验项目

实验三十二　动物脾脏 DNA 提取与分离鉴定

一、目的要求

1. 学习和掌握用浓盐法从动物组织提取核酸的原理和操作技术；
2. 学习 DNA 琼脂糖凝胶电泳操作，DNA 的纯度、浓度与相对分子质量检测方法。

二、基本原理

为了研究 DNA 分子在生命代谢中的作用，常常需要从不同的生物材料中提取 DNA。由于 DNA 分子在生物体内的分布及浓度不同，要选择适当的材料提取 DNA。动植物中，小牛胸腺，动物肝脏、脾脏，鱼类精子，植物种子的胚中都含有丰富的 DNA。微生物中，谷氨酸菌体含 7%～10%，面包酵母含 4%，啤酒酵母含 6%，大肠肝菌含 9%～10%。

从各种材料中提取 DNA 方法不同，分离提取的难易程度也不同。对于低等生物，如从病毒中提取 DNA 比较容易,多数病毒 DNA 相对分子质量较小,提取时易保持其结构完整性。从细菌及高等动植物中提取 DNA 难度大一些。细菌 DNA 相对分子质量较大,一般达 2×10^9 Da。因此易被机械张力剪断。细菌 DNA,除核 DNA 外,还有质粒 DNA 等。

1. DNA 的基本功能

生物遗传信息复制的模板和基因转录的模板,是生命遗传繁殖的物质基础,也是个体生命活动的基础;作为 DNA 分子中的某一区段,有复制、转录和翻译等主要功能称为基因。

2. 核酸的结构与功能

核酸(nucleic acid)是以核苷酸为基本组成的生物大分子。天然存在的核酸有两类,一类为脱氧核糖核酸(deoxyribonucleic acid,DNA),另一类为核糖核酸(ribonucleic acid,RNA)。DNA 存在于细胞核和线粒体中,携带遗传信息。RNA 存在于细胞质和细胞核内,参与细胞内 DNA 遗传信息的表达。

3. DNA 存在形式

天然状态的 DNA 是以脱氧核糖核蛋白(DNP)形式存在于细胞核中。要从细胞中提取 DNA 时,先把 DNP 抽提出来,再把 P 除去,再除去细胞中的糖、RNA 及无机离子等,从中分离 DNA。DNP 和 RNP 在盐溶液中的溶解度受盐浓度的影响而不同。DNP 在低浓度盐溶液中,几乎不溶解,如在 0.14 mol/L 的氯化钠溶液中溶解度最低,仅为在水中溶解度的 1%,随着盐浓度的增加溶解度也增加,至 1 mol/L 氯化钠中的溶解度很大,比纯水高 2 倍。RNP 在盐溶液中的溶解度受盐浓度的影响较小,在 0.14 mol/L 氯化钠中溶解度较大。因此,在提取时,常用此法分离这两种核蛋白。

4. 核酸的理化性质

RNA 和核苷酸的纯品都呈白色粉末或结晶,DNA 则为白色类似石棉样的纤维状物。除肌苷酸、鸟苷酸具有鲜味外,核酸和核苷酸大都呈酸味。DNA、RNA 和核苷酸都是极性化合物,一般都溶于水,不溶于乙醇、氯仿等有机溶剂,它们的钠盐比游离酸易溶于水,RNA 钠盐在水中溶解度可达 40g/L。DNA 在水中为 10g/L,呈黏性胶体溶液。在酸性溶液中,DNA、RNA 易水解,在中性或弱碱性溶液中较稳定。

5. 细胞的破碎

细菌有坚硬的细胞壁,首先要破碎细胞。方法有三种:

(1)机械方法:超声波处理法、研磨法、匀浆法;

(2)化学试剂法:用 SDS 处理细胞;

(3)酶解法:加入溶菌酶或蜗牛酶,都可使细胞壁破碎。

由于高等动物 DNA 主要存在于细胞核与线粒体中,所以提取时有两个困难(高等植物与此类似):

(1)破碎细胞难,从处死动物分离组织器官到破碎细胞费时长。在此期间 DNA 可能会被 DNase 降解,而动物组织,特别是肌肉组织很难破碎,即使是较易破碎的肝肾等组织也往往使用组织匀浆器,易造成 DNA 断裂。

(2)相对分子质量大,一般比细菌的大 2~3 个数量级,比病毒的大 4~5 个数量。

因此,对不同生物材料,要根据具体情况选择适当的分离提取方法。

6.DNA 提取的几种方法

（1）浓盐法

利用 RNP 和 DNP 在电解溶液中溶解度不同，将两者分离，常用的方法是用 1 mol/L 氯化钠提取抽提，得到的 DNP 黏液与含有少量辛醇的氯仿一起摇荡，使之乳化，再离心除去蛋白质，此时蛋白质凝胶停留在水相及氯仿相中间，而 DNA 位于上层水相中，用 2 倍体积 95％乙醇可将 DNA 钠盐沉淀出来。也可用 0.15 MNaCl 液反复洗涤细胞破碎液除去 RNP，再以 1 mol/L NaCl 提取脱氧核糖蛋白，再按氯仿-异戊醇法除去蛋白。两种方法比较，后种方法使核酸降解可能少一些。以稀盐溶液提取 DNA 时，加入适量去污剂，如 SDS 可有助于蛋白质与 DNA 的分离。在提取过程中为抑制组织中的 DNase 对 DNA 的降解作用，在氯化钠溶液中加入柠檬酸钠作为金属离子的络合剂。通常用 1.5 mol/L NaCl，0.015 mol/L 柠檬酸钠，并称为 SSC 溶液，提取 DNA。

（2）阴离子去污剂法

用 SDS 或二甲苯酸钠等去污剂使蛋白质变性，可以直接从生物材料中提取 DNA。由于细胞中 DNA 与蛋白质之间常借静电引力或配位键结合，因为阴离子去污剂能够破坏这种价键，所以常用阴离子去污剂提取 DNA。

（3）苯酚抽提法

苯酚作为蛋白变性剂，同时抑制了 DNase 的降解作用。用苯酚处理匀浆液时，由于蛋白与 DNA 联结键已断，蛋白分子表面又含有很多极性基团与苯酚相似相溶。蛋白分子溶于酚相而 DNA 溶于水相。离心分层后取出水层，多次重复操作，再合并含 DNA 的水相，利用核酸不溶于醇的性质，用乙醇沉淀 DNA。此时 DNA 是十分黏稠的物质，可用玻璃棒慢慢绕成一团，取出。此法的特点是使提取的 DNA 保持天然状态。

（4）水抽提法

利用核酸溶解于水的性质，将组织细胞破碎后，用低盐溶液除去 RNA，然后将沉淀溶于水中，使 DNA 充分溶解于水中，离心后收集上清液。在上清液中加入固体氯化钠调节至 2.6 mol/L。加入 2 倍体积 95％乙醇，立即用搅拌法搅出。然后分别用 66％、80％和 95％乙醇以及丙酮洗涤，最后在空气中干燥，即得 DNA 样品。此法提取的 DNA 中蛋白质浓度较高，故一般不用。为除蛋白质可将此法加以改良，在提取过程中加入 SDS。

7. DNA 的琼脂糖凝胶电泳

DNA 分子在 pH 值高于其等电点的溶液中带负电荷，在电场中向阳极移动。DNA 分子在电场中通过琼脂糖凝胶而泳动，除了电荷效应以外，还有分子筛效应。由于 DNA 分子片段的相对分子质量不同，移动速度也不同，所以可将相对分子质量不同或构象不同的 DNA 分离。

0.6％～1.4％琼脂糖凝胶适用于 3×10^{6}～11×10^{6} 相对分子质量的 DNA 分子或片段的分离，所需 DNA 样品量为 0.5～1.0 μg。

琼脂糖凝胶电泳分离后的 DNA 可用溴化乙啶染色。

溴化乙啶分子可插入 DNA 双螺旋结构的两个碱基之间，形成一种荧光络合物。在 254 nm 波长紫外光照射下，呈现橙黄色的荧光。用溴化乙啶检测 DNA，可检出 10^{-9} g 以上的 DNA 浓度。

三、材料、试剂与仪器

1. 材料

动物(鼠、兔、鸡、猪均可)新鲜脾脏

2. 试剂(试剂的选择及用量在实验开始前由学生在实验设计报告中提出方案,教师审定后,配制)

(1)5 mol/L NaCl 溶液:将 292.3 g NaCl 溶于水,稀释至 1 L;

(2)0.14 mol/L NaCl-0.15 mol/L Na$_2$(EDTA)溶液:8.18 g NaCl 及 37.2 g Na$_2$(EDTA)于蒸馏水,稀释至 1 L;

(3)25%SDS 溶液:溶 25 g 十二烷基硫酸钠于 100 mL45%乙醇;

(4)0.015 mol/L NaCl-0.0015 mol/L 柠檬酸三钠溶液:0.828 g 氯化钠及 0.341 g 柠檬酸三钠溶于蒸馏水,稀释至 1 L;

(5)氯仿-异戊醇混合液:氯仿:异戊醇=24:1(v/v);

(6)1.5 mol/L NaCl-0.15 mol/L 柠檬酸三钠溶液:氯化钠 82.8 g 及柠檬酸三钠 34.1 g 溶于蒸馏水,稀释至 1L;

(7)3mol/L 乙酸钠-0.001 mol/L Na$_2$(EDTA)溶液:称取乙酸钠 408 g、Na$_2$(EDTA)0.372 g 溶于蒸馏水,稀释至 1 L;

(8)70%乙醇、80%乙醇、95%乙醇、无水乙醇;

(9)二苯胺试剂:使用前称取 1 g 重结晶二苯胺,溶于 100 mL 分析纯的冰乙酸中,再加入 10 mL 过氯酸(60%以上),混匀待用。临用前加入 1 mL1.6%乙醛溶液。所配得试剂应为无色;

(10)1 mol/L 过氯酸溶液:将 10 mL 过氯酸(70%)用蒸馏水稀释至 100 mL;

(11)1%琼脂糖:1 g 溶于缓冲液中加热配成 100 mL;

(12)pH 8.3,Tris-硼酸-EDTA 缓冲液:称取 10.78 gTris,5.50 g 硼酸,0.93 g Na$_2$(EDTA)溶于去离子水,定容至 1000 mL;

(13)0.05%溴酚蓝-50%甘油溶液:取一定量的 0.1% 溴酚蓝水溶液,与等体积甘油混合而成;

(14)标准 DNA 溶液:DNA 经限制性核酸内切酶 *Eco*RI 水解,生成的 6 个 DNA 片段,其相对分子质量分别为:13.7×10^6, 4.74×10^6, 3.73×10^6, 3.48×10^6, 3.02×10^6, 2.13×10^6;

(15)0.5 μg/mL 溴化乙啶染色液,称取 5 mg 溴乙啶,用去离子水溶解,定容至100 mL。从中取 1 mL,用去离子水稀释,定容至 100 mL(有毒,戴手套,在通风柜内进行)。

3. 仪器(仪器的选择在实验开始前由学生在实验设计报告中提出方案后,教师根据实验室条件审定)

匀浆器、恒温水浴(37~100 ℃)、水平电泳槽、电泳仪、微量移液枪、紫外分析仪、离心机、分光光度计、离心管。

四、操作步骤(示例)

1. DNA 的分离纯化

(1)取动物(鼠、兔、鸡、猪均可)新鲜脾脏 4 g,用 0.14 mol/L NaCl-0.15 mol/L Na$_2$(EDTA)溶液洗去血液,剪碎,加入 10 mL 0.14 mol/LNaCl-0.15 mol/L Na$_2$(EDTA)溶液,置匀浆器中研磨。将糊状物离心 10 min(4000r/min),弃去上清液,沉淀用 0.14 mol/L NaCl-0.15 mol/LNa$_2$(EDTA)溶液洗二、三次。所得沉淀为脱氧核糖核蛋白粗制品。

(2)向上述沉淀物中加入 0.14 mol/L NaCl-0.15 mol/L Na$_2$(EDTA)溶液 5 mL,然后滴加 25%SDS 溶液 0.5 mL,边加边搅拌。加毕,置 60 ℃水浴保温 10 min(不停搅拌)溶液变得黏稠并略透明,取出冷至室温。此步操作使核酸与蛋白质分离。

(3)加入 5 mol/L NaCl 溶液 2 mL,使 NaCl 最终浓度超过 1 mol/L,搅拌 10 min,加入约一倍体积的氯仿-异戊醇混合液,振摇 20 min,离心 10 min(4000 r/min)。去掉沉淀,上层清液徐徐加入 1.5～2 倍 95%乙醇,沉淀析出,用玻璃棒慢慢搅拌,将丝状物缠在玻璃棒上。

(4)将粗品置于 4.5 mL 0.015 mol/L NaCl-0.0015 mol/L 柠檬酸三钠溶液,搅匀,加入一倍体积氯仿-异戊醇混合液,振摇 10 min,离心(4000 r/min,10 min),清出上层液(沉淀弃去),加入 1.5 倍体积 95%乙醇,沉淀析出。离心,弃去上清液,沉淀(粗 DNA)按本操作步骤重复处理一次。

(5)将上一步骤所得沉淀溶于 4.5 mL 0.015 mol/L NaCl-0.0015 mol/L 柠檬酸三钠溶液中,然后徐徐加入 2 倍体积 95%乙醇,边加边搅,取出丝状 DNA,依次用 70%、80%、95%及无水乙醇各洗一次,自然干燥。

2. 样品 DNA 鉴定

可采用二苯胺法及紫外分光度法定量测定 DNA,判断样品 DNA 纯度,并进行 DNA 样品琼脂糖水平凝胶电泳测定 DNA 分子大小(操作方法见基础实验项目 24)。

五、结果提示

1.计算新鲜动物脾脏 DNA 产品得率(mg/100 g)。

2.以二苯胺法定量测定所提取分离 DNA 纯化产品的浓度,分析判断各步骤所提取 DNA 液纯度,并扫描 DNA 水平琼脂糖电泳结果,估计 DNA 相对分子质量。

六、思考题及作业

1.DNA 在细胞中所处的位置?

2.细胞中除了核酸还有哪几种主要物质? 提取时具体采用什么方法?

3.结合本人实验操作的体会,试述在提取过程中应如何避免大分子 DNA 的降解和断裂?

4.如何判断所提取样品 DNA(RNA)的纯度?

5.为什么提取核酸应在低温下进行?

6.制备 DNA 时分别加柠檬酸钠、EDTA、SDS、异戊醇的作用是什么?

7.加 NaCl 的作用,为什么要加到 1 mol/L?

8.DNA 溴化乙啶染色法具有什么优点? 操作中应注意什么?

七、实验设计及学习参考资料

[1] 萧能庚,余瑞元,袁明秀.生物化学实验原理和方法.北京:北京大学出版社,2005,370~390.

[2] 郭勇.现代生化技术.广州:华南理工大学出版社,2006,73~75.

[3] 董晓燕.生物化学实验.北京:化学工业出版社,2004,73~75.

[4] 刘箭.生物化学实验教程.北京:科学出版社,2007,47~50.

实验三十三　免疫球蛋白的分离纯化

一、目的要求

1.学习盐析法(硫酸铵沉淀)提取免疫球蛋白基本原理和方法;
2.学习凝胶层析的基本原理和分离纯化技术;
3.学习阴离子交换层析法纯化免疫球蛋白的原理和方法;
4.掌握 Folin-酚法测蛋白质浓度的原理及方法;
5.学习 SDS-聚丙烯酰胺凝胶电泳进行蛋白质相对分子质量测定技术的原理及方法;
6. 掌握单向免疫扩散试验检测 IgG 浓度的原理及方法。

二、基本原理

蛋白质的分离纯化是研究蛋白质化学及其生物功能的重要手段。不同的蛋白质的相对分子质量、溶解度以及在一定条件下带电的情况有所不同,可以根据这些性质的差别,分离及提纯各种蛋白质。

免疫球蛋白(immunoglobulin,Ig)是人体接受抗原刺激后,由浆细胞所产生的一类具有免疫功能的球状蛋白质,是直接参与免疫反应的抗体蛋白的总称。各种免疫球蛋白能特异地与相应的抗原结合形成抗原-抗体复合物(免疫复合物),从而阻断抗原对人体的有害作用,对细菌等抗原的杀伤最后由补体去完成。

γ-球蛋白也称为丙种球蛋白,相对分子质量为 $1.5 \times 10^5 \sim 1.6 \times 10^6$,沉降系数为 7 S;是一组在结构与功能上有密切关系的蛋白质。根据 Ig 的免疫化学特性,可分为五大类:IgG、IgA、IgM、IgD、IgE,其分子结构不论哪一类,都由四链组成,即由两条相同的长多肽链称 H 链(又称重链)及两条相同的短肽链称 L 链(又称轻链)组成。机体大部分免疫功能都依赖于 IgG 类免疫球蛋白,它约占免疫球蛋白总量的 $70\% \sim 90\%$。

IgG 是人和动物血浆蛋白的重要组分之一,制备 γ-球蛋白的原料通常用动物血液,其次还有动物胎盘和初乳乳清。制备方法有低温乙醇法、利凡诺法、盐析法、离子交换法、亲和层析法等。

本实验以盐析法示例 IgG 的分离纯化。水膜与同性电荷的排斥作用是蛋白质胶体稳定的基础,在蛋白质胶体溶液中加入一定量的 $(NH_4)_2SO_4$ 或 Na_2SO_4 盐类,使溶液中大部分自由水分子转变为离子水化分子,降低蛋白质极性基团与水分子的相互作用,破坏蛋白质水膜,蛋白质溶解度也随之降低。蛋白质由于相对分子质量和携带的电荷不同,可在不同浓度的高盐溶液内分级析出。$33\%(NH_4)_2SO_4$ 为沉淀 IgG 的最适饱和度。利用硫酸铵分级盐析法将血清中的 γ-球蛋白及清蛋白及 α、β-球蛋白分离,再利用葡聚糖凝胶过滤法或透析法、膜过滤法除盐,即可得到较纯的 γ-球蛋白。

DEAE-纤维素为阴离子交换剂,在弱碱性环境中带负电荷,可与带负电荷的血清蛋白进行交换吸附,吸附顺序为:血清清蛋白(pI 4.2~4.5)＞α-球蛋白＞β-球蛋白(pI 5.3)＞γ-球蛋白(pI 6.8~7.5),IgG 属于 γ-球蛋白,所带电荷最少,故用一定离子强度及 pH 的缓冲液洗脱时可首先被洗脱出来,达到分离纯化的目的。纯化后的 γ-球蛋白可利用醋酸纤维薄膜电泳法或 SDS-PAGE 电泳鉴定其纯度。

IgG 的相对分子质量为 150000,每 100 mL 正常血清中 IgG 浓度约为 800~1700 mg。

三、材料、试剂与仪器

1. 材料

动物血液。

2. 试剂(试剂的选择及用量在实验开始前由学生在实验设计报告中提出方案,教师审定后,配制)

(1)饱和硫酸铵溶液:取$(NH_4)_2SO_4$ 800 g,加去离子水 1000 mL,不断搅拌下加热至 50~60 ℃,保持 30 min,趁热过滤,滤液在室温中过夜,有结晶析出,即达到 100% 饱和度,取饱和溶液用浓氨水调节 pH 7.0 备用。

(2)DEAE-纤维素(DEAE-52)的处理:一般离子交换剂在使用前都要用酸碱处理以除去杂质。若离子交换剂是干的,先用水浸泡使之吸水膨胀后再进行处理。阴离子交换树脂的处理主要有以下步骤:

①用水浸泡,使其充分膨胀并用倾泻法或浮选法除去细小颗粒。

②用 0.5~1.0 mol/L 的 NaOH 溶液浸泡 20 min 后,用水洗涤至中性。

③用 1.0 mol/L 的 HCl 溶液浸泡 20 min 后,用水洗涤至中性。

④用 0.5~1.0 mol/L 的 NaOH 溶液浸泡 20 min 后,用水洗涤至中性。

⑤转型,即用适当试剂处理,使其成为所要的离子形式。本实验可用 0.01 mol/L pH 7.4 的磷酸盐缓冲液浸泡 1 h。

(3)透析袋预处理:选用 $3.5×10^3$ 相对分子质量的透析袋,将其剪成适当长度,置于含 1 mmol/L EDTA 的 2% $NaHCO_3$ 溶液中,煮沸 10 min。用去离子水彻底清洗后,再用 1 mmol/L EDTA 溶液煮沸 10 min。冷却后,于 4 ℃保存备用。透析袋必须浸没于溶液中。使用前,用去离子水清洗透析袋内外,操作时必须戴手套。第二次 EDTA 溶液煮沸也可用流水冲洗的方法代替。

(4)洗脱液:0.01 mol/L pH 7.4 的磷酸盐缓冲液。

(5)10% 硫酸铝钾,1% 氯化钡(或 10% 乙酸钡),0.9% NaCl,2 mol/L NaOH,柠檬酸钠等。

(6)缓冲液 A:25 mmol/L Tris-HCl(pH 8.8),35 mmol/L NaCl。

(7)缓冲液 B:25 mmol/L Tris-HCl(pH 8.8),500 mmol/L NaCl。

3. 仪器(仪器的选择在实验开始前由学生实验设计报告中提出方案后,教师根据实验室条件审定)

层析柱(Ø1.2 cm×50 cm)、自动液相核酸蛋白层析仪、紫外分光光度计、垂直电泳槽、电泳仪、微量移液枪、离心机、透析袋等。

四、操作步骤示例

1. IgG 粗品制备

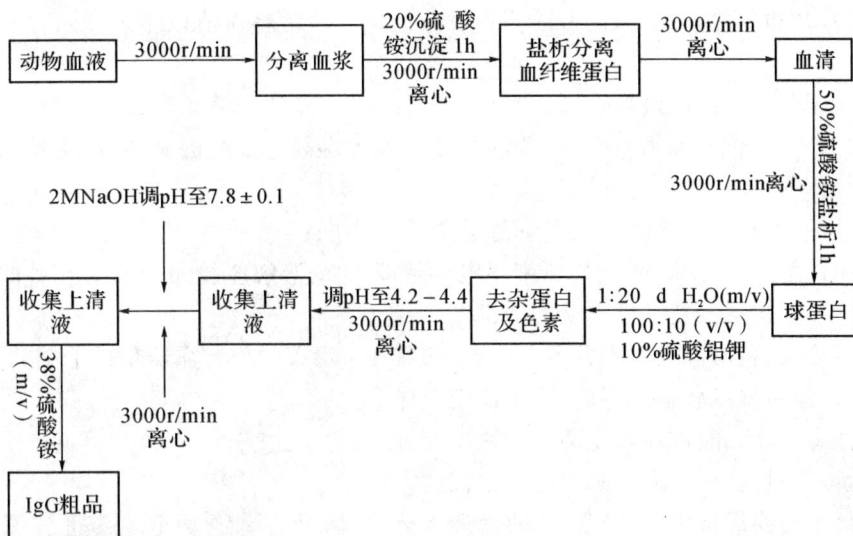

```
动物血液 →(3000r/min)→ 分离血浆 →(20%硫酸铵沉淀1h 3000r/min离心)→ 盐析分离血纤维蛋白 →(3000r/min离心)→ 血清
                                                                                                    │(50%硫酸铵盐析1h 3000r/min离心)
                                                                                                    ↓
收集上清液 ←(2MNaOH调pH至7.8±0.1)← 收集上清液 ←(调pH至4.2~4.4 3000r/min离心)← 去杂蛋白及色素 ←(1:20 d H₂O(m/v) 100:10(v/v) 10%硫酸铝钾)← 球蛋白
   │(38%硫酸铵(m/v) 3000r/min离心)
   ↓
IgG粗品
```

2. IgG 粗品脱盐

(1)透析脱盐：将上述 IgG 粗品溶于少量生理盐水后装入已处理好的 3.5×10^3 透析袋，悬于装有 0.01 mol/L pH 7.4 的磷酸盐缓冲液的大烧杯中，于 4 ℃搅拌透析 24 h，换液 3～4 次，至 1%氯化钡检验无 SO_4^{2-} 为止。

(2)层析脱盐：选用 Sephadex G-25 或 G-50 进行层析脱盐，操作详见基础实验 7。

3. DEAE-52 柱层析纯化 IgG

取盐析蛋白 PBS 溶液对缓冲液 A 透析后离心，上清液为上样母液。称 20 g DEAE-52 纤维素预处理、缓冲液 A 平衡、装柱，柱规格 1.2 cm×30 cm，柱床高 25 cm；用缓冲液 A 平衡至流出液电导率等于缓冲液 A；取 2 mL 上样母液加入层析柱。上样后用缓冲液 A 平衡，至流出液在 280 nm 波长洗脱曲线变得平直止；后以等量缓冲液 A 和缓冲液 B 连续梯度洗脱；控制流速 1 mL/min。上样 15 min 后分步收集并记录波峰，每管 2 mL，合并同一波峰收集管后分别用 PBS 溶液透析、浓缩、鉴定，—20℃保存。

4. IgG 纯度鉴定和相对分子质量测定

用 SDS-PAGE 电泳法鉴定 IgG 产品纯度及检测相对分子质量（操作见基础实验九）。

5. 蛋白质浓度测定

采用 Folin 酚法或考马斯亮蓝法测定蛋白质浓度，取样品（盐析粗提物、DEAE 一、二峰）各 50 μL，用标准曲线软件绘 BSA 标准曲线并计算样品浓度，具体操作见实验六。对各次提取产品进行比较。

6. IgG 浓度测定

为了准确测定 IgG 纯品的浓度，采用单向免疫扩散法。外购高纯度 IgG 为标准品绘制标准曲线。琼脂糖凝胶内加入适量抗 IgG 血清（每 10 mL 胶液加 0.2 mL），凝胶孔内分别加入系列稀释的标准 IgG 和 IgG 纯品，进行单向免疫扩散实验。根据样品沉淀环的直径，从标准曲线测出 IgG 浓度（具体操作详见相关免疫学实验指导书）。

7. 影响盐析的因素及注意事项

(1)蛋白质的浓度:盐析时,溶液中蛋白质的浓度对沉淀有双重影响,既可影响蛋白质沉淀极限,又可影响蛋白质的共沉作用。蛋白质浓度愈高,所需盐的饱和度极限愈低,但杂蛋白的共沉作用也随之增加,从而影响蛋白质的纯化。故常将血清以生理盐水作对倍稀释后再盐析。

(2)离子强度:各种蛋白质的沉淀要求不同的离子强度。例如当硫酸铵饱和度不同,析出的成分就不同,饱和度为50%时,少量白蛋白及大多数球蛋白析出;饱和度为33%时γ-球蛋白析出。

(3)盐的性质:最有效的盐是多电荷阴离子。

(4)pH值:一般说来,蛋白质所带净电荷越多,它的溶解度越大。改变pH,即改变蛋白质的带电性质,也就改变了蛋白质的溶解度。

(5)温度:盐析时温度要求并不严格,一般可在室温下操作。血清蛋白于25 ℃时较0 ℃更易析出。但对温度敏感的蛋白质,则应于低温下盐析。

(6)注意饱和硫酸铵加入血清中的速度和方式,边加边缓慢摇动,并避免产生气泡。防止局部盐浓度过大,而造成不必要的蛋白沉淀。

(7)离子交换层析中,DEAE-52的处理十分关键,最后一定要使体系处于0.01 mol/L pH 7.4的磷酸盐缓冲溶液平衡状态,否则得不到IgG纯品。

(8)用紫外吸收法测定蛋白质浓度,简便易行,且样品可回收。但受核酸等具有紫外吸收的物质干扰,准确性较差。因此,需采用其他蛋白质浓度测定方法准确测定其浓度。

(9)单向免疫扩散实验中,选用的标准物IgG应与实验用血液材料的动物来源一致,两者才能与相应的抗IgG血清发生沉淀反应。

(10)用过的树脂必须经过再生处理后方能保存。阴离子交换树脂Cl⁻型较OH⁻型稳定,故用盐酸处理后水洗至中性。阳离子交换树脂Na⁺型较稳定,故用NaOH处理后水洗至中性。湿润状态密封保存,防止干燥、长菌。短期存放,阴、阳离子树脂分别保存在1 mol/L盐酸和1 mol/L NaOH溶液中。

五、结果提示

1. 以Folin-酚法检测IgG制备及纯化各步骤所得产品蛋白质浓度(mg/100 mL血清),并计算IgG得率及回收率。

2. 以PBS洗脱液洗脱时间为横坐标,IgG粗品层析脱盐洗脱液在280 nm波长处监测吸光值A为纵坐标绘制层析脱盐洗脱图谱,并以每管2 mL收集,各管取0.5 mL检测SO_4^{2-}结果,合并洗脱峰管液。

3. 以洗脱缓冲液流出时间为横坐标,洗脱蛋白流出液在280 nm波长处监测吸光值A为纵坐标绘制DEAE-52柱层析纯化IgG洗脱图谱,收集各峰洗脱液,检测蛋白浓度,并以单向免疫扩散法检测各峰浓缩液IgG浓度。

4. 用SDS-PAGE电泳法鉴定各步骤纯化IgG产品纯度及相对分子质量。

六、作业及思考题

1. 血清和血浆有什么区别?

2. IgG 的主要功能是什么?

3. 分级盐析法分离纤维蛋白、球蛋白和清蛋白的依据是什么?

4. 离子交换法纯化 IgG 的理论基础是什么? 为了提高 IgG 制品活性,在分离纯化过程中应注意控制哪些条件?

5. SDS-PAGE 电泳时样品溶解液中的 SDS、甘油、巯基乙醇、溴酚蓝成分,各自有何作用?

6. 简述 SDS-PAGE 测定蛋白质相对分子质量的原理。

7. 为什么不连续系统 PAGE 比连续系统 PAGE 的分辨率高?

8. 层析与透析脱盐各有何优点? 蛋白质分离纯化实验时你如何选择应用?

七、实验设计及学习参考资料

[1] 萧能庚,余瑞元,袁明秀.生物化学实验原理和方法.北京:北京大学出版社,2005, 370~390.

[2] 陈来同.生物化学产品制备技术(1).北京:科学技术文献出版社,2003,173~183.

[3] 朱立平,陈学清.免疫学常用实验方法.北京:人民军医出版社,2000,51~60.

[4] 刘生杰,余为一,朱茂英等.DEAE-52 层析对猪血清 IgG 提纯得率的影响.食品科学,2008,29(4):87~89.

[5] 张和平,岳喜庆,冯巧萍.饱和硫酸铵法提取血清中 IgG 最佳条件的研究.中国乳品工业,2006,34(1):4~8.

[6] 王三虎,谢岩黎,张录华.猪血清中免疫球蛋白提取工艺.郑州粮食学院学报, 1998,19(3):75~78.

[7] 王晓工,薄金岭.牛初乳中 IgG_1、IgG_2 的制备色谱分离与纯化.齐齐哈尔大学学报,2004,20(1):11~14.

实验三十四 酯酶的分离、纯化与活性测定

一、目的要求

1. 通过酯酶的分离和纯化,了解离子交换层析法的原理。
2. 掌握梯度洗脱的方法和技术。

二、基本原理

酯酶是 A-酯酶、B-酯酶和胆碱酯酶的总称,它与人体有机磷药物中毒机制有关。

本实验利用离子交换层析法分离和纯化酯酶,常用的阳离子交换剂有弱酸性的羧甲基纤维素(CM-纤维素),阴离子交换剂有弱碱性的二乙氨基乙基纤维素(DEAE-纤维素):

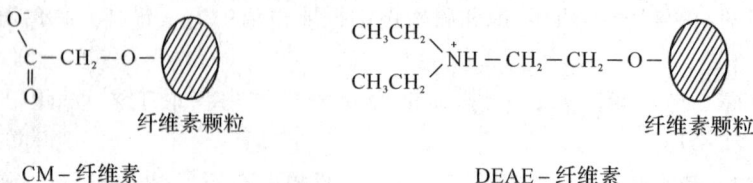

CM-纤维素   DEAE-纤维素

蛋白质的混合物与纤维素离子交换剂的酸性基团或碱性基团相结合,结合力的大小取决于彼此间相反电荷基团的静电引力,这又与溶液的 pH 有关,因为 pH 决定离子交换剂和蛋白质的解离程度。盐类的存在可以降低离子交换剂解离基团与蛋白质的相反电荷基团之间的静电引力。因此,被吸附的蛋白质的洗脱通过改变 pH 或离子强度(或两者同时改变)来实现。与离子交换剂结合力小的蛋白质首先从层析柱中被洗脱下来。本实验采用CM-纤维素离子交换剂,通过柱层析,经梯度洗脱从鼠肾丙酮粉抽提液中分离、纯化酯酶。

梯度洗脱法是在洗脱过程中,使洗脱液的 pH 或盐浓度(或两者同时)发生连续的梯度变化、从而使吸附在柱上的各组分在不同的梯度下洗脱下来。本实验采用的是盐离子浓度梯度洗脱法,其装置由两个彼此相连的容器组成,在与层析柱相连接的一个容器(混合瓶)中,放入梯度洗脱开始时所需浓度的盐溶液(低浓度),并配有搅拌装置,另一容器(贮液瓶)中放入高浓度的盐溶液,其浓度即梯度洗脱最后所需的浓度。两个容器的底部必须保持水平,液面的高度也应该相同。这样,当两容器之间的通道打开,并使混合瓶溶液流进层析柱时、梯度即开始形成。由于这两个容器是连通的。当混合瓶的溶液开始流入层析柱,它的液面高度就逐渐下降。为了维持两容器的液面高度的一致,高浓度的盐溶液即从导管流入混合瓶,结果混合瓶中溶液的盐浓度呈梯度上升。

三、材料、试剂与仪器

1.材料

大白鼠。

2.仪器(仪器的选择在实验开始前由学生实验设计报告中提出方案后,教师根据实验室条件审定)

层析柱(∅1.2 cm×40 cm)、自动液相核酸蛋白层析仪(上海沪西分析仪器厂)、紫外可见分光光度计、微量移液枪、捣碎器、布氏漏斗、抽滤瓶、表面皿、离心机、梯度混合器、试管、量筒、烧杯、玻璃漏斗等。

3.试剂(试剂的选择及用量在实验开始前由学生实验设计报告中提出方案,教师审定后,配制)

丙酮,0.01 mol/L pH 6.0 磷酸缓冲液,0.05 mol/L pH 8.0 磷酸缓冲液,0.00375 mol/L 乙酰-2,6-二氯酚靛酚丙酮溶液,0.5mol/L NaOH-0.5 mol/L NaCl 溶液,1 mol/L HCl 溶液,0.005 mol/L pH 6.0 磷酸缓冲液,0.1 mol/L pH 6.0 磷酸缓冲液,CM-纤维素(0.069 mmol/g 干粉,pK=3.5)。

四、操作步骤示例

1.粗酶制剂的制备

杀死大白鼠,迅速剖腹取肾,置于冰浴中剔除脂肪和结缔组织。新鲜肾组织和−15 ℃ 丙酮,按 10 g 重量 100 mL 容积的比例,一同置入组织捣碎器中捣碎。为避免温度升高,捣碎 0.5 min 后,把匀浆倒入烧杯中,置于冰盐浴冷至−15 ℃,再捣碎 0.5 min,反复 3 次。

然后把匀浆倾入布氏漏斗抽滤,用−15 ℃丙酮洗涤 3 次,按上述方法再捣碎滤饼,抽滤和洗涤一次。将最后得到的滤饼散置于表面皿,放入真空干燥器干燥数天,即得丙酮粉干品。每 10g 新鲜肾组织可制得丙酮粉 3～4g。

按 100 mg 丙酮粉加入 5 mL 0.01 mol/L pH 6.0 磷酸缓冲液的比例,将两者放入烧杯中,置于冰箱内抽提 30 min,不时搅拌。抽提液在 3000 r/min 下离心 10 min,上清液即为粗酶制剂(保存于冰箱待用)。测定此粗酶制剂的蛋白浓度和酶活性。

2.CM-纤维素离子交换剂的处理

称 10g CM-纤维素干品置于烧杯中,加入 100 mL0.5 mol/L NaOH-0.5 mol/L NaCl 溶液,混匀,静置 15min 后,在布氏漏斗中抽滤,水洗滤饼至中性。此滤饼再悬浮于 100 mL 1 mol/L HCl 溶液中,混匀,静置 10min 后放入布氏漏斗抽滤,水洗滤饼至中性。再将滤饼悬浮于 100 mL0.5 mol/L NaOH-0.5 mol/L NaCl 溶液中,混匀,静置 15min 后放入布氏漏斗抽滤,水洗滤饼至中性。最后将滤饼悬浮于所选择的起始洗脱缓冲液中,使用后的回收处理和上述步骤相同,只是省略了将滤饼悬浮于 1 mol/L HCl 溶液这一步。

3.层析柱的安装和平衡

洗净一支 1.5 cm×40 cm 的玻璃柱(也可选用规格合适的商品层析柱),准备两个橡皮塞将其中一个的中央插入一根玻璃细管,上面覆盖一圆形尼龙网片或一块绢布。玻璃细管上连接一根细胶管,与部分收集器相连。将这个橡皮塞安入层析柱的下端,另一橡皮塞中央也插入一根玻璃细管,并接上一根胶管与洗脱液混合瓶下口相连。此橡皮塞塞入层析柱的上端,两端胶管上各备一个螺旋夹。将层析柱架至垂直,夹紧下端胶管,向层析柱内加入蒸馏水(约 2/3 柱高),然后将预处理好的离子交换纤维素装入柱内,使其自由沉降至柱的底部,放松柱下端螺旋夹,让柱内液体慢慢流出。待树脂沉降至所需高度(约 30 cm)后,置一圆形滤纸或尼龙片于胶面,待胶面只剩下一薄层水时,夹紧下端夹子,向柱内加入数毫升洗脱起始缓冲液,松开下端夹子,用起始缓冲液渗洗平衡,先是压力较小,后增至洗脱时的压力(平衡 10h 左右为宜)。若平衡压力过大,柱内树脂被压迫太紧,影响流速。平衡好的柱面应存留一薄层缓冲液,旋紧下端螺旋夹。

　　4.加样和梯度洗脱

　　用滴管将 4 mL 粗酶制剂溶液(总蛋白浓度 15 mg)沿柱内壁徐徐地加到纤维素柱面,然后慢慢放松下端螺旋夹,使样品液面降至纤维素柱表面,再加入少许洗脱起始缓冲液洗涤柱壁,如上操作,反复进行 2 次。梯度洗脱采用图 33-1 的装置实现。A 为贮液瓶,B 为混合瓶,两者容量相等,且置于同一水平面。C 为 A、B 二瓶连通管的活塞,D 为搅拌器,E 为混合瓶的通嘴活塞。A 盛高浓度洗脱缓冲液,B 盛等体积起始洗脱缓冲液。洗脱前先开动搅拌器,后启开活塞 C 和 E,B 瓶洗脱液浓度呈直线式递增。关紧活塞 C 和 E,在 A 瓶中加入 0.1 mol/L pH 6.0 磷酸缓冲液 150 mL,在 B 瓶中加入 0.005 mol/L pH 6.0 磷酸缓冲液 150 mL,将混合瓶 B 上的胶管与层析柱连接上之后,开动搅拌器。打开 A,B 两瓶之间连通管的活塞 C,再打开 B 瓶的通嘴活塞 E,控制流速在 2 mL/20min。开动部分收集器,分管收集流出液,每管收集 2 mL。实验在 0～10 ℃的温度范围内进行。测定各管流出液的酶活性,同时用 Folin-酚试剂法测定每管流出液的蛋白浓度。实验室配有紫外检测仪直接与离子交换层析柱相连,可用 280 nm 光吸收检测酶的洗脱峰。

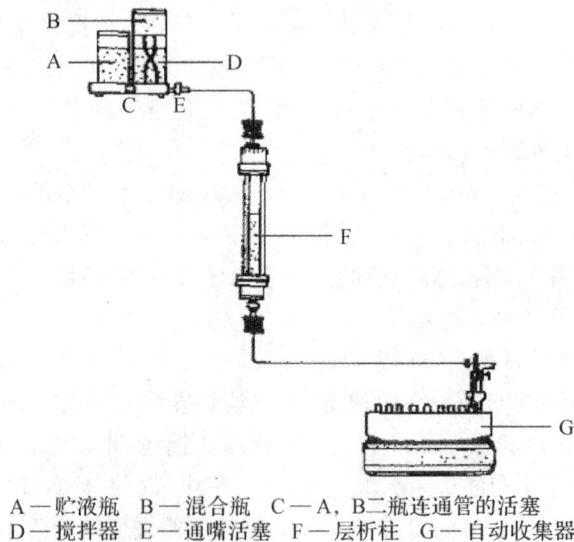

A—贮液瓶　B—混合瓶　C—A,B二瓶连通管的活塞
D—搅拌器　E—通嘴活塞　F—层析柱　G—自动收集器

图 33-1　梯度洗脱装置

　　5.酯酶活性的测定

　　底物乙酰-2,6-二氯酚靛酚被酯酶水解后生成的 2,6-二氯酚靛酚在 pH 8.0 的条件下显蓝色,底物浓度恒定时,酶促反应速度取决于酶的活性。测定时,取 4 mL0.05 mol/L pH 8.0 磷酸缓冲液,加 0.2 mL 底物(最终浓度为 0.000125 mol/L),再加适量酶溶液(0.5 mL

含 $200\mu g$ 蛋白质)和水,使反应系统的最终容积为 6 mL,在 30 ℃下反应 5min 后立即在 600 nm 波长处测定 A 值。本实验是各管取 0.5 mL 梯度洗脱液测定酶活性。若光吸收值越大,表示酶活性越高。

五、结果提示

1. 以梯度洗脱流出液的管数为横坐标,以相应流出液的蛋白浓度为纵坐标,作出洗脱曲线图(如配有电脑可直接打印以洗脱时间为横坐标,相应流出液 280 nm 波长处的 A 值为纵坐标的洗脱图谱),峰Ⅰ和Ⅱ为两个主要酶蛋白峰。蛋白浓度以 1 mL 梯度洗脱液(Folin-酚试剂法测定)在 500 nm 波长处比色的光吸收值表示。

2. 以梯度洗脱流出液的管数为横坐标,以相应流出液酶活性(取 0.5 mL 测定,在 600 nm 波长处的 A 值)为纵坐标、绘制出酶活性曲线图,得到两个主要酶活性峰Ⅰ和Ⅱ。

3. 以梯度洗脱流出液的管数为横坐标,梯度洗脱液浓度为纵坐标,绘制出梯度洗脱液浓度曲线图。

4. 分别合并峰Ⅰ和Ⅱ两个组分,测定它们的蛋白浓度和酶活性,并计算比活性。比活性的计算方法如下:

$$酶的比活性 = \frac{酶作用底物后在 600 \text{ nm 波长处的 } A \text{ 值}}{蛋白质浓度(mg)}$$

最后列出鼠肾粗酶制剂(丙酮粉原抽提液)和层析洗脱液酯酶比活性的比较以及蛋白回收率(见表 33-1)。

表 33-1　粗酶制剂和层析洗脱液酯酶比活性的比较

	蛋白量/mg	蛋白回收率/%	比活性/A·mg^{-1}	蛋白比活性提高倍数
粗酶制剂(丙酮粉抽提液) 4 mL				
CM-纤维素离子交换剂层析后梯度洗脱液			峰Ⅰ 峰Ⅱ	

六、作业及思考题

1. 酶的存在位置?

2. 如何将酶从细胞中分离?

3. 酶的粗提液是否只有酶,有没有其他物质?

4. 如何将酶从粗提液中分离纯化?

5. 测定酶活性的方法有哪些?

6. 离子交换纤维素有何特点?为什么人们常用它来分离纯化酶及其他生物活性大分子物质?

7. 何为梯度洗脱法?它有何特点?

七、实验设计及学习参考资料

[1] 萧能庚,余瑞元,袁明秀.生物化学实验原理和方法.北京:北京大学出版社,2005,370~390.

［2］Aldridge W N. Some Esterases of the Rat. *Biochen J* ,1954,57：629.

［3］Petersor E A,Sober H A,Colowich S P, Kaplan N O. Column ChromatograpHy of Protein,Substituted Cellulooses. *Methods on Enaymology*. New York, london：Acadenmic Puress,1962,V：3～26.

［4］Kremaner L T, Winlson I B. A ChromatograpHic Procedure ror the Purification of Acetylcholinesterase. *J Biol Chem*,1963,238：1714.

［5］Haff L A,Fagerstam L G,Barry A R. Use of ElectropHoretic Titration Curces for Predicting Optimal ChromatograpHic Condition for Fast Ion Exchange Chromatography of Proteins. *J Chromatogr*,1983,266：409～425.

实验三十五　细胞色素 C 的制备和测定

一、目的要求

1. 学习细胞色素 C 的理化性质及其生物学功能。
2. 掌握制备细胞色素 C 的原理。
3. 掌握制备细胞色素 C 的操作技术及浓度测定方法。

二、实验原理

细胞色素 C 是呼吸链的一个重要组成成分。是一种含铁卟啉基团的蛋白质,在线粒体呼吸链上位于细胞色素 B 和细胞色素氧化酶之间,细胞色素 C 的作用是在生物氧化过程中传递电子。每分子细胞色素 C 含有一个血红素和一条多肽链。现已从许多来源获得细胞色素 C 结晶,并已对 100 多种细胞色素 C 蛋白的一级结构进行了测定。结果表明,细胞色素 C 的氨基酸残基的数目在 103～113 之间;不同来源细胞色素 C 的的氨基酸残基的顺序及浓度都有一定的差异。细胞色素 C 分子中含赖氨酸较高,所以等电点偏碱,为 pH 10.8,含铁量为 0.38%～0.43%,相对分子质量为 12000～13000。它易溶于水及酸性溶液,且较稳定,不易变性,组织破碎后,用酸性水溶液即能从细胞中浸提出来。细胞色素 C 分为氧化型和还原型两种,因为还原型较稳定并易于保存,一般都将细胞色素 C 制成还原型的,氧化型细胞色素 C 在 408 nm、530 nm 有最大吸收峰,还原型细胞色素 C 的最大吸收峰为 415 nm、520 nm 和 550 nm,这一特性可用于细胞色素 C 的浓度测定。由于细胞色素 C 在心肌组织和酵母中浓度丰富,常以此为材料进行分离制备。本实验以猪心为材料,经过酸溶液提取、人造沸石吸附、硫酸铵溶液洗脱、三氯醋酸沉淀等步骤制备细胞色素 C,并测定其浓度。

三、材料、试剂与仪器

1. 材料
新鲜或冰冻猪心。
2. 试剂(试剂的选择及用量在实验开始前由学生在实验设计报告中提出方案,教师审定后,配制)
(1) 2 mol/L H_2SO_4 溶液;1 mol/L NH_4OH 溶液;固体硫酸铵。
(2) 25% 硫酸铵溶液:100 mL 蒸馏水中含 25 g 硫酸铵,约相当于 25 ℃时 40% 的饱和度。
(3) 0.2% 氯化钠溶液:称 0.2 g 氯化钠,用蒸馏水溶解并定容至 100 mL。
(4) $BaCl_2$ 试剂:称 12 g $BaCl_2$,溶于 100 mL 蒸馏水中。

(5) 20％三氯醋酸溶液。

(6) 人造沸石(60～80 目)。

(7) 联二亚硫酸钠($Na_2S_2O_4 \cdot 2H_2O$)。

3.仪器(仪器的选择在实验开始前由学生实验设计报告中提出方案后,教师根据实验室条件审定)

绞肉机;电磁搅拌器;电动搅拌器;离心机;722N 型分光光度计;玻璃柱(2.5 cm×30 cm);广口瓶;烧杯(2000、1000、500 mL);量筒;移液枪;玻璃漏斗和纱布;玻璃棒;透析袋等。

四、操作步骤示例

实验流程:材料处理－提取－中和－吸附－洗脱－盐析－沉淀－透析－测定

1.细胞色素 C 的制备

(1)材料处理:取新鲜或冰冻猪心,除去脂肪和韧带,用水洗去积血,将猪心切成小块,放入绞肉机绞碎。

(2)提取:称取绞碎猪心肌肉 500 克,放入 2000 mL 烧杯中,加蒸馏水 1000 mL,在电动搅拌器搅拌下以 2 mol/L H_2SO_4 调 pH 至 4.0(此时溶液呈暗紫色),在室温下搅拌提取 2 h,在提取过程,使抽提液的 pH 值保持在 4.0 左右。在即将提取完毕,停止搅拌之前,以 1 mol/L NH_4OH 调 pH 至 6.0,停止搅拌。用八层普通纱布压挤过滤,收集滤液。滤渣加入 750 mL 蒸馏水,再按上述条件提取 1 h,两次提取液合并。

(3)中和:用 1 mol/L NH_4OH 调上述提取液至 pH 7.2(此时,等电点接近 7.2 的一些杂蛋白溶解度小,从溶液中沉淀下来),静置 30～40 min 中后过滤,所得滤液准备通过人造沸石柱进行吸附。

(4)吸附与洗脱:人造沸石容易吸附细胞色素 C,吸附后能被 25％的硫酸铵洗脱下来,利用此特性将细胞色素 C 与其他杂蛋白分开。具体操作如下:

①人造沸石的预处理:称取人造沸石 11 g,放入 500 mL 烧杯中,加水搅拌,用倾泻法除去 12 s 内不下沉的过细颗粒。

②装柱:选择一个底部带有滤膜的干净的玻璃柱(2.5×30 cm),柱下端连接一乳胶管,用夹子夹住,柱中加入蒸馏水至 2/3 体积,保持柱垂直,然后将已处理好的人造沸石带水装填入柱,注意一次装完,避免柱内出现气泡。

③上样:柱装好后,打开夹子放水(柱内沸石面上应保留一薄层水)将准备好的提取液装入下口瓶,使其通过人造沸石柱进行吸附。柱下端流出液的速度为 1.0 mL/ min。随着细胞色素 C 的被吸附,柱内人造沸石逐渐由白色变为红色,流出液应为黄色或微红色。

④洗脱:吸附完毕,将红色人造沸石从柱内取出,放入 500 mL 烧杯中,先用自来水,后用蒸馏水搅拌洗涤至水清,再用 100 mL 0.2％NaCl 溶液分三次洗涤沸石,再用蒸馏水洗至水清,按第一次装柱方法将人造沸石重新装入柱内,用 25％硫酸铵溶液洗脱,流速大约 2 mL/ min,收集含有细胞色素 C 的红色洗脱液,当洗脱液红色开始消失时,即洗脱完毕。人造沸石可再生使用。

⑤人造沸石再生:将使用过的沸石,先用自来水洗去硫酸铵,再用 0.25 mol/L 氢氧化钠和 1 mol/L 氯化钠混合液洗涤至沸石成白色,前后用蒸馏水反复洗至 pH 7～8,即可重新使用。

(5)盐析:为了进一步提纯细胞色素 C,在上面收集的洗脱液中,加入固体硫酸铵(按每 100 mL 洗脱液加入 20 g 固体硫酸铵的比例,使溶液硫酸铵的饱和度为 45%)边加边搅拌,放置 30 min 后,杂蛋白便从溶液中沉淀析出,而细胞色素 C 仍留在溶液中,用滤纸(或离心)除去杂蛋白,即得红色透亮细胞色素 C 溶液。

(6)三氯醋酸沉淀:在搅拌情况向所得透亮溶液加入 20% 三氯醋酸(2.5 mL 三氯醋酸/100 mL 细胞色素 C 溶液),细胞色素 C 立即沉淀出来(沉淀出来的细胞色素 C 属可逆变性),立即于 3000 r/min 离心 15 min,收集沉淀。加入少许蒸馏水,用玻棒搅拌,使沉淀溶解。

(7)透析:将沉淀的细胞色素 C 溶解于少量的蒸馏水后,装入透析袋,在 500 mL 烧杯中对蒸馏水进行透析除盐(电磁搅拌器搅拌),15 min 换水一次,换水 3 至 4 次后;检查透析外液 SO_4^{2-} 是否已被除净。检查方法是:取 2 mL $BaCl_2$ 溶液于试管中,滴加 2 至 3 滴透析外液至试管中,若出现白色沉淀,表示 SO_4^{2-} 未除净,反之,说明透析完全,将透析液过滤,即得细胞色素 C 制品。

2.浓度测定

所得制品是还原型细胞色素 C 水溶液,在波长 520 nm 处有最大吸收值,根据这一特性,用 722N 型分光光度计,先作出一条标准细胞色素 C 浓度和对应的光密度值的标准曲线(图 34-1),然后根据测得的待测样品溶液的光密度值就可以由标准曲线的斜率求出待测样品的浓度(或通过标准曲线计算出样品液质量浓度)。具体操作如下:

(1)标准曲线的绘制:取 1 mL 标准品(81 mg/mL),稀释至 25 mL,从中分别取 0.2、0.4、0.6、0.8、1.0 mL,分别置于五支试管中,每管补加蒸馏水至 4 mL,并加少许联二亚硫酸钠作还原剂,然后在 520 nm 处测得各管的光密度,分别为 0.179、0.330、0.520、0.700、0.870。以浓度为横坐标,光密度值为纵坐标,作出标准曲线图,从图中求得斜率为 1/3.71。

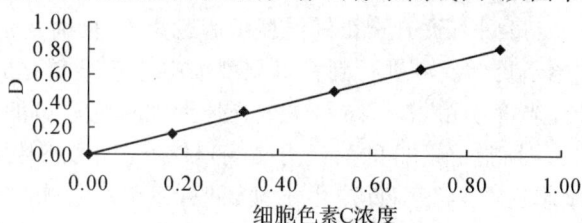

图 34-1　细胞色素 C 标准曲线

(2)样品测定:取 1 mL 样品,稀释适当倍数,再加少许联二亚硫酸钠,在波长 520 nm 处测定光密度。最后根据标准曲线的斜率计算其细胞色素 C 的浓度。

五、结果提示

1.细胞色素 C 粗品液浓度。计算公式:

细胞色素 C 的浓度(mg/mL)＝A_{520}×稀释倍数/斜率

在本实验中,500 g 的猪心原料,应获得 75 mg 以上的细胞色素 C 的粗制品。

2. 以上所得为粗制品可利用弱酸性阳离子交换树脂(Amberlite IRC-50-NH_4^+)的离子交换作用选择性地吸附带正电荷的细胞色素 C,用磷酸氢二钠-氯化钠溶液洗脱,再经透析脱盐,便可制得高纯度细胞色素 C 精品。

3. 细胞色素 C 纯度鉴定。

细胞色素 C 是含一个 Fe 原子的蛋白质,一般认为它的相对分子质量为 13 000,而 Fe 的相对原子质量为 55.85,因此,每一个细胞色素 C 分子中,Fe 原子的浓度相当于 0.43%。如果测得细胞色素 C 铁浓度为 0.43%,表示它是纯的;相反,若小于 0.43%,则说明含有杂质,数值越小,含杂质就越多。因此,可以通过检测产品含铁量来鉴定纯度。

4. 细胞色素 C 酶活力测定。

细胞色素 C 在呼吸链中,起着传递电子的作用,这种传递电子的能力称为细胞色素 C 的酶活力,传递电子能力大小是细胞色素 C 酶活力高低的标志。利用琥珀酸作为底物,在琥珀酸脱氢酶作用下,脱下来的一分子氢与空气中的氧形成水,同时生成延胡索酸。此过程必须有细胞色素 C 存在才能进行。反应过程如下:

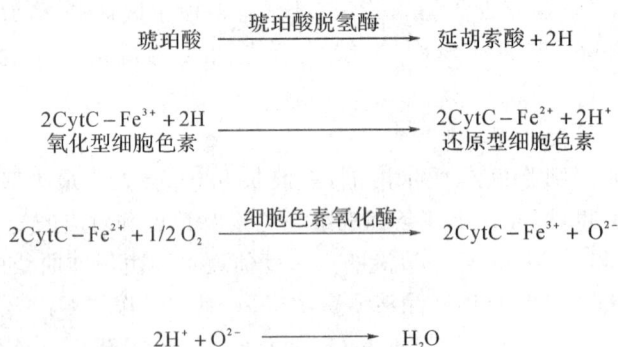

$$琥珀酸 \xrightarrow{\text{琥珀酸脱氢酶}} 延胡索酸 + 2H$$

$$\begin{matrix} 2CytC-Fe^{3+} + 2H \\ \text{氧化型细胞色素} \end{matrix} \longrightarrow \begin{matrix} 2CytC-Fe^{2+} + 2H^+ \\ \text{还原型细胞色素} \end{matrix}$$

$$2CytC-Fe^{2+} + 1/2\ O_2 \xrightarrow{\text{细胞色素氧化酶}} 2CytC-Fe^{3+} + O^{2-}$$

$$2H^+ + O^{2-} \longrightarrow H_2O$$

由上列反应过程可见,氢和氧在细胞色素氧化酶存在下,因细胞色素 C 传递电子,不断氧化还原而被激活,最后形成水。

酶可还原率测定法以去细胞色素 C 的心肌悬浮液代替肾制剂,含有琥珀酸脱氢酶和细胞素氧化酶。加入一定量底物琥珀酸和氧化型细胞色素 C,同时还加入氰化钾作为细胞色素氧化酶抑制剂,使电子传递反应进行到将氧化型细胞色素 C 转化为还原型细胞色素 C 时即终止,此时利用分光光度法在 550 nm 处测定还原型细胞色素 C 的吸光值,即为细胞色素 C 的酶可还原吸光度。细胞色素 C 的酶活力越高,转为还原型细胞色素 C 就愈多,吸光度就愈大。已失活的细胞色素 C 在酶反应中不被还原,但仍可被联二亚硫酸钠还原,此时在 550 nm 处测得的吸光值称为化学可还原吸光度。细胞色素 C 的酶可还原吸光度与化学可还原吸光度之比即为细胞色素 C 酶的可还原率(酶活力)。计算公式:

细胞色素 C 酶活力(%) = (酶可还原吸光度/化学可还原吸光度)×100%

六、注意事项

1. 尽可能除掉猪心中的韧带、脂肪和积血,以免影响制品质量和产率。

2. 使用离心机之前,一定要平衡。

3. 透析之前要检查透析袋。

4. 在 520 nm 处测得各管的光密度时,要加少许联二亚硫酸钠作还原剂。

5. 酸水提取时,由于组织液的释出使 pH 上升,需要不断调节 pH 值直至稳定在 pH 3.5~4.0。

6. 为使细胞色素 C 充分被沸石吸附,吸附时流速应慢些。洗脱时间同样控制慢些,使细胞色素 C 在比较少体积内被充分洗脱出来。

7.三氯乙酸是一种蛋白质变性剂,可使蛋白质变性沉淀。本实验通过控制三氯乙酸的浓度和作用时间,使其产生的是可逆沉淀,达到进一步纯化作用。因此必须要逐滴加入三氯乙酸,搅匀后尽快离心,避免局部酸浓度过大和接触时间过长,产生细胞色素 C 不可逆的变性沉淀而造成损失。

8.加入过多联二亚硫酸钠会使测定溶液迅速变混浊而无法比色,因此加入量应严格控制(约 3 mg),并迅速比色。必须是加一管后立即比色,不能各管全加完后再比色。发现 A 值有不断升高趋势表明溶液出现混浊,此读数为无效值,不能使用。也可以加入 1 mL 3 mg/mL 的联二亚硫酸钠水溶液(H_2O 减少为 2.0 mL),但该溶液不稳定,见光易变混浊而失去作用。

9.为更准确测定产品含铁量,需要测定样品中的灰分,并从质量中扣除。

10.测定细胞色素 C 酶活力时用到铁氰化钾系一剧毒化合物,务必妥善保管,小心使用。

七、作业及思考题

1.制备细胞色素 C 通常选取什么动物组织?为什么?

2.本实验采用的酸溶液提取、人造沸石吸附、硫酸铵溶液洗脱,三氯醋酸沉淀等步骤制备细胞色素及浓度测定,各是根据什么原理?

3.请说出其他提取和纯化细胞色素 C 的方法,并请写出相关的方法及原理。

4.做好细胞色素 C 制备实验应注意哪些关键环节?为什么?

5.试以细胞色素 C 的制备为例,总结出蛋白质制备的步骤和方法。

6.本实验用到哪些基本的生化分离纯化的方法?

7.有哪些方法可以进行蛋白质脱盐处理?

8.为什么说细胞色素 C 含铁量的测定就是纯度的鉴定?

9.鉴定细胞色素 C 纯度时标定硫酸硫酸钠溶液应注意哪些地方?

10.利用酶可还原率测定细胞色素 C 酶活力的原理是什么?

11.细胞色素 C 酶活力的含义是什么?

八、实验设计及学习参考资料

[1] 刘箭.生物化学实验教程.北京:科学出版社,2007,72~74.

[2] 萧能庚,余瑞元,袁明秀.生物化学实验原理和方法.北京:北京大学出版社,2005,297~309.

[3] 邹承鲁.细胞色素 C 的简易制备方法及其若干性质.生理学报,1955,19:3~4,361.

[4] 国家药典委员会编.中华人民共和国药典,二部.北京:化学工业出版社,2000,附录 XII B:103.

[5] 陈来同,生物化学产品制备技术(1).北京:科学技术文献出版社,2003,274~286.

[6] Keilin D,Hartree E F. Purification and Properties of Cytochrome C. *Biochem J*,

1945,39：289.

　　[7] Margoliash E. The Use of Ion-Exchangers in the Preparation and Purification of Cytochrome c. *Biochem J* ,1954,56：529.

实验三十六 蔗糖酶的分离纯化及活力测定

一、目的要求

1. 通过实验学习并掌握蛋白质和酶的基本研究过程；
2. 掌握生物大分子的提取、分离纯化的方法，了解酶分离提纯的一般原理和步骤；
3. 掌握有机溶剂分级沉淀及柱层析技术；
4. 学会费林试剂法、Nelson. s 试剂法测定还原糖含量的原理和操作方法；
5. 了解底物浓度和酶反应速度之间的关系；
6. 掌握测定米氏常数的原理和方法；
7. 熟悉工作曲线的制作方法及使用注意事项。

二、基本原理

自 1860 年 Bertholet 从酒酵母 Sacchacomyces Cerevisiae 中发现了蔗糖酶以来，它已被广泛地进行了研究。蔗糖酶（invertase）（D—呋喃果糖苷果糖水解酶）（fructofuranoside fructohydrolase）（EC. 3. 2. 1. 26）特异地催化非还原糖中的呋喃果糖苷键水解，具有相对专一性。不仅能催化蔗糖水解生成葡萄糖和果糖，也能催化棉子糖水解，生成密二糖和果糖。

本实验提取啤酒酵母中的蔗糖酶。该酶以两种形式存在于酵母细胞膜的外侧和内侧，在细胞膜外细胞壁中的称之为外蔗糖酶（external yeast invertase），其活力占蔗糖酶活力的大部分，是含有 50% 糖成分的糖蛋白。在细胞膜内侧细胞质中的称之为内蔗糖酶（internal yeast invertase），含有少量的糖。两种酶的蛋白质部分均为双亚基，二聚体，两种形式的酶的氨基酸组成不同，外酶每个亚基比内酶多两个氨基酸，Ser 和 Met，它们的相对分子质量也不同，外酶约为 27 万（或 22 万，与酵母的来源有关），内酶约为 13.5 万（见表 36-1）。尽管这两种酶在组成上有较大的差别，但其底物专一性和动力学性质仍十分相似，因此，本实验未区分内酶与外酶，而且由于内酶浓度很少，极难提取，本实验提取纯化的主要是外酶。

表 36-1 蔗糖外酶及内酶的性质对照

名称	M_w	糖浓度（%）	亚基	底物为蔗糖的 K_m（mmol/L）	底物为棉子糖的 K_m（mmol/L）	等电点 pI	最适 pH	稳定 pH 范围	适度（℃）
外酶	27 万（22 万）	50	双	26	150	5.0	4.9（3.5～5.5）	3.0～7.5	60
内酶	13.5 万	<3	双	25	150	4.5	4.5（3.5～5.5）	6.0～9.0	

实验中,用测定生成还原糖(葡萄糖和果糖)的量来测定蔗糖水解的速度,在给定的实验条件下,每分钟水解底物的量定为蔗糖酶的活力单位。比活力为每毫克蛋白质的活力单位数。

三、实验设计及操作示例

本实验设计九个分实验,即蔗糖酶的提取与部分纯化、离子交换柱层析纯化蔗糖酶、蔗糖酶各级分活性及蛋白质浓度的测定、反应时间对产物形成的影响、pH 对酶活性的影响和最适 pH 的测定、温度对酶活性的影响和反应活化能的测定、底物浓度对催化反应速度的影响及米氏常数 K_m 和最大反应速度 V_{max} 的测定、尿素(脲)抑制蔗糖酶的实验、棉子糖和果糖抑制蔗糖酶的实验。

(一)蔗糖酶的提取与部分纯化

试剂与材料:啤酒酵母、二氧化硅、甲苯(使用前预冷到 0 ℃以下)、去离子水(使用前冷至 4 ℃左右)、冰块、食盐、1 mol/L 乙酸、95%乙醇等

仪器:研钵、离心管、滴管、量筒 50 mL、水浴锅、恒温水浴、烧杯 100 mL、广泛 pH 试纸、高速冷冻离心机等

操作步骤示例:

1. 提取

(1)准备一个冰浴,将研钵稳妥放入冰浴中。

(2)称取 5 g 干啤酒酵母和 20 g 湿啤酒酵母,称 20 mg 蜗牛酶及适量(约 10 g)二氧化硅,放入研钵中。二氧化硅要预先研细。

(3)量取预冷的甲苯 30 mL 缓慢加入酵母中,边加边研磨成糊状,约需 60 min。研磨时用显微镜检查研磨的效果,至酵母细胞大部分研碎。

(4)缓慢加入预冷的 40 mL 去离子水,每次加 2 mL 左右,边加边研磨,至少用 30 min。以便将蔗糖酶充分转入水相。

(5)将混合物转入两个离心管中,平衡后,用高速冷冻离心机离心,4 ℃,10000r/min,10 min。如果中间白色的脂肪层厚,说明研磨效果良好。用滴管吸出上层有机相。

(6)用滴管小心地取出脂肪层下面的水相,转入另一个清洁的离心管中,4 ℃,10000 r/min,离心 10 min。

(7)将清液转入量筒,量出体积,留出 1.5 mL 测定酶活力及蛋白浓度。剩余部分转入清洁离心管中。

(8)用广泛 pH 试纸检查清液 pH,用 1 mol/L 乙酸将 pH 调至 5.0,称为"粗级分 I"。

2. 热处理

(1)预先将恒温水浴调到 50 ℃,将盛有粗级分 I 的离心管稳妥地放入水浴中,50 ℃下保温 30 min,在保温过程中不断轻摇离心管。

(2)取出离心管,于冰浴中迅速冷却,用 4 ℃,10000 r/min,离心 10 min。

(3)将上清液转入量筒,量出体积,留出 1.5 mL 测定酶活力及蛋白质浓度(称为"热级分 II")。

3. 乙醇沉淀

将热级分 II 转入小烧杯中,放入冰盐浴(没有水的碎冰撒入少量食盐),逐滴加入等体

积预冷至−20 ℃的95％乙醇,同时轻轻搅拌,共需30 min,再在冰盐浴中放置10 min,以沉淀完全。于4 ℃,10000 r/min,离心10 min,倾去上清,并滴干,沉淀保存于离心管中,盖上盖子或薄膜封口,然后将其放入冰箱中冷冻保存(称为"醇级分Ⅲ")。废弃上清液之前,要用尿糖试纸检查其酶活性(与下一个实验一起做)。

(二)离子交换柱层析纯化蔗糖酶

试剂与材料:DEAE-纤维素:DE-23、0.5 mol/L NaOH、0.5mol/L HCl、0.02 mol/L pH 7.3 Tris-HCl缓冲液、0.02 mol/L pH 7.3(含0.2 mol/L浓度NaCl)的Tris-HCl缓冲液等

仪器:层析柱、自动液相层析仪、磁力搅拌器及搅拌子、小烧杯、玻璃砂漏斗、真空泵与抽滤瓶、精密pH试纸或pH计、三通管、止水夹、吸耳球、塑料紫外比色杯、电导率仪、尿糖试纸、点滴板

操作步骤示例:

1.离子交换剂的处理

称取1.5 gDEAE-纤维素(DE-23)干粉,加入0.5 mol/L NaOH溶液(约50 mL),轻轻搅拌,浸泡至少0.5 h(不超过1 h),用玻璃砂漏斗抽滤,并用去离子水洗至近中性,抽干后,放入小烧杯中,加50 mL 0.5 mol/L HCl,搅匀,浸泡0.5 h,同上,用去离子水洗至近中性,再用0.5 mol/L NaOH重复处理一次,用去离子水洗至近中性后,抽干备用(因DEAE-纤维素昂贵,用后务必回收)。实际操作时,通常纤维素是已浸泡过回收的,按"碱→酸"的顺序洗即可,因为酸洗后较容易用水洗至中性。碱洗时因过滤困难,可以先浮选除去细颗粒,抽干后用0.5 mol/L NaOH-0.5 mol/L NaCl溶液处理,然后水洗至中性。

2.装柱与平衡

先将层析柱垂直装好,在烧杯内用0.02 mol/L pH 7.3 Tris-HCl缓冲液洗纤维素几次,用滴管吸取烧杯底部大颗粒的纤维素装柱,然后用此缓冲液洗柱至流出液的电导率与缓冲液相同或接近时即可上样。

3.上样与洗脱

上样前先准备好梯度洗脱液,本实验采用20 mL 0.02 mol/L pH 7.3的Tris-HCl缓冲液和20 mL含0.2 mol/L浓度NaCl的0.02 mol/L pH 7.3的Tris-HCl缓冲液,进行线性梯度洗脱。取两个相同直径的50 mL小烧杯,一个装20 mL含NaCl的高离子强度溶液,另一个装入20 mL低离子强度溶液,放在磁力搅拌器上,在低离子强度溶液的烧杯内放入一个小搅拌子(在细塑料管内放入一小段铁丝,两端用酒精灯加热封口),将此烧杯置于搅拌器旋转磁铁的上方。将玻璃三通插入两个烧杯中,上端接一段乳胶管,夹上止水夹,用吸耳球小心地将溶液吸入三通(轻轻松一下止水夹),立即夹紧乳胶管,使两烧杯溶液形成连通,注意两个烧杯要放妥善,切勿使一杯高、一杯低(层析仪如配有梯度混和仪可直接应用)。

用5 mL 0.02 mol/L pH 7.3的Tris-HCl缓冲液充分溶解醇级分Ⅲ(注意玻璃搅棒头必须烧圆、搅拌溶解时不可将离心管划伤),若溶液混浊,则用小试管,4000 r/min离心除去不溶物。取1.5 mL上清液(即醇级分Ⅲ样品,留待下一个实验测酶活力及蛋白浓度),将剩余的3.5 mL清液小心地加到层析柱上,不要扰动柱床,注意要从上样开始使用部分收集器收集,每管2.5～3.0 mL/10 min。上样后用缓冲液洗两次,然后再用约20 mL缓冲液洗去柱中未吸附的蛋白质,至OD$_{280}$降到0.1以下,夹住层析柱出口,将恒流泵入口的细塑料导管放入不含NaCl的低离子强度溶液的小烧杯中,用胶布固定塑料管,接好层析柱,打开磁

力搅拌器,放开层析柱出口,开始梯度洗脱,连续收集洗脱液,两个小烧杯中的洗脱液用尽后,为洗脱充分,也可将所配制的剩余 30 mL 高离子强度洗脱液倒入小烧杯继续洗脱,控制流速 2.5~3.0 mL/10 min。测定每管洗脱液的 OD_{280} 光吸收值和电导率(使用 DJS-10 电导电极)。测定不含 NaCl 的 0.02 mol/L pH 7.3 Tris-HCl 缓冲液和含 0.2 mol/L 浓度 NaCl 的 0.02 mol/L pH 7.3 Tris-HCl 缓冲液的电导率,用电导率与 NaCl 浓度作图,利用此图将每管所测电导率换算成 NaCl 浓度,并利用此曲线估计出蔗糖酶活性峰洗出时的 NaCl 浓度。

4. 各管洗脱液酶活力的定性测定

在点滴板上每一孔内,加一滴 0.2 mol/L pH 4.9 的乙酸缓冲液,一滴 0.5 mol/L 蔗糖和一滴洗脱液,反应 5 min,在每一孔内同时插入一小条尿糖试纸,10~20 min 后观察试纸颜色的变化。用"+"号的数目,表示颜色的深浅,即各管酶活力的大小。合并活性最高的 2~3 管,量出总体积,并将其分成 10 份,分别倒入 10 个小试管,用保鲜膜封口,冰冻保存,使用时取出一管。此即"柱级分 IV"。

注意:从上样开始收集,可能有两个活性峰,梯度洗脱开始前的第一个峰是未吸附物,本实验取用梯度洗脱开始后洗下来的活性峰。

在同一张图上画出所有管的酶活力,NaCl 浓度(可用电导率代替)和光吸收值 OD_{280} 的曲线和洗脱梯度线。

(三)蔗糖酶各级分活性及蛋白质浓度的测定

为了评价酶的纯化步骤和方法,必须测定各级分酶活性和比活。测定蔗糖酶活性的方法有许多种,如费林试剂法、Nelson.s 试剂法、水杨酸试剂法等,本实验先使用费林试剂法,以后测米氏常数 K_m 和最大反应速度 V_{max} 时再用 Nelson's 试剂法。费林试剂法灵敏度较高,但数据波动较大,因为反应后溶液的颜色随时间会有变化,因此加样和测定光吸收值时最好能计时。其原理是在酸性条件下,蔗糖酶催化蔗糖水解,生成一分子葡萄糖和一分子果糖。这些具有还原性的糖与碱性铜试剂混合加热后被氧化,二价铜被还原成棕红色氧化亚铜沉淀,氧化亚铜与磷钼酸作用,生成蓝色溶液,其蓝色深度与还原糖的量成正比,于 650 nm 测定光吸收值。

试剂:

1. 碱性铜试剂(用毕回收)。

称 10 g 无水 $NaCO_3$,加入 100 mL 去离子水溶解,另称 1.88 g 酒石酸,用 100 mL 去离子水溶解,混合二溶液,再加入 1.13 g 结晶 $CuSO_4$,溶解后定容到 250 mL。

2. 磷钼酸试剂(用毕回收)。

在烧杯内加入钼酸 17.5 g,钨酸钠 2.5 g,10% NaOH 100 mL,去离子水 100 mL,混合后煮沸约 30 min(小心不要蒸干),驱去钼酸中存在的氨,直到无氨味为止,冷却后加 85% 磷酸 63 mL,混合并稀释到 250 mL。

3. 0.25% 苯甲酸 200 mL,配葡萄糖用,防止时间长溶液长菌,也可以用去离子水代替。

4. 葡萄糖标准溶液。

(1)贮液:精确称取无水葡萄糖(应在 105 ℃ 恒重过)0.1802 g,以 0.25% 苯甲酸溶液溶解后,定容到 100 mL 容量瓶中(浓度 10 mmol/L)。

(2)操作溶液:用移液管取贮液 10 mL,置于 50 mL 容量瓶中,以用 0.25% 苯甲酸或去离子水稀释至刻度(浓度为 2 mmol/L)。

5. 0.2 mol/L 蔗糖溶液 50 mL,分装于小试管中冰冻保存,因蔗糖极易水解,用时取出一管化冻后摇匀。

6. 0.2 mol/L 乙酸缓冲液(pH 4.9),200 mL。

7. 牛血清清蛋白标准蛋白质溶液(浓度范围:200~500 μg/mL,精确配制 50 mL)。

8. 考马斯亮蓝 G-250 染料试剂,100 mg 考马斯亮蓝 G-250 全溶于 50 mL 95%乙醇后,加入 120 mL 85%磷酸,用去离子水稀释到 1 L(公用)。

仪器:试管 20 支、试管架 1 个、秒表 1 块或用手表、移液管(0.1、0.2、2.0、5.0 mL)、塑料可见比色杯(杯上和器皿染色后可用少量 95% 的乙醇振洗)、水浴锅、电炉、保鲜膜、橡皮筋等。

操作方法示例:

1. 各级分蛋白质浓度的测定

采用考马斯亮蓝染料法(Bradford 法)的微量法测定蛋白质浓度,参见基础实验六"蛋白质浓度的测定法"(因 Tris 会干扰 Lowry 法的测定)。标准蛋白的取样量为 0.1、0.2、0.3、0.4、0.5、0.6、0.8、1.0 mL,用去离子水补足到 1.0 mL。

各级分先要仔细寻找和试测出合适的稀释倍数,并详细记录稀释倍数的计算(使用移液管和量筒稀释)。下列稀释倍数仅供参考:

粗级分 I:10~50 倍

热级分 II:10~50 倍

醇级分 III:10~50 倍

柱级分 IV:不稀释

确定了稀释倍数后,每个级分取 3 个不同体积的样进行测定,然后取平均值,计算出各级分蛋白质浓度。

2. 级分 I、II、III 蔗糖酶活性测定

用 0.02 mol/L pH 4.9 乙酸缓冲液(也可以用 pH 5~6 的去离子水代替)稀释各级分酶液,试测出测酶活合适的稀释倍数:

I:1000~10000 倍

II:1000~10000 倍

III:1000~10000 倍

以上稀释倍数仅供参考。按"表 36-2"的顺序在试管中加入各试剂,进行测定,为简化操作可取消保鲜膜封口,沸水浴加热改为用 90~95 ℃水浴加热 8~10 min。

3. 柱级分 IV 酶活力的测定

(1)酶活力的测定参照"表 36-2"设计一个表格,反应混合物仍为 1 mL。

(2)第 1 管仍为蔗糖对照,9、10 管为葡萄糖的空白与标准,与"表 36-2"中的 11、12 管相同。

(3)2~7 管加入柱级分 IV(取样前先试测出合适的稀释倍数),分别为 0.02、0.05、0.1、0.2、0.4 和 0.6 mL,然后各加 0.2 mL 乙酸缓冲液(0.2 mol/L pH 4.9),每管用去离子水补充到 0.8 mL。

(4)1~7 管各加入 0.2 mL 0.2 mol/L 的蔗糖,每管由加入蔗糖开始计时,室温下准确

反应 10 min,立即加入 1 mL 碱性铜试剂中止反应,然后按"表 36-2"中的步骤进行测定。

(5)第 8 管为 0 时间对照,与第 7 管相同,只是在加入 0.2 mL 蔗糖之前,先加入碱性铜试剂,防止酶解作用。此管只用于观察,不进行计算。

(6)计算柱级分 IV 的酶活力:Units/mL 原始溶液。

(7)以每分钟生成的还原糖的 μmol 数为纵坐标,以试管中 1 mL 反应混合物中的酶浓度(mg 蛋白/mL)为横坐标,画出反应速度与酶浓度的关系曲线。

表 36-2　级分 I、II、III 的酶活力测定

各管名称→	对照	粗级分 I			热级分 II			醇级分 III			葡萄糖	
管数→	1	2	3	4	5	6	7	8	9	10	11	12
酶液/mL	0.0	0.05	0.20	0.50	0.05	0.20	0.50	0.05	0.20	0.50	/	/
H₂O/mL	0.6	0.55	0.40	0.10	0.55	0.20	0.10	0.55	0.40	0.10	1.0	0.8
乙酸缓冲液 (0.2 mol/L pH 4.9)	0.2	0.2	0.2	0.2	0.2	0.2	0.2	0.2	0.2	0.2	/	/
葡萄糖 2 mmol/L	/	/	/	/	/	/	/	/	/	/	/	0.2
蔗糖 0.2 mol/L	0.2	0.2	0.2	0.2	0.2	0.2	0.2	0.2	0.2	0.2	/	/
	加入蔗糖,立即摇匀开始计时,室温准确反应 10 min 后,立即加碱性铜试剂中止反应。											
碱性铜试剂	1.0	1.0	1.0	1.0	1.0	1.0	1.0	1.0	1.0	1.0	1.0	1.0
	用保鲜膜封口,扎孔,沸水浴加热 8 min,立即用自来水冷却。											
磷钼酸试剂	1.0	1.0	1.0	1.0	1.0	1.0	1.0	1.0	1.0	1.0	1.0	1.0
H₂O	5.0	5.0	5.0	5.0	5.0	5.0	5.0	5.0	5.0	5.0	5.0	5.0
A_{650}												
$E' = \mu mol/min \cdot mL$												
平均 E' μmol/min · mL												
Units/mL 原始组分												

稀释后酶液的活力(按还原糖计算):

$$E' = \frac{A_{650} \times 0.2 \times 2}{A'_{650} \times 10 \times B} \left(\frac{\mu mol}{min \times mL} \right)$$

式中:A_{650} 为第 2~10 管所测 A_{650}

　　　A'_{650} 为第 12 管所测 A_{650}

　　　0.2 为第 12 管葡萄糖取样量

　　　2 为标准葡萄糖浓度 2 mmol/L=2 μmol/mL

　　　10 为反应 10 min

　　　B 为每管加入酶液 mL 数

原始酶液的酶活力 E=(平均 E'/2)×稀释倍数(Units/mL 原始组分)

4.计算各级分的比活力,纯化倍数及回收率,并将数据列于下表 36-3。

为了测定和计算下面纯化表中的各项数据,对各个级分都必须取样,每取一次样,对于下一级分来说会损失一部分量,因而要对下一个级分的体积进行校正,以使回收率的计算不致受到不利的影响。

表 36-3 酶的纯化表

级分	记录体积 /mL	校正体积 /mL	蛋白质 /mg/mL	总蛋白 /mg	Units/mL	总 Units	比活 Units/mg	纯化倍数	回收率 %
Ⅰ								1.0	00
Ⅱ									
Ⅲ									
Ⅳ									

[注]：一个酶活力单位 Unit，是在给定的实验条件下，每分钟能催化 1 μmole 蔗糖水解所需的酶量，而水解 1μmol 蔗糖则生成 2 μmol 还原糖，计算时请注意。

下表 36-4 是对假定的各级分记录体积进行校正计算的方法和结果：

表 36-4 校正表

级分	记录体积/mL	校正体积计算	取样体积/mL	校正后体积/mL
Ⅰ	15	15	1.5	15.00
Ⅱ	13.5	13.5×(15/13.5)	1.5	15.00
Ⅲ	5	5×(15/13.5)×(13.5/12)	1.5	6.25
Ⅳ	6	6×(15/13.5)×(13.5/12)×(5/3.5)	-	10.71

（四）反应时间对产物形成的影响

酶的动力学性质分析，是酶学研究的重要方面。下面将通过一系列实验，研究 pH、温度和不同的抑制剂对蔗糖酶活性的影响，测定蔗糖酶的最适 pH、最适温度、蔗糖酶催化反应的活化能，测定米氏常数 K_m、最大反应速度 V_{max} 和各种抑制剂常数 K_i，由此掌握酶动力学性质分析的一般实验方法。

本实验是以蔗糖为底物，测定蔗糖酶与底物反应的时间进程曲线，即在酶反应的最适条件下，每间隔一定的时间测定产物的生成量，然后以酶反应时间为横坐标，产物生成量为纵坐标，画出酶反应的时间进程曲线，由该曲线可以看出，曲线的起始部分在某一段时间范围内呈直线，其斜率代表酶反应的初速度。随着反应时间的延长，曲线斜率不断减小，说明反应速度逐渐降低，这可能是因为底物浓度降低和产物浓度增高而使逆反应加强等原因所致，因此测定准确的酶活力，必须在进程曲线的初速度时间范围内进行，测定这一曲线和初速度的时间范围，是酶动力学性质分析中的组成部分和实验基础。

实验方法：见表 36-5。

1. 准备 12 支试管，按"表 36-5"进行测定。用反应时间为 0 的第 1 支管作空白对照，此试管要先加碱性铜试剂后加酶。第 10 支试管是校正蔗糖的酸水解。用第 11 支管作为对照，测定第 12 支管葡萄糖标准的光吸收值，用以计算第 2～9 各测定管所生成还原糖的"μmoles"数。

2. "表 36-5"中底物蔗糖的量为每管 0.25 μmol，全部反应后可产生 0.5μmol 的还原糖，所有的蔗糖和酶浓度应使底物在 20 min 内基本反应完。

3. 画出生成的还原糖的 μmol 数（即产物浓度 μmol/mL）与反应时间的关系曲线，即反应的时间进程曲线，求出反应的初速度。

表 36-5　反应时间对产物浓度的影响

管数→	1	2	3	4	5	6	7	8	9	10	11	12
2.5 mmol/L 蔗糖	0.1	0.1	0.1	0.1	0.1	0.1	0.1	0.1	0.1	0.1	/	/
乙酸缓冲液	0.2	0.2	0.2	0.2	0.2	0.2	0.2	0.2	0.2	0.2	/	/
H_2O	0.4	0.4	0.4	0.4	0.4	0.4	0.4	0.4	0.4	0.7	1.0	0.8
葡萄糖 2 mmol/L	/	/	/	/	/	/	/	/	/	/	/	0.2
碱性铜试剂	1.0	/	/	/	/	/	/	/	/	/	/	/
由加酶开始计时												
蔗糖酶(约 1∶5)	0.3	0.3	0.3	0.3	0.3	0.3	0.3	0.3	0.3	/	/	/
反应时间/min	0	1	3	4	8	12	20	30	40			
反应到时后立即向"2~12"管加入 1 mL 碱性铜试剂中止反应												
碱性铜试剂	/	1.0	1.0	1.0	1.0	1.0	1.0	1.0	1.0	1.0	1.0	1.0
盖薄膜,扎孔,沸水浴上煮 8 min 后速冷												
磷钼酸试剂	1.0	1.0	1.0	1.0	1.0	1.0	1.0	1.0	1.0	1.0	1.0	1.0
H_2O	5.0	5.0	5.0	5.0	5.0	5.0	5.0	5.0	5.0	5.0	5.0	5.0
测定 A_{650}												
生成还原糖的 μmol 数												

(五)pH 对蔗糖酶活动性的影响

酶的生物学特性之一是它对酸碱度的敏感性,这表现在酶的活性和稳定性易受环境 pH 的影响。

pH 对酶的活性的影响极为显著,通常各种酶只在一定的 pH 范围内才表现出活性,同一种酶在不同的 pH 值下所表现的活性不同,其表现活性最高时的 pH 值称为酶的最适 pH。各种酶在特定条件下都有它各自的最适 pH。在进行酶学研究时一般都要制作一条 pH 与酶活性的关系曲线,即保持其他条件恒定,在不同 pH 条件下测定酶促反应速度,以 pH 值为横坐标,反应速度为纵坐标作图。由此曲线,不仅可以了解反应速度随 pH 值变化的情况,而且可以求得酶的最适 pH。

酶溶液 pH 值之所以会影响酶的活性,很可能是因为它改变了酶活性部位有关基团的解离状态,而酶只有处于一种特殊的解离形式时才具有活性,例如:

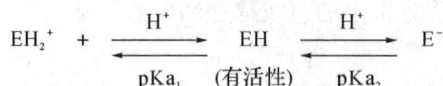

$$EH_2^+ \; + \; \underset{pKa_1}{\overset{H^+}{\rightleftharpoons}} \; \underset{(有活性)}{EH} \; \underset{pKa_2}{\overset{H^+}{\rightleftharpoons}} \; E^-$$

酶的活性部位有关基团的解离形式如果发生变化,都将使酶转入"无活性"状态。在最适 pH 时,酶分子上活性基团的解离状态最适合于酶与底物的作用。此外,缓冲系统的离子性质和离子强度也会对酶的催化反应产生影响。蔗糖酶有两组离子化活性基团,它们均影响酶水解蔗糖的能力。其解离常数分别是 $pK_a = 7$ 和 $pK_a = 3$。

实验方法:

1.按下表 36-6 配制 12 种缓冲溶液(公用):

表 36-6　不同 pH 缓冲液配制表

溶液 pH	缓冲试剂	体积/mL	缓冲试剂	体积/mL
2.5	0.2 mol/L 磷酸氢二钠	2.00	0.2 mol/L 柠檬酸	8.00
3.0	0.2 mol/L 磷酸氢二钠	3.65	0.2 mol/L 柠檬酸	6.35
3.5	0.2 mol/L 磷酸氢二钠	4.85	0.2 mol/L 柠檬酸	5.15
3.5	0.2 mol/L 乙酸钠	0.60	0.2 mol/L 乙酸	9.40
4.0	0.2 mol/L 乙酸钠	1.80	0.2 mol/L 乙酸	8.20
4.5	0.2 mol/L 乙酸钠	4.30	0.2 mol/L 乙酸	5.70
5.0	0.2 mol/L 乙酸钠	7.00	0.2 mol/L 乙酸	3.00
5.5	0.2 mol/L 乙酸钠	8.80	0.2 mol/L 乙酸	1.20
6.0	0.2 mol/L 乙酸钠	9.50	0.2 mol/L 乙酸	0.50
6.0	0.2 mol/L 磷酸氢二钠	1.23	0.2 mol/L 磷酸二氢钠	8.77
6.5	0.2 mol/L 磷酸氢二钠	3.15	0.2 mol/L 磷酸二氢钠	6.85
7.0	0.2 mol/L 磷酸氢二钠	6.10	0.2 mol/L 磷酸二氢钠	3.90

将两种缓冲试剂混合后总体积均为 10 mL，其溶液 pH 值以酸度计测量值为准。

2. 准备两组各 12 支试管，第一组 12 支试管每支都加入 0.2 mL 上表中相应的缓冲液，然后加入一定量的蔗糖酶(此时的蔗糖酶只能用 H_2O 稀释，酶的稀释倍数和加入量要选择适当，以便在当时的实验条件下能得到 0.6～1.0 的光吸收值(A_{650}))。另一组 12 支试管也是每支都加入 0.2 mL 上表 36-6 中相应的缓冲液，但不再加酶而加入等量的去离子水，分别作为测定时的空白对照管。所有的试管都用水补足到 0.8 mL。

3. 所有的试管按一定时间间隔加入 0.2 mL 蔗糖(0.2 mol/L)开始反应，反应 10min 后分别加入 1.0 mL 碱性铜试剂，用保鲜膜包住试管口并刺一小孔，在沸水浴中煮 8 min，取出速冷，分别加入 1.0 mL 磷钼酸试剂，反应完毕后加入 5.0 mL 水，摇匀测定 A_{650}。

4. 本实验再准备 2 支试管，1 支用水作空白对照；另 1 支作葡萄糖标准管。

5. 画出不同 pH 下蔗糖酶活性(μmol/min)与 pH 的关系曲线，注意画出 pH 值相同，而离子不同的两点，观察不同离子对酶活性的影响。

(六)温度对酶活性的影响和反应活化能的测定

对温度的敏感性是酶的又一个重要特性。温度对酶的作用具有双重影响，一方面温度升高会加速酶反应速度；另一方面又会加速酶蛋白的变性速度，因此，在较低的温度范围内，酶反应速度随温度升高而增大，但是超过一定温度后，反应速度反而下降。酶反应速度达到最大时的温度称为酶反应的最适温度。如果保持其他反应条件恒定，在一系列不同的温度下测定酶活力，即可得到温度～酶活性曲线，并得到酶反应的最适温度。最适温度不是一个恒定的数值，它与反应条件有关。例如反应时间延长，最适温度将降低。大多数酶在 60 ℃以上变性失活，个别的酶可以耐 100 ℃左右的高温。本实验除了测定蔗糖酶催化蔗糖水解反应的热稳定温度范围与最适温度外，还可以同时测定反应的活化能。活化能越低，反应速度就越快。酶作为催化剂可以大大降低反应的活化能，从而大大增加反应的速度。本实验除了测定蔗糖酶催化反应的活化能外，还要测定酸催化这一反应的活化能，后者比前者要大得多，说明酸催化的能力远不及蔗糖酶。

活化能可用阿累尼乌斯方程式计算：

$$\ln k = -\frac{E_a}{R} \times \frac{1}{T} + A$$

式中：E_a 为活化能(Cal/mol)，k 为反应速度常数(μmol/min)，R 为气体常数(1.987 Cal/deg·mol)，T 为绝对温度(℃+273)，A 为常数。

本实验中的速度常数"k"，可以直接用所测定的吸光度值或反应速度 v 代替，进行作图和计算，请对此进行推导和论证(提示：蔗糖酶催化蔗糖底物水解的反应是一级反应)。

实验方法：

本实验要测定 0～100 ℃之间 16 个不同温度下蔗糖酶催化和酸催化的反应速度。这16 个温度是冰水浴的 0 ℃，室温(约 20 ℃)，沸水浴的 100 ℃ 和 13 个水浴温度：10、30、40、50、55、60、65、70、75、80、85、90、95 ℃。

每个温度准备 2 支试管，1 支加酶，测酶催化，1 支不加，以乙酸缓冲液作为酸，测酸催化。

1. 确定酶的稀释倍数，试管中加入 0.2 mL 0.2 mol/L pH 4.9 的乙酸缓冲液，0.2 mL 稀释的酶，加水至 0.8 mL 加入 0.2 mL 0.2 mol/L 的蔗糖开始计时，在室温下反应 10 min，仍用费林试剂法进行测定，须得到 0.2～0.3A 的吸光度，准备一个水的空白对照管(0.8 mL 去离子水加 0.2 mL 0.2 mol/L 的蔗糖)，用于测定所有的样品管。

2. 测定上列各个温度下的反应速度，每次用 2 支试管，均加入 0.2 mL 乙酸缓冲液，一支加 0.2 mL 酶，另一支不加酶，均用水调至 0.8 mL，放入水浴温度下使反应物平衡 30 s，加入 0.2 mol/L 蔗糖 0.2 mL，准确反应 10 min，立即加入 1.0 mL 碱性铜试剂中止反应，按规定进行操作，测定各管 A_{650} 值，记录每个水浴的准确温度。

3. 酶催化的各管 A_{650} 值均进行酸催化的校正。用分别画出酶催化和酸催化的反应速度对温度的关系曲线和 $\ln k \sim 1/T$ 的关系曲线，用两条 $\ln k \sim 1/T$ 关系曲线的线性部分计算两种活化能(文献值：蔗糖酶催化蔗糖水解的活化能为：$E_a = 8000$ Cal/mol；酸催化蔗糖水解的活化能为：$E_a = 25000$ Cal/mol)。

4. 计算温度系数 Q_{10}，即温度每升高 10 ℃，反应速度提高的倍数

$$Q_{10} = \frac{V_{(T+10)}}{V_t} \backsimeq \frac{k_{(T+10)}}{k_T}$$

请推导计算公式：

$$\ln Q_{10} = \frac{10 \times E_a}{R \times T \times (T+10)}$$

(七)底物浓度对催化反应速度的影响及米氏常数 K_m 和最大反应速度 V_{max} 的测定

根据 Michaelis-Menten 方程：

$$V = \frac{V_{max}[S]}{K_m + [S]}$$

可以得到 Lineweaver-Burk 双倒数直线方程：

$$\frac{1}{V} = \frac{K_m}{V_{max}} \times \frac{1}{[S]} + \frac{1}{V_{max}}$$

在 $1/V$ 纵轴上的截距是 $1/V_{max}$，在 $1/[S]$ 横轴上的截距是 $-1/K_m$。

测定 K_m 和 V_{max}，特别是测定 K_m，是酶学研究的基本内容之一，K_m 是酶的一个基本的特性常数，它包含着酶与底物结合和解离的性质，特别是同一种酶能够作用于几种不同的底

物时,米氏常数 K_m 往往可以反映出酶与各种底物的亲和力强弱, K_m 值越大,说明酶与底物的亲和力越弱,反之, K_m 值越小,酶与底物的亲和力越强。

双倒数作图法应用最广泛,其优点是:

① 可以精确地测定 K_m 和 V_{max};

② 根据是否偏离线性很容易看出反应是否违反 Michaelis-Menten 动力学;

③ 可以较容易地分析各种抑制剂的影响。此作法的缺点是实验点不均匀, V 小时误差很大。为此,建议采用一种新的 Eisenthal 直线作图法,即将 Michaelis-Menten 方程改变为:

$$V_{max} = V + \frac{V}{[S]} K_m$$

作图时,在纵轴和横轴上截取每对实验值: $V_1 \sim [S]_1$; $V_2 \sim [S]_2$; $V_3 \sim [S]_3$;
——连接诸二截点,得多条直线相交于一点,由此点即可得 K_m 和 V_{max}。

此作图法的优点是:

① 不用作双倒数计算;

② 很容易识别出那些不正确的测定结果。

还可以用 Hanes 方程进行作图,斜率是 $1/V_{max}$,截距分别是 $-K_m$ 和 K_m/V_{max}:

$$\frac{[S]}{V} = \frac{K_m}{V_{max}} + \frac{1}{V_{max}}[S]$$

实验方法:

1. 本实验和下一个实验均采用 Nelson.s 法分析反应产物还原糖,Nelson.s 法的试剂配制见本实验附录的"试剂配制方法"。因为使用了剧毒药品,操作必须十分仔细小心! 为了掌握 Nelson.s 法测定的范围,可先作一条标准曲线。按下面的"表 36-7"进行实验操作:

Eisenthal 直线作图法:

表 36-7　Nelson.s 法测定葡萄糖的标准曲线

	1	2	3	4	5	6	7	8	9	10
葡萄糖(4 mmol/L)	/	0.02	0.05	0.10	0.15	0.20	0.25	0.30	/	/
果糖(4 mmol/L)	/	/	/	/	/	/	/	/	0.20	/
蔗糖(4 mmol/L)	/	/	/	/	/	/	/	/	/	0.20
H$_2$O	1.0	0.98	0.95	0.90	0.85	0.80	0.75	0.70	0.80	0.80
Nelson's 试剂	1.0 →									
	盖薄膜,扎孔,沸水浴中煮 20min 后速冷									
砷试剂	1.0 →									
	充分混合,除气泡,放置 5min									
H$_2$O	7.0 →									
每管中糖的 μmol 数	旋涡混合器上充分混合									
A$_{510}$										

用第 1 管作空白对照,测定其余各管 510nm 的吸光度 A_{510}。用 A_{510} 值对还原糖的 μmol 数作图。

2. 按下面的"表 36-8"测定不同底物浓度对催化速度的影响。

为使 K_m 测准,必须先加蔗糖,精确移液,准确计时,每隔 30 s 或 1 min 加酶一次,加酶后要摇动一下试管,每支试管都要保证准确反应 10 min,然后加 1.0 mL Nelson.s 试剂,立即用保鲜膜盖住管口,绕上橡皮筋,用针刺一小孔,几根试管用一根橡皮筋套住放入沸水浴,煮 20 min 后取出放入冷水中速冷。加砷试剂时移液管身不要接触试管壁。最后加 7.0 mL H_2O 以后,要充分摇匀,必要时可用一小块保鲜膜盖住管口,反复倒转试管,混匀。用塑料比色杯测定时,空白对照管溶液必须充分摇匀,彻底除去气泡,测 A_{510} 值时要检查参比杯内壁上是否有气泡,若有,须倒回原试管,再摇动除去残余气泡。

实验中不允许用嘴吸砷试剂。实验完毕后要注意洗手。

3. 第 9、10 二管是先加中止反应的 Nelson.s 试剂,后加酶,以保证加酶后不再产生任何还原糖,用以校正蔗糖试剂本身的水解和酸水解。用第 9、10 二管的数据画一直线,求出其他各管的校正数据,对所测各管的 A_{510} 值进行校正,然后计算每管的 $[S]$,$1/[S]$,V 和 $1/V$。

4. 画出反应速度 V 与底物浓度 $[S]$ 的关系图(米氏曲线)和 $1/V \sim 1/[S]$ 双倒数关系图(不要直接用 A_{510} 值作图),计算 K_m 和 V_{max},并与文献值进行比较。

表 36-8　底物浓度对酶催化反应速度的影响(K_m 和 V_{max} 测定表)

管数→	1	2	3	4	5	6	7	8	9	10	11	12
0.5 mol/L 蔗糖	/	0.02	0.03	0.04	0.06	0.08	0.10	0.20	0.10	0.20	/	/
H_2O	0.6	0.58	0.57	0.56	0.54	0.52	0.50	0.40	0.50	0.40	1.0	0.8
乙酸缓冲液	0.2	0.2	0.2	0.2	0.2	0.2	0.2	0.2	0.2	0.2	/	/
Nelson.s 试剂	/	/	/	/	/	/	/	/	1.0	1.0	/	/
* 蔗糖酶	0.2	0.2	0.2	0.2	0.2	0.2	0.2	0.2	0.2	0.2	/	/
葡萄糖 4 mmol/L	/	/	/	/	/	/	/	/	/	/	/	0.2
	由加酶开始准确计时,反应 10 min。											
Nelson's 试剂	1.0	1.0	1.0	1.0	1.0	1.0	1.0	1.0	/	/	1.0	1.0
	盖薄膜,扎孔,沸水浴中煮 20 min 后速冷											
砷试剂	1.0	1.0	1.0	1.0	1.0	1.0	1.0	1.0	1.0	1.0	1.0	1.0
	充分混合,除气泡,放置 5 min											
H_2O	7.0	7.0	7.0	7.0	7.0	7.0	7.0	7.0	7.0	7.0	7.0	7.0
	旋涡混合器上充分混合											
A_{510}												
校正值												
校正后 A_{510}												
$[S]$												
$1/[S]$												
V												
$1/V$												

* 表 36-8 中酶的稀释倍数需仔细试测,使第 2 管的 A_{510} 值达到 0.2～0.3,以便能同时适用于下面的脲抑制实验。

催化反应速度的计算:

$$V = \frac{A_{510(校正)} \times 0.2 \times 4}{A'_{510} \times 10 \times 2}$$

V:每 mL 反应液,每 min 消耗掉的蔗糖底物的 μmol 数

A'_{510}:第 12 管的吸光度值,以 11 管为参比

$0.2 \times 4 : 4\ \mu\text{mol/mL}$ 葡萄糖取 0.2 mL

10：反应 10 min

2：每 μmol 蔗糖水解成 $2\ \mu\text{mol}$ 还原糖

（八）尿素（脲）抑制蔗糖酶的实验

抑制剂与酶的活性部位结合,改变了酶活性部位的结构或性质,引起酶活力下降。根据抑制剂与酶给合的特点可分为可逆与不可逆抑制剂。可逆抑制剂与酶是通过共价键结合,不能用透析等物理方法解除。这二种抑制剂类型可以通过实验进行判断。实验方法为:在固定抑制浓度的情况下,用一系列不同浓度的酶与抑制剂结合,并测定反应速度。以反应速度对酶浓度作图,根据曲线的特征即可判断之。

在可逆抑制类型中可分为竞争性抑制,非竞争性抑制和反竞争性抑制三种:

1. 竞争性抑制

在竞争性抑制中,酶既可以与底物结合,又可以与抑制剂结合,但却不能与两者同时结合,即有 ES 和 EI,而不存在 ESI。其动力学特征是表观值 K_m' 增加,而最大反应速度 V_{max} 不变,公式为:

$$V_1 = \frac{V_{max}[S]}{K_m\left(1 + \dfrac{[I]}{K_I}\right) + [S]}$$

表观米氏常数 K_m' 为:

$$K_m' = K_m\left(1 + \frac{[I]}{K_I}\right)$$

已知抑制剂浓度 $[I]$,由斜率计算出抑制剂常数 K_I,即可算出表观米氏常数 K_m'。

2. 非竞争性抑制

在非竞争性抑制中,酶可以与底物和抑制剂同时结合,形成 EIS,但 EIS 不能进一步转变为产物。其动力学特征是 V_{max} 降低而 K_m 不变,公式为:

$$V_i = \frac{V_{max}[S]}{\left(1 + \dfrac{[I]}{K_I}\right)(K_m + [S])}$$

表观最大反应速度 V_{max}' 为:

$$V'_{max} = \frac{V_{max}}{1 + \dfrac{[I]}{K_I}}$$

已知 $[I]$,由斜率计算出 K_I,即可计算出表观 V_{max}'。

实验方法:

1. 判断可逆与不可逆抑制的实验可选做。

2. 不含抑制剂（脲）的实验,可用实验（七）的数据,但必须是用同一稀释倍数的酶,也可以重做,注意酶浓度要大些。

3. 含脲抑制剂的实验可参照"表 36-8"设计实验方案。共做三种抑制剂浓度 $[I]$ 的实验,即分别为加 4 mol/L 的脲 0.10、0.20 和 0.30 mL(注意:此时要分别少加 H_2O 0.1、0.2 和 0.3 mL),仍为 12 支试管,每支试管都要加脲,第 9、10 两管仍为校正酸水解。第 11、12 标准管也要加脲,以消除脲对显色的影响。

4. 画出反应速度与底物浓度的关系图,和 $I/V \sim I/[S]$ 关系图,计算 K_m、V_{max}、K_I 和相应的表观值,讨论脲对蔗糖酶活性的影响。

(九)棉子糖和果糖抑制蔗糖酶的实验

棉子糖是一种非还原性三糖,与蔗糖有相似的结构。蔗糖酶水解棉子糖,可得到双糖(密二糖)和单糖(果糖),果糖是还原糖。棉子糖水解的速度可以用所生成的还原糖来进行测定,由于本实验是要测定棉子糖和果糖对蔗糖酶水解蔗糖的抑制作用,为了排除果糖的干扰,就要选用一种专一地特异性测定葡萄糖的方法,本实验采用葡萄糖氧化酶法来测定反应中生成的葡萄糖。这一方法的反应如下:

$$\text{Glucose} + \text{H}_2\text{O} \xrightarrow[\text{Glucose oxidase}]{\text{葡萄糖氧化酶}} \text{H}_2\text{O}_2 + \text{Gluconic acid}$$

$$\text{H}_2\text{O}_2 + o\text{-Dianiside} + \text{H}^+ \xrightarrow[\text{Peroxidase}]{\text{过氧化物酶}} \text{H}_2\text{O} + \text{Yellow pigment}$$

　　　　　　　　　　(Reduced dye)　　　　　　　　　　　　　　(Oxidized dye)

　　　　　　　　　邻联茴香胺　　　　　　　　　　　　　　　　　黄色色素

反应生成的黄色色素与葡萄糖浓度成正比,用分光光度法测定 420 nm 的吸光度值 A_{420}。

葡萄糖氧化酶试剂的配制方法为:

溶液 A:40 mg 辣根过氧化物酶(存于冰冻格)溶于 1000 mL 0.1 mol/L pH 7.0 的磷酸钠缓冲液,加 1500 Units 葡萄糖氧化酶(每组学生 150 mL)(当日新鲜配制)(教师配)。

溶液 B:溶解 0.66 g o-Dianisidedi HCl 邻联茴香胺染料于 100 mL H_2O 中(先用少量冰乙酸溶解后再加 H_2O),置于棕色瓶冷藏。不可接触皮肤,是致癌物(教师配)。

使用时取"溶液 A"100 mL 加"溶液 B"1 mL(称 G-O 试剂)。

表 36-9　葡萄糖氧化酶法测定葡萄糖的标准曲线

	1	2	3	4	5	6	7
葡萄糖(2 mmol/L)	/	0.05	0.10	0.20	0.30	0.50	0.60
H_2O	1.0	0.95	0.90	0.80	0.70	0.50	0.40
G-O 试剂	4.0	4.0	4.0	4.0	4.0	4.0	4.0
				混合,室温下每管准确反应 15 min			
4N HCl	0.1	0.1	0.1	0.1	0.1	0.1	0.1
				混合,至少放置 5 min			
A_{420}							
葡萄糖 μmol 数							

实验方法:

1. 测定葡萄糖的标准曲线

准备 7 支试管按上面"表 36-9"中的步骤进行测定,用 A_{420} 和葡萄糖的 μmol 数作图。

2. 棉子糖和果糖抑制作用的测定

(1)准备 26 支试管,试管 1~10 用上面"表 36-10"所列的方法进行测定,第 1 管作空白对照,第 9、10 两管用作校正蔗糖的水解。

(2)试管 11~18 放入 1~8 管同样量的缓冲液和蔗糖,但还要加 0.5 mL 0.5 mmol/L 的棉子糖,然后用 H_2O 补加到 0.9 mL,加 0.1 mL 同样的酶溶液开始计时,详见"表 36-

10"，第 11 管为这一组的空白对照。

（3）试管 19～26 进行同样的操作，只是用 0.5 mol/L 果糖代替棉子糖。

（4）用 9、10 管的数据修正各管的 A_{420}，计算各底物浓度 $[S]$ 和反应速度 V（μmol/min），画出三条 V～$[S]$ 关系曲线，计算 $1/V$ 和 $1/[S]$，画出 Lineweaver-Burk 双倒数关系图。

（5）根据 Lineweaver-Burk 关系图评价抑制方式，并计算 K_m、V_{max} 由斜率计算棉子糖和果糖的 K_I，然后分别计算表观 K_m'。

（注：若室温较低，本实验可用恒温水浴恒温于 25 ℃ 或 30 ℃）。

表 36-10　抑制剂（棉子糖与果糖）对酶活性的影响

	1 （空白）	2	3	4	5	6	7	8	9	10 （校正）
0.5 mol/L 蔗糖	/	0.02	0.04	0.06	0.10	0.13	0.15	0.20	0.10	0.20
H₂O	0.7	0.68	0.66	0.64	0.60	0.57	0.55	0.50	0.70	0.60
乙酸缓冲液	0.2									
＊蔗糖酶	0.1								/	/
	室温下准确反应 10 min，立即放入沸水浴加热 2 min 以中止反应，再立即放入冰浴速冷。									
G-O 试剂	4.0									
	混合均匀，室温下准确反应 15 min。									
4 mol/L HCl	0.1									
	混合均匀，室温放置 5 min。									
A_{420}										

＊ 试测酶浓度时，0.1 mL 酶溶液应使第 8 管得到 1.0 左右的吸光度。

四、关键步骤与注意事项

1. 乙醇分级时，注意低温、防止乙醇局部过浓，离心后要迅速溶解酶样。
2. 装柱均匀，无截面、无气泡，床面平整，柱体垂直。
3. 分离提纯的全过程中，防止酶失活并用测定酶活力的方法跟踪酶的去向。
4. 在测定米氏常数时，将酶样溶解后一定要稀释到合适的浓度。
5. 酶活力测定及作图一定要准确。

五、作业及思考题

1. 简述蔗糖酶分离提取的原理及操作步骤。
2. 费林试剂法、Nelson.s 试剂法测定还原糖原理及操作注意事项。
3. 用 722N 分光光度计制作工作曲线的要求。
4. 蔗糖酶活力测定的原理及两个反应。
5. 在酶分离提纯的整个过程中应注意的一个关键问题是什么？
6. 通过实验归纳总结蔗糖酶的性质。

六、附录：实验试剂配制方法

1. 1 mol/L 乙酸：取 5.8 mL 冰乙酸（17 mol/L）加 H_2O 稀释至 100 mL。

2. 0.5 mol/L NaOH：称 2 g NaOH 溶于 100 mL H_2O。

3. 0.5 mol/L HCl：取 4.2 mL 浓 HCl(12 mol/L)加入 H_2O 中,稀释到 100 mL(注意必须是酸缓慢倒入水中,决不可反之)。

4. 0.02 mol/L pH 7.3 Tris-HCl 缓冲液：

先配 0.1 mol/L Tris Buffer 贮液：称 1.21 g Tris(三羟甲基氨基甲烷 M_w 121.1)加 70 mL H_2O 溶解,再滴加 4 mol/L HCl 约 21 mL,调 pH＝7.3,再加 H_2O 至 100 mL。取此贮液 50 mL,加 H_2O 至 250 mL。

5. 4 mol/L HCl：取 166.7 mL 浓 HCl (12 mol/L),加 H_2O 至 500 mL。

6. 0.02 mol/L pH 7.3 Tris-HCl 缓冲液(含 0.2 mol/L 浓度 NaCl)：

称 0.584 g NaCl(M_w 58.4)用 0.02 mol/L pH 7.3 的 Tris-HCl 缓冲溶液溶解,并定容到 50 mL。

7. 0.2 mol/L Sucrose：称 3.423 g Sucrose(M_w 342.3)加 H_2O 溶解,定容到 50 mL,分装在 10 个小试管中冰冻保存。

8. 0.2 mol/L pH 4.9 乙酸缓冲液。

称 2.461 g 无水乙酸钠(M_w 82.03)溶于 150 mL H_2O,加约 40～50 mL 0.2 mol/L 乙酸,调 pH＝4.9,存于 4 ℃冰箱,瓶口用薄膜封口。

9. 0.5 mol/L Sucrose：称 8.558 g Sucrose,加 H_2O 溶解,定容到 50 mL,分装于小试管中,冰冻保存。

10. 5 mmol/L Sucrose：取 0.5 mol/L Sucrose,冲稀 100 倍。

11. 4 mmol/L Glucose：取 40 mL 10 mmol/L Glucose,加 H_2O 稀释至 100 mL,或称 0.072g Glucose(M_w 180.2),加 H_2O 溶解定容至 100 mL。

12. 4 mmol/L Fructose：称 0.072 g Fructose(M_w 180.2)加 H_2O 溶解,定容至 100 mL。

13. 4 mmol/L Sucrose：称 0.137 g Sucrose,加 H_2O 溶解定容到 100 mL,现用现配。

14. 0.2 mol/L 柠檬酸 $C_6H_8O_7 \cdot H_2O$(M_w 210.14)：称 4.203 g 溶于 100 mL H_2O。

15. 0.2 mol/L 乙酸：取 1.18 mL 冰乙酸(17 mol/L)或 3.33 mL 36％ 乙酸(6 mol/L)加 H_2O 至 100 mL。

16. 0.2 mol/L 乙酸钠：称 1.641g 无水乙酸钠溶于 100 mL H_2O。

17. 0.2 mol/L 磷酸二氢钠 $NaH_2PO_4 \cdot 2H_2O$(M_w 156.01)：称 3.120 g 溶于 100 mL H_2O。

18. 0.2 mol/L 磷酸氢二钠 $Na_2HPO_4 \cdot 12 H_2O$(M_w 358.14)：称 7.163 g 溶于 100 mL H_2O。

19. Nelson.s 试剂：

(1)Nelson.s A：称 25.0 g 无水 Na_2CO_3,25.0 g 酒石酸钾钠,20.0 g $NaHCO_3$,200.0 g 无水 Na_2SO_4,缓慢溶于 H_2O,稀释至 1000 mL。

(2)Nelson.s B：称 15.0 g $CuSO_4 \cdot 5H_2O$ 溶于 H_2O,加 2 滴浓 H_2SO_4,用 H_2O 稀释至 100 mL,使用时,取 50 mL Nelson.s A,加入 2 mL Nelson.s B,此溶液易出结晶,可保存在高于 20 ℃处,若出现结晶,可用温热水浴溶化之。

20. 砷试剂(偶氮砷钼酸盐试剂)(教师配)

称 50.0 g 钼酸铵,溶于 900 mL H_2O,搅拌下缓慢加入 42 mL 浓 H_2SO_4,再称 6.0 g 砷酸钠或砷酸氢二钠,溶于 50 mL H_2O,混合这两份溶液,加 H_2O 至 1000 mL,37 ℃保温 24~48 h,室温暗处存于棕色塑料瓶。

21. 4 mol/L 尿素(脲):称 12.01 g $(NH_2)_2CO$ (M_w 60.06),溶于 30 mL H_2O,加 H_2O 稀释至 50 mL。

22. 0.5 mol/L 棉子糖 Raffinose:称 2.97 g 棉子糖(密三糖)(M_w 594.53),溶于 6 mL H_2O,稍加热助溶,加 H_2O 稀释至 10 mL,当日新配,不可存于冰箱,否则易结晶析出。

23. 0.5 mol/L 果糖 Fructose:称 0.9 g Fructose $C_6H_{12}O_6$(M_w 180.16)溶于 H_2O,稀释至 10 mL,当日新配。

24. 0.1 mol/L 磷酸钠缓冲液:称 15.6 g $NaH_2PO_4 \cdot 2H_2O$ 溶于 800 mL H_2O,用 10% NaOH 调 pH = 7.0,加 H_2O 至 1000 mL,配 G-O 试剂用。

七、实验设计与学习参考资料

[1] 邓林.酵母蔗糖酶酶学性质的研究.四川食品与发酵,2008,44(2):41~43.

[2] 孙国志,冯惠勇,徐亲民.蔗糖酶提取方法的研究.工艺技术,2002,1(23):54~55.

[3] 张楚富.生物化学原理.北京:高等教育出版社,2003,9.

[4] 邵雪玲,毛歆,郭一清.生物化学与分子生物学实验指导.武汉:武汉大学出版社,2003,10.

[5] 王镜岩.生物化学实验指导.北京:高等教育出版社,2003,8.

[6] 李楠,庄苏星,丁益.酵母蔗糖酶的提取方法.食品与生物技术学报,2007,26(4):83~87.

[7] 徐桦,陆珊华,孙爱民.酵母蔗糖酶 Km 值的测定.南京医科大学学报,1999,17(4):329~330.

[8] 许培雅,邱乐泉.离子交换层析纯化蔗糖酶实验方法改进研究.实验室研究与探索,2002,21(3):82~84.

实验三十七 亲和层析纯化胰蛋白酶

一、实验目的与要求

1. 理解亲和层析法的基本原理,并通过实验能初步掌握制备一种亲和吸附剂的操作方法;
2. 理解和掌握亲和层析实验操作技术;
3. 学会一种测定蛋白水解酶活力及比活的方法;
4. 掌握消光系数法测定蛋白质的原理及计算方法。

二、实验原理

前面我们所学的凝胶过滤法、离子交换法以及电泳等一系列分离纯化生物大分子的手段,比起早期采用的盐析法,有机溶剂及等电点沉淀法等,分离效果要好得多。但是,这些方法中,或是利用生物大分子在一定条件下不同的溶解度、电荷分布、总电荷的不同,或是依据其分子的大小和形状的不同。一句话,多是利用生物分子间物理和化学性质的差异来进行分离纯化的。由于这些方法的特异性比较低,加之待分离物质之间的物化性质差异较小,常常要综合不同的分离方法。经过许多步骤才能使生物分子达到一定的纯度。这样既费时间,又费试剂,有时最后产品还不能令人满意。

另外,有些生物大分子,往往在生物组织或发酵液中的浓度很低,相对说杂质很多,特别是一些具有生物活性的分子,往往由于分离纯化的步骤很多,时间过长,造成破坏以致失活,产率很低。这就促使人们去寻求新的方法来解决存在的问题。

亲和层析法是近十多年来迅速发展并广泛被采用来分离纯化生物大分子的一种十分有效的方法。它具有分离快速,纯化效率高。特别是对于那些浓度少,杂质多,采用常规方法难于分离的生物活性分子,显示了独特的优越性。有时一次被分离物质的纯度可提高几倍,十几倍甚至几百倍。因此,亲和层析技术已成为纯化生物分子,特别是纯化生物活性物质最重要的方法之一。

简言之,亲和层析主要是根据生物分子与其特定的固相化的配基或配体之间具有一定的亲和力而使生物分子得以分离。这是由一种典型的吸附层析发展而来的分离纯化方法。

许多生物分子都有一种独特的生物学功能。即它们都具有能和某些相对应的专一分子可逆地结合的特性(分子间通过某些次级键结合,如范德华力,疏水力,氢键等,在一定条件下又可解离)。如:酶和底物(包括酶的抑制剂、产物、辅酶及其底物的类似物)的结合。特异性的抗体与抗原(包括病毒、细胞),激素与其受体、载体蛋白,基因与其互补 DNA、mRNA及阻遏蛋白的结合,植物凝集素与淋巴细胞表面抗原及某些多糖的结合等。均属于专一性而可逆的结合。这种分子之间的结合能力叫做亲和力。亲和层析正是利用生物分子间所具有的专一亲和力而设计的层析技术。所以有人称为"生物专一吸附技术"或"功能层析技术"。

在实际工作中，只要把被识别的分子，称为配基（Ligand），在不损害其生物学功能的条件下共价结合到水不溶性载体或基质上（Matrix，如 Sepharose 4B）制成亲和吸附剂，然后装柱。再把含有要分离纯化的物质的混合液通过这个柱子，这时绝大部分对配基没有亲和力的化合物均顺利地流过层析柱而不滞留，只有与配基互补的化合物被吸附留在柱内。当所有的杂质从柱上流走后，再改变洗脱条件，使结合在配基上的物质解离下来。这样，原来混合液中被分离的物质便以高度纯化的形式在洗脱液中出现。

本实验为了纯化胰蛋白酶，采用胰蛋白酶的天然抑制剂——鸡卵黏蛋白作为配基制成亲和吸附剂，从胰脏粗提取液中纯化胰蛋白酶。鸡卵黏蛋白是专一性较高的胰蛋白酶抑制剂，对牛和猪的胰蛋白酶有相当强的抑制作用，但不抑制糜蛋白酶。在 pH ＝7～8 的缓冲溶液中卵黏蛋白与胰蛋白酶牢固地结合，而在 pH ＝2～3 时，又能被解离下来。

因此，采用鸡卵黏蛋白作成的亲和吸附剂可以从胰脏粗提液中通过一次亲和层析直接获得活力大于 10,000 BAEE 单位/毫克蛋白胰蛋白酶制品，比用经典分离纯化方法简便得多。纯化效率可达到 10～20 倍以上。

三、材料、仪器与试剂

1. 材料

DEAE-纤维素 Sepharose-4B；新鲜猪胰脏；鸡蛋清。

2. 试剂（试剂的选择及用量在实验开始前由学生实验设计报告中提出方案，教师审定后，配制）

（1）主要试剂：丙酮、三氯乙酸、HCl、NaOH、NaCl、NaHCO$_3$、Na$_2$CO$_3$、氯代环氧丙烷、乙腈、甲酸、Tris、CaCl$_2$、KCl、乙酸、二氧六环、二甲基亚砜。

（2）主要贮存溶液：

①鸡卵黏蛋白层析液（1 L）：0.02 mol/L pH ＝7.3 Tris-HCl 缓冲液。

②DEAE-纤维素处理液：0.5 mol/L HCl 300 mL，0.5 mol/L NaOH-0.5 mol/L NaCl 0.3 L。

③卵黏蛋白洗脱液：0.02 mol/L pH ＝7.3 Tris-HCl 缓冲液，含 0.3 mol/L NaCl，150 mL。

④标准胰蛋白酶溶液：结晶胰蛋白酶以 0.001 mol/L HCl 配制成 50 μg/mL。

⑤亲和层析柱平衡液：0.1 mol/L pH ＝8.0 Tris-HCl 缓冲液，含 0.5 mol/L KCl、0.05 mol/L CaCl$_2$，500 mL。（配 1000 mL：12.1 g Tris，37.5 g KCl，5.6 g CaCl$_2$）。

⑥0.05 mol/L pH ＝8.0 Tris-HCl 缓冲液，含 0.2％ CaCl$_2$（全班公用，配 1000 mL：6.05g Tris 水溶后，先用 4 mol/L HCl 调 pH 为 8.0，然后方可加 2 g CaCl$_2$）。

⑦亲和柱解吸液：0.1 mol/L 甲酸-0.5 mol/L KCl pH ＝2.5，500 mL。（配 1000 mL：37.5 g KCl，4.35 mL 甲酸）。

⑧Sepharose 4B 凝胶清洗液：0.5 mol/L NaCl 和 0.1 mol/L NaHCO$_3$ 缓冲液，pH ＝9.5，各 500 mL。

⑨BAEE 底物缓冲液:34 mg BAEE 溶于 50 mL 0.05 mol/L pH＝8.0 Tris-HCl 缓冲液中,临用前配制,冰箱内可保存三天。

3.主要器材(仪器的选择在实验开始前由学生实验设计报告中提出方案后,教师根据实验室条件审定)

恒温水浴锅、温度计、G2 玻璃漏斗、抽滤瓶、布氏漏斗、离心杯(50 mL)、透析袋、层析柱(2 cm×30 cm,2.6 cm×30 cm)、秒表、移液管、贮液瓶(1L)、电磁搅拌器、pH 计、紫外分光光度计、自动液相分离层析仪、纱布、匀浆器、pH 试纸。

四、操作示例

实验设计流程:

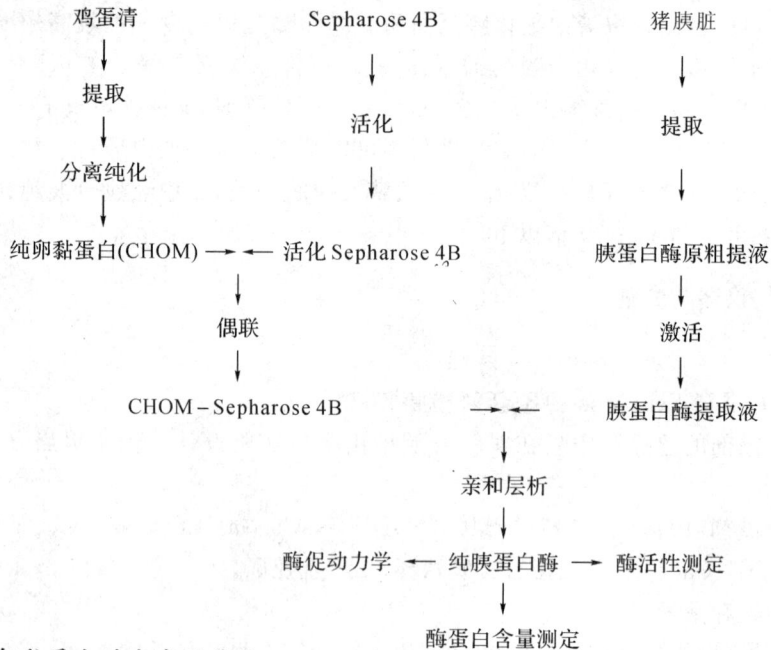

鸡蛋清		Sepharose 4B		猪胰脏
↓		↓		↓
提取		活化		提取
↓		↓		↓
分离纯化				
↓				
纯卵黏蛋白(CHOM) →	← 活化 Sepharose 4B			胰蛋白酶原粗提液
↓				↓
偶联				激活
↓				↓
CHOM－Sepharose 4B		→ ←		胰蛋白酶提取液
↓				
亲和层析				

酶促动力学 ← 纯胰蛋白酶 → 酶活性测定

↓

酶蛋白含量测定

(一)鸡卵黏蛋白的分离及纯化

1. 鸡卵黏蛋白(Ovomucoid)的一些性质

Ovomucoid 是一种糖蛋白,在中性及偏酸性溶液中对热及高浓度脲、有机溶剂,均有较高的耐受性。但在较酸、碱条件下,易引起变性。Ovomucoid 带有四种糖基,因此有较强的吸水性。在 50％丙酮或 5％三氯乙酸盐的水溶液中,仍有较好的溶解度。所以,选择合适的 pH,丙酮浓度和三氯乙酸盐的浓度,可以从蛋清中除去大量的非卵黏蛋白。

由于 Ovomucoid 所带的糖基不同,电泳行为呈现出不均一性,等电点在 3.9～4.5 之间并呈现出四条电泳条带,但它们在生物学功能上差异不大,在氨基酸组成上几乎无差异,相对分子质量约为 28 000。每 1 mol 的卵黏蛋白分子能抑制 1 mol 的胰蛋白酶。所以每毫克高纯度的卵黏蛋白能抑制约 0.84 mg 的胰蛋白酶。Ovomucoid 在 280 nm 处的百分消光系数 $A^{1\%}_{1\,cm,280}=4.13$,即蛋白酶浓度为 1 mg/mL 时,溶液的吸光度 $A_{280}=0.413$,据此可以测定其溶液中蛋白质的浓度。

2. Ovomucoid 的分离及粗品制备

取 2 只鸡蛋,得蛋清约 50 mL,将其温热至 25 ℃左右,加入等体积 10 ％ pH 1.0 的三氯乙酸溶液(配制三氯乙酸:称取 10 g 三氯乙酸,用 70 mL 蒸馏水溶解,再用 5 mol/L NaOH 调 pH 至 1.0 左右,最后加蒸馏水至 100 mL),这时出现大量白色沉淀,充分搅匀后,测定溶液的 pH 值,此时溶液的 pH 值应当是 3.5±0.2,若偏离此值,用 5mol/L HCl 或 5 mol/L NaOH 溶液调 pH 至 3.5±0.2,注意在调 pH 值时,要严防局部过酸或过碱。接着 25 ℃ 放置 4 h 或过夜。次日用 4000~6000 r/min 离心 20 min,收集清液,再用三层纱布过滤并检查滤液的 pH 值是否仍为 3.5±0.2,若不是,则要调回到此范围内。然后将清液放冰浴冷却至 0 ℃,缓缓加入 3 倍体积预先冷却的丙酮,用玻璃棒搅拌均匀并用塑料薄膜盖好防止丙酮挥发,放冰箱或冰浴中 3~4 h 后,离心(3000 r/min,15~20 min)收集沉淀(清液留待回收丙酮)。将沉淀抽真空去净丙酮,得到粗的卵黏蛋白。将其用 20 mL 左右蒸馏水溶解。若溶解后的溶液浑浊,可用滤纸过滤或离心去掉不溶物。取上清装透析袋,并对蒸馏水透析去除三氯乙酸(或用 Sephadex G-25 凝胶层析柱脱盐去除三氯乙酸)。测定其抑制胰蛋白酶的比活力。若比活力大于 7000 BAEE/mg,可直接用作亲和配基制备亲和吸附剂,否则应进一步纯化。

3. Ovomucoid 的纯化

DEAE-纤维素的处理:称取 10 g DEAE-Cellulose 粉(DE-32),先用约 150 mL 0.5 mol/L NaCl-0.5 mol/L NaOH 溶液溶胀 30 min,用 G2 漏斗抽干并用去离子水冲洗至中性,转入烧杯中再用约 150 mL 0.5 mol/L HCl 浸泡 20 min,再在 G2 漏斗中用蒸馏水洗至中性,最后用约 150 mL 0.02 mol/L pH 7.3 Tris-HCl 缓冲液浸泡,抽真空去气泡后装柱(2 cm×20 cm 柱),并用同一缓冲液平衡一个床体积即可使用。

将粗的 Ovomucoid 制品加入等体积的 0.02 mol/L pH 7.3 Tris-HCl 缓冲液后上柱吸附,并用同一缓冲液洗杂蛋白至 $A_{280}<0.05$ 为止。最后用含 0.3 mol/L NaCl 的上述 Tris-HCl 缓冲液洗脱。收集具有胰蛋白酶抑制活性的蛋白峰。测定合并液的蛋白浓度及卵黏蛋白的比活性及总活力。

最后将其对蒸馏水透析(或用 Sephadex G-25)脱盐,精确调溶液 pH 至 4.0~4.5,加入 3 倍体积预冷的丙酮沉淀,放冰箱或冰浴 3~4 h,然后离心(3000 r/min,15~20 min)收集沉淀(清液回收丙酮),真空下抽去丙酮即得卵黏蛋白干粉。如将透析后溶液吹风浓缩,冰冻干燥则得海绵状松软白色干粉的卵黏蛋白。

(二)亲和吸附剂的合成

目前有多种方法活化载体和偶联配基制备亲和吸附剂。本实验采用氯代环氧丙烷活化载体与偶联配基,如下图 36-1 所示:(在附录中注明了溴化氰活化载体与偶联配基的方法)。

1. 载体 Sepharose 4B 的活化——氯代环氧丙烷活化。可用下面两种溶剂

(1)二氧六环

取 10 mL 沉淀体积的 Sepharose 4B 于 G2 玻璃烧结漏斗中,抽滤成半干,先用约 100 mL 0.5 mol/L NaCl 溶液淋洗,再用 100~150 mL 蒸馏水洗涤,以除去其中的保护剂和防腐剂。抽干约得 6 克半干滤并置于 50 mL 三角瓶中,加入 6.5 mL 2 mol/L NaOH,2 mL 氯代环氧丙烷及 15 mL 56% 二氧六环,并置于 40 ℃ 温和搅拌 2 h,然后将胶转移到 G2 玻璃漏斗中以蒸馏水淋洗除去多余的试剂,最后再用约 100 mL 0.2 mol/L Na₂CO₃ pH 9.5 缓冲液洗涤。接着尽快进行偶联实验。

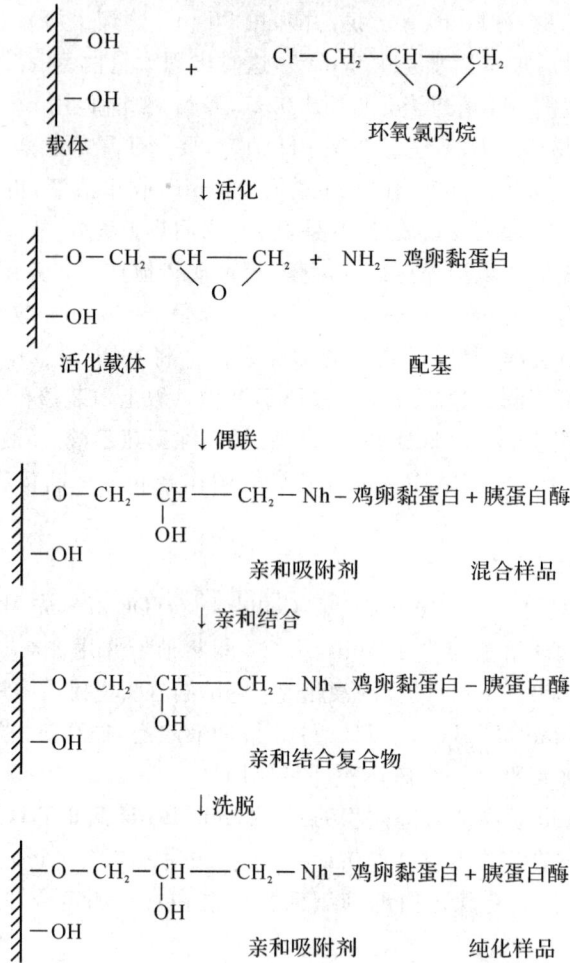

图 36-1　氯代环氧丙烷活化载体与偶联配基示意

（2）二甲基亚砜

同（1）法将 6 g 半干滤并置于 50 mL 三角瓶中，加入 6.5 mL 2 mol/L NaOH，2 mL 氯代环氧丙烷及 15 mL 56%二甲基亚砜，充分混匀，在 40 ℃振荡 2 h，然后同（1）法洗涤凝胶后尽快进行偶联。

2. 鸡卵黏蛋白与活化的载体 Sepharose-4B 偶联

将已活化好的 Sepharose-4B 转移到三角瓶中。用 10 mL 0.2 mol/LNa₂CO₃，pH 9.5 缓冲液将上述制备好的卵黏蛋白溶解（或 0.1 mol/L NaOH 10 mL 溶解），取出 0.1 mL 溶液稀释 20～30 倍，用紫外分光光度计测定卵黏蛋白的浓度。剩余的溶液全部转移到三角瓶中与活化好的 Sepharose 4B 偶联。在 40℃恒温摇床振荡 24 h 左右。偶联终止后，将凝胶倒入 G₂ 漏斗中抽干并用 100 mL 0.5 mol/L NaCl 溶液洗去未偶联上的蛋白（收集滤液，测蛋白浓度及总活力，以计算偶联率），再用 100 mL 蒸馏水淋洗。接着用亲和洗脱液（0.1 mol/L 甲酸-0.5 mol/L KCl，pH 2.5）50 mL 洗一次。最后用蒸馏水洗至中性，浸泡于亲和柱平衡液 0.05 mol/L CaCl₂ 0.1 mol/L，pH 8.0 Tris-HCl 缓冲液中，放冰箱待用。

（三）亲和层析分离纯化胰蛋白酶

1. 粗胰蛋白酶的制备

取 100 g 新鲜冰冻猪胰脏，剥去脂肪及结缔组织后在匀浆机器中搅碎，加入约 200 mL，预冷的乙酸酸化水（pH＝4.0），8～10 ℃条件下，搅拌提取 4～5 h，然后四层纱布挤滤（残渣再用约 100 mL 乙酸酸化水搅拌提取 1 h，四层纱布挤滤），收集合并两次滤液，用 2.5 mol/L H_2SO_4 调 pH＝2.5～3.0，放置 1～2 h（静置期间要检查一下 pH 值，应始终保持 pH＝2.5～3.0），最后用滤纸过滤，收集滤液待激活。

2. 胰蛋白酶原的激活

将滤液用 5 mol/L NaOH 调 pH＝8.0，加固体 $CaCl_2$，使溶液中 Ca^{2+} 的终浓度达到 0.1 mol/L（注意先取 2 mL 胰蛋白酶粗提液测定激活前的蛋白浓度及酶活性）。然后加入 2～5 mg 结晶胰蛋白酶进行激活，于 5 ℃冰箱放置 18～20 h 进行激活（或在室温下，20～25 ℃左右激活 2～4 h）即可完成。激活期间，分别在 16、18 h 取样测酶的活性，待酶的比活达到 800～1000 BAEE 单位/mg 时停止激活。用 2.5 mol/L H_2SO_4 调至 pH＝2.5～3.0，滤去 $CaSO_4$ 沉淀物，滤液放冰箱内备用。

3. 亲和层析纯化胰蛋白酶

（1）装柱：取一支层析柱，先装入 1/4 体积的亲和柱平衡液（0.1 mol/L pH 8.0，含 0.05 mol/L $CaCl_2$ 的 Tris-HCl 溶液）。然后将亲和吸附剂轻轻搅匀，缓缓加入柱内，待其自然沉降，调好流速 3 mL/10 min 左右，用亲和柱平衡液平衡，检测流出液 A_{280} 值小于 0.02。

（2）上样：将胰蛋白酶粗提液用 5 mol/L NaOH 调至 pH＝8.0，（若有沉淀，过滤去除之）。取一定体积上述澄清溶液上柱吸附。上样体积可大致计算如下：

$$胰蛋白酶上样体积（mL）=\frac{W\times 0.84\times 1.3\times 10^4}{c\times A}\times 1.5$$

式中：W 为卵黏蛋白偶联的总毫克数；

　　　0.84 为 1 mg 卵黏蛋白能抑制约 0.84 mg 胰蛋白酶；

　　　1.3×10^4 为纯化后胰蛋白酶比活的近似值；

　　　c 为胰蛋白酶粗提液的浓度（mg/mL）；

　　　A 为胰蛋白酶粗提液的比活（BAEE/mg）；

　　　1.5 为上样量过量 50%。

吸附毕，先用平衡液洗涤，至流出液 A_{280}＜0.02。换洗脱液洗脱。

（3）洗脱及收集胰蛋白酶。

用 0.1 mol/L 甲酸-0.5 mol/L KCl pH 2.5 洗脱液进行洗脱。洗脱速度约 2～4 mL/10 min，然后收集蛋白峰并测定收集液的蛋白浓度、酶的比活力及总活力。

亲和层析柱用平衡缓冲液平衡后可再次作亲和层析。若柱内加入防腐剂 0.01% 叠氮化钠 NaN_3 在冰箱中保存，至少一年内活性不丧失。

4. 胰蛋白酶保存

最后可用两种方法将纯化的胰蛋白酶制成固体保存：

（1）将比活力最高部分用固体 $(NH_4)_2SO_4$ 以 80% 饱和度盐析，放置 4 h 以上，抽滤收集硫酸铵沉淀（要抽干）。滤饼先用少量蒸馏水溶解，再加入 1/4 体积 0.8 mol/L pH＝9.0 的硼酸溶液，冰箱中放置，数日后即可获得棒状结晶。（注：只有胰蛋白酶的量较多时，才能得

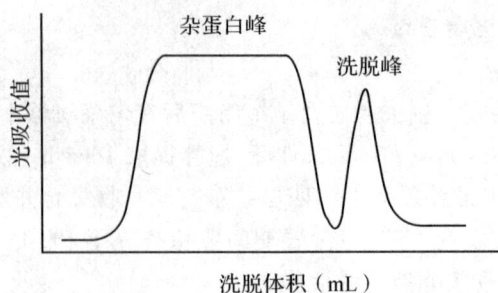

图 36-2　胰蛋白酶亲和层析洗脱曲线

到结晶)。

(2)将亲和层析获得的胰蛋白酶溶液放入透析袋内,在 4℃对蒸馏水透析,然后冷冻干燥成干粉。

五、实验结果提示

1.绘制亲和柱层析洗脱曲线。

2.绘制 Cellulose 层析曲线。

3.绘制酶促反应动力学曲线(求初速度)。

4.绘制胰蛋白酶活性曲线及卵黏蛋白抑制曲线。

5.计算鸡卵黏蛋白的比活力。

6.计算鸡卵蛋白的偶联量(mg/mL 介质)。

7.计算亲和介质吸附率(mg/mL 介质)。

8.计算亲和层析纯化胰蛋白酶的比活力及纯化效率。

9.计算胰蛋白酶活性回收率(纯酶总活性/粗酶总活性)。

10.计算鸡卵黏蛋白产率(mg/100 mL 蛋清)。

11.计算亲和层析过程中的各项数据,详细列于表 36-1。

表 36-1　亲和层析实验数据

参数	数据
亲和柱床体积/mL	
洗脱的胰蛋白酶溶液体积/mL	
洗脱的胰蛋白酶溶液吸光值 A_{280}	
洗脱的胰蛋白酶溶液蛋白浓度/mg/mL	
亲和柱吸附率(mg/mL 凝胶)	
亲和柱洗脱酶液活力(U/mL)	
亲和柱洗脱酶液比活力(U/mg)	
上柱前样品比活力(U/mg)	
亲和柱纯化效率(倍数)	

六、附录

(一)用溴化氰活化载体及偶联配基方法(图 36-3)

1. 载体 Sepharose4B 的活化:取 15 mL 沉淀体积的 Sepharose-4B,抽滤成半干物,用约

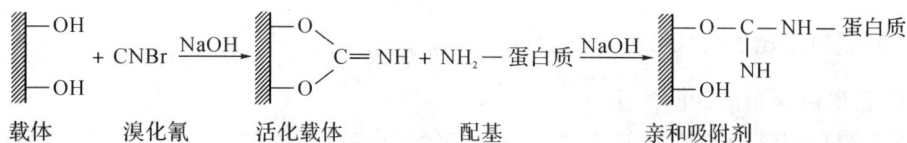

图 36-3　溴化氰活化载体 与蛋白质配基的偶联

10 倍体积 0.5 mol/L NaCl 洗,再用 10～15 倍蒸馏水洗去其中的保护剂和防腐剂。抽干约得 8 g 半干滤饼,放一小烧杯中,加入等体积的 2 mol/L pH=10.5 NaHCO$_3$ 缓冲溶液,外置一冰浴,在通风橱内于电磁搅拌器上轻轻地进行搅拌,然后再缓慢加 CNBr-乙腈溶液 3 mL (含 CNBr 1 g/mL 乙腈溶液),边测 pH 值,通过逐滴加入 2 mol/L NaOH,始终维持 pH 在 10.5 左右,待 CNBr-乙腈溶液加完并且 pH 值不再明显变化时,即可终止反应(一般在 30～35 min 内完成)。立即投入少许冰块,取出并迅速转移至 G2 玻璃烧结漏斗中抽滤,用大量冰水洗,最后用冷的 0.1 mol/L pH 9.5 NaHCO$_3$ 缓冲溶液洗,其用量约为凝胶体积的 10～15 倍。接着抽干待用。

　　2. 鸡卵黏蛋白的偶联:将 30 mL(约 0.5g 蛋白质)对 0.1 mol/L pH 9.5 NaHCO$_3$　透析液平衡过的鸡卵黏蛋白立即加入上述活化好的凝胶中,室温缓慢搅拌反应 6 h,这一步动作要快,从载体活化后到加入配基的时间最好不超过 2 min,因活化好的载体极不稳定,易变成无活性的产物。

　　反应 6 h 后取出抽滤,先用大量去离子水洗,然后用 20 mL 1 mol/L 乙醇胺(pH 9～9.5)封闭残存的活性基团,室温搅拌反应 2 h,抽滤。再用凝胶体积 2～3 倍的 0.2 mol/L 甲酸和 0.1 mol/L pH 8.3 Tris-HCl 缓冲液交替洗涤,直到流出液中 A_{280}＜0.05 为止。抽干后用 0.05 mol/L pH 8.3 Tris-HCl 缓冲液浸泡,然后置冰箱中待用。

　　(二) 酶活力的测定

　　1. 胰蛋白酶活力的测定:本实验以苯甲酰 L-精氨酸乙酯(英文缩写为 BAEE)为底物,用紫外吸收法进行测定。方法如下:

　　取 2 个光程为 1 cm 的带盖石英比色杯,先在一只杯中加入 25 ℃ 预热过的 2.0 mL 缓冲液(0.05 mol/L pH 8.0 Tris-HCl 缓冲液,含 0.2％CaCl$_2$)。0.2 mL 0.001 mol/L HCl,然后再加 0.8 mL BAEE-0.05 mol/L pH 8.0 Tris-HCl 缓冲液(含 0.2％CaCl$_2$ 和 1 mmol/L BAEE)作为空白,校正仪器的 253 nm 处光吸收零点。再在另一比色杯中加入 0.2 mL 待测酶液(用量一般为 10 μg 结晶的胰蛋白酶),立即混匀并计时(杯内已有 2.0 mL 缓冲液和 0.8 mL BAEE 溶液)。每半分钟读数一次,共读 3～4 min。若每分钟 ΔA_{253}＞0.400,则酶液应当稀释或减量,控制每分钟 ΔA_{253} 在 0.05～0.100 左右为宜。

　　绘制酶促反应动力学曲线,从曲线上求出反应起始点吸光度随时间的变化率(即初速度)ΔA_{253} 每分钟。

　　胰蛋白酶活力单位的定义规定为:以 BAEE 为底物反应液 pH 8.0,25 ℃,反应体积 3.0 mL,光径 1 cm 的条件下,测定 ΔA_{253},每分钟使 ΔA_{253} 增加 0.001,反应液中所加入的酶量为一 BAEE 单位。

　　所以:

$$胰蛋白酶溶液的活力单位(BAEE 单位/mL)=\frac{\Delta A_{253}(min)}{0.001\times 酶液加入体积}\times 稀释倍数$$

$$\text{胰蛋白酶比活力(BAEE 单位/mg)}=\frac{\text{酶液活力}}{\text{胰酶浓度(mg/mL)}\times\text{酶液加入体积}}$$

2. 卵黏蛋白抑制活性的测定。

胰蛋白酶抑制活力单位的定义:抑制一个胰蛋白酶活力单位(BAEE 单位)所需卵黏蛋白的量,定为抑制剂的一个活力单位(英文缩写为 BAEE TIu)。

具体测定方法如下:首先以底物(不加酶)于 253 nm 处校正仪器光吸收零点(操作如上述);再测定标准酶的活力单位(操作如上述);测定加入抑制剂后剩余酶活力单位;在比色杯中加入 0.2 mL 上述标准酶液再加入适量的抑制剂(一般不能超过标准酶浓度,以 1:2 左右为宜,具体视抑制剂的纯度而定),再加入 1.8 mL 0.05 mol/L pH 8.0 Tris-HCl 缓冲液,摇匀后于 25 ℃放置 2 min 以上,让酶与抑制剂充分结合。最后加入 0.8 mL 底物(BAEE 溶液),摇匀立即计时,测定 A_{253} 的变化。计算剩余酶活力单位。

按下面方式计算出抑制剂的抑制活力和抑制比活力:

$$\text{抑制剂溶液的抑制活力 } I_u=\frac{\Delta A_0-\Delta A_i}{0.001}\times\frac{N_i}{V_i}\quad\text{(BAEE 抑制单位/mL)}$$

$$\text{抑制比活力}=\frac{I_u}{\text{加入抑制剂蛋白浓度(mg/mL)}}\quad\text{(BAEE TIu/mg)}$$

式中:ΔA_0:未加抑制剂时,酶每分钟 ΔA_{253} 增加值;

ΔA_i:加入抑制剂后,酶每分钟 ΔA_{253} 的增加值;

N_i:抑制剂溶液的稀释倍数;

V_i:测定时加入抑制剂的体积。

(三)猪胰蛋白和卵黏蛋白浓度的计算

1. 猪胰蛋白酶浓度(mg/mL)= $A_{280}\times(1/1.35)\times$ 稀释倍数

2. 鸡卵黏蛋白浓度(mg/mL)= $A_{280}\times(1/0.413)\times$ 稀释倍数

(四)胰酶活性测定操作(表 36-2)

表 36-2　活性测定加样顺序参照表

试　剂	空白杯	胰酶活力	抑制剂活力
0.05 mol/L pH 8.0 Tris-HCl 缓冲液/mL	2.0	2.0	1.9～1.8
胰蛋白酶溶液/mL	—	0.2	0.2
鸡卵黏蛋白溶液/mL	—	—	0.1～0.2
0.001 mol/L HCl/mL	0.2	—	—
1 mmol/L 底物(BAEE)/mL	0.8	0.8	0.8
总体积/mL	3.0	3.0	3.0

注:测定胰酶活性时,酶的用量约 5～10 μg。测鸡卵黏蛋白抑制活性时,用标准胰蛋白酶。前几种溶液先反应 2 min 后再加 BAEE。

七、实验注意事项

1. 胰脏必须是刚屠宰的新鲜组织或立即低温存放的,否则可能因组织自溶而导致实验失败。

2. 在室温 14～20 ℃条件下 8～12 h 可激活完全,激活时间过长,因酶本身自溶而会使比活降低,比活性达到“800～1000BAEE 单位/mg 蛋白”时即可停止激活。

3. 要想获得胰蛋白酶结晶,在进行结晶时应十分细心地按规定条件操作,切勿粗心大意,前几步的分离纯化效果愈好,则培养结晶也较容易,因此每一步操作都要严格。酶蛋白溶液过稀难形成结晶,过浓则易形成无定形沉淀析出,因此,必需恰到好处,一般来说待结晶的溶液开始时应略呈微浑浊状态。

4. 过酸或过碱都会影响结晶的形成及酶活力变化,必须严格控制 pH。

5. 第一次结晶时,3～5 天后仍然无结晶,应检查 pH,必要时调整 pH,促使结晶形成。重结晶时间要短些。

八、作业及思考题

1. 简述亲和层析与离子交换层析原理。

2. 总结用亲和层析分离纯化胰蛋酶操作过程中,哪些是关键步骤?

3. 通过本实验,指出酶活力测定对于酶的分离提纯有何意义?

4. 本实验是用何种方法测定酶活力的?

九、实验设计与学习参考资料

[1]Robinson ,N. C. Tye,R. W;Neurath H. And walsh K. A. Isolation of trypsin by Affinity Chromatography . *Biochemistry*. 1971,10:2743.

[2]Frederig E and H. F. Deutsch;Studies on Ovomucoid, *J. Biol*. Chem,1949,181:499.

[3]KasselI. B. Proteinase inhibitors from egg white. *Methods in Enzymology*,1970,xIx,890.

[4]Sandberg L. And J. porath,Preparation of adsorbents for bio-specific Affinity ChromatograpHy. *J. Chromatography*, 1974,90:87.

[5]Pedro Chatrecasas, Protein purification by Affinity Chromatography *J. Biol*. Chem. 1970,245(12):3059.

[6]T. G. Cooper:The tools of Biochemistry Chromatography.

[7]袁中一等.固相酶与亲和层析.北京:科学出版社,1975.

[8]王重庆等.高级生物化学实验教程.北京:北京大学出版社,1994.

[9]杨建雄.生物化学与分子生物学实验技术教程.北京:科学出版社,2003.

[10]董晓燕.生物化学实验.北京:化学工业出版社,2003.

第四部分
设计应用实验

實驗項目

实验三十八　血糖的定量测定
（Hagedorm-Jendon 定糖法实验设计）

一、目的要求

1. 理解血糖在生物体中的重要意义。
2. 学会制备无蛋白血滤液。
3. 掌握测定血糖浓度的原理和方法。

二、基本原理

动物血液中的糖主要是葡萄糖,正常情况下其浓度较稳定,如人或健康家兔的血糖水平为 $800\sim1200\ \mu g/mL$(即 $0.08\%\sim0.12\%$)。用硫酸锌和氢氧化钠除去被检血液中的蛋白质制成无蛋白血滤液。将血滤液与标准铁氰化钾溶液共热时,一部分铁氰化钾还原成亚铁氰化钾,并与锌离子生成不溶性化合物。

向混合液中加入碘化物后,用硫代硫酸钠溶液滴定所释放的碘,即可知剩余的铁氰化钾量。血糖越多,剩余的铁氰化钾越少,所消耗的硫代硫酸钠也越少。以上过程可用反应式表示如下:

1. 还原反应

$$K_3Fe(CN)_6 + 糖 \longrightarrow K_4Fe(CN)_6 + 糖的氧化产物$$
$$2K_4Fe(CN)_6 + 3ZnSO_4 \longrightarrow K_2Zn_3[Fe(CN)_6]_2 \downarrow + 3K_2SO_4$$

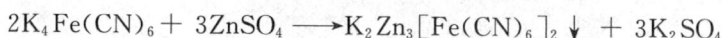

由于产生不溶性化合物,糖的还原反应进行得比较完全。

2. 用碘量法测定剩余的标准 $K_3Fe(CN)_6$ 溶液

$$2K_3Fe(CN)_6 + 2KI + 8CH_3COOH \longrightarrow 2H_4Fe(CN)_6 + I_2 + 8CH_3COOK$$
$$2Na_2S_2O_3 + I_2 \longrightarrow 2NaI + Na_2S_4O_6$$

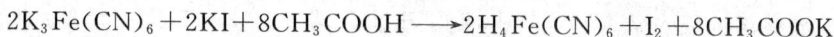

三、材料、试剂与器材

1. 器材

取液器,水浴锅,微量滴定管(5 mL),滴定管,漏斗,锥形瓶,洗瓶,铁架台等。

2. 试剂

(1)0.45% 硫酸锌溶液(新鲜配制)。

(2)0.1 mol/L 氢氧化钠溶液(新鲜配制)。

(3)0.005 mol/L 铁氰化钾碱性溶液:用分析天平称化学纯铁氰化钾 1.645 g,溶解后加入预先准备好的煅制无水碳酸钠10.6 g,定容到1 L。将溶液放在棕色瓶内,于阴暗处保存。

(4)氯-锌-碘溶液:取硫酸锌50 g及纯氯化钠250 g,定容到1 L,作为母液。临用前根据所需用的试剂量加入碘化钾,使碘化钾在混合液中的浓度为25 g/L。

(5)标准0.005 mol/L硫代硫酸钠溶液:临用时由标准0.1 mol/L硫代硫酸钠溶液稀释。

(6)3%醋酸溶液(不应含铁)。

(7)1%可溶性淀粉溶液:1 g可溶性淀粉溶于10 mL沸水中,然后加入到90 mL饱和氯化钠溶液中。此溶液可作为大多数碘量法滴定的指示剂,可长期保存。

(8)人血清(或兔血清):从医院购买。

(9)0.10%标准葡萄糖溶液。

四、操作步骤

实验前将水浴锅加热至沸腾(即设置在100 ℃),检查玻璃仪器是否洁净;若否,将其洗净。

1.制备絮凝剂。

取2支试管,编号,每一只用取样器加入0.45%硫酸锌5 mL及0.1 mol/L氢氧化钠溶液1 mL,混匀,此时产生氢氧化锌胶状沉淀。

2.加样。

用取样器将样品溶液和蒸馏水各100 μL分别加入2支装有絮凝剂的试管中。

3.絮凝(无蛋白血滤液的制备)。

将2支试管同时放入盛有沸水的烧杯中,置于100 ℃的恒温水浴锅中煮沸4min,然后用滤纸分别过滤到另外2个编号的锥形瓶中,用蒸馏水冲洗原来的试管2次,每次用水3 mL左右,并用此水冲洗滤渣。

4.反应。

用取样器向每个锥形瓶内精确地加入标准铁氰化钾碱性溶液2 mL,放入沸水浴中煮沸15 min(沸水浴操作同3)。

5.滴定。

冷却至室温,然后分别加入氯-锌-碘溶液3 mL及3%醋酸2 mL,混匀。各加淀粉几滴,稍等片刻,便显蓝色。将微量滴定管先后用蒸馏水和标准硫代硫酸钠润洗,用吸耳球将标准硫代硫酸钠溶液吸入微量滴定管中,滴定至蓝色消失为止。记录所消耗的标准硫代硫酸钠毫升数。注意,对照滴定值大于样品滴定值(微量滴定管操作详见基础实验二十四)。

6.清洗所使用过的所有玻璃仪器和取样器套头,整理好桌面上的仪器和试剂,并注意清洁自己的操作台。

五、结果及数据处理

表37-1 记录与计算汇总

对照滴定值/mL	样品滴定值/mL	血糖浓度/%

本实验数据处理有三种方法，推荐使用第一种。

1. 查阅血糖浓度与硫代硫酸钠消耗量的换算表，参见表37-2。该表列出了0.005 mol/L硫代硫酸钠溶液的用量（mL）和血糖浓度（mg/mL）的换算关系。表中最左边纵行中的数字是滴定时消耗0.005 mol/L硫代硫酸钠溶液的毫升数的整数及小数后第一位，表中最上的横行代表其小数后第二位数字，表中交叉点的数字为0.1 mL血液中所含葡萄糖的毫克数，也就是100 mL血液中所含葡萄糖的克数。将样品滴定值和对照滴定值折合成糖值，两糖值之差就是100 mL血液中所含的血糖的克数。例如，两糖值之差为0.100，表示血液中的血糖浓度为0.1%。

表37-2　血糖浓度与硫代硫酸钠消耗量换算表

滴定值/mL	0.00	0.01	0.02	0.03	0.04	0.05	0.06	0.07	0.08	0.09
0.0	0.385	0.382	0.379	0.376	0.373	0.370	0.367	0.364	0.361	0.358
0.1	0.355	0.352	0.350	0.348	0.345	0.343	0.341	0.338	0.336	0.333
0.2	0.331	0.329	0.327	0.325	0.323	0.321	0.318	0.316	0.314	0.312
0.3	0.310	0.308	0.306	0.304	0.302	0.300	0.298	0.296	0.294	0.292
0.4	0.290	0.288	0.286	0.284	0.282	0.280	0.278	0.276	0.274	0.272
0.5	0.270	0.268	0.266	0.264	0.262	0.260	0.259	0.257	0.255	0.253
0.6	0.251	0.249	0.247	0.245	0.243	0.241	0.240	0.238	0.236	0.234
0.7	0.232	0.230	0.228	0.226	0.224	0.222	0.221	0.219	0.217	0.215
0.8	0.213	0.211	0.209	0.208	0.206	0.204	0.202	0.200	0.199	0.197
0.9	0.195	0.193	0.191	0.190	0.188	0.186	0.184	0.182	0.181	0.179
1.0	0.177	0.175	0.173	0.172	0.170	0.168	0.166	0.164	0.163	0.161
1.1	0.159	0.157	0.155	0.154	0.152	0.150	0.148	0.146	0.145	0.143
1.2	0.141	0.139	0.138	0.136	0.134	0.132	0.131	0.129	0.127	0.125
1.3	0.124	0.122	0.120	0.119	0.117	0.115	0.113	0.111	0.110	0.108
1.4	0.106	0.104	0.102	0.101	0.099	0.097	0.095	0.093	0.092	0.090
1.5	0.088	0.086	0.084	0.083	0.081	0.079	0.077	0.075	0.074	0.072
1.6	0.070	0.068	0.066	0.065	0.063	0.061	0.059	0.057	0.056	0.054
1.7	0.052	0.050	0.048	0.047	0.045	0.043	0.041	0.039	0.038	0.036
1.8	0.034	0.032	0.031	0.029	0.027	0.025	0.024	0.022	0.020	0.019
1.9	0.017	0.015	0.014	0.012	0.010	0.008	0.007	0.005	0.003	0.002

2. 根据糖还原反应的化学方程式，推导计算公式，最终计算得到血糖浓度。此法结果偏差较大。

$$血糖浓度（\mu mol/mL）=50\times x$$

式中：x（mL）是样品滴定值与对照滴定值之差。注意，对照滴定值大于样品滴定值。

如换算成葡萄糖的百分浓度（g/100 mL），则上面公式变为：

$$0.009x\times 100\%$$

3. 以标准葡萄糖制作糖浓度标准曲线，并根据该曲线查取准确的血糖浓度。该法适应性强，但制作糖浓度标准曲线比较繁琐。

六、实验注意事项

1. 在进行沸水加热时请戴手套，避免烫伤。

2.在用取样器取不同试剂时一定要更换枪头,避免交叉污染。

3.在滴定时,务必用双手规范进行,振荡均匀,滴定速度要适当,特别在接近等电点时要半滴定操作。

七、课后讨论题

1.查阅资料血糖测定参考方法还有哪些? 各依据原理是什么? 有哪些优点?

2.无蛋白血滤液制备方法有哪些? 有哪些测定方法无需制备血滤液?

3.本实验中为什么试管和三角烧瓶要先放入盛有沸水的烧杯中,再置于 100 ℃ 的恒温水浴锅中煮沸加热? 还有更好的方法吗?

4.总糖的测定通常是以还原糖的测定方法为基础的,为什么?

5.请根据本实验原理中反应方程式,写出血糖浓度计算公式的推导过程。

6.根据本实验数据,分别用查表法和公式法求出血糖浓度,并比较两者的差异。

7.正常人空腹血样含糖量范围是多少? 患糖尿病时,血糖浓度有何变化? 测定的血样品为什么要空腹采血?

八、学习参考资料

[1] 谢宁昌.生物化学实验多媒体教程.上海:华东理工大学出版社,2006,1~7.

[2] 史峰.生物化学实验.杭州:浙江大学出版社,2002,17~19.

[3] 刘箭.生物化学实验教程.北京:科学出版社,2007,61~63.

[4] 王琰,钱士匀.生物化学和临床生物化学检验实验教程. 北京:清华大学出版社,2005,113~122.

[5] 杨建雄.生物化学与分子生物学实验技术教程. 北京:科学出版社,2003,29~30.

实验三十九　几种水果中有机酸
的定量测定与分析
（HPLC 法检测水果中有机酸浓度实验设计）

一、目的要求

1.了解色谱法的分离原理、色谱图及常用术语、色谱法基本原理、色谱法定性及定量分析方法。

2.掌握 Agilent 1100 高效液相色谱仪操作方法。

3.学会 HPLC 法检测水果中有机酸浓度的原理及方法。

二、基本原理

果蔬及其制品、各种酒类、乳及乳制品中的主要有机酸可用高效液相色谱进行测定。样品经过处理、离心及超滤，用 C-18 反相柱和 pH 2.65 的蒸馏水作流动相，在紫外 214 nm 处定量测定。本法可同时测定柠檬酸、苹果酸、酒石酸、琥珀酸、乳酸、乙酸及延胡索酸等 7 种有机酸。

三、材料、试剂与器材

1.试剂

（1）磷酸（AR）。

（2）流动相的制备：用磷酸调节新配制的重蒸水 pH 至 2.65，置超声波振荡仪上排气后用 0.45 μm 膜过滤，待用。

（3）有机酸标准母液配制：分别称取苹果酸 10 mg，柠檬酸 10 mg、酒石酸 5 mg，琥珀酸 20 mg，延胡索酸 10 mg，吸取乳酸 10 μL，冰乙酸 10 μL，置 100 mL 棕色容量瓶中，以 pH 2.65 重蒸水溶解并定容，使有机酸的浓度分别为 100、100、50、200、100、100 和 100 mg/kg。

（4）7 种有机酸标准混合液，各吸取有机酸贮备液稀释 10 倍混合，0.45 μm 微孔滤膜过滤，即可作工作液。

2.器材

高效液相色谱仪（Agilent 1100），分析天平，组织捣碎机，研钵，三角瓶，水浴锅，离心机，0.45 μm 滤膜，溶剂过滤器，样品过滤器，果蔬、橘汁、酒等。

四、操作步骤

1.样品制备

称取水果 200 g 左右，洗净、切碎，用组织捣碎机匀浆。称样品 10 g，置三角瓶中，加入

pH 2.65 重蒸水 60～70 mL,沸水浴中加热 60 min 以浸提有机酸,冷却,用 pH 2.65 重蒸水移入 100 mL 容量瓶中,定容,过滤,再用 0.45 μm 微孔滤膜过滤,待上机检测。

2. 色谱条件准备

(1)色谱柱:u-Bondapak C-18(130×3.9mm,Waters);

(2)流动相:pH 2.65 重蒸水(用磷酸调制);

(3)流速:0.4 mL/min;

(4)检测器:UV214 nm;

(5)柱温:18～20 ℃;

(6)进样量:20 μL。

3. 标准曲线的制作

取有机酸标准混合液以 1、2、4、8、10、16、20 倍稀释成 7 个浓度,并取各浓度 20 μL 分别进样分离,以各种有机酸的浓度对峰高(或峰面积)分别制成标准曲线。在标准曲线的线性范围内进行样品中各种有机酸浓度的测定。

4. 样品测定

取样品处理液 20 μL 进样色谱分析,以标准色谱图(图 39-1)进行对照,根据保留时间确定样品中的各种有机酸。

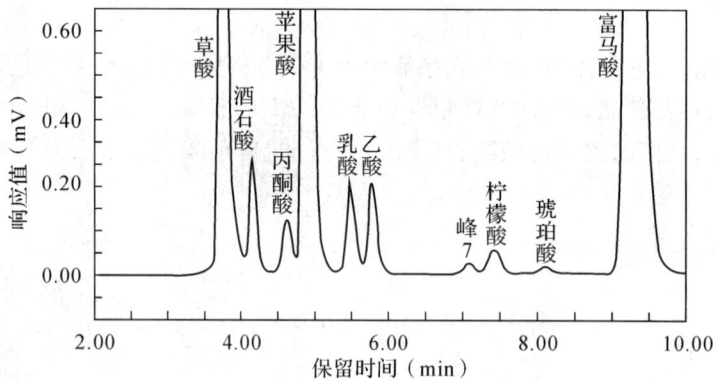

图 39-1　有机酸混合标样色谱图

五、结果及数据处理

根据有机酸标准品的保留时间定性,根据标准品中各有机酸的峰高或峰面积确定样品中有机酸浓度。可用两种方法:

1. 按下列公式计算样品中各种有机酸的浓度(c):

$$c = N \times (H/H_m) \times F \times 50 \times (V/W) \cdot (1000/1000)$$

式中:c 为各种有机酸的浓度,以 mg/kg(L)表示

N 为 20ul 有机酸浓度 μg/20 μL

H 为样品中某种有机酸的峰高(mm)

H_m 为标准溶液中某种有机酸的峰高(mm)

F 为稀释倍数

V 为样品的定容体积(100 mL)

W 为样品的称取量（g 或 mL）

2.分别以系列浓度混合标准工作液峰面积或峰高为纵坐标,浓度为横坐标,建立各有机酸工作曲线,在线性范围内查出样品中各有机酸浓度。

六、注意事项

1.本方法的回收率试验表明,除易挥发的乙酸外,其他有机酸的回收率都较理想。
2.样品检测后浓度应在标准工作曲线线性范围内,否则对样品进行稀释。

七、课后讨论题

1.水果中有机酸浓度丰富,通过实验比较各种水果中主要有机酸是什么?
2.水果中有机酸浓度检测方法有哪些? 其依据原理是什么? 请通过各组实验数据比较各方法回收率及 RSD 值。
3.C-18 柱分离各有机酸的主要原理是什么? 其使用 pH 范围是多少?
4.HPLC 检测有机酸流动相、pH、柱温改变对实验有否影响? 你在实验中能建立有机酸 HPLC 不同的定量分析色谱条件吗? 请分析建立的理由。
5.色谱分析的基本原理是什么?
6.何谓流动相、固定相、保留时间?
7.任何样品都能用液相色谱法分析吗? HPLC 适用哪些样品的定量分析?

八、学习参考资料

[1] 杨建雄.生物化学与分子生物学实验技术教程.北京:科学出版社,2003,104～107.

[2] 吴永平,高智席,王满力.HPLC-CL 柱后同时检测葡萄酒中的有机酸.酿酒科技.2007,151(1):99～101.

[3] 张军,韩英素,高年发.HPLC 法测定葡萄酒中条件研究.酿酒科技,2004,122(2):91～93.

[4] 高海燕,王善广,胡小松.利用反相高效液相色谱法测定梨汁中有机酸的种类和浓度.食品与发酵工业,2004,30(8):96～100.

[5] 郭根,潘成,苏德森等.反相高效液相色谱法同时测定枇杷中的某些有机酸.福建农业学报,2005,20(3):198～201.

九、附录:高效液相色谱技术(HPLC)

1.概述

高效液相色谱(high performance liquid chromatography,HPLC)是化学、生物化学与分子生物学、医药学、农业、环保、商检、药检、法检等学科领域与专业最为重要的分离分析技术,是分析化学家、生物化学家等用以解决他们面临的各种实际分离分析课题必不可少的工具。国际市场调查表明,高效液相色谱仪在分析仪器销售市场中占有最大的份额,增长速度最快。

高效液相色谱的优点是:检测的分辨率和灵敏度高,分析速度快,重复性好,定量精度高,应用范围广。适用于分析高沸点、大分子、强极性、热稳定性差的化合物。其缺点是:价格昂贵,要用各种填料柱,容量小,分析生物大分子和无机离子困难,流动相消耗大且有毒性的居多。目前的发展趋势是向生物化学和药物分析及制备型倾斜。

2.基本原理

如图 39-2 所示。

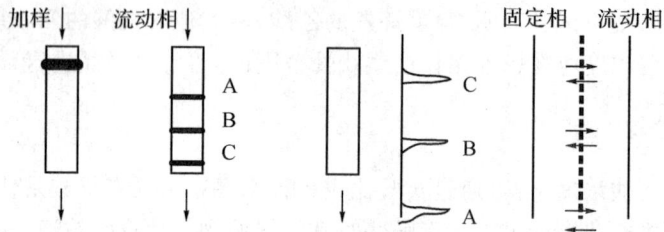

图 39-2　高效液色谱原理示意

固定相——柱内填料,流动相——洗脱剂。

HPLC 是利用样品中的溶质在固定相和流动相之间分配系数的不同,进行连续的无数次的交换和分配而达到分离的过程。通常,按溶质(样品)在两相分离过程的物理化学性质可以作如下的分类:

分配色谱:分配系数

亲和色谱:亲和力

吸附色谱:吸附力

离子交换色谱:离子交换能力

凝胶色谱(体积排阻色谱):分子大小而引起的体积排阻

分配色谱又可分为:

正相色谱:固定相为极性,流动相为非极性。

反相色谱:固定相为非极性,流动相为极性。用的最多,约占 60%～70%。

固定相(柱填料):

固定相又分为两类,一类是使用最多的微粒硅胶,另一类是使用较少的高分子微球。后者的优点是强度大、化学惰性,使用 pH 范围大,pH＝1～14,缺点是柱效较小,常用于离子交换色谱和凝胶色谱。

最常使用的全孔微粒硅胶($3～10\mu m$)是化学键合相硅胶,这种固定相要占所有柱填料的 80%。它是通过化学反应把某种适当的化学官能团(例如各种有机硅烷),键合到硅胶表面上,取代了羟基(—OH)而成。它是近代高效液相色谱技术中最重要的柱填料类型。

使用微粒硅胶要特别注意它的使用 pH 范围是 2～7.5,若过碱(pH＞7.5),硅胶会粉碎或溶解;若过酸(pH＜2),键合相的化学键会断裂。

键合相使用硅胶作基质的优点是:①硅胶的强度大;②微粒硅胶的孔结构和表面积易人为控制;③化学稳定性好。

硅胶($SiO_2 \cdot nH_2O$):
$$\begin{array}{ccc} OH & OH & \\ | & | & \\ -Si-O-Si- \\ | & | & \end{array}$$

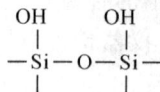

重要的键合相是:硅烷化键合相,它是硅胶与有机硅烷反应的产物。

最常用的键合相键型是：

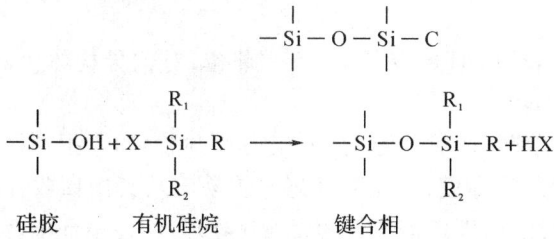

$$
\begin{array}{c}
\quad\quad\quad | \\
-\mathrm{Si}-\mathrm{O}-\mathrm{Si}-\mathrm{C} \\
\quad\quad\quad |
\end{array}
$$

$$
\begin{array}{ccc}
| & R_1 & | \quad\quad R_1 \\
-\mathrm{Si}-\mathrm{OH}+\mathrm{X}-\mathrm{Si}-\mathrm{R} \longrightarrow -\mathrm{Si}-\mathrm{O}-\mathrm{Si}-\mathrm{R}+\mathrm{HX} \\
| & R_2 & | \quad\quad R_2
\end{array}
$$

　　　硅胶　　　有机硅烷　　　键合相

X — Cl, CH_3O, C_2H_5O 等。

R — 烷：C_8H_{17}（即 C_8 填料），$C_{10}H_{21}$，$C_{18}H_{37}$ 等。

R_1、R_2 — X、CH_3 等。

最常用的"万能柱"填料为"C_{18}"，简称"ODS"柱，即十八烷基硅烷键合硅胶填料（octade-cylsilyl，简称 ODS）。这种填料在反相色谱中发挥着极为重要的作用，它可完成高效液相色谱 70%～80% 的分析任务。由于 C_{18}（ODS）是长链烷基键合相，有较高的碳浓度和更好的疏水性，对各种类型的生物大分子有更强的适应能力，因此在生物化学分析工作中应用的最为广泛，近年来，为适应氨基酸、小肽等生物分子的分析任务，又发展了 CH、C_3、C_4 等短链烷基键合相和大孔硅胶（20～40 μm）。

按键合到基质上的官能团可分为：

（1）反相柱：填料是非极性的，官能团为烷烃，例如：C_{18}（ODS）、C_8、C_4 等。

（2）正相柱：填料是极性的，官能团为 $-CN$（氰基）、$-NH_2$（氨基）等。

（3）离子交换键合相：

阳离子官能团：$-SO_3H$（磺酸基）、$-COOH$（羧基）等。

阴离子官能团：$-R_4N^+$（季铵基）、$-NH_2$（氨基）等。

（由于硅胶基质的键合相只能在 pH＝2～7.5 的范围内使用，而离子交换色谱要求有更宽的 pH 范围，因此其基质现在仍主要使用聚苯乙烯和二乙烯苯。）

流动相：

反相色谱最常用的流动相及其冲洗强度如下：

H_2O＜甲醇＜乙腈＜乙醇＜丙醇＜异丙醇＜四氢呋喃

最常用的流动相组成是："甲醇-H_2O"和"乙腈-H_2O"，由于乙腈的剧毒性，通常优先考虑"甲醇-H_2O"流动相。

反相色谱中，溶质按其疏水性大小进行分离，极性越大疏水性越小的溶质，越不易与非极性的固定相结合，所以先被洗脱下来。流动相的 pH 对样品溶质的电离状态影响很大，进而影响其疏水性，所以在分离肽类和蛋白质等生物大分子的过程中，经常要加入修饰性的离子对物质，最常用的离子对试剂是三氟乙酸（TFA），使用浓度为 0.1%，使流动相的 pH 值为 2～3，这样可以有效地抑制氨基酸上 α 羧基的离介，使其疏水性增加，延长洗脱时间，提高分辨率和分离效果。

完全离子化的溶质，例如强酸或强碱，其在反相键合相上的保留值很低，近于死时间流出，不能进行分析。根据离子对色谱的原理将一种与样品离子电荷（A^+）相反的离子（B^-），称为对离子，加入到流动相中，使其与样品离子结合生成弱极性的离子对，即中性缔合物，从而增强了样品的疏水性，加大了保留值，改善了分离效果。

正相色谱常用的流动相及其冲洗强度的顺序是：

正己烷＜乙醚＜乙酸乙酯＜异丙醇

其中最常用的是正己烷，虽然其价格较贵，但80％的顺、反和邻位、对位异构体仍然要用正相色谱来进行分离。

流动相的选择原则是：①样品易溶，且溶解度尽可能大。②化学性质稳定，不损坏柱子。③不妨碍检测器检测，紫外波长处无吸收。④黏度低，流动性好。⑤易于从其中回收样品。⑥无毒或低毒，易于操作。⑦易于制成高纯度，即色谱纯。⑧废液易处理，不污染环境。

3. 基本参数

(1)保留值

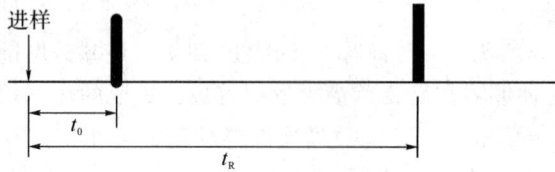

图 39-3　保留值示意

①保留时间"t_R"：进样至出峰的时间。

②死时间"t_0"：不被柱子吸附的惰性物质的出峰时间。死时间"t_0"的测定通常是使用不被柱子保留而又有紫外吸收的惰性物质，例如：正相色谱常用四氯化碳，反相色谱常用甲醇、尿嘧啶、$NaNO_2$、$NaNO_3$ 等。

③容量因子"k'"：

$$k' = \frac{t_R - t_0}{t_0} \quad 或 \quad k' = \frac{溶质在固定相中的量}{溶质在流动相中的量}$$

"k'"是比"t_R"还常用的保留值，它与柱子的大小及流速无关，只与溶质在固定相和流动相的分配性质、柱温以及相空间比(即固定相和流动相之体积比)有关。"k'"又定义为在分配平衡时某溶质在两相中绝对量之比，消除了保留值的波动因素，而平衡常数"K"是平衡时物质在两相中的浓度比。

k' 值的范围：　　$0.4 < k' < 20 \sim 30$　　　$k' = 2 \sim 5$ 为佳，过大则耗时太长。

④保留体积：$V_R = t_R \cdot F_C$(F_C——流动相的流速 mL/min)

V_R 是在 t_R 时间内流动相流过柱子的体积。

调整保留时间：$t_R' = t_R - t_0$

调整保留体积：$V_R' = V_R - V_R^0 = t_R' \cdot F_C$

⑤选择性指标"α'"和相对保留值"α"

α' 可以更直观和方便地反映色谱峰分离的好坏：

$$\alpha' = \frac{t_{R(2)}}{t_{R(1)}}$$

相对保留值(分离因子)：

$$\alpha = \frac{t'_{R(2)}}{t'_{R(1)}} = \frac{k'_{(2)}}{k'_{(1)}} \quad (\alpha > 1.1 \text{ 为好 })$$

（2）柱效率

定义：理论塔板数　$N = \left(\dfrac{t_R}{\sigma}\right)^2$（每米柱）

σ 标准偏差，曲线拐点处峰宽的一半，即峰高 0.607 处峰宽的一半

为便于测量，改用半峰宽：

$$W_{1/2}（或 2 \times \triangle t_{1/2}）$$

最常用的计算式：

$$N = 5.54 \left(\dfrac{t_R}{W_{1/2}}\right)^2$$

另一计算式：

$$N = 16 \left(\dfrac{t_R}{W_b}\right)^2$$

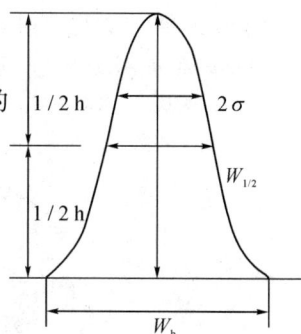

图 39-4　柱效率示意

W_b 不如 $W_{1/2}$ 容易测量，因而此式用的较少。

理论塔板高度：

$$H = \dfrac{L}{N}$$

L 为柱长

经验式：

$$H = 2d_P \quad (d_P = 10\mu \quad H = 20\mu \quad N = 5 \times 10^4)$$
$$(d_P = 5\mu \quad H = 10\mu \quad N = 1 \times 10^6)$$

d_P 为柱填料的颗粒直径

柱效的测定和计算：

以反相柱为例，流动相用 87%（v/v）的甲醇：水，样品用苯、联苯、萘等，加快记录仪的走纸速度，测出半峰宽 $W_{1/2}$，并由走纸速度换算为与 t_R 相同的单位"分"或"秒"，代入公式，计算出柱效 N。

提高柱效的方法：①固定相填料要均一，颗粒细，装填均匀。②流动相黏度低。③低流速。④升高柱温。

（3）不对称因子"T_f"

用于形容色谱峰拖尾和前伸的程度，多数为拖尾峰。

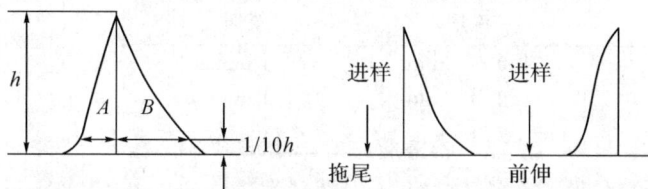

图 39-5　拖尾峰形示意

$$T_f = \dfrac{B}{A} \qquad A、B 如上图 39-5 所示。$$

通常 $T_f = 1.2 \sim 1.3$，若 $T_f > 2$ 则峰不合格。

峰拖尾的原因是硅胶基质上的 Si—OH 羟基未被全部键合而与溶质发生反应。改进拖

尾要用封尾技术:即用小分子的含甲基的物质再次对硅胶进行键合,封闭硅羟基;还可在流动相中加入带$-NH_2$氨基(对羟基敏感)的物质,将残余的羟基掩闭。

分辨率:如图 39-6 所示。

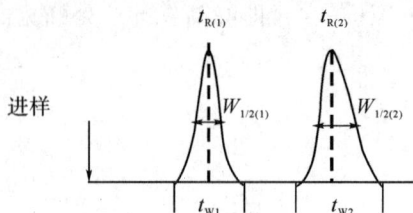

图 39-6　分辨率示意

$$R_S = \frac{2(t_{R2} - t_{R1})}{t_{W1} + t_{W2}}$$

(4)分离度 K_1 和 K_3

HPLC 的目的和要求是:峰要尽可能窄($W_{1/2}$ 小),峰的间距尽可能大(t_R 相差大)。

①基线分离度 K_1:

$$K_1 = \frac{t_{R(2)} - t_{R(1)}}{W_{1/2(2)} - W_{1/2(1)}}$$

基线分离时用 K_1。

②峰高分离度:见图 39-7 所示。

$$K_3 = \frac{H - h}{H}$$

$K_3 = 1$ 基线分离,K_3 更反映了实际分离度。

(5)线速度:溶剂在柱中移动的速度

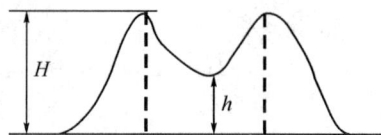

图 39-7　峰高分离度示意

$$u = \frac{L}{t_0} \quad \text{mm/s}$$

式中:L 为柱长;t_0 为死时间。

如图 39-8 所示,用实验可找到最佳的线速度:即图中的 A 点:$u = 1$ mm/s

此处不用流量而用线速度,是因为流量与柱径有关,而线速度与柱径无关。

请记住不同柱内径的最佳流量见表 38-1。

表 38-1　不同柱内径最佳流量表

柱内径	流量	线速度
5 mm	1.0 mL/min	1 mm/s
2 mm	0.2 mL/min	1 mm/s
1 mm	50 μL/min	1 mm/s

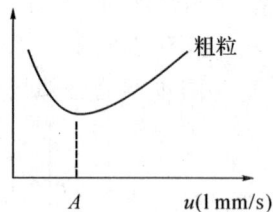

图 39-8　线速度示意

由 1 mm/s 最佳线速度可计算出适合各种柱径的最佳流量。

由上表可以看出,用 5 mm 柱,一天要用一瓶昂贵的乙腈,若用 1 mm 柱,则一个月才用一瓶。

(6)保留值方程:

如上图 39-9 所示,改变 c_b 浓度,保留值 k' 和选择性 α 都改变了,寻找最佳的 c_b 浓度就

正相色谱：　　　　　　　　　　　　　正相色谱：

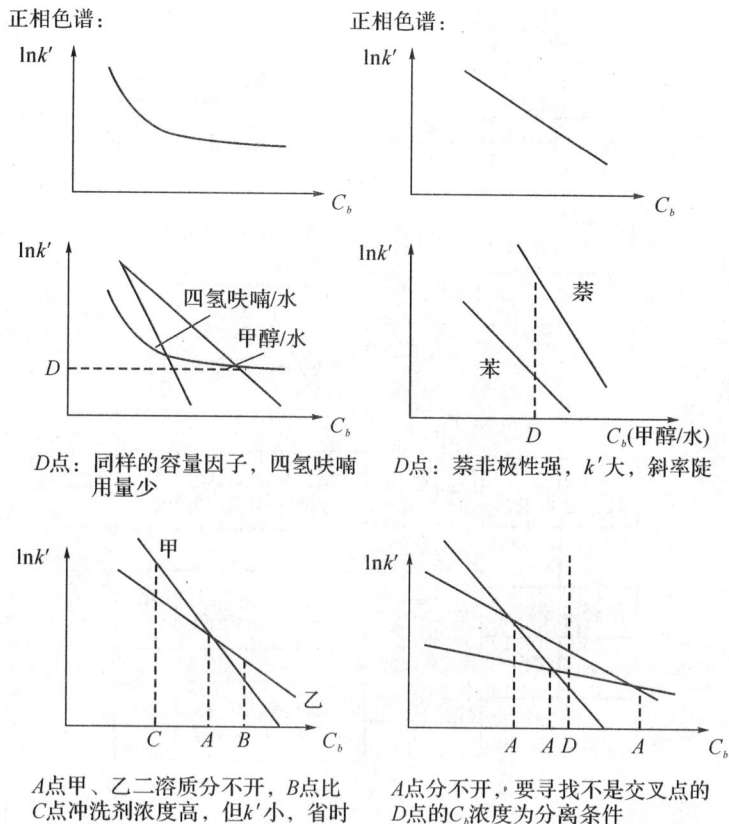

D点：同样的容量因子，四氢呋喃用量少　　　　D点：萘非极性强，k'大，斜率陡

A点甲、乙二溶质分不开，B点比C点冲洗剂浓度高，但k'小，省时　　　A点分不开，要寻找不是交叉点的D点的C_b浓度为分离条件

图 39-9

是 HPLC 高效液相色谱技术的精髓所在。

例如，通常用 10％～90％的甲醇/水，梯度洗脱 30 min，即可找出适宜的 c_b 浓度。

用高浓度 c_b 洗脱，可保证先将所有的峰都洗脱出来，不丢失组分，然后再调节 c_b 浓度，找到更好的分离效果，加大各组分色谱峰的分离度。

甲醇降低 10％，k' 可降低 2～3 倍。

(7)反相色谱的一般规律（见图 39-10）

4. HPLC 系统构成（见图 39-11）

5. Agilent 1100 高效液相操作指南

仪器名称：高效液相色谱（HPLC）

型号：Agilent　1100

仪器配置：四元泵，真空脱气机，VWD，FLD，柱温箱，手动进样器

操作方法：

(1)打开计算机开关，进入 Windows 系统，CAG Bootp Server 程序将自动启动。

(2)打开液相 HPLC 1100 各模块电源开关，等仪器自检通过，电源灯红色。

(3)启动 CAG BOOTP SERVER，搜集 LAN 信息，与计算机通讯成功，约 1～2 min。

(4)启动 Agilent1100 化学工作站，双击 Online 工作站。

(5)系统初始化：（主要目的是排除系统中气泡）

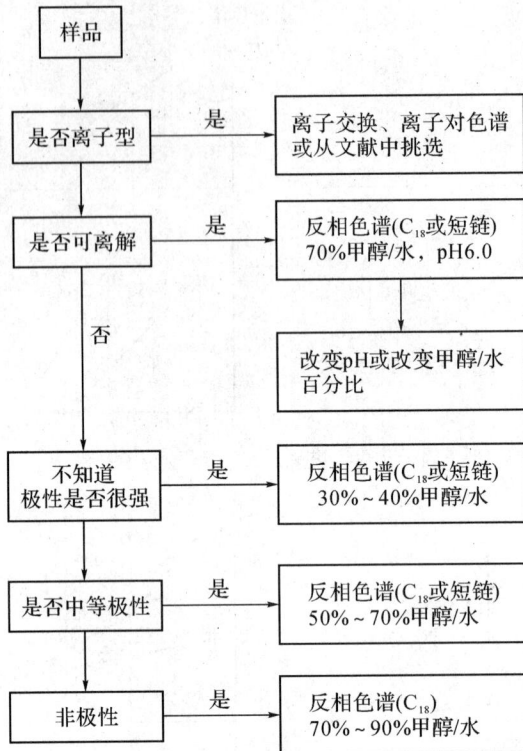

图 39-10

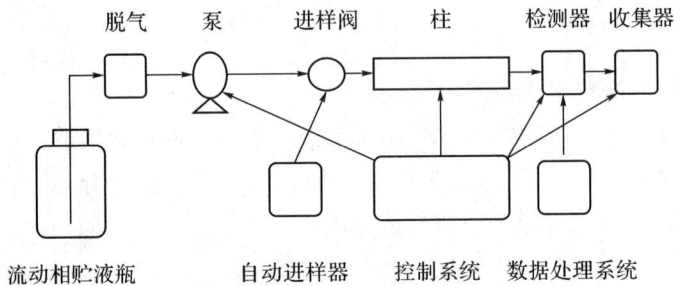

图 39-11　HPLC 系统构成示意

A：打开 Purge 阀，逆时针方向转三圈；

B：加大泵流量并开启泵，快速冲洗实验所用的各个通道，至无气泡从废管中排出；

C：降低流量及溶剂比例成实验初始条件，并单击 OK 确认执行；

D：关闭 Purge 阀，完成初始化。

(6)在 Method and Run Control 界面下操作。

(7)在 Edit Entire Method 下编辑运行方法，设置各部件参数。

(8)系统平衡：(主要目的：平衡、稳定色谱柱、柱温以及灯的能量)

A：开启泵，以初始的流动相冲洗、平衡柱子一段时间(一般约 30 min，至少以柱的几何体积 5～10 倍体积的流动相冲洗、平衡系统)

B：在适当时间，开启柱温箱和检测器，使得柱温稳定，检测器灯的能量稳定(一般灯需要 20 min 左右的稳定时间)。点击 System On 图标,可以同时打开柱温箱和检测器。

(9)打开 View 菜单下的 Online Signal 窗口,单击 Change 键,选择需要监测的色谱信号并设定合适的 X、Y 轴范围,观测色谱基线。

(10)基线稳定后可以进样分析(经验上,常规分析基线波动 1~2 mAU 或痕量分析至 0.5 mAU 就可以算是基线稳定)。

(11)A:填写 Sample Information

　　　B:Run Method(或手动打针进样阀切换进样阀)

(12)冲洗顺序:如果使用有缓冲液的流动相,则停泵前一定要用 HPLC 级纯水清洗 HPLC 系统。同时用清水清洗柱塞杆。若停泵存放时间超过一天,则停泵前还需用水/甲醇清洗系统。

(13)关闭电源开关。

6.注意事项

(1)柱的使用和维护注意事项

①避免压力和温度的急剧变化及任何机械震动。在调节流速时应该缓慢进行,在阀进样时阀的转动不能过缓。

②选择使用适宜的流动相(尤其是 pH),以避免固定相被破坏。

③避免将基质复杂的样品尤其是生物样品直接注入柱内,需要对样品进行预处理或者在进样器和色谱柱之间连接一保护柱。

④经常用强溶剂冲洗色谱柱,清除保留在柱内的杂质。

⑤保存色谱柱时应将柱内充满乙腈或甲醇,柱接头要拧紧,防止溶剂挥发干燥。绝对禁止将缓冲溶液留在柱内静置过夜或更长时间。

⑥每次工作完后,最好用洗脱能力强的洗脱液冲洗。装在 HPLC 仪上柱子如不经常使用,应每隔 4~5 天开机冲洗 15 min。

(2)泵的使用和维护注意事项

为了延长泵的使用寿命和维持其输液的稳定性,必须按照下列注意事项进行操作:

①防止任何固体微粒进入泵体,因为尘埃或其他任何杂质微粒都会磨损柱塞、密封环、缸体和单向阀,因此应预先除去流动相中的任何固体微粒。

②流动相不应含有任何腐蚀性物质,含有缓冲液的流动相不应保留在泵内,尤其是在停泵过夜或更长时间的情况下。

③泵工作时要留心防止溶剂瓶内的流动相被用完,否则空泵运转也会磨损柱塞、缸体或密封环,最终产生漏液。

④输液泵的工作压力决不要超过规定的最高压力,否则会使高压密封环变形,产生漏液。

⑤流动相应该先脱气,以免在泵内产生气泡,影响流量的稳定性,如果有大量气泡,泵就无法正常工作。

实验四十 维生素 E 浓度测定方法与比较
(HPLC 法检测食品中维生素 E 浓度实验设计)

一、目的要求

1. 进一步熟悉色谱法的基本原理。
2. 熟练掌握 Agilent 1100 高效液相色谱仪工作站操作方法。
3. 学会 HPLC 法测定食品中维生素 E 浓度,运用内标法定量分析方法。

二、基本原理

测定食物中脂溶性维生素时,一般都是将样品先皂化,由酯型转化为游离型,再进行测定。但也有为节省时间,简化前处理步骤,免去皂化,直接提取后进行测定的。但需要注意的是因食品基质不同,会影响提取而造成误差。维生素 E 经皂化提取以后,将其不可皂化的部分提取到有机溶剂中。用 HPLC 法测定维生素 E 的浓度。

三、仪器和材料

1. 仪器

Agilent 1100 高压液相色谱仪(检测器 UWD),六孔恒温水浴锅,旋转蒸发器,高纯氮气,高速离心机。

2. 试剂

本实验所用试剂皆为分析纯,所用水皆为蒸馏水。

(1)无水乙醇:重蒸,不含有醛类物质。

检查方法:取 2 mL 银氨溶液于试管中,加入少量乙醇,摇匀,再加入 10%氢氧化钠溶液,加热,放置冷却后,若有银镜反应则表示乙醇中有醛。

脱醛方法:取 2 g 硝酸银溶于少量水中。取 4 g 氢氧化钠溶于温乙醇中。将两者倾入 1 L 乙醇中,振摇后,放置暗处两天(不时摇动,促进反应),经过滤,置蒸馏瓶蒸馏,弃去初蒸出的 50 mL。

(2)50%氢氧化钾溶液(KOH):w/v。

(3)无水乙醚:重蒸,不含过氧化物。

过氧化物检查方法:用 5 mL 乙醚加 1 mL10%碘化钾溶液,振摇 1 min,如有过氧化物则放出游离碘,水层呈黄色或加 4 滴 0.5%淀粉液,水层呈蓝色。该乙醚需处理后使用。

去除过氧化物的方法:重蒸乙醚时,瓶中放入铁丝或铁末少许。弃去 10%初馏液和 10%残馏液。

(4)pH 1～14 试纸。

(5)无水硫酸钠 Na_2SO_4。

(6)甲醇:色谱纯或分析纯重蒸后使用。

(7)重蒸水:蒸馏水中加入少量高锰酸钾重蒸后使用。

(8)苯并〔e〕芘标准液:称取苯并〔e〕芘(纯度 98%),用脱醛乙醇配制成 1 mL 相当于 5 μg 苯并〔e〕芘的内标溶液。

(9)维生素 E 标准液:α-生育酚(纯度 95% Sigma 公司),δ-生育酚(纯度 95% Sigma 公司),δ-生育酚(纯度 95% Sigma 公司)。用脱醛乙醇分别溶解以上三种维生素 E 标准品,使其浓度大约为 1 mL 相当于 1 mg。临用前用紫外分光光度法分别标定此三种维生素 E 的准确浓度。

四、操作步骤

本实验需避光操作

1. 样品皂化

称取样品于三角瓶中,加 30 mL 无水乙醇,振摇三角瓶,使样品分散均匀。加入 5 mL 苯并〔e〕芘标准液 2 mL,混匀。最后加入 10 mL 氢氧化钾边加边振摇。于沸水浴上回流 30min 使样品皂化完全。皂化后立即放入冰水中冷却。

2. 样品萃取

将皂化后的样品移入分液漏斗中,用 50 mL 水分二次洗皂化瓶,洗液并入分液漏斗中。用 100 mL 无水乙醚分两次洗皂化瓶及残渣,乙醚液并入分液漏斗中。轻轻振摇分液漏斗 2min,静置分层,弃去水层。然后每次用约 100 mL 水将乙醚液洗至中性,约 4～5 次。

3. 浓缩

将乙醚提取液经无水硫酸钠(约 5 g)滤入 150 mL 旋转蒸发瓶内,用约 15 mL 乙醚冲洗分液漏斗及无水硫酸钠 2 次,并入蒸发瓶内,并将其接在旋转蒸发器上,于 55 ℃水浴中减压蒸馏并回收乙醚,待瓶中乙醚剩下约 2 mL 时,取下蒸发瓶,立即用氮气将乙醚吹干。加入 2 mL 乙醇溶液,充分混合,溶解提取物。将乙醇液移入塑料离心管中,于离心机上以 3000 r/min 离心 5 min。上清液供色谱分析。

4. 标准曲线的制备

将维生素 E 标准品配置成标准溶液(约 1 mg/mL),制备标准曲线前用紫外分光光度法标定其准确浓度。

标准浓度的标定方法:取维生素 E 标准液若干微升,分别稀释至 10.00 mL 乙醇中,并分别按给定波长测定各维生素的吸光值。用比吸光系数计算该维生素的浓度。测定条件如下:

标　准	1%比吸光系数 E(%.cm)	波长 λ, nm
α-生育酚	71	294
γ-生育酚	92.8	298
δ-生育酚	91.2	298

浓度计算:

$$X_1 = A/E \times 1/100 \times 10.00/(S \times 10^{-3})$$

式中:X_1 为某维生素浓度,mg/mL;

A 为维生素的平均紫外吸光值;

S 为加入标准的量,μL;

E 为某种维生素 1%比吸光系数(%.cm);

$10.00/(S\times10^{-3})$ 为标准液稀释倍数。

本法采用内标两点法进行定量。把一定量维生素 E 及内标苯并〔e〕芘液混合均匀,选择合适的灵敏度,使上述物质的各峰高约为满量程的 70%,作为高浓度点,高浓度的 1/2 为低浓度点(内标苯并〔e〕芘的浓度值不变),用此二种浓度的混合标准进行色谱分析。根据微处理机装置,按说明用二点内标法进行定量。

5.液相色谱分析

仪器所需条件:

预柱:ODS 10μm,4mm$\times$4.5 cm。

分析柱:ODS 5μm,4.6mm$\times$25 cm。

流动相:甲醇:水=98:2,混匀,临用前超声波脱气(仪器配有真空脱气装置不需脱气)。

紫外检测器波长:300 nm,量程 0.02。

进样量:20 μL 进样定量环。

流速:1.65~1.70 mL/min。

五、结果计算

$$X=c/m\times V\times100/1000$$

式中:X:某种维生素的浓度,mg/100g;

c:由标准曲线上查到某种维生素浓度,μg/mL;

V:样品浓缩定容体积,mL;

m:样品质量,g。

用微处理机二点内标法进行计算时,按计算公式计算或由微机直接给出结果。

六、注意事项

1.在皂化过程中,应每 5 min 摇一下皂化瓶,使样品皂化完全。

2.提取过程中,振摇不应太剧烈,避免溶液乳化而不易分层。

3.洗涤时,最初水洗轻摇,逐次振摇强度可增加。

4.无水硫酸钠如有结块,应烘干后使用。

5.在旋转蒸发时,乙醚溶液不应蒸干,以免被测样品浓度有损失。

6.用高纯氮吹干时,氮气不能开的太大,避免样品吹出瓶外结果偏低。

7.最小检出量分别为 α-E:91.8 ng;γ-E:36.6 ng;δ-E:20.6 ng。

8.若蔬菜、水果等低脂肪样品,可不经过皂化,直接提取。

9.若植物油等样品,可稀释后过滤直接上机。

10.本法可同时检测 V_A 浓度。

11.本实验提取及样品保存需遮光,防止样品氧化。

七、课后讨论题

1.食品中维生素 E 浓度测定有哪些方法?

2.维生素 E 是母育酚的衍生物,在动植物产品中分离到哪些相应的物质? 主要存在哪些动植物产品中? 请写出 α-生育酚的结构式,并根据其结构设计荧光检测法实验思路。

3.内标法定量与外标法定量各有何优点? 如可选择内标物?

4.总结 HPLC 法检测 V_E 的关键操作。

八、学习参考资料

[1] 詹益兴,金至清.色谱应用实例(第 2 集).长沙:湖南科学技术出版社,1993.

[2] 韩雅珊.食品化学实验指导.北京:中国农业大学出版社,1992.

[3] 中化人民共和国国家标准.食品卫生检验方法(理化部分).中国标准出版社,2004.

[4] 商 军,华贤辉,虞哲高等.高效液相色谱法测定维生素 E 粉浓度.中国饲料,2006, 24:21~28.

[5] 彭光华,王辉,张春雨等.高效液相色谱法测定油菜籽中维生素 E 浓度.中国粮油学报,2008,23(4):210~214.

[6] 李桂华,代红丽,傅黎敏.高压液相色谱法测定我国大豆种子中维生素 E 浓度.中国粮油学报,2006(3):293~295.

实验四十一　多糖分离及鉴定
(天然产物多糖提取分离、纯化、鉴定实验设计)

一、目的要求

1. 学会多糖提取和纯化的一般方法。
2. 掌握薄层层析法分析单糖组分的原理和方法。
3. 了解红外光谱法鉴定多糖的原理和方法。

二、基本原理

多糖类物质是除蛋白质和核酸之外的又一类重要的生物大分子。早在 60 年代,人们就发现多糖复杂的生物活性和功能。它可以调节免疫功能,促进蛋白质和核酸的生物合成,调节细胞的生长,提高生物体的免疫力,具有抗肿瘤、抗癌和抗艾滋病(AIDS)等功效。

由于高等真菌多糖主要是细胞壁多糖,多糖组分主要存在于其形成的小纤维网状结构交织的基质中,利用多糖溶于水而不溶于醇等有机溶剂的特点,通常采用热水浸提后用酒精沉淀的方法,对多糖进行提取。影响多糖提取率的因素很多,如:浸提温度、时间、加水量以及脱除杂质的方法等都会影响多糖的得率。

多糖的纯化,就是将存在于粗多糖中的杂质去除而获得单一的多糖组分。一般是先脱除非多糖组分,再对多糖组分进行分级。常用的去除多糖中蛋白质的方法有:Sevag 法、三氟三氯乙烷法、三氯醋酸法等,这些方法的原理是使多糖不沉淀而使蛋白质沉淀,其中 Sevag 方法脱蛋白效果较好,它是用氯仿∶戊醇或丁醇,以 4∶1 比例混合,加到样品中振摇,使样品中的蛋白质变性成不溶状态,用离心法除去。

本实验设计采用 Sevag 法(氯仿∶正丁醇=4∶1 混合摇匀)进行脱蛋白,用 DEAE Sepharose 层析柱进行纯化,然后合并多糖高峰部分,浓缩后透析,冻干,得多糖级分。

将纯化后多糖水解成单糖,采用薄层层析法分析单糖组分。薄层层析显色后,比较多糖水解所得单糖斑点的颜色和 R_f 值与不同单糖标样参考斑点的颜色和 R_f 值,确定样品多糖的单糖组分。

多糖的分析鉴定一般借助于气相色谱(GC)、高效液相色谱(HPLC)、红外光谱(IR)和紫外光谱(UV)等技术,气相(液相)色谱—质谱(GC/HPLC-MS)联用技术成为分析多糖更为有效的手段。

本实验利用红外光谱对多糖进行鉴定。多糖类物质的官能团在红外谱图上表现为相应的特征吸收峰,我们可以根据其特征吸收来初步鉴定糖类物质。从红外光谱图上可看出,$3400\sim3600\ cm^{-1}$ 处的吸收峰为—OH 的伸缩振动吸收峰,$2900\sim3000\ cm^{-1}$ 处的吸收峰是 C—H 的伸缩振动吸收峰,$1600\sim1650\ cm^{-1}$ 处的吸收峰是—OH 的弯曲振动吸收峰,1400

~1450 cm^{-1}处吸收峰是CH$_2$的变角振动吸收,1300~1400 cm^{-1}处则是C—H弯曲振动吸收峰。1100~1200 cm^{-1}处的吸收峰是环上碳—氧(C—O)吸收峰。而在1000~1100 cm^{-1}处的吸收峰,则是醇羟基的变角振动吸收峰。在800~1000 cm^{-1}处为糖苷键的特征吸收峰。

三、材料、试剂与器材

1.器材

DEAE-52,海带,旋转真空蒸发仪,摇床,离心机,层析柱 $\varnothing$2.6 cm×40 cm,自动液相层析仪,玻璃板,傅里叶变换红外光谱等。

2.试剂

平衡缓冲溶液:0.01mol/L Tris-HCl,pH7.2。

洗脱液:A:0.1mol/L NaCl,0.01 mol/L Tris-HCl,pH7.2;B:0.5mol/L NaCl,0.01 mol/L Tris-HCl,pH7.2。

展开剂:正丁醇:乙酸乙酯:异丙醇:醋酸:乙醇:水:吡啶=7:20:12:7:6:6。

显色剂:1,3-二羟基萘硫酸溶液(0.2%1,3-二羟基萘乙醇溶液):浓硫酸=1:0.04(v/v)。

单糖标准品,浓硫酸,氢氧化钡,氯仿,正丁醇,乙醇(95%)等(均为分析纯)。

四、操作步骤

1.粗多糖的提取

将海带清洗,切碎烘干后称量,采用热水浸提法,每次原料和水之比均为1:5,浸提温度为70~80 ℃,浸提时间3~5h,共提取4次,合并4次浸提液。真空旋转蒸发浓缩,浓缩一倍体积。对多糖提取液需进行脱色处理,即以1%的比例加入活性炭,搅拌均匀15min后过滤即可。在浓缩液中加入3倍体积的乙醇搅拌,沉淀为多糖和蛋白质的混合物,此为粗多糖。它只是一种多糖的混合物,其中可能存在中性多糖、酸性多糖、单糖、低聚糖、蛋白质和无机盐,必须进一步分离纯化。

2.粗多糖的纯化

粗多糖溶液加入Sevag试剂(氯仿:正丁醇=3:1混合摇匀)后,置恒温振荡器中震荡过夜,使蛋白质充分沉淀,离心(3000r/min)分离,去除蛋白质。然后浓缩,透析,加入4倍体积的乙醇沉淀多糖,将沉淀冻干。

取样品0.1g溶于10 mL 0.01 mol/L Tris-HCl pH7.2的平衡缓冲液中。上样,用Buffer A:0.1mol/L NaCl,0.01 mol/L Tris-HCl,pH7.2;Buffer B:0.5mol/L NaCl,0.01 mol/L Tris-HCl,pH7.2进行线性洗脱,分部收集。各管用硫酸苯酚法检测多糖。合并多糖高峰部分,浓缩后透析,冻干,即得多糖级分。

3.单糖组分分析

(1)薄层板制备:称取硅胶5g于50 mL烧杯中,加入12 mL 0.3 mol/L磷酸二氢钠水溶解,用玻璃棒慢慢搅拌至硅胶分散均匀,铺在玻璃板上(7.5 cm×10 cm),110 ℃活化1h。即置有干燥剂的干燥箱中备用。

(2)点样:称取少许的多糖(0.1 g)于2.0 mL离心管中,加入1 mol/L的硫酸1 mL,沸水浴水解 2h,然后加氢氧化钡中和至中性,过滤除去硫酸钡沉淀,得多糖水解澄清液。以此水解液和单糖标准品进行点样进行薄层层析展开。用点样器点样于薄层板上,一般为圆点,点样基线距底边 2.0 cm,点样直径为 2～4mm,点间距离约为 1.5～2.0 cm,点间距离可视斑点扩散情况以不影响检出为宜。点样时必须注意勿损伤薄层表面。

(3)展开:展开室如需预先用展开剂饱和,将点好样品的薄层板放入展开室的展开剂中,浸入展开剂的深度为距薄层板底边 0.5～1.0 cm(切勿将样点浸入展开剂中),密封室盖,等展开至规定距离(一般为 10～15 cm),取出薄层板,晾干。

(4)显色:将展开晾干后的薄板再在 100 ℃烘箱内烘烤 30 min,将显色剂均匀地喷洒在薄板上,此板在 110 ℃下烘烤 10 min 即可显色。薄层显色后,将样品图谱与标准样图谱进行比较,参考斑点颜色、相对位置及 R_f 值,确定样品中有哪几种糖。

4.多糖样品红外光谱分析

将冻干后的样品用 KBr 压片,在 4000～400 cm^{-1} 区间内进行红外光谱扫描,多糖类物质的官能团在红外谱图上表现出相应的特征吸收峰,我们可以根据其特征吸收来鉴定。图40-2 有如下的多糖特征吸收峰:3401 cm^{-1}(O—H),2919 cm^{-1}(C—H),1381 cm^{-1} 及 1076 cm^{-1}(C—O)。在 900 cm^{-1} 处的吸收峰说明该多糖以 β—糖苷键连接。在 N—H 变角振动区 1650～1550 cm^{-1} 处有明显的蛋白质吸收峰,表明该样品是多糖蛋白质复合物。

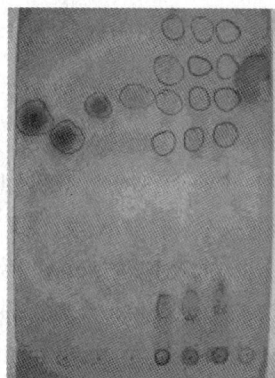

1~4 葡萄糖、半乳糖、山梨糖、岩藻糖标样,5~7 样品多糖

图 41-1　多糖薄板层析

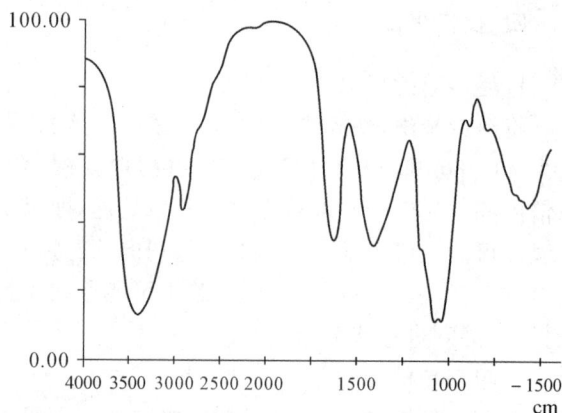

图 41-2　多糖样品的 FI-IR 图谱

五、结果处理分析

1.计算并分析粗多糖得率、蛋白去除率、纯化产品回收率。

2.以硫酸苯酚法检测收集液在 485 nm 波长处吸光值为纵坐标,以收集管数为横坐标绘制 DEAE-52 纯化粗多糖层析洗脱曲线。

3.多糖水解薄层硅胶层析图分析。

4.纯化多糖样品红外光谱图分析。

六、实验注意事项

1.检测多糖浓度时制作标准曲线宜用相应的标准多糖,如用葡萄糖制作标准曲线应以校正系数 0.9 校正糖的微克数。

2.多糖制品如有颜色,硫酸苯酚法检测时会使测定结果偏高。

3.薄板层析前应保证层析缸内有充分饱和的蒸汽。否则由于展开剂的蒸发,会使其组分的比例发生改变而影响层析效果。由于溶剂的蒸发是从薄板中央向两边递减,导致溶剂呈弯曲状,使斑点在边缘的 R_f 高于中部的 R_f,预先用展开剂饱和层析装置可以消除这种边缘效应。

4.点样用的毛细管口应用砂轮磨平,以免刺破薄层胶面。

七、课后讨论题

1.有哪些方法可以测定多糖的含糖量?

2.试设计一种实验方法,检测海带多糖的单糖成分。

3.粗多糖中含有哪些主要物质? 试设计去除蛋白质的其他实验方法。

4.红外光谱分析多糖样品的原理是什么?

5.产品纯度直接影响对多糖制品官能团的判断,试根据粗多糖主要成分设计纯化多糖的实验思路。

6.请分析本实验中薄板层析成功的关键。

八、学习参考资料

[1] 萧能庚,余瑞元,袁明秀.生物化学实验原理和方法.北京:北京大学出版社,2005,194～201.

[2] 史峰.生物化学实验.杭州:浙江大学出版社,2002,20～26.

[3] 王华祖. 羊栖菜褐藻糖胶的分离纯化及性质研究.浙江大学硕士研究生论文,2004.

九、附录:布鲁克 V70 傅立叶红外光谱操作指南

1.概述

红外光谱(infrared spectra),是以波长或波数为横坐标.以强度或其他随波长变化的性质为纵坐标所得到的反映红外射线与物质相互作用的谱图。按红外射线的波长范围,可粗略地分为近红外光谱(波段为 $0.8\sim2.5\ \mu m$)、中红外光谱($2.5\sim25\ \mu m$)和远红外光谱($25\sim1000\ \mu m$)。对物质自发发射或受激发射的红外射线进行分光,可得到红外发射光谱,物质的红外发射光谱主要决定于物质的温度和化学组成;对被物质所吸收的红外射线进行分光,可得到红外吸收光谱。每种分子都有由其组成和结构决定的独有的红外吸收光谱,它是一种分子光谱。在有机化合物的结构鉴定中,红外光谱法是一种重要手段。用它可以确定两个化合物是否相同,若两个化合物的红外光谱完全相同,则一般他们为同一化合物(旋光对映体除外)。也可以确定一个新化合物中某些特殊键或官能团是否存在。

红外光谱仪主要有两种类型。一种是单通道或多通道测量的棱镜或光栅色散型光谱仪,另一种是利用双光束干涉原理并进行干涉图的傅里叶变换数学处理的非色散型的傅里叶变换红外光谱仪。在物质结构鉴定中,目前多用傅里叶红外光谱仪。

2.布鲁克 V70 傅立叶红外光谱仪操作指南

(1)打开仪器背后的电源,等待"Status"灯变绿。

(2)双击 OPUS 图标打开软件。

(3)在登录窗口从下拉列表中选出你的用户名。如果是第一次运行 OPUS,用户名下拉表中 Default 和 Administrator 可任选一个。

(4)在密码字段输入 OPUS,要用大写。

(5)建议选择标准"Default.ows"工作台设置。单击登录钮,打开上面的 OPUS 窗口。

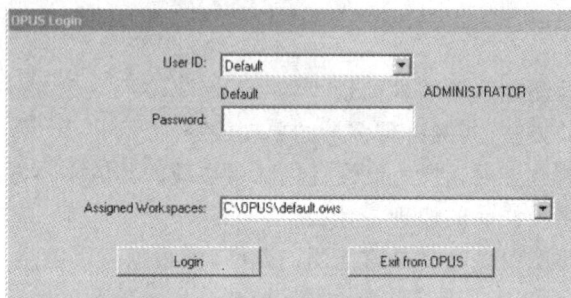

(6)在 Measurement 对话框中点击 Advanced ,在这个页面中再点击"Load"读取一个测量参数文件(例如 C:\program files\opus\xpm\MIRTR. XPM 文件)。选择自动保存的路径,改变保存路径时,必须确认该路径是否已经存在。

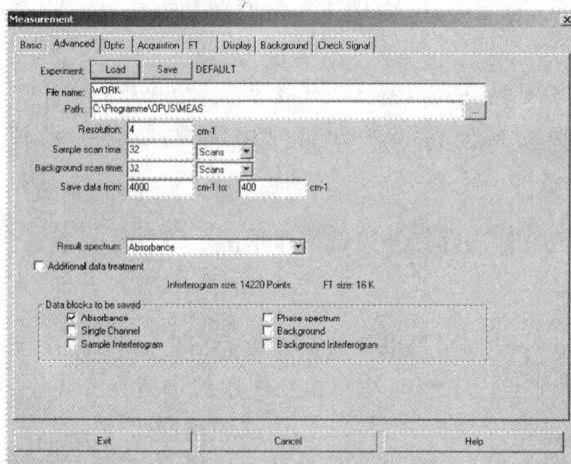

(7)在第一次测量之前,正确的干涉峰的位置必须确定并且储存下来。在 Measurement 对话框,点击 Check Signal ,如下图所示,点击 Interferogram,显示干涉图。如果没有看到干涉图,可以通过移动扫描区域(Scan Range),向左或向右移动来寻找干涉峰。

一旦找到干涉峰,点击 Save Peak Position 将干涉峰的位置储存下来。

(8)确定样品腔内无其他物品后,进入 Basic 页面,点击 Collect Background 按钮即可采集背景谱。

(9)采集背景光谱后,将测试样品放置在光路中,你可以输入样品名、样品形态,所有这些信息将与谱图一起储存在谱图文件中。点击 Collect Sample(测量样品)测量对话窗口即消失,并进入谱图窗口。从 OPUS 软件的底部可以看到测量的进程,测量结束后,谱图会显

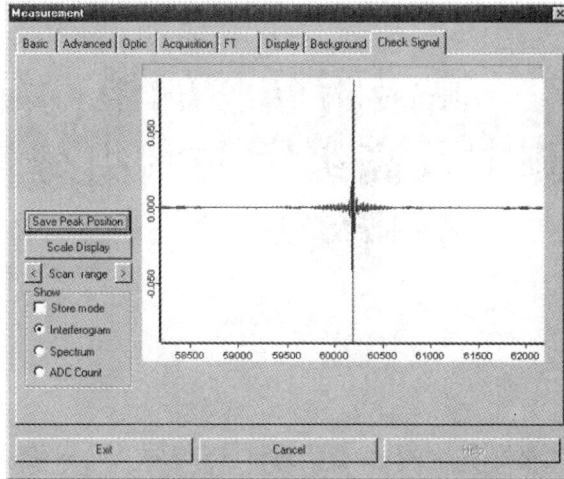

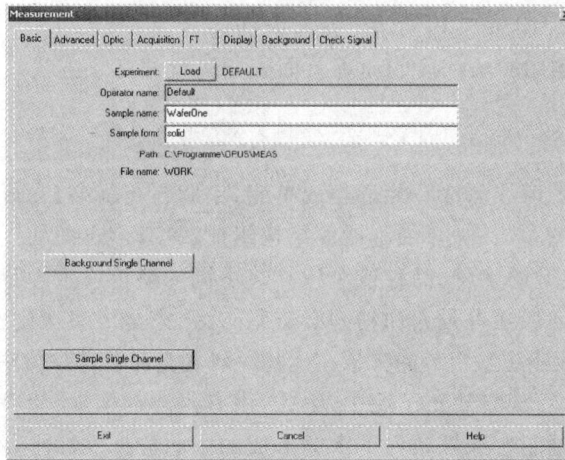

示在谱图窗口。

实验四十二　高级脂肪酸的浓度测定与分析（脂肪浓度测定及高级脂肪酸组分气相色谱法分析实验设计）

一、实验目的

1. 了解生物材料或农牧产品中高级脂肪酸组分分析在生物科研和营养评价中的意义。
2. 了解气相色谱仪的结构、原理及在生化分析中的应用。
3. 掌握 Trace GC Ultra 气相色谱仪操作方法。
4. 学会 GC 法检测脂肪酸浓度的原理及面积归一化法定量方法。

二、原理

高级脂肪酸与丙三醇或高级一元醇生成单脂，单脂再与磷酸、含氮碱或糖类结合可构成复合脂。单脂和复合脂参与细胞、细胞器等结构组成，具有多方面的生物学功能。高级脂肪酸的差异，往往赋予不同的物种、品种或个体具有不同的遗传或生理特性。高级脂肪酸中的亚油酸、亚麻酸、花生四烯酸等是人和动物必需脂肪酸，完全依赖从食物中获得。因此，生物材料或农牧产品中高级脂肪酸组分的分析在生物科研和食品营养评价中都具有重要的意义。

油脂易溶于乙醚、石油醚或正己烷中，因此，用有机溶剂抽提，然后用油重法或残重法测油料中油脂的浓度。油脂在碱性条件下水解形成的脂肪酸挥发性小，不易气化，因此在分析前，必须将脂肪酸进行甲酯化处理，然后经气相色谱仪分离即可确定脂肪酸组分及浓度。

三、材料、试剂与仪器

1. 仪器
分析天平，恒温水浴，索氏脂肪抽提器，气相色谱仪（Trace GC Ultra），容量瓶等。
2. 试剂
(1)石油醚：沸程 30～60 ℃；
(2)0.5 mol/L 氢氧化钾－甲醇溶液：14g 氢氧化钾溶于甲醇并定容到 500 mL；
(3)BF3－甲醇溶液；
(4)正己烷。
3. 材料
油料，植物油或动物油。

四、操作方法

1. 脂肪定量（见基础实验十七）

2.油脂中高级脂肪酸的气相色谱分析

(1)脂肪酸甲酯化处理

称取制得的油脂约 50 mg,放入 10 mL 容量瓶中,加入 5.0mL 0.5 mol/L 氢氧化钾－甲醇溶液,使油脂溶解。再加入 1.0mL BF3－甲醇溶液,摇动 1 min,室温下静置 10 min。用正己烷定容,翻转几次容量瓶,使有机相上浮。如果上层液混浊,可加少量无水乙醇澄清。取上层液直接进行气相色谱分析。

(2)测定条件

检测器　　　FID(氢火焰离子化检测器)

色谱柱　　　30m×0.25mm×0.25μm 毛细管柱

固定液　　　6%DEGS(聚二乙二醇丁二酸酯)

担体　　　101 白色担体(酸洗,60～80 目)

气化室、检测器温度　　250 ℃

柱温　　　初始温度为 100℃,保持 10min,然后以 10℃/min 的升温速率至 250℃,保持 10min

载气　　　N₂ 40 mL/min

氢气　　　1.5 Kg/cm²

空气　　　1.2 Kg/ cm²

上样量　　　2μL 左右

(3)上机进样测定(见实验附录 GC 操作规程)

(4)定性分析

根据各峰的保留时间与已知脂肪酸的标准色谱图(图 42-1)比较进行定性。

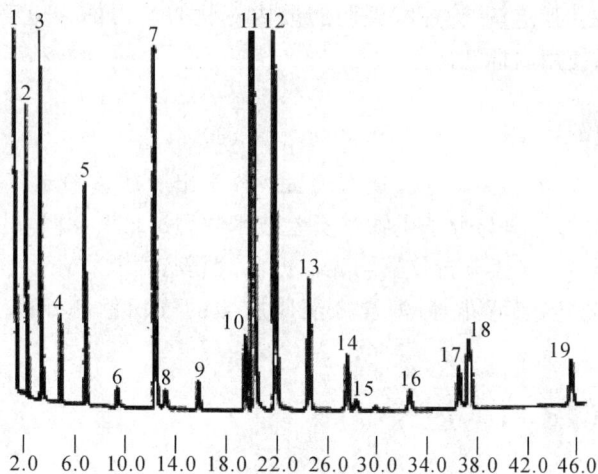

图 42-1　标准脂肪酸气相色谱图

1.羊脂酸甲酯 C8:0　2.羊腊酸甲酯 $C_{10}:0$　3.月桂酸甲酯 $C_{12}:0$　4.十三酸甲酯 $C_{13}:0$　5.肉豆蔻酸甲酯 $C_{14}:0$
6.十五酸甲酯 $C_{15}:0$　7.棕榈酸甲酯 $C_{16}:0$　8.棕榈油酸甲酯 $C_{16}:1$　9.十七酸甲酯 $C_{17}:0$　10.硬脂酸甲酯 $C_{18}:0$
11.油酸甲酯 $C_{18}:1$　12.亚油酸甲酯 $C_{18}:2$　13.亚麻酸甲酯 $C_{18}:3$　14.花生酸甲酯 $C_{20}:0$
15.二十烯酸甲酯 $C_{20}:1$　16.花生四烯酸甲酯 $C_{20}:4$　17.山嵛酸甲酯 $C_{22}:1$　18.芥酸甲酯 $C_{22}:0$
19.木焦油酸甲酯 $C_{24}:0$

(5)定量方法

采用面积归一化法进行定量分析。

五、结果处理

1.脂肪浓度

$$粗脂肪(\%) = \frac{W - W_1}{W} \times 100$$

式中:W 为样品干重(g);W_1 为提取后残留样品干重(g)。

2.脂肪酸定性与定量

根据打印结果作出报告。

六、注意事项

1.含油量高的样品,抽提脂肪之前最好能用石油醚浸泡样品过夜。

2.抽提脂肪时注意实验室通风,宜在通风柜内进行。

3.脂肪酸检测可直接购买 TR-WAXMS 强极性柱进行分离,可取得较好效果。

七、课后讨论题

1.高级脂肪酸气相色谱分析的原理是什么? 分析前为什么要进行甲酯化处理?

2.气相色谱与液相色谱分析主要应用在哪些方面?

3.你所分析的样品中不饱和脂肪酸有哪些组分? 在人和动物营养评价中有什么意义?

4.根据实验试分析你所用的气相检测油脂高级脂肪酸方法精密度、RSD、回收率。

5.如使用内标法进行定量,你能找到脂肪酸内标物吗? 内标物应符合哪些要求? 一般在应用中什么情况下使用内标法定量?

八、学习参考资料

[1] 陈毓荃编.生物化学实验方法技术.北京:科学出版社,2002.

[2] 杨建雄编.生物化学与分子生物学实验技术教程.北京:科学出版社,2003.

[3] 宋志军,纪重光.现代分析仪器与测试方法.西安:西北农业大学出版社,1994.

[4] 廖启斌,李文权,陈清花等.海洋微藻脂肪酸的气相色谱分析.海洋通报,2000,19(6):66~69.

九、附录:气相色谱技术(GC)

1.概述

气相色谱法(GC)是英国生物化学家 Martin 等人在研究液液分配色谱的基础上,于1952 年创立的一种极有效的分离方法,它可分析和分离复杂的多组分混合物。目前由于使用了高效能的色谱柱,高灵敏度的检测器及微处理机,使得气相色谱法成为一种分析速度快、灵敏度高、应用范围广的分析方法。如气相色谱与质谱(GC-MS)联用、气相色谱与傅里叶红外光谱(GC-FTIR)联用、气相色谱与原子发射光谱(GC-AES)联用等。

气相色谱法又可分为气固色谱(GSC)和气液色谱(GLC):前者是用多孔性固体为固定相,分离的对象主要是一些永久性的气体和低沸点的化合物;而后者的固定相是用高沸点的有机物涂渍在惰性载体上。由于可供选择的固定液种类多,故选择性较好,应用亦广泛。

2.基本原理

检测器的作用是将经色谱柱分离后,从柱末端流出的各组分的量转化为易于测量的电信号的装置。

根据测量原理的不同,可分为浓度型检测器和质量型检测器。

浓度型检测器:测量的是载气中某组分浓度瞬间的变化,即检测器的响应值和组分的浓度成正比。如热导池检测器和电子捕获检测器等。

质量型检测器:测量的是载气中某组分进入检测器的速度变化,即检测器的响应值和单位时间内进入检测器某组分的质量成正比。如氢火焰离子化检测器和火焰光度检测器等。

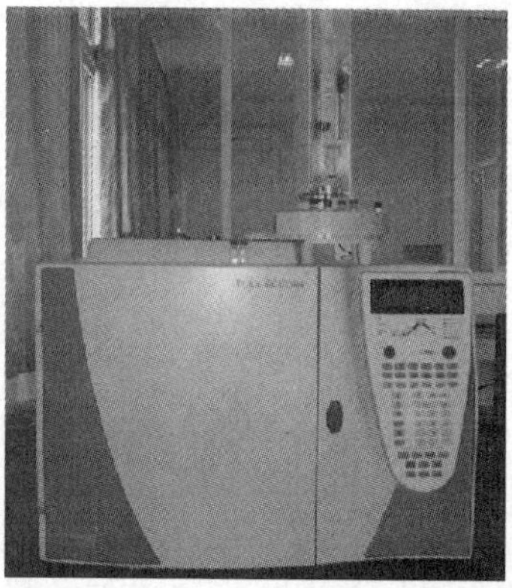

图 42-2　Trace GC Ultra 气相色谱仪

(1)热导池检测器 TCD

特点:结构简单,性能稳定,几乎对所有物质都有响应,通用性好,而且线性范围宽,价格便宜。

缺点:灵敏度较低。

①热导池的结构:由池体和热敏元件构成

热敏元件:阻值随本身温度变化而变化的导电体,有热丝和热敏电阻两类。用的较多的是热丝,如铼钨丝,镀金钨丝等。对于一个高灵敏度的检测器,要求热丝具有高的电阻值 R 和高的电阻温度系数 α(即温度每变化 1 ℃,导体电阻的变化值)。将热丝绕成螺旋形,焊在金属弓架上,成为热敏元件,并将其装入池体就构成热导检测器。

池体:用不锈钢制成,池体上有安装热敏元件的孔道,这些孔道与气路相通

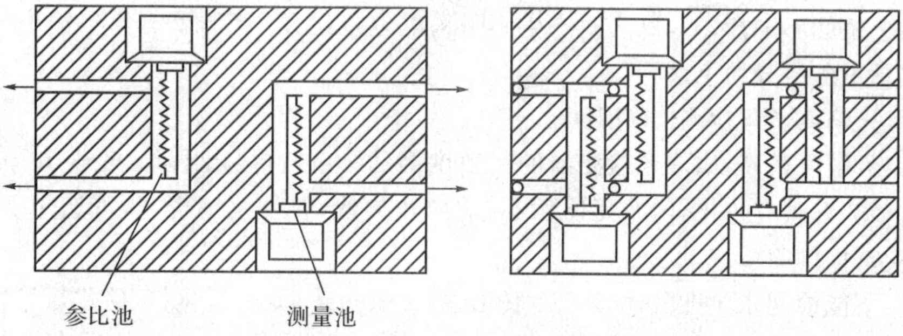

参比池　　测量池

(a)双臂热导池　　　　　　　　　　(b)四臂热导池

图 42-3　热导池的结构

如图 42-3 所示(a.用于单柱单气路,b.用于双柱双气路),在金属池体上凿两个相似的孔道,里面各方一根长短、粗细和阻值相等的钨丝($R_1=R_2$),钨丝是一种热敏元件,其阻值随温度的变化而灵敏的变化。如果将 R_1、R_2 接入惠斯登电桥,由恒定电流加热,即可用于 GC 检测。

热导池分为双臂和四臂热导池两种。由于四臂热导池热丝的阻值比双臂增加一倍,故灵敏度也提高一倍。目前,仪器中都采用四根金属丝组成的四臂热导池,其中二臂为参比臂,另二臂为测量臂。

②热导池检测器的基本原理(见图 42-4):热导池作为检测器,是基于不同的物质具有不同的热导系数。

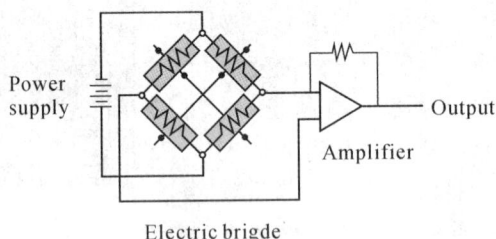

图 42-4 热导池检测器原理示意

R_2,R_3 为参比臂,R_1,R_4 为测量臂,在安装仪器时,使 $R_1=R_2$,$R_3=R_4$。由电源给电桥提供恒定电压(一般为 9~24V)以加热钨丝。

当热导池两臂只有载气通过时,在钨丝上通过恒定电流,钨丝被加热,其温度升高,一部分使热丝温度升高,另一部分由载气传给温度比它低的池体。电桥处于平衡状态,$R_1/R_2=R_3/R_4$,即 $R_1 \cdot R_4=R_2 \cdot R_3$,没有电压输出。电位差计记录的是一条零位直线,称为基线。

如果从进样器注入试样(进样时),经色谱柱分离后,由载气先后带入测量池。此时由于被测组分与载气组成的热导系数与纯载气不同,使测量池中钨丝散热情况发生变化,导致测量池中钨丝温度和电阻值的改变,而与只通过纯载气的参比池内的钨丝的电阻值之间有了差异,即:$\Delta R_1 \neq \Delta R_4$

$$(R_1+\Delta R_1) \cdot R_4 \neq (R_2+\Delta R_2) \cdot R_3。$$

这样电桥就不平衡,C,D 之间产生不平衡电位差,$\Delta E_{CD} \neq 0$,就有信号输出。在记录纸上即可记录出各组分的色谱峰。

(2)氢火焰离子化检测器 (FID)

特点:灵敏度很高,比热导检测器的灵敏度高约 10^3 倍;检出限低,可达 $10 \sim 12\text{g} \cdot \text{s}^{-1}$;能检测大多数含碳有机化合物;死体积小,响应速度快,线性范围也宽,可达 10^6 以上;而且结构不复杂,操作简单。

缺点:不能检测永久性气体、水、一氧化碳、二氧化碳、氮的氧化物、硫化氢等物质。

氢火焰离子化检测器是以氢气和空气燃烧的火焰作为能源,利用含碳有机物在火焰中燃烧产生离子,在外加的电场作用下,使离子形成离子流,根据离子流产生的电信号强度,检测被色谱柱分离出的组分(见图 42-5)。

①氢焰检测器结构:主要部分是一个离子室。

离子室一般用不锈钢制成,包括气体入口,火焰喷嘴,一对电极和外罩。被测组分被载

气携带,从色谱柱流出,与氢气混合一起进入离子室,由毛
细管喷嘴喷出。氢气在空气的助燃下经引燃后进行燃烧,
以燃烧所产生的高温(约 2100 ℃)火焰为能源,使被测有
机物组分电离成正负离子。在氢火焰附近设有收集极(正
极)和极化极(负极),在两极之间加有 150V 到 300V 的极
化电压,形成一直流电场。产生的离子在收集极和极化极
的外电场作用下定向运动形成电流。

　　②氢焰检测器离子化的作用机理

　　至今还不十分清楚其机理,普遍认为这是一个化学电
离过程。有机物在火焰中先形成自由基,然后与氧产生正
离子,再同水反应生成 H_3O^+ 离子。

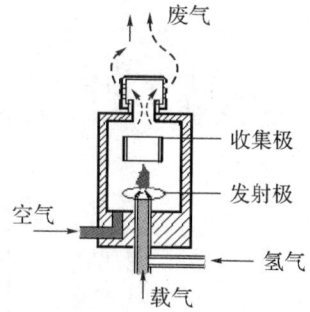

图 42-5　氢焰检测器示意图

　　Ⅰ.氢和氧燃烧所生成的火焰为有机物分子提供燃烧和发生电离作用的条件

　　Ⅱ.有机物分子在氢-氧火焰中化学电离

　　Ⅲ.化学电离产生的离子,在置于火焰附近的静电场中定向移动而形成电子流

　　③操作条件的选择

　　Ⅰ.载气种类和气体流量:实验表明,用氮气作载气比用其他气体(如 H_2,He,Ar)时灵
敏度要高;载气流量的选择主要根据分离效能来考虑。当氮气作载气时,一般氢气与氮气流
量之比是 $1:1\sim1:1.5$,氢气与空气流量之比为 $1:10\sim1:20$

　　Ⅱ.极化电压:一般选 ±100V 到 ±300V 之间

　　Ⅲ.使用温度:对 FID 灵敏度影响不大,80～200 ℃,最好高于柱温 50 ℃,防止水蒸汽
和试样蒸汽冷凝

　　(3)电子俘获检测器(electron capture detector,ECD)

　　特点:是一种选择性很强的检测器,对具有电负性物质(如含卤素、硫、磷、氰等的物质)
的检测有很高灵敏度(检出限约 $10\sim14g\cdot cm^{-3}$)。电负性愈强,灵敏度愈高。它是目前分
析痕量电负性有机物最有效的检测器。电子捕获检测器已广泛应用于农药残留量、大气及
水质污染分析,以及生物化学、医学、药物学和环境监测等领域中。

　　缺点:线性范围窄,只有 10^3 左右,且响应易受操作条件的影响,重现性较差。

　　①结构

　　在检测器的池体内有一圆筒状 β 放射源(^{63}Ni 或 ^{3}H)作为负极,以不锈钢棒作为正极。
两极间加以直流脉冲电压(见图 42-6)。

　　②原理

　　当载气(一般为高纯 N_2)进入检测器时,在放射源发射的 β 射线作用下发生电离:

$$N_2+——N_2^+ + e^-$$

　　生成的正离子和慢速电子,在恒电场的作用下,向相反的电极移动,形成恒定的电流即
为基流(10^{-8} A)。

　　当自色谱柱流出的具有电负性的组分进入检测器时,它就会俘获检测器中的电子而产
生带负电获得分子离子并放出能量:

$$AB + e^-——AB^- + E$$

　　分子离子与 N_2^+ 碰撞生成中性复合物,被载气带出检测器外:

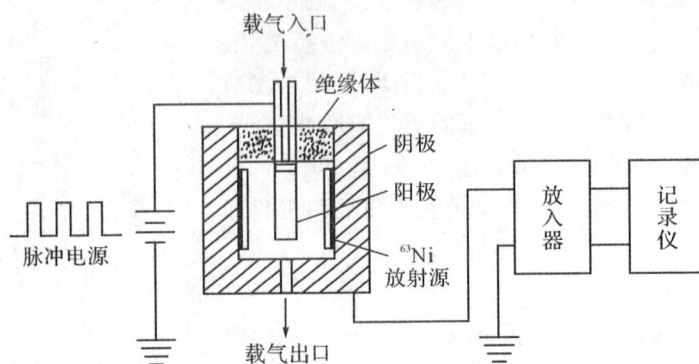

图 42-6　电子俘获检测器

$$AB^- + N_2^+ \longrightarrow AB + N_2$$

其结果是基流下降,产生负信号而形成倒峰。组分浓度越大,倒峰越大。

(4)火焰光度检测器 FPD

特点:对含磷、含硫的化合物的高选择性和高灵敏度的一种色谱检测器。检出限可达 $10^{-12}\,g \cdot S^{-1}$(对 P)或 $10^{-11}\,g \cdot S^{-1}$(对 S)。可用于大气中痕量硫化物以及农副产品,水中的毫微克级有机磷和有机硫农药残留量的测定。

①结构

如图 42-7 所示。

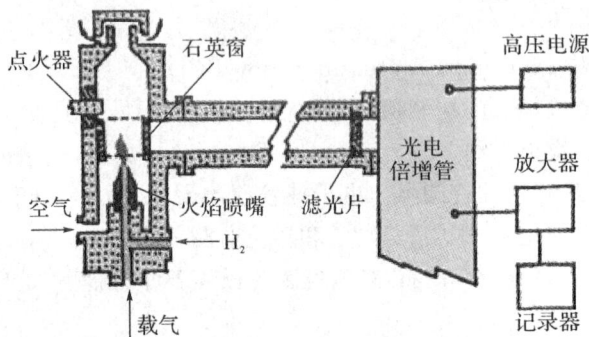

图 42-7　火焰光度检测器 FPD 结构

②火焰光度检测器的工作原理

根据硫和磷化合物在富氢火焰中燃烧时,生成化学发光物质,并能发射出特征波长的光,记录这些特征光谱,就能检测硫和磷。以硫为例,有以下反应发生:

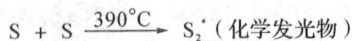

$$RS + 2O_2 \longrightarrow CO_2 + SO_2$$

$$2SO_2 + 4H_2 \longrightarrow 4H_2O + 2S$$

$$S + S \xrightarrow{390^{\circ}C} S_2^* \text{（化学发光物）}$$

$$S_2^* \longrightarrow S_2 + h\upsilon$$

当激发态 S_2* 分子返回基态时发射出特征波长光 λ_{max} 为 394 nm。对含磷化合物燃烧时生成磷的氧化物,然后在富氢火焰中被氢还原,形成化学发光的 HPO 碎片,并发射出 λ_{max} 为 526 nm 的特征光谱。这些光由光电倍增管转换成电信号,经放大后由记录仪记录。

3.几种常见的定量分析

(1)归一化法

假设试样中有 n 个组分,每个组分的质量分别为 m_1, m_2, $\cdots$, m_n,各组分浓度的总和 m 为 100%,其中组分 i 的质量分数 ω_i 可按下式计算:

$$\omega_i = m_i/m \times 100\% = \frac{m_i}{m_1 + m_2 + \cdots + m_i + \cdots + m_n} \times 100\%$$

$$= \frac{A_i f_i}{A_1 f_1 + A_2 f_2 + \cdots + A_i f_i + \cdots + A_n f_n} \times 100\%$$

若各组分的 f_i' 值近似或相同,例如同系物中沸点接近的各组分,则上式可简化为:

$$\omega_i = \frac{A_i}{A_1 + A_2 + \cdots + A_i + \cdots + A_n} \times 100\%$$

归一化法的优点是简单、准确,操作条件,如进样量、流速等变化时对定量结果影响不大。但此法在实际工作中仍有一些限制,比如,样品的所有组分必须全部流出,且出峰。某些不需要定量的组分也必须测出其峰面积及 f_i' 值。此外,测量低浓度尤其是微量杂质时,误差较大。

(2)内标法

当只需要测定试样中某几个组分时,而且试样中所要组分不能完全出峰时,可采用此法。

内标法是将一定量的纯物质作为内标物,加入到准确称取的试样中,根据被测物和内标物的质量及其在色谱图上相应的峰面积比,求出某组分的浓度。例如要测定试样(质量为 m)中组分 i(质量为 m_i)的质量分数 ω_i,可于试样中加入质量为 m_s 的内标物,则:

$$\frac{m_i}{m_内} = \frac{f_i}{f_内} \cdot \frac{A_i}{A_内} \qquad m_i = \frac{f_i \cdot A_i}{f_内 \cdot A_内} \cdot m_内$$

$$\omega_i = \frac{m_i}{m} \times 100\% = \frac{f_i \cdot A_i \cdot m_内}{f_内 \cdot A_内 \cdot m} \times 100\%$$

一般内标物也为标准物

$$\omega_i = \frac{m_i}{m} \times 100\% = \frac{A_i}{A_内} \cdot \frac{m_内}{m} \cdot f_i \times 100\%$$

可见,内标法是通过测量内标物及欲测组分的峰面积的比值来计算的,故因操作条件变化引起的误差可抵消。可得到较准确的结果。

内标物要满足以下要求:

①试样中不含有该物质;

②与被测组分性质(如挥发度、化学结构、极性以及溶解度等)比较接近;

③不与试样发生化学反应;

④出峰位置应位于被测组分附近,且无组分峰影响。

(3)内标标准曲线法

$$\omega_i = \frac{m_i}{m} \times 100\% = \frac{f_i \cdot A_i \cdot m_内}{f_内 \cdot A_内 \cdot m} \times 100\%$$

若将内标法中的试样取样量和内标物加入量固定,则:

$$\omega_i = A_i/A_s \times 常数$$

即 $\omega_i \propto A_i/A_s$,若以 ω_i 对 A_i/A_s 作图可得一直线,即为内标法标准曲线。

制作标准曲线时,先将欲测组分的纯物质配成不同浓度的标准溶液,取定量的标准溶液和内标物,混合后进样分析,分别测得 A_i 和 A_s,以 ω_i 对 A_i/A_s 作图可得一直线,即为内标法标准曲线。分析时,取与制作标准曲线时相同量的试样和内标物,测其峰面积比 A_x/A_s。从标准曲线上查得其浓度。

内标法的特点:不必测出校正因子,操作条件变化的影响小,适合液体式样的常规分析。不必称样,无需数据处理,适合工厂控制分析需要。

(4)外标法(定量进样——标准曲线法)

外标法就是应用欲测组分的纯物质来制作标准曲线。即以欲测组分的纯物质(液体用溶剂稀释,气体用载气或空气稀释)配成不同质量分数(ω_i)的标准溶液,取固定量标准溶液进样分析,从所得色谱图上测得 A_i 或 h_i,以 A_i 或 h_i 对 w_i 作图即得标准曲线。分析试样时,取与制作标准曲线时相同量的试样,测其峰面积 A_x 或 h_i。从标准曲线上查得其质量分数。

特点及要求:

①外标法不使用校正因子,准确性较高;

②操作条件变化对结果准确性影响较大;

③对进样量的准确性控制要求较高,适用于大批量试样的快速分析。

4. GC 系统构成

如图 42-8 所示。

(1)载气系统:提供气密性好,流速、流量稳定的载气(流动相)

(2)进样系统:将试样在进入色谱柱前迅速气化,然后定量地进到色谱柱中

(3)分离系统:完成待分离组分的色谱分离

(4)检测系统:将载气里被测组分的量转化为易于测量的电信号,从而进行定性,定量分析

5. Trace GC Ultra 气相操作指南

仪器名称:气相色谱(GC)

型号:Trace GC Ultra

仪器配置:FID,ECD,自动进样器和手动进样器

操作方法:

(1)开机前的准备

①打开气相色谱仪室的空调,维持一定的湿度和温度。

②打开氮气钢瓶总阀门,调节减压阀压力为 0.5~0.6 MPa。

③打开 UPS(必须在仪器关闭,空载状态下开),稳定 5 min,否则对稳压电源不利。

(2)开机

①打开 GC 电源开关,设定柱温时,一定要注意柱子的最高使用温度。

②打开空气压缩机开关,氢气发生器开关,再打开仪器面板上的空气、氢气开关,用点火器点火,稳定大约 30 min 后,待 GC 面板上 not-ready 灯熄灭后,即可测定。

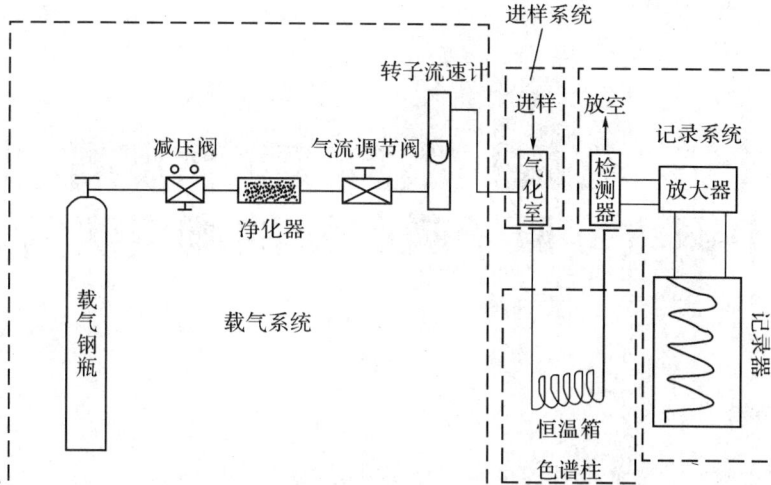

图 42-8　GC 系统构成示意

(3)分析样品

①打开电脑桌面上的 Xcalibur 软件,进行方法设置(Instrument Setup)。

②建立样品文件。

③加入样品到手动进样器或自动进样器。

④启动样品表文件,如果是手动进样,按系统提示进行逐个进样分析。

(4)关机

①关掉氢气发生器和空气压缩机开关,熄灭火焰,放掉余气,再将柱温降至 40 ℃,进样口和检测器温度降至 50 ℃。

②关闭主机电源后,再关闭氮气钢瓶总阀。

(5)注意事项

①检测器温度不能低于进样口温度,否则会污染检测器;进样口温度应高于柱温的最高值,同时化合物在此温度下不分解。

②含酸、碱、盐、水、金属离子化合物不能分析,要经过处理方可进行。

③进样器所取样品要避免带有气泡以保证进样重现性。

④取样前用溶剂反复洗针,再用要分析的样品至少洗 2～5 次以避免样品间的相互干扰。

⑤每次换柱后,需要重新对柱进行柱评价。

⑥需直接进样品,要将注射器洗净后,将针筒抽干避免外来杂质的干扰。

实验四十三　食品中微量元素的浓度测定与分析（食品中铜浓度原子吸收法的测定实验设计）

一、目的要求

1. 掌握原子吸收分光光度计的使用方法及测定操作要点；
2. 掌握干法灰化操作；
3. 学会原子吸收分光光度法检测食品中微量元素浓度的方法。

二、基本原理

原子吸收是指气态基态原子对于同种原子发射出来的特征光谱辐射具有吸收能力的现象。

原子吸收分光光度法是将试样中的待测元素原子化，同时用一个相同光源的特征光谱的光辐射，使之通过一定的待测元素原子区域，测得其吸光度，再根据吸光度对标准溶液浓度的关系曲线，计算出试样中待测元素的含量。可测定多种金属元素。

通常原子处于基态，对于每种元素，其原子的基态跃迁到激发态所需能量是一定的，这种特定的能量称为特征谱线。

$$\Delta E = hc/\lambda$$

用波长与被测元素的特征波长相等的光（铜 324.7nm）照射原子蒸汽，则部分光被吸收。

当光强度为 I_0 的光束通过原子浓度为 C 的媒质时，光强度减弱至 I，遵循郎伯－比尔吸收定律：$A = lg(I_0/I) = KCl$

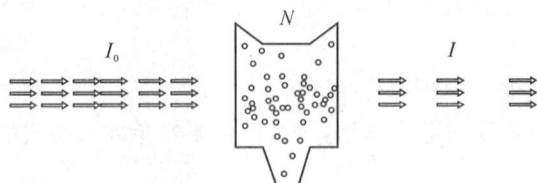

图 43-1　分光光度计原理示意

配制一系列标准溶液，在同样测量条件下，测定标准溶液和试样溶液的吸光度，制作吸光度与浓度关系的标准曲线，从标准曲线上可查出待测元素的含量。

待测试液引入火焰原子吸收仪（示意图见图 43-1）中，先经喷雾器把试液变成细雾，再与燃气混合载入燃烧器进行干燥、熔化、蒸发、原子化，被测组分变成气态基态原子。

固体样品采用干法灰化使有机物质分解，金属元素经酸溶解后变成可溶态再进行测定。

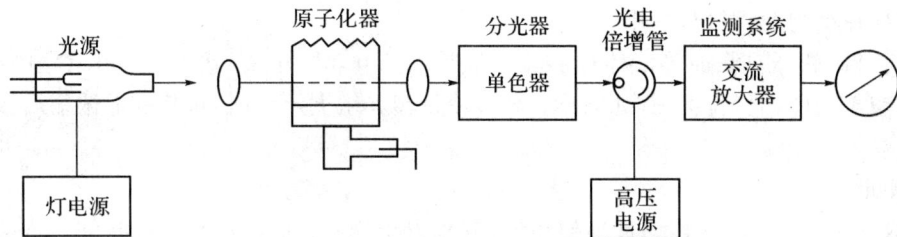

图 43-2　原子吸收分光光度计示意

三、材料、试剂与设备

1. 设备

(1)所用玻璃仪器均用硝酸(1+9)浸泡 24 h 以上,用水反复冲洗,最后用去离子水冲洗
晾干备用。

(2)捣碎机

(3)马弗炉

(4)Agilent 3510 型原子吸收分光光度计

2. 试剂

(1)水:要求使用去离子水,优级纯或高级纯试剂。

(2)硝酸

(3)石油醚

(4)硝酸(1+9):取 10 mL 硝酸置于适量水中,再稀释至 100 mL。

(5)硝酸(0.5+99.5):取 0.5 mL 硝酸置于适量水中,再稀释至 100 mL。

(6)硝酸(1+4)

(7)硝酸(4+6):量取 40 mL 硝酸置于适量水中,再稀释至 100 mL。

(8)铜标准溶液:精密称取 1.0000g 金属铜(99.99%),分次加入(4+6)硝酸溶解,总量
不超过 37 mL,移入 1000 mL 容量瓶中,用水稀释至刻度。此溶液每毫升相当于 1.0 mg 铜。

(9)铜标准使用液:吸取 10.0 mL 铜标准溶液,置于 100 mL 容量瓶中,用(0.5+99.5)
硝酸稀释至刻度。如此多次稀释,至每毫升相当于 1μg 铜。

四、实验步骤

1. 样品处理

(1)谷类(除去外壳)、咖啡、茶叶等磨碎,过 20 目筛(0.90mm),混匀;蔬菜、水果等样品
取可食部分,切碎,捣成匀浆;水产品取可食部分捣成匀浆;乳及乳制品取均匀样品。

称取 1.0～5.0 g 样品,置于石英或瓷坩埚中,加 5 mL 硝酸,放置 0.5h,小火蒸干,继续
加热炭化,移入马弗炉中,500 ℃灰化 1h,取出放冷,再加 1 mL 硝酸浸湿灰分,小火蒸干。
再移入马弗炉中,经 500 ℃灰化 0.5h,冷却后取出,以 1 mL 硝酸(1+4)溶解 4 次,移入 10
mL 容量瓶中,并用水稀释至刻度,混匀备用。同时做试剂空白试验。

(2)油脂类:称取 2.0g 混匀样品,固体油脂先加热融成液体,置于 100 mL 锥形瓶中,加
10 mL 石油醚,用(1+9)硝酸提取 2 次,每次 5 mL,振摇 1min,合并硝酸液于 50 mL 容量瓶

中,加水稀释至刻度,混匀,备用。

(3)饮料、酒、醋、酱油等液体样品可直接吸取 2.0 mL 样品,置于 10 mL 容量瓶中,加 0.5% 硝酸至刻度,混匀,备用(如固形物较多或仪器灵敏度不足时,可将样品浓缩后按(1)操作)。

2.测定

吸取 0、1、2、4、6、8 mL 铜标准使用液,分别置于 100 mL 容量瓶中,加(99.5+0.5)硝酸稀释至刻度,混匀。容量瓶中每毫升分别相当于 0、10、20、40、60、80 ng 铜。

将处理后的样液、试剂空白液和各容量瓶中铜标准液分别导入火焰进行测定。测定条件:灯电流 2 mA,波长 324.8 nm,狭缝 0.2 nm,空气流量 6 L/min,乙炔流量 2 L/min,灯头高度 6 mm,氘灯背景校正(也可根据仪器型号,调至最佳条件),以铜浓度对应浓度吸光度,绘制标准曲线比较。

五、结果计算

样品吸收值代入方程或与曲线比较求得 A_1、A_0

$$X = \frac{(A_1 - A_0) \times V_1 \times 1000}{m \times 1000 \times 1000} \tag{1}$$

式中:X 为样品中铜的浓度,mg/kg;

$\quad A_1$ 为测定用样品中铜的浓度,ng/mL;

$\quad A_0$ 为试剂空白液中铜的浓度,ng/mL;

$\quad V_1$ 为样品处理后的总体积,mL;

$\quad m$ 为样品质量(体积),g(mL)

六、课后讨论题

1.火焰原子吸收光谱法测铜应注意哪些问题?

2.什么是干法灰化?

七、学习参考资料

[1] 韩雅珊主编.食品化学实验指导.北京:中国农业大学出版社,1992.

[2] 中化人民共和国国家标准.食品卫生检验方法(理化部分).中国标准出版社,2004.

八、附录:Agilent 3510 型原子吸收分光光度计操作

以检测铜浓度为例,设定条件:灯电流—2mA,波长—324.7 nm,负高压—210V,积分时间为 2 s。

1.装灯

先把空气阴极铜灯装上灯 1 插座(装时应注意灯上缺口位置),然后把灯装上灯架。

2.打开主机电源,微机自检初始化,主显示出现"AA3510",稍等片刻,显示"PASS 1",然后显示"PASS 2"后再显示波长为"190.0",能量显示为"00",主显示显示吸光度,且连续灯亮、原子吸收灯亮、吸光度灯亮。

3.设定积分时间为 2 s,按下【2】和【时间】键。

4.设定灯 1 电流为 2mA，按下【2】和【灯 1】键。

5.设定负高压为 210V，按下【2】【1】【0】和【增益】键。

6.设定波长为 324.7 nm，按下【3】【2】【4】【.】【7】和【波长】键，波长变化为 324.7 nm，然后从 324.2 开始到 325.2 扫描，找出能量的峰值信号。

细调波长，按下【波长】键，则波长从 324.2 到 325.2 扫描，找出能量的峰值信号。若能量显示 EE，则可降低负高压（输入数字，按【增益】键，重复步骤 7。直至能量显示范围在 76～89 之间。

7.旋转元素灯和调节元素灯架旋钮，使能量显示最大。

8.按下【增益】键，进行调零，可反复此步，直至显示为 0.000。

9.安装好火焰系统及接好气路，排废液管，检查排废液管水封圈，若没有水，则一定要加水。

10.对光：用对光板调整燃烧头的位置。对光板放在燃烧头的中间，光斑在对光板上的位置，为中心线对称，高度为 6mm。若不是这个位置，调整仪器中间下方面板上的高低、前后调节旋钮。然后分别把对光板放在燃烧头的两边，通过旋转燃烧头使光斑在对光板中心线对称位置。

11.点火：

①插上燃烧头插销。此时状态为：空气乙炔灯常亮，空气压力灯、助燃气压力灯和乙炔气压力灯闪亮，且有报警蜂鸣声。

②打开空气压缩机，调整压力在 0.3 MPa。打开乙炔气钢瓶，使乙炔气减压阀输出为 0.1 MPa 左右，把助燃稳压阀输出压力调到 0.2 MPa。此时空气、助燃气及乙炔压力指示灯常亮，空气流量指示在 4～8 L/min 报警蜂鸣声停止。

③按下【检查】键，调整乙炔气流量为 1.5～2.5 L/min 左右。

④按下【点火】键数秒点火，若点火喷头喷出的火没有点着燃烧器，则可释放【点火】键，将乙炔流量适当增大（注意：最大不超过 3 L/min）几秒后再按【点火】键，直至把燃烧器上的火焰点上。

⑤调整乙炔气流量，把火焰调整到合适的燃烧状态，一般贫燃火焰高度为 5 cm 左右，底部是红色、兰色的，火焰为蓝色。一般流量为 0.5～1 L/min 左右（空气流量为 5 L/min 时）。

12.先吸喷空白溶液，待能量显示稳定后，按【增益】键，主显示窗显示约为 0.000，取走空白溶液。

13.按【连续/保持】键，使保持灯亮。

14.吸喷标 1，待能量显示稳定后，按【读数】键，记下主显示窗读数。

15.依次吸喷标 2、标 3、标 4、标 5，记下读数。

16.吸喷空白溶液，调零。

17.吸喷样品，待能量显示稳定后，按【读数】键，记下主显示窗读数。

18.测量结束时，喷吸 50 mL 去离子水清洗燃烧系统。

19.关气，熄火，先关乙炔钢瓶总阀及减压阀，然后再关空压机，把仪器上的乙炔流量阀关闭，最后拔出插销，关闭主机电源。

注意事项：

1.仪器需预热 30min 使用。

2.点火前要检查排废液管水封圈,若没有水,则一定要加水。

3.吸喷溶液时,一定要待能量显示稳定后按相应的键,然后等主显示窗显示新的数值后,才能取走溶液,否则会带来读数误差。

4.测量结束时,喷吸 50 mL 去离子水清洗燃烧系统。

5.关气熄火,先关乙炔钢瓶总阀及减压阀,然后再关空压机,把仪器上的乙炔流量阀关闭,最后拔出插销,关闭主机电源。

实验四十四　正交法测定几种因素对酶活力的影响

一、目的要求

1. 初步掌握正交法(正交试验设计法)的使用,为从事科学实验奠定基础。
2. 运用正交法测定底物浓度、酶浓度、温度和 pH 值这四种因素对酶活力的影响。

二、基本原理

　　酶的催化作用是在一定条件下进行的,它受多种因素的影响,如酶浓度、底物浓度、温度、抑制剂和激活剂等都能影响酶催化的反应速度。通常在其他因素恒定的条件下,通过某一因素在一系列变化条件下的酶活力测定求得该因素的影响,这是单因素的试验方法。对于多因素的试验可以通过正交试验设计法(简称正交法)来完成。正交法是借助于正交表,简化表格计算,正确分析结果,找到实验的最佳条件,分清因素的主次,这样就可以通过比较少的实验次数达到好的实验效果。实践证明,正交法是一种多、快、好、省的方法,目前已广泛应用于工农业生产和科学实验中。

　　本实验运用正交法测定底物浓度、酶浓度、温度、pH 值这四个因素对酶活性的影响,并求得在什么样的底物浓度、酶浓度、温度和 pH 值时酶的活力最大。

三、材料、试剂与仪器

1. 材料
(1)牛血清白蛋白;
(2)牛胰蛋白酶。
2. 试剂
(1)2%牛血清白蛋白:20 mL 蒸馏水中加入牛血清白蛋白 2.2g,尿素 36g,1 mol/L NaOH 溶液 8 mL,室温放置 1h,使蛋白质变性。如有不溶物,可过滤除去。再加 0.2 mol/L NaH_2PO_4 溶液至 110 mL 及尿素 4g,调节溶液 pH 达 7.6 左右。
(2)牛胰蛋白酶液:3 mg 牛胰蛋白酶冷冻干粉,溶于 10 mL 蒸馏水。
(3)15%三氯乙酸溶液:15g 三氯乙酸溶于蒸馏水,并稀释至 100 mL。
(4)0.1 mol/L pH 7、8、9 巴比妥缓冲液。
(5)Folin-酚甲试剂。
①4%碳酸钠溶液;
②0.2%氢氧化钠溶液;
③1%硫酸铜溶液;

④2%酒石酸钾钠溶液。

临用前将①与②等体积配制碳酸钠-氢氧化钠溶液。③与④等体积配制成硫酸铜-酒石酸钾钠溶液。然后把这两种试剂按 50∶1 的比例混匀,即成 Folin-酚甲试剂。此试剂临用前配制,一天内有效。

(6)Folin-酚乙试剂:向 2 L 容积的磨口回流瓶中加入 100 g 钨酸钠(Na₂WO₄·2H₂O)、25 g 钼酸钠(Na₂MoO₄·H₂O)及 700 mL 蒸馏水,再加入 85%磷酸 50 mL 及浓盐酸 100 mL,充分混和后,接上回流冷凝管,以小火回流 10h(烧瓶内加小玻璃珠数颗,以防止溶液沸溢)。回流结束后再加入 150 g 硫酸锂(Li₂SO₄),50 mL 蒸馏水及液溴数滴,然后开口继续沸腾 15 min,以去除过量的溴,冷却后溶液呈鲜黄色(如仍呈绿色,须再重复滴加溴水的步骤),冷却后加蒸馏水定容至 1000 mL,过滤,即成 Folin-酚乙试剂,滤液置于棕色试剂瓶中,可在冰箱内长期保存。若此储存液使用过久,颜色由黄变绿,可加几滴液溴,煮沸数分钟,恢复原色仍能继续使用。

Folin-酚乙试剂储存液在使用前应使酸度最终为 1 mol/L。可用标准 NaOH 溶液(1 mol/L 左右),以酚酞作指示剂,当溶液颜色由红——→紫色——→紫灰——→墨绿时即为滴定终点。该试剂储存液的酸度应为 2 mol/L 左右,将之稀释至相当于 1 mol/L 酸度便可使用。

(7)0.2 mol/L NaH₂PO₄ 溶液。

(8)尿素。

(9)1 mol/L NaOH 溶液。

3.器材

试管及试管架,吸量管,小漏斗及滤纸,恒温水浴箱(37 ℃、50 ℃、60 ℃),pH 计,分光光度计

四、操作方法

1.实验设计

(1)确定试验因素和水平

本实验取四个因素,即底物浓度[S]、酶浓度[E]、温度、pH 值。每个因素选三个水平(水平即在因素的允许变化范围内,要进行试验的"点")。试验因素和选用水平如表 44-1 所示。作因素、水平表时,各因素的水平最好不要按大小顺序排列。按一般方法,如对四个因素三个水平的各种搭配都要考虑,共需做 $3^4=81$ 次试验,而用正交表只需做 9 次试验。

表 44-1 因素、水平

因素 \ 水平	[S]/mL	[E]/mL	温度/℃	pH
1	0.5	0.8	50	7
2	0.2	0.5	37	9
3	0.8	0.2	60	8

(2)选择合适的正交表

合适的正交表,是指要考察的因素的自由度总和,应该不大于所选正交表的总自由度。

正交表 $Ln(t^q)$

L 为正交表的代号;

n 为处理数(试验次数);

t 为水平数;

q 为因素数。

试验次数 $n=q(t-1)+1$;

总自由度 $V_总=n-1$;

各列自由度 $V_列=K-1$。

K 为该列水平数。

例如,本实验选用四个因素,每个因素选三个水平,四个因素各占一列,那么四个因素的自由度分别为:

$$V_1=3-1=2, V_2=3-1=2, V_3=3-1=2, V_4=3-1=2$$
$$四个因素的自由度总和=V_1+V_2+V_3+V_4=8$$

因为各因素自由度总和是 8,它没有超过 $L_9(3^4)$ 的总自由度 $=9-1=8$,所以选择正交表 $L_9(3^4)$ 是适合的。

(3)在所选的正交表上进行表头设计

由于本实验是一项四因素各三水平的试验,这样将四个因素依次放在 $L_9(3^4)$ 的第 1、2、3、4 列上,这项把因素放入正交表头的工作,叫做表头设计,见表 44-2 所示。正交表都应具有以下两个特性:

①在每一列中,各水平出现的次数相等,即在任何一列中,数字 1,数字 2,数字 3 都出现三次(几个水平就均出现几次)。

②任何两列中,横行组成的数对出现次数相等,均出现一次(这里有 9 个不同的数对,均出现一次),即(1,1)、(1,2)、(1,3)、(2,1)、(2,2)、(2,3)、(3,1)、(3,2)、(3,3)各出现一次。

③以上这些特点保证了用正交表安排的试验计划是均衡搭配的,因此分析数据比较方便,可进行综合比较,结果比较可靠。

表 44-2 表头设计

水平\因素 试验号	1	2	3	4
1	1	1	1	1
2	1	2	2	2
3	1	3	3	3
4	2	1	2	3
5	2	2	3	1
6	2	3	1	2
7	3	1	3	2
8	3	2	1	1
9	3	3	2	1

2.实验安排

先将本实验的四个因素依次填入 L_9 表的因素 1,2,3,4 中,再将各列的水平数用该列因素相应的水平写出来,便可得到如表 44-3 所示的试验安排表。

表中试验号共 9 个,表示要做 9 次试验,每次实验的条件如每一纵行所示。如做第一个试验时[S]是 0.5 mL,[E]是 0.8 mL,温度为 50 ℃,pH 为 7。第二个试验[S]是 0.5 mL,[E]

是 0.5 mL,温度为 37 ℃,pH 为 9,余类推。

表 44-3 试验安排表

试验号 试剂/mL	2	4	9	1	6	9	3	5	7
2%血红蛋白液	0.5	0.2	0.8	0.5	0.2	0.8	0.56	0.2	0.8
缓冲溶液	pH 9	pH 8	pH 7	pH 7	pH 9	pH 8	pH 8	pH 7	pH 9
	2	2	2	1.7	2.6	1.7	2.3	2.3	1.4
	37 ℃预温 5min			50 ℃预温 5min			60 ℃预温 5min		
酶液	0.5	0.8	0.2	0.8	0.2	0.5	0.2	0.5	0.8
	37 ℃反应 10min			50 ℃反应 10min			60 ℃反应 10min		

各管均加入 15%三氯乙酸溶液 2 mL 终止反应。

另取试管一支作非酶对照,即加 2%血红蛋白液 0.5 mL,缓冲液 2.0 mL。先加 15%三氯乙酸溶液 2 mL,摇匀放置 10min 后再加入酶液 0.5 mL。

将上述酶促和非酶对照各管反应液室温放置 15min,过滤,滤液保留,用于测定酶活力。酶活力测定:取滤液 0.5 mL,加入 Folin-酚甲试剂 4 mL,混匀室温放置 10min,再加 Folin-酚乙试剂 0.5 mL 迅速混匀,于 30 ℃保温 30min 后,在 680 nm 处测光吸收值。

3. 试验结果及分析

实验做好后,把 9 个数据填入表 44-4 试验结果栏内,按表中数据计算出各因素的一水平试验结果总和、二水平实验结果总和、三水平实验结果总和,再取平均值(各自被 3 除)。最后计算极差。极差是指这一列中最好与最坏的之差,从极差的大小就可以看出哪个因素对酶活力影响最大,哪个影响最小,找出在什么条件下酶活力最高。最后作一直观分析的结论。

表 44-4 试验结果分析计算表

水平 因素 \ 试验号	1 [S]/mL		2 [E]/ml		L3 温度/℃		4 pH 值		试验结果 A_{680}
1	1	0.5	1	0.8	1	50	1	7	
2	1	0.5	2	0.5	2	37	2	9	
3	1	0.5	3	0.2	3	60	3	8	
4	2	0.2	1	0.8	2	37	3	8	
5	2	0.2	2	0.5	3	60	1	7	
6	2	0.2	3	0.2	1	50	2	9	
7	3	0.8	1	0.8	3	60	2	9	
8	3	0.8	2	0.5	1	50	3	8	
9	3	0.8	3	0.2	2	37	1	7	
I(一水平试验结果总和)									
II(二水平试验结果总和)									
III(三水平试验结果总和)									
I/3									
II/3									
III/3									
极差									

以 A 值(I/3,II/3,III/3)为纵坐标,因素的水平数为横坐标作图。

五、课后讨论题

1.在什么情况下可采取正交法？正交法与一般方法相比较有什么优势？

2.本实验在操作过程中要注意哪些问题？

3.设计试验方案时,应遵循的原则是什么？

六、学习参考资料

[1] 史峰.生物化学实验.杭州:浙江大学出版社,2002.

[2] 王重庆等.高级生物化学实验教程.北京:北京大学出版社,1994.

[3] 杨建雄.生物化学与分子生物学实验技术教程.北京：科学出版社,2003.

[4] 董晓燕.生物化学实验.北京:化学工业出版社,2003.

附　录

一、实验基本操作及要求

(一)器皿的清洗

1.玻璃仪器的清洗

实验中所用的玻璃仪器清洁与否,直接影响实验的结果,往往由于仪器的不清洁或被污染而造成较大的实验误差,有时甚至会导致实验的失败,因此玻璃仪器(包括离心管等塑料器皿)是否彻底清洗净是非常重要的。

(1)初用玻璃仪器的清洗

新购买的玻璃仪器表面常附着有游离的碱性物质,可先用 0.5% 的去污剂洗刷,再用自来水洗净,然后浸泡在 1%~2% 盐酸溶液中过夜(不可少于四小时),再用自来水冲洗,最后用无离子水冲洗两次,在 100 ℃~120 ℃烘箱内烘干备用。

(2)使用过的玻璃仪器的清洗

先用自来水洗刷至无污物,再用合适的毛刷沾去污剂(粉)洗刷,或浸泡在 0.5% 的清洗剂中超声清洗(比色皿绝不可超声),然后用自来水彻底洗净去污剂,用无离子水洗两次,烘干备用(计量仪器不可烘干)。清洗后器皿内外不可挂有水珠,否则重洗,若重洗后仍挂有水珠,则需用洗液浸泡数小时后(或用去污粉擦洗),重新清洗。

(3)石英和玻璃比色皿的清洗

决不可用强碱清洗,因为强碱会浸蚀抛光的比色皿。只能用洗液或 1%~2% 的去污剂浸泡,然后用自来水冲洗,这时使用一支绸布包裹的小棒或棉花球棒刷洗,效果会更好,清洗干净的比色皿也应内外壁不挂水珠。

2.塑料器皿的清洗

聚乙烯、聚丙烯等制成的塑料器皿,在生物化学实验中已用的越来越多。第一次使用塑料器皿时,可先用 8 mol/L 尿素(用浓盐酸调 pH =1)清洗,接着依次用无离子水、1 mol/L KOH 和无离子水清洗,然后用 10^{-3} mol/L EDTA 除去金属离子的污染,最后用无离子水彻底清洗,以后每次使用时,可只用 0.5% 的去污剂清洗,然后用自来水和无离子水洗净即可。

3.玻璃和塑料器皿的干燥

生化实验中用到的玻璃和塑料器皿经常需要干燥,通常都是用烘箱或烘干机在 110~120 ℃进行干燥,而不要用丙酮清洗再吹干的方法来干燥,因为那样会有残留的有机物覆盖在器皿的内表面,从而干扰生物化学反应。硝酸纤维素的塑料离心管加热时会发生爆破和变形,所以决不能放在烘箱中干燥,只能用冷风吹干。

(二)移液

准确的分析方法对于生物化学实验是极为重要的,在各种生物化学分析技术中,首先要熟练掌握的就是准确的移液技术。下面介绍一些生化实验中常用的移液器具。

1.滴管

使用方便,可用于半定量移液,其移液量为 1~5 mL,图 1(a)。

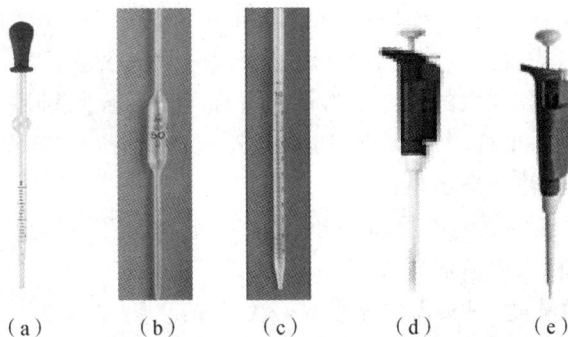

（a）　　　（b）　　　（c）　　　（d）　　　（e）

图1　生化实验中常用的移液器具

2. 移液管

吸管使用前应洗至内壁不挂水珠,1 mL 以上的吸管,用吸管专用刷刷洗,0.1、0.2 和 0.5 mL 的吸管可用洗涤剂浸泡,必要时可以用超声清洗器清洗。

吸管分为两种,一种是无分度的,称为胖肚吸管,图 1(b),精确度较高,液体自标线流至口端(留有残液)。另一种吸管为分度吸管,图 1(c),管身为一粗细均匀的玻璃管,上面均匀刻有表示容积的分度线,其准确度低于胖肚吸管,吸管管身上标有"快"字则为快流式,有"吹"字则为吹出式。

吸管吸取溶液最常用的是吸耳球,操作方法如下:

(1)执管:一般用右手的中指和拇指拿住吸管上口,以食指控制流速,刻度数字应朝向操作者。

(2)取液:把吸管插入液体内,左手拿吸耳球,先把球内空气压出,用吸耳球吸取液体至所取液量的刻度上端 1～2 cm 处,然后迅速用食指按紧吸量管上口,使管内液体不再流出。

(3)调准刻度:将已吸足液体的吸量管提出液面,用食指控制液流至所需刻度,此时液体凹面、视线和刻度应在同一水平面上,并立即按紧吸量管上口。

(4)放液:放松食指,让液体自然流入受器内,如移液管标有"吹"字,则应将管口残余液滴吹入容器内。此时,管尖应接触受器内壁,但不应插入受器内的原有液体之中。

(5)洗涤:吸取血液、尿及粘稠试剂的吸量管,用后应及时用自来水冲洗干净。如果吸取一般试剂的吸量管可不必马上冲洗,待实验完毕后,用自来水冲洗干净,晾干水分,再浸泡于铬酸洗液中,数小时后,再用流水冲净,最后用蒸馏水冲洗,晾干备用。

3. 自动取液器(微量移液器)

这种取液器在生化实验中大量地使用,它们主要用于多次重复的快速定量移液,可以只用一只手操作,十分方便。

取液器可分为二种:一种是固定容量的,图 1(d),常用的有 100、200 和 1000 μL 等几种;另一种是可调容量的取液器,图 1(e),常用的有 200、1000 和 5000 μL 等多种规格。每种取液器都有其专用的聚丙烯塑料吸头,吸头通常是一次性使用,当然也可以超声清洗后重复使用。

可调式自动取液器的操作方法是用拇指和食指旋转取液器上部的旋钮,使数字窗口出现所需容量体积的数字,在取液器下端插上一个塑料吸头,然后四指并拢握住取液器上部,用拇指按住柱塞杆顶端的按钮,向下按到第一停点,将取液器的吸头插入待取的溶液中,缓慢松开按钮,吸上液体,并停留 1~2 s(黏性大的溶液可加长停留时间),将吸头沿器壁滑出容器,用吸水纸擦去吸头表面可能附着的液体,排液时吸头接触倾斜的器壁,先将按钮按到第一停点,停留一秒钟(黏性大的液体要加长停留时间),再按压到第二停点,吹出吸头尖部的剩余溶液,按下除吸头推杆,将吸头推入废物缸。

自动取液器的使用注意事项是:

① 吸取液体时一定要缓慢平稳地松开拇指,绝不允许突然松开,以防将溶液吸入过快而冲入取液器内腐蚀柱塞而造成漏气。

② 为获得较高的精度,吸头需预先吸取一次样品溶液,然后再正式移液,因为吸取血清蛋白质溶液或有机溶剂时,吸头内壁会残留一层"液膜",造成排液量偏小而产生误差。

(三)缓冲溶液与 pH 测定

缓冲溶液的正确配制和 pH 值的准确测定,在生物化学的研究工作中有着极为重要的意义,因为在生物体内进行的各种生物化学过程都是在精确的 pH 值下进行的,而且受到氢离子浓度的严格调控,能够做到这一点是因为生物体内有完善的天然缓冲系统。生物体内细胞的生长和活动需要一定的 pH 值,体内 pH 环境的任何改变都将引起与代谢有关的酸碱电离平衡移动,从而影响生物体内细胞的活性。为了在实验室条件下准确地模拟生物体内的天然环境,就必须保持体外生物化学反应过程有体内过程完全相同的 pH 值,此外,各种生化样品的分离纯化和分析鉴定,也必须选用合适的 pH 值,因此,在生物化学的各种研究工作中和生物技术的各种开发工作中,深刻地了解各种缓冲试剂的性质,准确恰当地选择和配制各种缓冲溶液,精确地测定溶液的 pH 值,就是非常重要的基础实验工作。

1.磷酸盐缓冲液

磷酸盐是生物化学研究中使用最广泛的一种缓冲剂。

磷酸盐缓冲液的优点为:

①容易配制成各种浓度的缓冲液;

②适用的 pH 范围宽;

③pH 受温度的影响小;

④缓冲液稀释后 pH 变化小,如稀释十倍后 pH 的变化小于 0.1。

其缺点为:

①易与常见的 Ca^{2+} 离子、Mg^{2+} 离子以及重金属离子络合生成沉淀;

②会抑制某些生物化学过程,如对某些酶的催化作用会产生某种程度的抑制作用。

2.Tris(三羟甲基氨基甲烷)缓冲液

Tris-HCl 缓冲液的优点是:

①因为 Tris 碱的碱性较强,所以可以只用这一种缓冲体系配制 pH 范围由酸性到碱性的大范围 pH 值的缓冲液;

②对生物化学过程干扰很小,不与钙、镁离子及重金属离子发生沉淀。

其缺点是:

①缓冲液的 pH 值受溶液浓度影响较大,缓冲液稀释十倍,pH 值的变化大于 0.1;

②温度变化对缓冲液 pH 值的影响很大。

③易吸收空气中的 CO_2,所以配制的缓冲液要盖严密封。

3.有机酸缓冲液

这一类缓冲液多数是用羧酸与它们的盐配制而成,pH 范围为酸性,即 pH＝3.0～6.0,最常用的是甲酸、乙酸、柠檬酸和琥珀酸等。

有机酸缓冲液的缺点是:

①所有这些羧酸都是天然的代谢产物,因而对生化反应过程可能发生干扰作用;

②这类缓冲液易与 Ca^{2+} 离子结合,所以样品中有 Ca^{2+} 离子时,不能用这类缓冲液。

4.硼酸盐缓冲液

常用的有效 pH 范围是:pH＝8.5～10.0,因而它是碱性范围内最常用的缓冲液,其优点是配制方便,只使用一种试剂,缺点是能与很多代谢产物形成络合物,尤其是能与糖类的羟基反应生成稳定的复合物而使缓冲液受到干扰。

5.氨基酸缓冲液

此缓冲液使用的范围宽,可用于 pH＝2.0～11.0

此类缓冲体系的优点是:为细胞组分和各种提取液提供更接近的天然环境。

其缺点是:

①与羧酸盐和磷酸盐缓冲体系相似,也会干扰某些生物化学反应过程,如代谢过程等

②试剂的价格较高。

配制常用的缓冲液的方法:按附录中所列该缓冲液表中的方法,分别配制 0.1 mol/L Tris 和 0.1 mol/L HCl 溶液,然后按表中所列体积混合。

测定溶液 pH 值通常有两种方法,最简便但较粗略的方法是用 pH 试纸,分为广泛和精密 pH 试纸两种。广泛 pH 试纸的变色范围是 pH＝1～14、9～14 等,只能粗略确定溶液的 pH 值。另一种是精密 pH 试纸,可以较精确地测定溶液的 pH 值,其变色范围是 2～3 个 pH 单位。可根据待测溶液的酸、碱性选用某一范围的试纸。测定的方法是将试纸条剪成小块,用镊子夹一小块试纸(不可用手拿,以免污染试纸),用玻璃棒蘸少许溶液与试纸接触,试纸变色后与色阶板对照,估读出所测 pH 值。切不可将试纸直接放入溶液中,以免污染样品溶液。精确测定溶液 pH 值要使用 pH 计,关键是要正确选用和校对 pH 电极。过去是使用两个电极,即玻璃电极和参比电极,现在 pH 测定已都改用玻璃电极与参比电极合一的复合电极,即将它们共同组装在一根玻璃管或塑料管内,下端玻璃泡处有保护罩,使用十分方便。

(四)溶液的混匀

样品与试剂的混匀是保证化学反应充分进行的一种有效措施。混匀的方式大致有下面几种。

1.旋转混匀法

用手持容器,使溶液作离心旋转。该法适用于未盛满液体试管或小口器皿,如锥形瓶,旋转试管时宜用手腕旋转。

2.指弹混匀法

用手持容器,手腕用力前后摇动使内容物混匀。还可用左手持试管上端,用右手指轻轻弹动试管下部,使管内溶液作旋涡运动;或用右手持试管上端,在左手掌上打击的方法混匀内容物。

3.颠倒混匀法

适用于有塞的容量瓶及有塞试管内容物的混匀。一般试管内容物混匀时可用聚乙烯等

薄膜封口,再用手按住管口颠倒混匀。

4.吸量混匀法

用吸量管将溶液反复吸放数次,使溶液充分混匀。

5.玻棒搅动法

适用于烧杯、量筒内容物的混匀。如固体试剂的溶解和混匀。

(五)离心机的使用

1.离心前先将盛有样品的离心管(或试管)和套管在台秤上平衡,调节双方重量相等,否则当离心机转动时容易受损。

2.平衡后,分别放在离心机转子的对称两孔洞内。

3.检查电源的电压,插好插头,开动开关,然后转动速度调节器,缓慢地逐步增加转速以达到所需要的速度。在转动中,离心机机身应稳,声音均匀,如有机身不稳或声音异常,表示对称两管的重量不等,应立即停止离心。

4.离心时间到时,先逐步减慢速度,转动调节器到"停"或"0",然后关闭开关,让它自行停止,严禁用手强制使其转动停止。

5.最后将离心管取出,离心套管倒置于固定架内。

(六)722型分光光度计的使用

安装好仪器后,检查样池位置,使其处在光路中(拉动拉手应感到每档的定位)。关好样品室门,打开仪器电源开关,工作方式选择指示灯应在透射比位置,使标样点应在第一点,显示器应显示为 XX.X,预热 10min,即可以进行测量。

1.透射比测量

在样池中,放置空白及样品

(1)按需要调节波长旋钮,使显示窗显示所需波长值。

(2)按方式选择(mode)键使透射比(T%)指示灯亮,并使空白溶液处在光路中。

(3)按(100%T)键调 100%,待显示器显示 100.0 时即表示已调好 100%T。

(4)在样池架中放挡光块,拉入光路,关好样品室门,观察显示是否为零,如不为 0.0 则按(0%T)调零。

(5)取出挡光块,放入空白溶液,关好样品室门,显示屏应显示 100.0,若不为 100.0 则应重调 100%T(重复③)。

(6)拉动样品拉手使被测样品依次进入光路,则显示器上依次显示样品的透射比值。

2.吸光度测量

吸光度测量与透射比基本相同,只是有两点要注意。

A:调零:按方式选择(mode)键选 T% 档,放入空白管调 100%,放入挡光块调 0%。

B:测吸光度时,按方式选择(mode)键选 ABS 档进行测定。

(七)UV-9200 型紫外可见分光光度计的使用

安装好仪器后,检查样池位置,使其处在光路中(拉动拉手应感到每档的定位)。关好样品室门,打开仪器电源开关(若联用打印机,则应先开主机后开打印机),方式选择指示灯应在透射比位置,工作曲线选择点应在第一点,显示器应显示为 XX.X,预热 10min,即可以进行测量。

1.透射比测量

在样品室中,放置空白及样品。

(1)按需要调节波长旋钮,使波长显示窗显示所需波长值。

(2)按[方式选择]键使透射比指示灯亮,并使空白溶液处在光路中。

(3)按[100%T]键调100%,待显示器显示100.0时即表示调好100%T。

(4)打开样品室门在样池架中放挡光块,关闭样品室门,观察显示器是否为零,如不为0.0,则按[0%T]调零。

(5)取出挡光块,放入空白溶液,关好样品室门,显示器应为100.0,若不为100.0则应重调100%T(重复(3))。

(6)拉动样品拉手使被测样品依次进入光路,则显示器上依次显示样品的透射比值。

2.吸光度测量

吸光度测量与透射比基本相同,只是有一点要注意:按方式选择键时,应使吸光度ABS指示灯亮。

二、常用蛋白质相对分子质量标准参照物

蛋白质(高相对分子质量标准参照)	M_r	蛋白质(中相对分子质量标准参物)	M_r	蛋白质(低相对分子质量标准参照)	M_r
肌球蛋白	212 000	磷酸化酶B	97 400	碳酸酐酶	31 000
β-半乳糖苷酶	116 000	牛血清清蛋白	66 200	大豆胰蛋白酶制剂	21 500
磷酸化酶B	97 400	谷氨酸脱氢酶	55 000	马心肌球蛋白	16 900
牛血清清蛋白	66 200	卵清蛋白	42 700	溶菌酶	14 400
过氧化氢酶	57 000	醛缩酶	40 000	肌球蛋白(F1)	8 100
醛缩酶	40 000	碳酸酐酶	31 000	肌球蛋白(F2)	6 200
		大豆胰蛋白酶抑制剂	21 500	肌球蛋白(F3)	2 500
		溶菌酶	14 400		

三、常用缓冲溶液的配制方法

1.甘氨酸-盐酸缓冲液(0.05 mol/L)

X 毫升 0.2 mol/L 甘氨酸＋Y 毫升 0.2 mol/L HCl,再加水稀释至 200 毫升

pH	X/mL	Y/mL	pH	X/mL	Y/mL
2.2	50	44.0	3.0	50	11.4
2.4	50	32.4	3.2	50	8.2
2.6	50	24.2	3.4	50	6.4
2.8	50	16.8	3.6	50	5.0

甘氨酸相对分子质量＝75.07,0.2 mol/L 甘氨酸溶液含 15.01 g/L。

2.邻苯二甲酸-盐酸缓冲液(0.05 mol/L)

X 毫升 0.2 mol/L 邻苯二甲酸氢钾 ＋Y 毫升 0.2 mol/L HCl,再加水稀释到 20 mL

pH(20 ℃)	X/mL	Y/mL	pH(20 ℃)	X/mL	Y/mL
2.2	5	4.670	3.2	5	1.470
2.4	5	3.960	3.4	5	0.990
2.6	5	3.295	3.6	5	0.597
2.8	5	2.642	3.8	5	0.263
3.0	5	2.032			

邻苯二甲酸氢钾相对分子质量=204.23,0.2 mol/L 邻苯二甲酸氢溶液含 40.85 g/L

3.磷酸氢二钠－柠檬酸缓冲液

pH	0.2 mol/L Na$_2$HPO$_4$ /mL	0.1 mol/L 柠檬酸 /mL	pH	0.2 mol/L Na$_2$HPO$_4$ /mL	0.1 mol/L 柠檬酸 /mL
2.2	0.40	19.60	5.2	10.72	9.28
2.4	1.24	18.76	5.4	11.15	8.85
2.6	2.18	17.82	5.6	11.60	8.40
2.8	3.17	16.83	5.8	12.09	7.91
3.0	4.11	15.89	6.0	12.63	7.37
3.2	4.94	15.06	6.2	13.22	6.78
3.4	5.70	14.30	6.4	13.85	6.15
3.6	6.44	13.56	6.6	14.55	5.45
3.8	7.10	12.90	6.8	15.45	4.55
4.0	7.71	12.29	7.0	16.47	3.53
4.2	8.28	11.72	7.2	17.39	2.61
4.4	8.82	11.18	7.4	18.17	1.83
4.6	9.35	10.65	7.6	18.73	1.27
4.8	9.86	10.14	7.8	19.15	0.85
5.0	10.30	9.70	8.0	19.45	0.55

Na$_2$HPO$_4$ 相对分子质量=141.98,0.2 mol/L 溶液为 28.40 g/L。

Na$_2$HPO$_4$ · 2H$_2$O 相对分子质量=178.05,0.2 mol/L 溶液含 35.61 g/L。

C$_4$H$_2$O$_7$ · H$_2$O 相对分子质量=210.14,0.1 mol/L 溶液为 21.01 g/L。

4. 柠檬酸－氢氧化钠-盐酸缓冲液

pH	钠离子浓度 /mol/L	柠檬酸/g $C_6H_8O_7 \cdot H_2O$	氢氧化钠/g NaOH 97%	盐酸/mL HCl(浓)	最终体积 /L
2.2	0.20	210	84	160	10
3.1	0.20	210	83	116	10
3.3	0.20	210	83	106	10
4.3	0.20	210	83	45	10
5.3	0.35	245	144	68	10
5.8	0.45	285	186	105	10
6.5	0.38	266	156	126	10

使用时可以每升中加入1g酚，若最后pH值有变化，再用少量50%氢氧化钠溶液或浓盐酸调节，冰箱保存。

5. 柠檬酸－柠檬酸钠缓冲液(0.1 mol/L)

pH	0.1 mol/L 柠檬酸 /mL	0.1 mol/L 柠檬酸钠 /mL	pH	0.1 mol/L 柠檬酸 /mL	0.1 mol/L 柠檬酸钠 /mL
3.0	18.6	1.4	5.0	8.2	11.8
3.2	17.2	2.8	5.2	7.3	12.7
3.4	16.0	4.0	5.4	6.4	13.6
3.6	14.9	5.1	5.6	5.5	14.5
3.8	14.0	6.0	5.8	4.7	15.3
4.0	13.1	6.9	6.0	3.8	16.2
4.2	12.3	7.7	6.2	2.8	17.2
4.4	11.4	8.6	6.4	2.0	18.0
4.6	10.3	9.7	6.6	1.4	18.6
4.8	9.2	10.8			

柠檬酸 $C_6H_8O_7 \cdot H_2O$：相对分子质量210.14，0.1 mol/L溶液为21.01 g/L。

柠檬酸钠 $Na_3C_6H_5O_7 \cdot 2H_2O$：相对分子质量294.12，0.1 mol/L溶液为29.41 g/L。

6. 乙酸－乙酸钠缓冲液(0.2 mol/L)

pH(18℃)	0.2 mol/L NaAc /mL	0.3 mol/L HAc /mL	pH(18℃)	0.2 mol/L NaAc /mL	0.3 mol/L HAc /mL
3.6	0.75	9.25	4.8	5.90	4.10
3.8	1.20	8.80	5.0	7.00	3.00
4.0	1.80	8.20	5.2	7.90	2.10
4.2	2.65	7.35	5.4	8.60	1.40
4.4	3.70	6.30	5.6	9.10	0.90
4.6	4.90	5.10	5.8	9.40	0.60

$Na_2Ac \cdot 3H_2O$ 相对分子质量=136.09，0.2 mol/L溶液为27.22 g/L。

7.磷酸盐缓冲液

(1)磷酸氢二钠‑磷酸二氢钠缓冲液(0.2 mol/L)

pH	0.2 mol/L Na$_2$HPO$_4$ /mL	0.2 mol/L NaH$_2$PO$_4$ /mL	pH	0.2 mol/L Na$_2$HPO$_4$ /mL	0.2 mol/L NaH$_2$PO$_4$ /mL
5.8	8.0	92.0	7.0	61.0	39.0
5.9	10.0	90.0	7.1	67.0	33.0
6.0	12.3	87.7	7.2	72.0	28.0
6.1	15.0	85.0	7.3	77.0	23.0
6.2	18.5	81.5	7.4	81.0	19.0
6.3	22.5	77.5	7.5	84.0	16.0
6.4	26.5	73.5	7.6	87.0	13.0
6.5	31.5	68.5	7.7	89.5	10.5
6.6	37.5	62.5	7.8	91.5	8.5
6.7	43.5	56.5	7.9	93.0	7.0
6.8	49.5	51.0	8.0	94.7	5.3
6.9	55.0	45.0			

Na$_2$HPO$_4$·2H$_2$O 相对分子质量=178.05,0.2 mol/L 溶液为 35.61 g/L。
Na$_2$HPO$_4$·12H$_2$O 相对分子质量=358.22,0.2 mol/L 溶液为 71.64 g/L。
NaH$_2$PO$_4$·H$_2$O 相对分子质量=138.01,0.2 mol/L 溶液为 27.6 g/L。
NaH$_2$PO$_4$·2H$_2$O 相对分子质量=156.03,0.2 mol/L 溶液为 31.21 g/L。

(2)磷酸氢二钠‑磷酸二氢钾缓冲液(1/15 mol/L)

pH	1/15 mol/L Na$_2$HPO$_4$ /mL	1/15 mol/L KH$_2$PO$_4$ /mL	pH	1/15 mol/L Na$_2$HPO$_4$ /mL	1/15 mol/L KH$_2$PO$_4$ /mL
4.92	0.10	9.90	7.17	7.00	3.00
5.29	0.50	9.50	7.38	8.00	2.00
5.91	1.00	9.00	7.73	9.00	1.00
6.24	2.00	8.00	8.04	9.50	0.50
6.47	3.00	7.00	8.34	9.75	0.25
6.64	4.00	6.00	8.67	9.90	0.10
6.81	5.00	5.00	8.18	10.00	0
6.98	6.00	4.00			

Na$_2$HPO$_4$·2H$_2$O 相对分子质量=178.05,1/15 mol/L 溶液为 11.876 g/L。
KH$_2$PO$_4$ 相对分子质量=136.09,1/15 mol/L 溶液为 9.078 g/L。

8. 磷酸二氢钾－氢氧化钠缓冲液(0.05 mol/L)

X 毫升 0.2 mol/LK_2PO_4 ＋ Y 毫升 0.2 mol/LNaOH 加水稀释至 20 mL

pH(20 ℃)	X/mL	Y/mL	pH(20 ℃)	X/mL	Y/mL
5.8	5	0.372	7.0	5	2.963
6.0	5	0.570	7.2	5	3.500
6.2	5	0.860	7.4	5	3.950
6.4	5	1.260	7.6	5	4.280
6.6	5	1.780	7.8	5	4.520
6.8	5	2.365	8.0	5	4.680

9. 巴比妥钠-盐酸缓冲液(18 ℃)

pH	0.04 mol/L 巴比妥钠溶液 /mL	0.2 mol/L 盐酸 /mL	pH	0.04 mol/L 巴比妥钠溶液 /mL	0.2 mol/L 盐酸 /mL
6.8	100	18.4	8.4	100	5.21
7.0	100	17.8	8.6	100	3.82
7.2	100	16.7	8.8	100	2.52
7.4	100	15.3	9.0	100	1.65
7.6	100	13.4	9.2	100	1.13
7.8	100	11.47	9.4	100	0.70
8.0	100	9.39	9.6	100	0.35
8.2	100	7.21			

巴比妥钠盐相对分子质量＝206.18,0.04 mol/L 溶液为 8.25 g/L。

10. Tris－盐酸缓冲液(0.05 mol/L,25 ℃)

50 mL 0.1 mol/L 三羟甲基氨基甲烷(Tris)溶液与 X 毫升 0.1 mol/L 盐酸混匀后,加水稀释至 100 mL。

pH	X/mL	pH	X/mL
7.10	45.7	8.10	26.2
7.20	44.7	8.20	22.9
7.30	43.4	8.30	19.9
7.40	42.0	8.40	17.2
7.50	40.3	8.50	14.7
7.60	38.5	8.60	12.4
7.70	36.6	8.70	10.3
7.80	34.5	8.80	8.5
7.90	32.0	8.90	7.0
8.00	29.2	9.00	5.7

三羟甲基氨基甲烷(Tris)相对分子质量＝121.14;

0.1 mol/L 溶液为 12.114 g/L。Tris 溶液可从空气中吸收二氧化碳,使用时注意将瓶盖严。

11. 硼酸 – 硼砂缓冲液(0.2 mol/L 硼酸根)

pH	0.05 mol/L 硼砂/mL	0.2 mol/L 硼砂/mL	pH	0.05 mol/L 硼砂/mL	0.2 mol/L 硼酸/mL
7.4	1.0	9.0	8.2	3.5	6.5
7.6	1.5	8.5	8.4	4.5	5.5
7.8	2.0	8.0	8.7	6.0	4.0
8.0	3.0	7.0	9.0	8.0	2.0

硼砂 $Na_2B_4O_7 \cdot 10H_2O$,相对分子质量=381.43,0.05 mol/L 溶液(=0.2 mol/L 硼酸根)含 19.07 g/L。

硼酸 H_2BO_3,相对分子质量=61.84,0.2 mol/L 溶液为 12.37 g/L。

硼砂易失去结晶水,必须在带塞的瓶中保存。

12. 甘氨酸 – 氢氧化钠缓冲液(0.05 mol/L)

X 毫升 0.2 mol/L 甘氨酸＋Y 毫升 0.2 mol/L NaOH 加水稀释至 200 mL

pH	X/mL	Y/mL	pH	X/mL	Y/mL
8.6	50	4.0	9.6	50	22.4
8.8	50	6.0	9.8	50	27.2
9.0	50	8.8	10.0	50	32.0
9.2	50	12.0	10.4	50	38.6
9.4	50	16.8	10.6	50	45.5

甘氨酸相对分子质量=75.07,0.2 mol/L 溶液含 15.01 g/L。

13. 碳酸钠-碳酸氢钠缓冲液(0.1M)

Ca^{2+}、Mg^{2+} 存在时不得使用

pH		0.1 mol/L Na_2CO_3/mL	0.1 mol/L $NaHCO_3$/mL
20 ℃	37 ℃		
9.16	8.77	1	9
9.40	9.12	2	8
9.51	9.40	3	7
9.78	9.50	4	6
9.90	9.72	5	5
10.14	9.90	6	4
10.28	10.08	7	3
10.53	10.28	8	2
10.83	10.57	9	1

$Na_2CO_2 \cdot 10H_2O$ 相对分子质量=286.2,0.1 mol/L 溶液为 28.62 g/L。

$NaHCO_3$ 相对分子质量=84.0,0.1 mol/L 溶液为 8.40 g/L。

四、实验室中常用酸碱的比重和浓度

名称	分子式	分子量	比重	百分浓度%（w/w）	mol/L	配1升1mol/L溶液所需毫升数
盐酸	HCl	36.47	1.19	37.2	12.0	84
硫酸	H_2SO_4	98.09	1.84	95.6	18.0	55.6
硝酸	HNO_3	63.02	1.42	70.98	16.0	62.5
冰乙酸	CH_3COOH	60.05	1.05	99.5	17.4	57.5
磷酸	H_3PO_4	80.0	1.71	85.0	14.7	68
氨水	NH_4OH	35.0	0.90	28	14.8	67.6
氢氧化钠溶液	NaOH	40.0	1.53	50.0	19.1	52.4

五、常见蛋白质相对分子质量参考值

蛋白质	分子量
肌球蛋白[myosin]	220,000
甲状腺球蛋白[thyroglobulin]	165,000
β-半乳糖苷酶[β-galactosidase]	130,000
副肌球蛋白[paramyosin]	100,000
磷酸化酶a[phosphorylase a]	94,000
血清白蛋白[serum albumin]	68,000
L-氨基酸氧化酶[L-amino acid oxidase]	63,000
地氧化氢酶[catalase]	60,000
丙酮酸激活酶[pyruvate kinase]	57,000
谷氨酸脱氢酶[glutamate dehydrogenase]	53,000
亮氨酸氨肽酶[glutamae dehydrogenase]	53,000
γ-球蛋白，H链[γ-globulin, H chain]	50,000
延胡索酸酶（反丁烯二酸酶）[fumarase]	49,000
卵白蛋白[ovalbumin]	43,000
醇脱氢酶（肝）[alcohol dehydrogenase (liver)]	41,000
烯醇酶[enolase]	41,000
醛缩酶[aldolase]	40,000
肌酸激酶[creatine kinase]	40,000
胃蛋白酶原[pepsinogen]	40,000
D-氨基酸氧化酶[D-amino acid oxidase]	37,000
醇脱氢酶（酵母）[alcohol dehydrogenase (yeast)]	37,000
甘油醛磷酸脱氢酶[dlyceraldehyde phosphate dehydrogenase]	36,000
原肌球蛋白[tropomyosin]	36,000
乳酸脱氢酶[lactate dehydrgenase]	36,000
胃蛋白酶[pepsin]	35,000
转磷酸核糖基酶[phosphoribosyl transferase]	35,000
天冬氨酸氨甲酰转移酶，C链[aspertate transcarbamylase, C chain]	34,000

蛋白质	分子量
羧肽酶 A[carboxypeptidase A]	34,000
碳酸酐酶[carbonic anhydrase]	29,000
枯草杆菌蛋白酶[subtilisin]	27,600
γ-球蛋白,L 链[γ-blobulin,L chain]	23,500
糜蛋白酶原(胰凝乳蛋白酶原)[chymotrypsinogen	25,700
胰蛋白酶[trypsin]	23,300
木瓜蛋白酶(羧甲基)[papain (carboxymethyl)]	23,000
β-乳球蛋白[β-lactoglobulin]	18,400
烟草花叶病毒外壳蛋白(TWV 外壳蛋白)[TWV coat protein	17,500
肌红蛋白[myoglobin]	17,200
天门冬氨酸氨甲酰转移酶,R 链[aspartate transcarbamylase，R chain]	17,000
血红蛋白[h(a)emoglobin]	15,500
Qβ 外壳蛋白[Qβ coat protein]	15,000
溶菌酶[lysozyme]	14,300
R$_{17}$ 外壳蛋白[R$_{17}$ coat protein]	13,750
核糖核酸酶[ribonuclease 或 RNase]	13,700
细胞色素 C[cytochrome C]	11,700
糜蛋白酶(胰凝乳蛋白酶)[chymotrypsin]	11,000 或 13,000

六、常见蛋白质等电点参考值

蛋白质	等电点(pI)
鲑精蛋白[salmine]	12.1
鲱精蛋白[clupeine]	12.1
鲟精蛋白[sturline]	11.71
胸腺组蛋白[thymohistone]	10.8
珠蛋白(人)[globin(human)]	7.5
卵白蛋白[ovalbuin]	4.71；4.59
伴清蛋白[conal bumin]	6.8；7.1
血清白蛋白[serum albumin]	4.7～4.9
肌清蛋白[myoal bumin]	3.5
肌浆蛋白[myogen A]	6.3
β-乳球蛋白[β-lactoglobulin]	5.1～5.3
卵黄蛋白[livetin]	4.8～5.0
γ$_1$—球蛋白(人)[γ$_1$-globulin(human)]	5.8；6.6
γ$_2$—球蛋白(人)[γ$_2$-globulin(human)]	7.3；8.2
肌球蛋白 A[myosin A]	5.2～5.5
原肌球蛋白[myosin A]	5.1
铁传递蛋白[siderophilin]	5.9
胎球蛋白[fetuin]	3.4～3.5
血纤蛋白原[fibrinogen]	5.5～5.8

蛋白质	等电点(pI)
α-眼晶体蛋白[α-crystallin]	4.8
β-眼晶体蛋白[β-crystallin]	6.0
花生球蛋白[arachin]	5.1
伴花生球蛋白[conarrachin]	3.9
角蛋白类[keratins]	3.7～5.0
还原角蛋白[keratein]	4.6～4.7
胶原蛋白[collagen]	6.5～6.8
鱼胶[ichthyocol]	4.8～5.2
白明胶[gelatin]	4.7～5.0
α-酪蛋白[α-casein]	4.0～4.1
β-酪蛋白[β-casein]	4.5
γ-酪蛋白[γ-casein]	5.8～6.0
α-卵清粘蛋白[α-ovomucoid]	3.83～4.41
α₁-粘蛋白[α₁-mucoprotein]	1.8～2.7
卵黄类粘蛋白[vitellomucoid]	5.5
尿促性腺激素[urinary gonadotropin]	3.2～3.3
溶菌酶[lyso zyme]	11.0～11.2
肌红蛋白[myoglobin]	6.99
血红蛋白(人)[hemoglobin(human)]	7.07
血红蛋白(鸡)[hemoglobin(hen)]	7.23
血红蛋白(马)[hemoglobin(horse)]	6.92
血蓝蛋白[hemerythrin]	4.6－6.4
蚯蚓血红蛋白[chlorocruorin]	5.6
血绿蛋白[chlorocruorin]	4.3－4.5
无脊椎血红蛋白[erythrocruorins]	4.6－6.2
细胞色素 C[cytochrome C]	9.8－10.1
视紫质[rhodopsin]	4.47－4.57
促凝血酶原激酶[thromboplastin]	5.2
α₁-脂蛋白[α₁-lipoprotein]	5.5
β₁-脂蛋白[β₁-lipoprotein]	5.4
β-卵黄脂磷蛋白[β-lipovitellin]	5.9
芜菁黄花病毒[turnip yellow vvirus]	3.75
牛痘病毒[vaccinia virus]	5.3
生长激素[somatotropin]	6.85
催乳激素[prolactin]	5.73
胰岛素[insulin]	5.35
胃蛋白酶[pepsin]	1.0 左右
糜蛋白酶(胰凝乳蛋白酶[chymotrypsin]	8.1
牛血清白蛋白[bovine serum albumin]	4.9
核糖核酸酶(牛胰)[ribonuclease 或 RNase(bovine pancreas)]	7.8
甲状腺球蛋白[thyroglobulin]	4.58
胸腺核组蛋白[thymonucleohistone]	4 左右

参考文献

1. 丛峰松.生物化学实验.上海:上海交通大学出版社,2005.
2. 余冰宾.生物化学实验指导.北京:清华大学出版社,2004.
3. 陈雅蕙.生物化学实验原理和方法.北京:北京大学出版社,2006.
4. 袁榴娣.生物化学实验指导.南京:东南大学出版社,2007.
5. 俞建瑛,蒋宇,王善利.生物化学实验技术.北京:化学工业出版社,2005.
6. 陈毓荃.生物化学实验方法和技术.北京:科学出版社,2002.
7. 赵永芳.生物化学技术原理及应用.北京:科学出版社,2002.
8. 王晓华,朱文渊.生物化学与分子生物学实验技术.北京:化学工业出版社,2008.
9. 白玲,黄健.基础生物化学实验.上海:复旦大学出版社,2004.
10. 刘叶青.生物分离工程实验.北京:高等教育出版社,2007.
11. 史峰.生物化学实验.杭州:浙江大学出版社,2002.
12. 王重庆.高级生物化学实验教程.北京:北京大学出版社,1994.
13. 杨建雄.生物化学与分子生物学实验技术教程.北京:科学出版社,2003.
14. 董晓燕.生物化学实验.北京:化学工业出版社,2003.
15. 萧能庚,余瑞元,袁明秀,等.生物化学实验原理和方法.北京:北京大学出版社,2005.
16. 刘箭.生物化学实验教程.北京:科学出版社,2007.
17. 郭勇.现代生化技术.广州:华南理工大学出版社,2006.
18. 谢宁昌.生物化学实验多媒体教程.上海:华东理工大学出版社,2006.
19. 王琰,钱士匀.生物化学和临床生物化学检验实验教程.北京:清华大学出版社,2005.